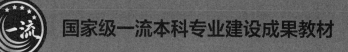

石油和化工行业"十四五"规划教材

高分子材料与工程系列
Polymer materials and Engineering

聚合物制备工程

Polymer Preparation Engineering

钱 军 许 祥 章圣苗 石一峰 编著

U0389431

化学工业出版社
·北京·

内 容 简 介

《聚合物制备工程》根据教育部工程教育认证中对毕业生解决复杂工程问题能力培养的要求,以高分子材料发展为导向,从生产单体的原料、聚合物合成工艺路线入手,结合各种聚合物反应原理和工程基础,通过实例详细讲解自由基聚合工艺、缩合聚合工艺、逐步加成聚合工艺以及一些其他的新型工艺技术。同时,采取聚合原理与工业工程方法相结合的方式,将工艺原理与工程实践相互融合,增加了相关实际工业生产的一些现象和分析,让学生在课堂教学中体会如何在工程实践中解决复杂工程问题,通过每个章节的具体内容说明聚合物制备工程的共同规律,便于开展体系化的课程教学模式。全书内容共分 8 章,包括绪论、聚合物原料单体的来源及制备过程、自由基聚合工艺、缩合聚合工艺、逐步加成聚合工艺、其他聚合工艺、聚合反应工程基础、聚合反应工程因素分析。本书是新形态教材,配套拓展阅读、教学课件等数字资源,供读者选择使用。

本书是高等院校高分子材料与工程本科专业的教材,同时也可以作为研究生和企业技术研发人员的重要参考书。

图书在版编目(CIP)数据

聚合物制备工程 / 钱军等编著. —北京:化学工业
出版社,2023.9
ISBN 978-7-122-43475-3

Ⅰ.①聚… Ⅱ.①钱… Ⅲ.①聚合物–制备–教材
Ⅳ.①O63

中国国家版本馆 CIP 数据核字(2023)第 086698 号

责任编辑:王 婧 杨 菁	文字编辑:李 玥
责任校对:边 涛	装帧设计:张 辉

出版发行:化学工业出版社(北京市东城区青年湖南街 13 号 邮政编码 100011)
印 装:三河市延风印装有限公司
787mm×1092mm 1/16 印张21 字数483千字 2024 年1月北京第1版第1次印刷

购书咨询:010-64518888 售后服务:010-64518899
网 址:http://www.cip.com.cn
凡购买本书,如有缺损质量问题,本社销售中心负责调换。

定 价:69.00 元

本书在编撰期间，党的二十大对"实施科教兴国战略，强化现代化建设人才支撑"作出了重大部署，明确指出：教育、科技、人才是全国建设社会主义现代化国家的基础性、战略性支撑。《聚合物制备工程》是为适应21世纪课程教学体系和课程内容改革，根据教育部工程教育认证中对毕业生解决复杂工程问题能力培养的要求，满足高等学校高分子材料科学与工程专业的专业课教学需求，旨在提高培养质量，造就更多青年科技人才、卓越工程师、大国工匠和制造业高技能人才，推动绿色制造发展，促进人与自然和谐共生的理念而编写的。

聚合物制备工程是一门以工业聚合物制备过程为研究对象的学科，在课程体系教学内容上，以工程实践为特色，融合了高分子化学、高分子物理、高分子合成工艺学、化学反应工程、化工原理等课程的相关内容，是高分子材料科学和化学工程科学的交叉课程。

为了加强学生对聚合物制备工业生产的理解和把握，以高分子材料发展为导向，从生产单体的原料、聚合物合成的工艺入手，结合聚合物反应工程基础，详细讲解自由基聚合工艺、缩合聚合工艺以及聚合物其他聚合机理及其制备方法的新型工艺技术；将聚合原理与工业实际的实施方法相结合，实现工艺与工程实践的有机融合；在工艺的基础上结合聚合理论，延伸拓展到实际的聚合物制备工程，剖析工程因素对聚合物结构、性能的影响；通过对聚合物制备过程中的原理及聚合影响因素的解析，将工艺原理与工程实践相互融合，让学生在课堂教学中学习发现工业生产中复杂工程问题和解决的方法。教材通过产品生产与技术运用的实例，介绍工业聚合反应过程的实施方法，各种聚合物产品生产对工艺和设备的要求，典型聚合物产品的工业生产过程，聚合反应操作方式，聚合反应器的形式等因素对聚合反应结果的影响等。使学生初步掌握工业聚合反应过程的实施方法，为将来从事聚合物合成生产，进行聚合物制备技术开发打下良好的基础。教材融入绿色化工、安全生产等内容，提高学生的节能环保意识。

教材在编写过程中注重教育部工程教育认证中对毕业生解决复杂工程问题能力培养的要求，按照教育部工程教育认证毕业要求通用标准制定的专业12项毕业要求中，本教材支撑了7项毕业要求及其9个指标点，符合对应教育部工程教育认证的要求。

本书内容共分 8 章。第 1 章绪论，介绍高分子材料的发展趋势、方向及可持续发展；第 2 章聚合物原料单体的来源及制备过程，介绍聚合物原料的主要来源和聚合物的制备过程；第 3 章自由基聚合工艺，以本体、悬浮、溶液和乳液四种聚合方式为出发点，通过一系列实例结合聚合原理进行聚合工艺叙述；第 4 章缩合聚合工艺，通过生产实例讲解了缩合聚合的原理，线型缩聚和体型缩聚的控制和应用；第 5、6 章介绍逐步加成聚合和离子聚合等其他一些聚合工艺；结合聚合工艺学习的基础上，第 7 章聚合反应工程基础，以"三传一反"的基本理论为依据，结合聚合物制备的特殊性，拓展到反应器的设计、优化和操作；第 8 章聚合反应工程因素分析，介绍了工程因素对聚合反应结果的影响。

　　本书由华东理工大学材料科学与工程学院钱军教授编著第 1、2 章，章圣苗副教授编著第 3 章，许祥老师编著第 4、5、6 章，第 7、8 章由钱军教授和上海宏顶房科技有限公司石一峰博士共同编著。全书由钱军教授修改统稿，并请大连理工大学李杨教授给予精心审阅，提出了许多宝贵的建议和修改意见。在书本的最后，列出了编写过程中参考的相关参考书和资料。在此，非常感谢李杨教授和编写参考文献的各位作者，谢谢！

　　由于水平有限，本书在内容的选择和文字的表述上可能存在不足之处，敬请读者和同行给予指正，便于我们后续修订，在此表示感谢。

编著者

2022 年 4 月

目 录
CONTENTS

第 4 章　缩合聚合工艺　114

第5章 逐步加成聚合工艺 161

第7章　聚合反应工程基础　　　**219**

第8章 聚合反应工程因素分析 296

参考文献 326

第1章 绪 论

内容提要：

本章主要以高分子科学对人类社会做出的巨大贡献为引导，介绍了高分子材料的发展趋势、方向及可持续发展。内容涉及高分子材料的发展历程、高分子材料的具体应用、高分子材料在国民经济和社会发展中的作用、高分子聚合物材料的制备技术简介、高分子材料工程的发展方向、高分子材料制备工程技术的可持续发展。

学习目标：

（1）了解高分子材料的发展历史，了解高分子材料在各个领域的应用及其在国民经济中的地位和作用。

（2）理解相关的高分子材料的合成过程中的几个工业开发过程。

（3）了解今后聚合物工业生产的发展方向和智能化发展前景。

（4）理解并掌握高分子材料制备工程技术可持续发展的重要性。

重点与难点：

（1）以高分子化学的聚合理论知识点为基础，拓展到千吨、万吨级的聚合物工业合成装置。

（2）影响聚合物制备过程的可持续发展的几个因素。

聚合物制备工程是以高分子材料科学与化学工程为理论基础的工程交叉学科。涉及对天然高分子材料的改性和人工合成高分子材料的工业化生产过程。本教材以人工合成高分子材料为重点，主要内容有：高分子材料在国民经济和人民生活中的地位与作用，高分子材料合成工业的发展历程、现状及发展方向，聚合反应工程剖析，典型聚合物生产工艺原理，原料选择，工艺流程配置，过程技术分析，工程设备，生产过程的完善，技术创新及绿色制造等。通过本课程的学习，旨在初步掌握工业聚合反应过程的实施方法，熟悉聚合物典型产品的生产过程，为从事聚合物合成生产、聚合过程工程新技术开发、绿色智能制造的研究开发等打下坚实的理论基础。

1.1 高分子材料的发展历程及未来发展趋势

材料是先于人类存在，用来制造各种产品的物质，是人类生活和生产的物质基础，材料的进步和发展直接影响到人类生活的改善和科学技术的进步。随着人类社会对高分子材料的强烈需求，一些有机化学家开展了缩聚反应及自由基聚合反应的研究，并通过这些反应相继开发出尼龙（聚酰胺）66、氯丁橡胶、丁苯橡胶、聚苯乙烯、聚氯乙烯、聚甲基丙烯酸甲酯等一大批高分子新材料。随着大批新合成高分子的出现，解决这些新聚合物的性能表征以及了解其结构对性能的影响等问题，进而得到实际应用也随之变得重要起来。随着高分子化学、高分子物理研究工作的不断深入及高分子材料制品向人类生活各个领域的迅速扩展，高分子材料的成型加工原理及技术研究、高分子化合物生产中的工程问题的研究日渐产生，从而形成了涉及高分子成型加工及聚合反应工程研究的"高分子工程"研究领域。

目前材料不仅成为和能源、信息并列的现代科学技术的三大支柱，更是工业发展的基础。一个国家的材料品种性能和产量更是直接衡量其科学技术、经济发展和人民生活水平的重要标志，也是一个时代的标志。当今高分子材料虽然相对于传统材料（如玻璃、陶瓷、水泥、金属）而言是后起的材料，但其发展速度、发展潜力及应用的广泛性却大大超过了传统材料，已经成为工业、农业、国防和科技领域的重要材料，已经广泛渗透于人类生活的各个方面，在人们的生活中发挥着越来越重要的作用。材料是指在一定工作条件下，能满足使用要求的具有一定物理形态的物质，而高分子材料是以共价键连接若干重复单元所形成的以长链结构为基础的高分子量化合物，它具有种类多、结构性能复杂、性能多样化、应用广的特点，在很多领域不仅可以替代传统材料，更可以改进以提供更多的优越性能。高分子材料一般质轻、绝缘、易加工、耐腐蚀、比强度高，原料丰富，生产成本低，合成简单，能源和投资较省，效益显著，品种繁多，用途广泛，是很多传统材料所不能比拟的。迄今为止，全世界高分子材料的年体积产量已远远超过钢铁和其他有色金属材料之和。目前高分子材料的发展已经成为国民经济发展的重要支柱，同时也是未来经济竞争的重要方向之一。可以说，高分子材料在社会发展与生活中具有举足轻重的地位。同时，科学技术的发展不断对材料提出了各种各样新的要求，高分子材料科学正顺应着这些要求不断向高性能化、多功能化、复合化、精细化和智能化方向发展。

高分子材料科学的发展历程可以简单分为三个阶段。第一阶段是天然高分子的利用与加工。人类从远古时期就已经开始使用动物毛皮、天然橡胶、棉花、纤维素、虫胶、蚕丝、甲壳素、木材等一些天然高分子材料，人类将这些材料直接使用或经过简单的加工再使用，极大程度改善了人类当时的生存环境，也相应促进了人类社会的重大进步。但随着社会的发展和需求，人类已经不满足于对这些材料的简单利用，也就相应开发了天然高分子材料的改性和加工工艺等手段，随之进入了高分子材料发展的第二阶段。在这个发展过程中，比较具有代表性的是19世纪中期，德国人用硝酸溶解纤维素，而后进行纺丝或制成膜，但是硝化纤维素难以加工成型，因此人们在其中加入樟脑，使其易于成型加工，成功制成了被称为"赛璐珞"的塑料。再如，天然橡胶的改性，早在11世纪美洲的劳动人民已经在长期的生活实践中利用橡胶了，但当时由于橡胶制品遇冷就变硬，加热则发黏，受温度的影响比较大，限制了其利用。直到1839年美国科学家发现橡胶与硫黄一起加热可以消除上述变硬发黏的缺陷，并大大增加橡胶的弹性和强度；通过对天然橡胶的硫化改性，推动了橡胶工业的大力发展，从而开辟了橡胶制品广泛应用的前景。同时随着时间的推移，橡胶的加工方法也在逐渐发展和完善，形成了塑炼、混炼、压延、模压、成型这一完整的加工过程，使得橡胶工业一日千里般的突飞猛进。从20世纪初开始，高分子材料科学开始进入了第三阶段的发展——合成高分子的工业化生产。合成高分子的诞生和发展被认为是从酚醛树脂开始的。人们研究了苯酚与甲醛的反应，发现在不同的反应条件下可以得到两类性质各异的树脂，一类在酸催化下生成可熔可溶的线型酚醛树脂，另一类则在碱催化下生成不熔不溶的体型酚醛树脂，这也是人类历史上第一种完全靠化学人工合成方法得到的高分子树脂；从此，化学合成并工业化生产的高分子材料种类迅速发展。20 世纪 30 年代则出现热塑性高分子的工业生产，如聚氯乙烯（PVC）、聚苯乙烯（PS）、有机玻璃（PMMA）、聚乙烯（PE）等；40 年代二战的需求促进了合成橡胶的快速发展，合成了丁苯橡胶、丁腈橡胶等。50 年代是高分子材料学科发展的黄金时期，由于 Ziegler-Natta 催化剂的发现，科学家成功研发了定向聚合，合成了聚丙烯（PP）、顺丁橡胶，同时聚酯（PET）也完成了工业化；60 年代则是工程塑料开始大规模应用的时期，通用塑料通常具有较高的力学性能，能够接受较宽的温度变化范围和较苛刻的环境条件，并能在此条件下较长时间的使用，还可作为结构材料；70 年代则是朝着大型化生产的方向发展，逐渐步入高分子设计及性能改性的阶段；80 年代则是高分子设计及改性的蓬勃发展阶段，全面开发各种高性能、多功能高分子材料，但同时也提出了能源、社会环境这一影响地球生存的重大环保问题；而在 90 年代，结构性能的研究则进入定量、半定量阶段，高分子化学、高分子物理和高分子材料制备工程三个领域的相互交融，交叉设计功能化、高性能化的高分子材料，并重视环境保护、资源循环化利用等，推进了相关的研究方向和研究领域，使得合成高分子材料的研究和利用不断深入。

进入 21 世纪后，高分子材料向功能化、智能化、精细化方向发展，使其从简单的结构材料向光、电、磁、生物材料、仿生材料、储能材料、能量转换材料、纳米材料、电子信息材料等应用领域发展，与此同时，高分子材料的合成及加工中也引入了许多先进的技术，如等离子技术（PT）、紫外线技术（UV）、高能电子辐射技术（EB）等。而且结构与性能的研究也从宏观进入微观，从定性进入定量，从静态进入动态，并逐步进入聚合物分子结构的材料基因 DNA 设计时代，逐步实现在分子设计水平上合成并制备达到所期望性能的高性能材料。随着各项科学技术、科学手段的发展和进步，高分子材料科学、高分子与环境科学等理论实践相融合，高分子材料科学和新型材料合成技术是当今优先发展的重要技术，高分子材料已成为现代工程材料的主要支柱，与信息技术、生物技术交叉发展，共同推动社会进步。同时面向生产实践，从生产实践中发现、提炼最新的学术问题，在解决具体问题中走学科交叉、多学科融合之路，也将是我国高分子科学研究创造新领域、新局面的途径。

1.2　高分子材料的应用

高分子材料又被称作聚合物材料，是以高分子化合物为基体，再加入适量其他成分，由很多重复单元以共价键连接而成，具有一定的黏弹性，它在我们生活中发挥着不可替代的作用。随着科技的发展，高分子材料逐渐应用于军工等领域。此外，高分子材料也将更加智能化，新功能的高分子材料在未来将有广阔的发展前景，必将为人类带来更大的福音。

（1）高分子材料在日常生活中的应用

高分子材料与我们的生活息息相关，在生活中处处都有它的身影，它的功能更是其他材料无法与之媲美的。我们所熟悉的"纶"类物质都是合成纤维，如锦纶、涤纶、维纶等；

"塑料"类物质是聚乙烯、聚丙烯等聚合物;"橡胶"类物质是乙烯/丙烯、丁二烯/丙烯腈等共聚物,这些都是高分子材料。

现代生活的衣、食、住、行各方面都离不开高分子材料,其中棉、毛、纤维、橡胶和塑料都是必不可少的。自从 1935 年人们首先制备出尼龙纤维,1947 年制备出涤纶纤维,到 1950 年和 1953 年分别制备出腈纶纤维和维尼纶纤维以来,合成纤维的品种不下 30～40 种,人类开创了合成纤维大规模走进人们服装行列的新纪元。高分子建筑材料制品的种类繁多,主要有用于隔热、防震的塑料类制品,用于涂料、密封剂、黏合剂的溶液或乳液类制品;用于管件、卫生洁具、建筑五金的模制品等。以聚烯烃管为例,当前新铺设的城市燃气户外管道多是聚烯烃管,这种高分子材料的管在燃烧后无污染、节能环保,而且该管道不存在泄漏的危险。同时它重量较轻,有利于天然气的安全稳定使用。

(2)高分子材料在农业生产中的应用

众所周知,化肥的出现开创了农业的新纪元,它提高了农产品的产量,改善了粮食供不应求的局面,推动了农业的发展,在农业生产中具有举足轻重的地位。然而化肥并不是完美无缺的,它在给人类作出巨大贡献的同时也造成了一定程度的环境污染。针对国内外农用化肥施用量过大、化肥利用率低、环境污染严重等问题,提出了高分子化肥的概念。高分子化肥是近几年新兴的产品,它对环境污染小,利用效率高,有利于生态农业的发展。科学家们已经研究出了高分子化肥,它能减少化肥对环境的污染,而且有利于提高氮肥的利用率,目前已广泛用于林业、牧场、花卉、水稻等农林牧业。如高分子缓释化肥,将小分子化肥尿素和磷酸二氢钾为起始原料,通过缩聚反应,研发出一种以氮、磷、钾、碳、氢、氧六种元素为主链结构的高分子缓释化肥,同时解决了化肥工业中"多营养元素化"和"缓控释化"两个难题;高分子复合化肥,是以脲甲醛缩聚物作为载体,以聚乙烯醇缩甲醛作为吸水功能体,以磷酸钙、氯化钾作为包覆体,支撑体为硬质聚氨酯泡沫并采用发泡工艺制备等。

(3)高分子材料在医药中的应用

高分子材料在医药领域具有广泛的应用,无论是药剂包装还是医疗仪器都离不开高分子材料,高分子材料具有广阔的市场潜力,它的发展对医药学具有重要的作用。高分子材料可用作片剂的薄膜衣材料。随着科技的发展,国外先进国家在药物片剂制造中多采用高分子材料。例如片剂和薄膜衣片多采用羟丙基甲基纤维素、聚乙烯吡咯烷酮等。此外,高分子材料还可以用于药剂包装中,这对医药学具有重大的影响。

高分子材料在医疗设备中的应用。科技的发展推动了医疗器械的革新,在高分子材料迅速发展的同时,医疗仪器也得到了突飞猛进的发展,这也进一步带动了医药市场中电子设备的快速发展。一大批携带便利的电子医用检查仪器相继出现,例如电子体温计、电子血压计等等,这些器材不但价格实惠,而且适合家庭使用。这些都得益于高分子材料的应用与发展。

(4)高分子材料在汽车中的应用

随着世界经济的快速发展,人们对出行时间高效率的追求,交通运输业已成为重要产业之一。交通工具制造中针对新技术、新材料、新能源的应用,成为当前世界各国和各区域组织最为关注的课题。汽车的制造离不开复合材料、纤维的应用,以玻璃纤维增强塑料为例,该材料具有成本低、质量稳定、耐腐蚀的特点,而且能减少噪声污染,它在汽车制造中具有广泛的应用,尤其在汽车的发动机及其周围的物件、无油润滑部件、制动盘摩擦片及车身构建等方面发挥着重要的作用。

（5）高分子材料在航空航天中的应用

国民经济的不断发展进一步推动了我国航天事业的前进步伐。无论是"嫦娥"奔月，还是"蛟龙"下海，这些工程都离不开新材料的支撑。高分子材料作为航天工业的重点材料，它的发展对航天事业具有重要的意义。以耐高温胶黏剂为例，它可在 150℃以上的温度条件下使用，具有较强的耐热性，同时它的耐磨性非常好，使用寿命长，是非常理想的航空材料。多种高性能的高分子复合材料目前已经大量用于各种航空航天领域中，例如，碳纤维复合材料无论在军用飞机还是民用飞机的机身和机翼领域中都有较大量的应用。

1.3　高分子材料在国民经济和社会发展中的作用

材料工业是基础工业，是其他经济部门和科学技术进步的基础，它的发展关系到一个国家综合国力的增长，直接影响到人民生活水平的提高。现代工业及民用的所有产品几乎都是根据现有材料进行设计和制造的，新材料又往往是新技术的先导，量大而广的传统材料是资源、能源消耗的主要渠道，同时也是重要污染源，所以材料工业是可持续发展必须考虑的主要因素之一。

随着石油化学工业的蓬勃发展而兴起的庞大的高分子材料工业已被列为重要的基础工业之一，石油化工七大基础原料（三烯，即乙烯、丙烯、丁二烯；三苯，即苯、甲苯、二甲苯；甲醇）总量的一半用于合成树脂的生产；乙烯工程大量的初级产品和下游产品为烯烃类、芳香烃和它们的衍生物，其中大部分用来生产高分子材料。因此，高分子材料合成是石油化工发展最重要的领域，也是材料工业中发展速度最快的领域。开发塑料与其他高分子材料，周期短、投资少、能耗低（以单位体积计，聚苯乙烯为 1 时，钢为 10，铝则为 20），以塑代钢已是当前一个重要发展方向，玻璃钢便是其一。全世界聚合物的年产量已经在 1.8 亿吨以上，在世界经济中占有重要地位，是中国国民经济的支柱产业之一，也是中国经济效益最好的产业之一。

以石油、天然气为原料生产的三大合成材料（合成树脂、合成纤维、合成橡胶）为代表的高分子合成材料工业已经发展成为现代工业，在国民经济和社会发展中占有重要地位，为农业、机械、交通、建筑、电子、信息等行业的发展提供了必需的材料。不仅三大合成材料，其他高分子材料也有十分重要的作用。涂料保护着世界上数以亿吨计的钢铁免遭腐蚀，并使建筑、机电产品、家具的外观变得丰富多彩。黏合材料在保证材料原有性能的前提下，几乎可以把各种性能各异的基材结合在一起。功能高分子材料结合了材料的结构性和功能性，可以由人工合成具有各种独特功能（耐热性、导电、感光、生物性）的高分子材料，用于各种各样特殊的使用场所。化工新型材料随着国防工业的现代化和军工技术的发展而不断发展壮大，提供了迫切需要的耐辐射、耐高低温、质量轻和强度高的材料，对国防建设起到重要的支持和保障作用。三大合成材料连同其他各种高分子材料对国民经济其他产业，包括高新技术产业具有不可替代的引导、带动、支撑和辐射作用，同时它早已深深地渗入到人们的日常生活，成为不可缺少的必需品。高分子材料所具有的多种多样的性能优势，使它不仅能代替金属、木材、陶瓷及许多无机材料，而且可以代替天然高分子材料如棉、毛、丝、麻、木等，并且其良好的物理化学性能是其他许多金属或非金属材料无法比拟的。总之，高分子材料对国计民生、国防建设、科技进步和社会发展都有不可替代的基础作用，同时也对高分子材料的品种化和功能化提出更高的要求和期望。

1.4 高分子合成材料的发展

高分子合成材料都是以单体为基本原料，通过聚合反应转变成合成树脂或合成橡胶，最后经成型加工得到热塑性塑料、热固性塑料或橡胶制品；还可制成涂料、黏合剂、离子交换树脂等。高分子合成材料的用途取决于单体的化学性质，产品的类别与单体活性官能团的数目和性质有关。单体官能团数目与高分子合成材料的关系以及高分子合成与成型加工介绍见图 1-1。

塑料、合成橡胶、合成纤维、涂料、黏合剂、高分子功能材料等都是重要的合成材料。高分子合成材料的主要特点是原料来源丰富，用化学合成方法进行生产得到的品种繁多、性能多样；某些性能远优于天然材料，可适应现代科学技术、现代生活、工农业生产以及国防和军事工业的特殊要求。因此，合成材料已成为各领域不可缺少的材料。

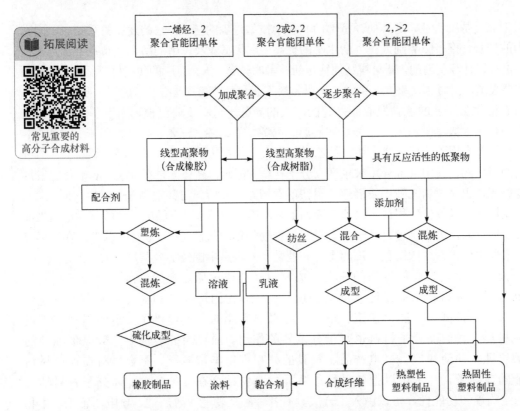

图 1-1　单体官能团数目与高分子合成材料的关系以及高分子合成与成型加工介绍

1.5 高分子材料的制备技术简介

高分子聚合物材料既包括高分子聚合物，也包括与之复合的各类添加剂及各种增强材料。高分子材料的微观结构由分子和聚合物本身的形态特性、聚合物的加工方式及用于复合的添加剂性质决定。聚合物的分子特性包括化学组成、单体序列分布（MSD）、分子量分布（MWD）、聚合物结构、链构型和形态。

聚合物是由较小的结构单元通过共价键结合形成的具有高分子量的材料，这些合成聚合物由形成聚合物的结构单元的小分子单体组成。单体经聚合反应形成聚合物即称为聚合。聚合物分子的特性取决于配方（单体、催化剂、引发剂等）、聚合工艺（反应器、聚合技术）和工艺条件（浓度、温度、时间）等。

不同类型的聚合反应可以通过几种方式实现：本体聚合、溶液聚合、气相聚合、淤浆聚合、悬浮聚合和乳液聚合等。

在本体聚合中，配方中的成分是单体和催化剂或引发剂。当聚合物可溶于单体中时，反应混合物在整个聚合过程中保持均匀。均相本体聚合的例子有：低密度聚乙烯（LDPE）的制备，通过自由基聚合制备通用聚苯乙烯和聚甲基丙烯酸甲酯，通过逐步聚合制备聚对苯二甲酸乙二醇酯、聚碳酸酯和尼龙等多种聚合物。在某些情况下，例如在生产高抗冲击聚苯乙烯（HIPS）和丙烯腈-丁二烯-苯乙烯（ABS）树脂时，反应混合物中含有与单体聚合形成的聚合物不相容的预成型聚合物，从而发生相分离，形成多相材料。一些聚合物（例如 PVC 和 i-PP）不溶于其单体，因此发生沉淀并在其自身的单体中产生聚合物浆料。

本体聚合的主要优点是能以每单位反应器体积的高生产率生产非常纯的聚合物，缺点是由于高浓度的聚合物造成反应混合物的黏度很高，聚合热难以除去。在自由基聚合中，反应器的温度控制比在逐步聚合中更困难，原因为在自由基聚合中获得了更高的分子量，因此黏度更高，散热速率更低。

如果单体在溶液中聚合，反应器的温度控制就容易得多。溶剂降低了单体浓度，因此降低了每单位反应器体积的产热率。另外，较低的黏度能导致较高的散热速率，并且溶剂可以通过回流冷凝器散热，通过溶剂的蒸发-冷却回流除去聚合热。

一种能实现良好的温度控制并避免使用溶剂的方法是悬浮聚合。在该方法中，将包含引发剂的单体液滴悬浮在水中。每个液滴充当一个小的本体聚合反应器。尽管液滴的内部黏度会随单体转化率而增加，但悬浮液的黏度仍然很低，这可以实现良好的传热。悬浮液的稳定性和粒度由搅拌以及所用悬浮剂的类型和浓度控制，能够获得直径范围为 $10\mu m \sim 5mm$ 的颗粒产品。这些颗粒含有悬浮剂，尽管可以除去一部分，但最终产物不可避免地含有一定量的悬浮剂。悬浮聚合只适用于自由基聚合。发泡聚苯乙烯和大多数聚氯乙烯都是通过该方法生产的。悬浮聚合还用于制造注塑用的标准聚苯乙烯和聚甲基丙烯酸甲酯（透明聚合物需要完全除去悬浮剂）。

乳液聚合是一种可使聚合物在连续介质（通常是水）中均匀分散（粒径通常为 $80\sim500nm$）的聚合技术，产品通常称为胶乳或乳液，乳液聚合中只有自由基聚合实现了大规模商业化应用。基本配方包括单体、乳化剂、水和水溶性引发剂，通过搅拌将单体分散在 $10\sim100\mu m$ 的液滴中，乳化剂的量足以覆盖这些液滴并形成大量的胶束。由引发剂分解形成的自由基进入胶束进行自由基聚合反应，最终形成乳胶粒；单体液滴充当单体储存器，其中几乎没有聚合发生。因此，乳液的粒径不是由单体液滴的大小决定的，而是由形成的乳胶粒决定的。该方法的温度控制比本体聚合容易。很大一部分用于轮胎的 SBR 是通过乳液聚合生产的。乳液聚合物的商业化应用还包括纸张涂料、油漆、黏合剂、纺织品和建筑材料等能直接使用乳液的场所。

淤浆聚合通常用于制造聚烯烃，反应系统由分散在连续介质中（或溶解在可溶性金属茂催化剂中）的催化剂组成，该介质可以是溶解了单体的稀释液或纯单体。聚合物不溶于连续介质，因此它沉淀在催化剂上形成淤浆，高密度聚乙烯（HDPE）就是在异丁烷淤浆中生产的

（Chevron-Phillips 工艺），Spheripol 工艺中使用液态丙烯生产 *i*-PP。

1.6　高分子工业的开发过程

（1）高分子材料合成工业

高分子材料合成工业的任务就是在工业反应器中将单体聚合成聚合物。涉及两个过程：聚合反应过程和反应物料体系在工业反应器内的复杂传递过程。与低分子化学反应相比，聚合反应的实施具有以下特点：

① 根据单体特性的不同，有着多种多样的聚合反应机理、物系组成和聚合产物，不同体系又都有其本身的物理和化学特性，并且采用不同的聚合方法。

② 考察聚合产物的平均分子量及分子量分布、产物分子的结构和空间排列状况。

③ 聚合反应随着聚合过程的进行物料分子量增加，黏度急剧上升，其流变状况多为非牛顿流体或多向流体，因此在物料的流动、搅拌、混合方面产生一系列问题。

④ 聚合反应过程中放热和散热的矛盾特别尖锐，往往成为过程开发中的关键所在。

⑤ 聚合反应工程的理论发展落后于高分子合成工业的发展，使得高分子合成工业的发展相对于其他化学工业的发展要困难得多。

高分子材料工业的开发包括：结合聚合反应的特性和产品的要求选择聚合方法，确定聚合反应条件；为特定的聚合反应选择聚合方法；为特定的聚合方法选择聚合反应器，这就是高分子合成工业所面临的主要任务。高分子合成工业工程开发，其核心任务是聚合反应器的开发。高分子材料合成工业的开发过程如图 1-2 所示，具体可分解为六大工程模块：

① 确定高分子合成的工艺路线；

② 解决高分子合成的方法；

③ 确定高分子合成的工程设备；

④ 确定高分子合成的操作工艺条件；

⑤ 改进和强化现有反应技术和设备的能力，实现反应过程的最优化；

⑥ 研究和解决反应过程开发中的放大问题。

（2）高分子材料成型加工工业

高分子合成工业的产品形态可能是液态低聚物、坚韧的固态高聚物或弹性体。它们必须经过成型加工才能够制成有用的材料及其制品。

① 塑料。塑料的原料是合成树脂和添加剂（包括稳定剂、润滑剂、着色剂、增塑剂、填料以及根据不同用途加入的防静电剂、防霉剂、紫外线吸收剂等），塑料可分为热塑性塑料和热固性塑料，前者可反复受热软化或熔化，后者经固化成型后，再受热则不能熔化，强热则分解。其主要成型的方法有注塑成型、挤塑成型、吹塑成型、模压成型等。除模塑制品外，还有薄膜、人造革、泡沫塑料等。

② 橡胶。合成橡胶是用化学合成方法生产的高弹性体。合成橡胶制造橡胶制品时加入的添加剂通常称为配合剂，包括硫化剂、硫化促进剂、助促进剂、防老剂、软化剂、增强剂、填充剂、着色剂等。增强剂与填充剂用量较大（约 10%～20%）。

拓展阅读
常见高分子材料的成型加工方法

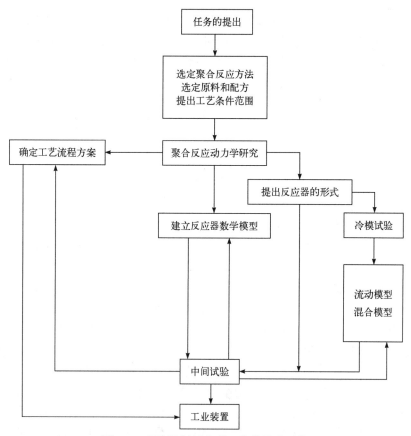

图 1-2 高分子材料合成工业的开发过程

③ 合成纤维。合成纤维通常由线型高分子量合成树脂经熔融纺丝或溶液纺丝制成。加有少量消光剂、防静电剂以及油剂等。

1.7 高分子材料工程的发展方向

（1）扩大产能及装置大型化

近几十年来，石油化工工业不断向大型化、超大型化方向发展，在同等条件范围内，装置的规模越大，单位产能所花费的投资就越少，产品的成本及能耗就越低，也就越经济。因此，世界各国都把追求规模经济，实现装置大型化作为产业结构调整的主要目标之一。由于工程技术的进步，大型装置的使用寿命可长达 15～20 年，对原料的适应性和转换产品的灵活性大大增强，加上计算机自动化控制水平的提高，从而有效地降低了物耗能耗和成本，明显增强了竞争力。为了更好地满足国内市场巨大需求，进一步增强国产高分子材料的市场竞争力，我国在近十年来已经大力进行生产装置技术改造和扩建，使生产能力得到提高，目前国内多家企业的乙烯产能已达到 120 万吨/年，进入世界同类生产装置的先进行列。

（2）调整产品结构

我国目前的产品分布尚存在结构不合理、品种牌号单一、档次低、附加值低等问题。低密度聚乙烯国内有 143 个牌号的生产技术，经常生产的只有 50 个左右，而且主要是通用膜、农膜、重包装膜及注塑牌号，其中占产量 60%的薄膜牌号基本上是通用牌号，这种通用的牌号产品使用范围比较广，价格比较低，因此效益也就差。而高档次、高附加值的专用料是专为生产各种不同用途制品提供的原料，技术含量高，自然价格也就高，获取的利润则明显高于通用牌号。目前我国进口量达数百万吨的高分子材料大多是质优价高的专用料。国内企业已经认识到开发生产专用料的重要意义，经过连续多年的技术开发工作，已经取得了非常大的进展。聚丙烯共聚专用料等新产品已被国内外大多数用户认可并大量进入市场。合成纤维、合成橡胶等其他高分子材料领域也大力开发专用料新产品，并取得显著成绩。因此，研究开发差别化产品并迅速投入市场是十分重要的，而且发展前景广阔。在产品结构调整中我国还需要不断努力解决产品成本高、质量波动的问题。由于我国的某些企业规模较小、技术水平和劳动生产率低、管理成本高等原因，导致缺乏市场竞争力。近年来我国大力进行企业重组扩大规模，组建了一批大型和超大型的集团公司，其中多个已进入世界 500 强，与国外大公司相比差距逐渐缩小，大大增强了在国际国内市场上的竞争力。采用高新技术改造传统企业，减员增效的实施都对降低成本起到积极作用。当前的市场竞争不仅靠价格竞争，而且正更多地转向依靠质量竞争。为此，我国企业必须强化质量管理、提高生产技术水平、更积极地采用新工艺、新设备和先进的控制系统，开发更多的差别化产品，并使质量稳定提高。

（3）高分子材料科学与化学工程学的理论基础

新兴的高分子材料科学的进展十分迅速，在基础科学和技术科学研究方面已经进入了宏观与微观、定性与定量、静态与动态密切结合的发展时期。通过对高分子材料结构、性能认识的不断深化，并在一定程度上突破了材料基因领域的研究，在一定程度上已能够最大限度地为现有材料和发展新材料提供科学依据，为逐步实现按预定性能设计和制备材料创造了条件。高分子化学的研究正在向深度、广度飞速发展，现在已经普遍采用数学模型、计算机方法解决大量理论和实际应用问题，为高分子材料的发展奠定了坚实的基础。新的高性能高分子聚合物的分子设计及合成、新的聚合反应和方法的不断出现，可控制聚合物的空间立构及其分子量、分子量分布，活性聚合，生物酶催化聚合等；新的功能高分子化合物的分子设计及合成；耐高温、高模量、高强度、高性能聚合物的分子设计及合成；各种有机-无机分子内杂化材料的合成，聚合物的化学改性，加工成型过程中的化学等方面的研究成果令人目不暇接。

高分子物理是支撑高分子材料科学发展的另一重要学科。聚合物的链构型、构象、支化度、序列结构、交联结构、浓溶液、液晶态、晶态、非晶态、多相体系、熔体等的新观点、新现象、新的研究方法等发展迅速；相比于高分子的"静态"结构，高分子的"动态"结构研究，如分子链运动及动力学行为、聚集态的亚稳态结构现象及变化规律、聚合物流体的非线性黏弹行为等，也都得到重视。这些研究成果产生了许多新概念、新方法和新理论，为高性能材料的分子设计奠定了理论基础。

聚合物成型加工过程中的工程问题正受到越来越多的重视。如振动剪切塑化成型、气辅成型、反应加工成型、新的成纤技术、特种纤维纺织技术等方面的研究很可能为高分子材料的应用开拓新的领域。

化学工程学是对物质与能量进行加工与转化的过程科学，它是化学加工技术的基础，其理论研究与技术方法对于利用现代科学技术改造传统的化学工业发挥着重要作用。化学工程作为学科，化学工艺作为技术，化学工业作为产业，互相促进，共同提高。在全球经济一体化的大趋势下，只有依靠先进的化学工程理论和化学加工技术，提高传统产业的产品质量和附加值，降低消耗，走内涵式和集约化发展的道路，才能保证我国的高分子材料合成工业在国际上占据应有的地位。今天，随着科学技术的迅猛发展，化学工程的研究重点转向新材料、新能源及新的清洁高效工艺过程。化学工程的研究新进展为新材料开发领域、各种新工艺的实现提供了技术基础，特别是反应工程、反应器和分离工程的进展对新材料的发展起到了重要的支撑作用。例如，在气-固、液-固两相流化床和气-液-固三相流态化理论、机理和模型方面的研究对开发新材料产生了深刻的影响，为许多重大新工艺的突破奠定了基础，许多大型高效的聚烯烃生产装置的开发、设计、投产都与之密切相关。聚合过程往往放出大量反应热，反应系统多数为非牛顿型流体，反应过程中流变特性及气相体积流速变化很大，影响反应过程的因素多，过程更复杂，建立数学模型难度较大等，近20年在解决这些重大课题方面已经取得新进展。在聚合反应器内部的研究方面已有许多突破，利用计算技术对反应器内伴随化学反应的传质、传热等理论研究已有许多新进展，已为成功解决大到几百立方米的聚合釜设计、加工、运行等一系列问题奠定了基础。同时分离技术的不断改进，解决了一些特殊材料的热敏、提纯、输送等大量难题，获得了符合各种苛刻场合要求的高级别高分子材料。

最新高科技的发展必将有力地推动材料科学与材料工业的更大突破，例如，纳米材料的发展可能引起催化材料和许多高分子材料的突破。纳米级材料具有特殊的表面效应、量子尺寸效应和隧道效应，化学性质十分活泼，用它制成纳米分子筛具有极大的催化效率，用它对高分子材料进行化学或物理改性也取得非常好的效果，使其力学性能、化学性能等都得到显著改善。可以预见纳米材料的工业化应用必将对高分子材料的新突破产生深远影响。

（4）催化剂的重大作用

催化剂的研究改进目的主要是提高催化效率以增加生产能力和生产效率并降低成本，控制聚合物分子量及分子量分布、控制分子的结构以完善聚合物性能，拓展其用途，增强市场竞争力。

追求更高的催化效率依然是高分子合成材料技术进步的重要方向。例如，合成树脂的聚合物收率已由每克催化剂能得到几千克聚合物提高到几百万克聚合物，同时随着催化剂技术的提高，聚合工艺也发生了显著的变化。如聚丙烯生产的洗涤单元被淘汰了，后处理单元也相应被精简，有效降低了投资和成本。高效催化剂开发成功使气相合成乙丙橡胶成为可能，也是气相法合成聚烯烃工艺的关键。这些催化剂研究的新成果为21世纪合成材料的新发展创造了条件。

通过改进催化剂来提高聚合物性能是另一个目的。催化剂的性能改进可以使聚合物在很宽范围内控制平均分子量，也可以在相当宽的范围内调节分子量分布；可以调节共聚单体的加入方式，控制聚合物的支化度，改变聚合物的密度、聚丙烯的立体等规度等，这就为大量增加性能各异的新牌号奠定了基础。

（5）合成、加工和应用一体化

高分子材料的合成是高分子材料创新的主要源泉，是新技术和现有技术改进中的关键因素。新材料的开发、现有材料的改进不仅要靠合成，而且测试、加工和应用也已成为开发新牌号产品的重要途径。高分子材料和其他材料一样，不是最终消费品，必须借助测试、加工和应用研究才可以进入终端消费品市场。目前，国内外普遍实行了以生产企业为主体，材料科学与材料工程、生产与研究、教学与科研的密切结合，形成一个产、学、研联合体系，指导材料的生产，提供技术服务，开发新牌号及开拓新的市场。这些年来，国内外许多大企业投入巨额资金，在汽车、建筑、包装、机械制造、信息、计算机等各个合成材料应用领域开展加工应用研究，建立各种"加工应用研究中心"，其投资力度、研究深度和广度甚至超过了下游工业本身。

事实上，测试、加工应用研究已变成了开发新产品最直接、最重要的途径之一。随着装置大型化，依靠合成开发新牌号产品的成本越来越高，而利用测试、加工应用研究成果可以很方便地利用二次加工手段开发新产品，特别是那些批量有限、用途专一的"专用料"。目前世界上有 2000 多家合成树脂共混加工厂，有的厂利用自己开发的加工软件技术可为 300 位用户定制 1700 个牌号，且没有库存。我国也有一些合成树脂共混加工厂在生产"专用料"，但是数量和用途远远不能满足需求。高分子材料生产企业对自己生产的大品种尽可能依据测试、加工应用研究成果，通过更完善的售前、售后服务，包括介绍加工性能、加工参数，指导改进加工工艺来满足加工厂的要求；下游加工厂尽可能通过增加新功能，改进外形设计来满足市场的需要；合成树脂共混加工厂作为重要的产业链中间环节，利用现成的大宗高分子材料，采用"共混"等方法开发大量新牌号产品，改进加工性能，提供"专用料"，最大化满足下游用户的不同需求，开拓并占领市场。

（6）信息技术迅速推广应用

计算机和信息技术在高分子材料领域应用范围很广，渗透贯穿到科研开发、工程设计、生产过程控制、企业管理、市场营销等各个领域，发挥了重大作用。信息技术与化学工业的结合和渗透，正成为产业升级的主要内容和抓手之一，生产过程和经营过程的集成化与科学化，是当前高分子材料工业计算机化和信息化结合的主要特征。

应用计算机计算技术使得采用更复杂、更精确的数学模型成为可能，目前已完全能进行理论化学、分子科学、分子模型、分子动力学等计算，辅助进行分子设计，推动新的高分子材料的研究开发，通过分子计算去模拟聚合物体系的能力，将更快辅助设计出可以保护人类健康、安全和与环境友好的新材料和化工新过程。同时，计算流体力学、过程模型、模拟、操作优化和控制等各种计算化学工程方法在新产品技术开发中得到越来越广泛的应用，可以保证新产品从研制到生产乃至回收利用全过程进行快速的开发、放大、设计、控制和优化。

化工过程的模拟与工艺放大是计算机在化工应用中最为基础、发展最为成熟的技术，其中最常用的是工艺流程模拟和单元操作过程模拟。通过化工过程模拟可以利用计算机求解并描述生产过程的数学模型，得到有关该过程的相关信息，进行工艺过程的分析、综合与优化。目前计算机模拟已成为化工过程工艺开发、工艺设计、生产操作控制与优化、操作培训和老装置技术改造的重要手段。随着计算机软硬件的发展，求解复杂数学问题的能力已大大增强，因此可以采用更严格、更精确的数学模型来进行模拟，使模拟可靠性大大提高，将有可能从小试试验跳过中间试验而快速实现工艺模拟放大的目标，不再依靠传统的耗时、耗物的试验放大方法。

利用计算机和信息技术建立柔性生产系统，通过多级计算机系统，把生产工艺中若干独立生产单元组的物料流（原料、中间体、成品、废物）和信息流（反映生产状态的工艺参数、设备状态、处理指令和信息）、能源流（能源、动力）结合起来，集中分配优化调度，分散进行控制，达到多品种、多用途生产的目的。我国在计算机的推广普及和信息技术利用方面越来越重视，研究开发、生产应用的力度也越来越大。在石油化工行业中已有 300 多套集散控制系统（DCS）在运行，取得了很好的经济效益，目前正在逐步推进人工智能 AI 控制生产技术。人工智能 AI 在分子设计、过程模拟与开发放大、过程仿真、设计与生产的优化、控制系统的升级、网络的建立与迅速扩展等领域将取得越来越令人瞩目的成绩。"十四五"期间将是我国大力发展人工智能 AI 技术，赶超世界先进水平的最佳发展时期。

1.8 高分子材料制备工程技术的可持续发展

（1）发展清洁生产、注重可持续发展

世界环境污染的加剧以及温室效应和臭氧层破坏等全球环境问题的日益突出，促使人们意识到只有可持续发展才是解决人类自身危机的根本途径。清洁生产是可持续发展的重要技术手段，并在 1992 年 6 月联合国环境与发展大会上被正式承认为可持续发展的先决条件，被视为工业界达到环境改善同时保持竞争性及可赢利的核心手段之一，并列入《21 世纪议程》。我国也积极参与了清洁生产的行动计划。1997 年 4 月国家环保局正式行文"关于推行清洁生产的若干意见"。近年来，清洁生产已逐渐深入人心，但与发达国家相比仍有一定差距。我国环境污染的主要来源是工业生产，开发和完善清洁生产工艺技术的任务很艰巨。清洁生产是一个发展的概念，普遍认为：清洁生产是一种连续性的一体化预防策略，它通过改变产品、过程和服务以提高效率，从而达到改善环境和降低成本的目的。可以看出，清洁生产的目的是以可持续发展的方式满足人类对产品需求的同时又在保持生态多样性的前提下提高资源和能源的利用率。

可持续发展是把生态、生产、生活"三生"统一为不可分割的整体，合理地调控自然-经济-社会复合系统，是人类在不超过资源与环境承载能力的条件下，促使经济发展，同时保持资源持续和提高生活质量。可持续发展是一个庞大的系统工程，由三个子系统组成：①经济持续发展是前提，必须保证经济不断增长；②自然持续发展是基础；③社会持续发展是目标，最终目的是改善人类的生存环境和提高人类的生活质量。

清洁生产的技术关键是从生产的源头控制污染物的产生并全过程控制污染，其控制可分为四个等级：一是减少污染来源，研究开发"原子经济"反应，力求原料分子中的原子百分之百地转化成产物，不产生副产物或废物，实现废物的"零排放"，避免在生产工艺过程中生成污染物，这是减少"三废"的根本手段；二是再循环，将不可避免产生的废料作为原料替代物成为其他工业过程的添加剂，加以循环利用；三是后处理，如果生成的废物无法循环再利用，则销毁、中和或无毒化处理（包括分离、能量回收、体积减小等），使其对环境的影响降到最低；四是排放，将处理过的废水、废气和固体废弃物排向环境（水域、大气），或注入地下或地上排放场，并长期处于可控状态。

目前清洁生产可采用的方法有：提高反应的选择性，采用新型高效催化剂是首选；尽量采用无毒无害的原料、催化剂、溶剂等；采用生物技术利用可再生资源合成化合物；研制开发"环境友好产品"，例如用植物秸秆和淀粉制造可降解塑料等。此外，利用计算机信息控制技术、人工智能 AI 技术等过程控制系统，使生产工艺过程的控制精准到位，使生产工艺过程最大程度达到清洁生产的要求。

（2）增强技术创新能力、培养高素质技术人才

技术创新是与新技术、新产品的研究开发、生产及商业化有关的技术经济活动，其主体是企业，其关键是人才。技术创新是以技术及相关活动为手段，以获取利润为目的的技术-经济相结合的综合概念。技术创新包括基础研究、应用研究、试验开发、生产应用及销售五个阶段。前三个阶段属于技术活动范畴，后两个阶段属于经济活动范畴。技术创新有三个鲜明的特点：一是强调市场实现程度和获得商业利益是检验成功与否的最终标准；二是强调从新技术的研究开发到首次商业化应用是一个整体的系统工程；三是强调企业是技术创新的主体。

1

技术创新是技术进步的核心，持续推动技术创新就会实现技术持续进步。技术创新把科技成果引进生产体系，用于制造市场需要的商品，这种科技成果产业化和商业化的过程就是技术创新。施行技术创新，开发新产品、新牌号时，流行的做法是：一是着眼市场容量，预先开拓新产品的市场，因为产品的市场容量是取得效益的前提。二是必须适应用户的各种标准，高分子材料不是终端产品，开发的新产品必须符合下游加工的各种性能要求，包括工艺参数、产品标准等，并尽量利用客户一切可以利用的现有加工设备和技术，才能促使新产品顺利进入市场。线型低密度聚乙烯、丁苯橡胶等合成材料开发并打入市场的大量成功经验以及至今有些难以形成气候的新产品的教训都证明了这一点。三是要把下游产品不断改进的需求也作为材料新产品开发工作的组成部分，根据下游用户产品变动后新的需求来确定和调整自身的新产品开发目标。四是追求最大市场效益。五是新产品开发已成为企业的永恒主题，任何产品都有一定的生命周期，为保持产品的旺销，必须不断开发、不断改进、不断推出新牌号。六是任何技术创新必须遵守发展清洁生产，注重可持续发展。

发展我国的高分子材料工业，关键在人才。我国与材料有关的高等院校很多，专业也比较齐全，每年培养出大量毕业生充实到生产、科研和管理等部门。但是由于学校专业划分太细，学生知识面相对较窄，独立实践能力欠缺，因此人才质量还远远不能满足当前材料科学与技术高速发展的需求，不能适应现代高分子材料工业的需求和化工交叉学科的发展。因此，一方面高等院校要进行专业改革，大力拓宽专业，推进教学和生产、科研相结合，在企业建立教学实践与科技开发基地；另一方面，企业要加强继续教育，在生产和科研部门工作的技术人员都要树立终生教育的观念，不断吸取补充新鲜的知识。要大力促进各专业之间的密切合作；要提倡大学、研究所与企业之间，工程技术人员与科学家之间的相互交流，这样不但可以促进科技问题的解决，对工程技术人员素质的提高与知识的更新都会产生很好的效果。通过大力推进教育、教学改革，大力推进产、学、研密切结合，大力推进人才与学术的交流，必将为新世纪知识经济的兴起和发展创造条件，担当起实现 21 世纪我国材料科学和材料工业发展的历史任务。

（3）高分子材料制备工业的工艺安全管理

高分子材料制备工业所用的单体和有机溶剂多为易燃、易爆的有机物，很多生产设备也往往是在压力条件下进行操作的，较容易发生的安全事故是引发剂、催化剂、易燃单体、有机溶剂引起的燃烧与爆炸事故；可燃气体、液体的蒸气或有机固体与空气混合时，当达到一定的浓度范围，遇火花就会引起激烈爆炸，例如乙烯的爆炸极限是 2.7%（下限）和 34.0%（上限）。因此高分子聚合生产过程中存在着爆炸、燃烧和泄漏的风险；同时，高分子聚合生产过程中所用的各类化学品、单体、溶剂、聚合用助剂、加工助剂等，有些已知为剧毒品、可致癌物质、具有腐蚀性、长期积累可中毒等；聚合生产过程中产生的废水，主要来源于聚合物分离和洗涤单元操作排放的废水和设备清洗产生的废水；而粉尘则主要来自聚合后树脂干燥过程。因此，高分子材料制备过程中的工艺安全管理和人身健康管理成了一项极其重要的课题。

现代化工生产过程通过先进的工程技术控制和严格的行政管理控制两种手段，最大限度地减少化工工业的风险。工程技术控制是在生产装置的设计和安装过程中，通过配套高性能的安全设备和稳定性的控制系统和安全检测系统，避免整个装置从设计和安装上就能最大限度地减少人为因素带来的潜在风险，工程技术控制包括报警和连锁等安全设施和控制手段。行政管理控制是通过对制度和生产工艺步骤的严格管理达到安全生产的目的。行政管理控制包括安全制度、生产制度，以及对个人劳动保护用品的要求等。在化工生产工业中，应该首先通过工程技术控制手段来减少风险，其次才是使用行政管理控制手段来减少风险。

（4）高分子合成材料的回收利用

高分子合成材料中以塑料的产量最大，应用最广。废旧塑料的妥善处置以及回收利用已成为解决环境污染和充分利用自然资源的关键问题之一。由于废旧塑料中热塑性塑料占绝大部分，因此废旧塑料的回收处理主要是以热塑性塑料为主。随着科学技术和新型聚合物改性工艺的发展，具有生物降解功能的高分子合成材料越来越受到人们的重视，可生物降解的一次性生活用品也越来越多，大大缓解了废旧塑料回收处理这一难题。

虽然目前全球的高分子材料在使用过程和回收处理过程中都存在一些问题，但是随着科学技术的进步和发展这些问题将逐渐被攻克。新型、高性能、易回收处理的高分子材料逐渐出现在人们的生活生产及科技领域，高分子材料必将为人类社会的进步和发展作出更大的贡献。

本章小结

高分子材料深深影响着社会的发展和我们的衣食住行，人类社会对高分子材料的需求是高分子科学产生和发展的推动力，和其他学科的交叉、融合则是高分子科学成长过程的特点。高分子材料的智能化发展和可持续发展是我们必须面临的挑战。本章的学习可参考如下思维导图。

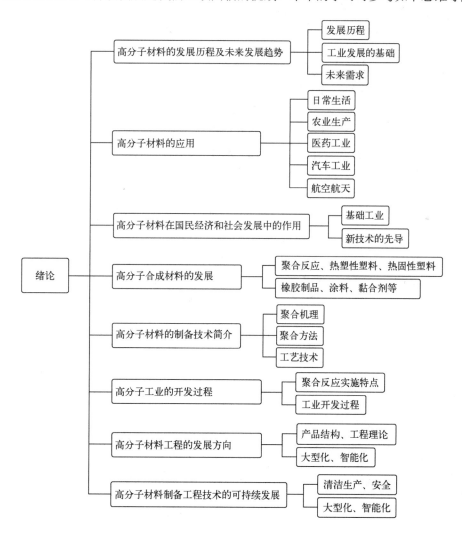

课堂讨论

（1）统计了解近几年我国及世界用量最大的聚合物（包括塑料、橡胶、纤维、涂料、胶黏剂等领域）年消耗量，并说明其重要性和主要的用途。

（2）寻找 3～5 种你认为性能极佳的高分子材料，说明其优缺点和制备的方法。

（3）"绿水青山就是金山银山"理念深刻揭示了生态环境保护与经济社会发展之间的辩证统一关系。结合课堂学习，讨论聚合物制备的可持续发展面临的挑战。

本章习题

1. 请简述高分子材料科学发展历程的三个阶段。

2. 天然高分子通过什么样的加工方法可以获得何种高分子材料？

3. 21 世纪后高分子材料功能化智能化发展方向是哪些？

4. 高分子材料在生活中有哪些具体应用？

5. 你所了解的高分子材料有哪几类？举例说明。

6. 不同类型的聚合反应可以通过几种方式实现？

7. 与低分子化学反应相比，聚合反应的实施具有什么特点？

8. 高分子材料合成工业的工业开发包括哪几个工程模块？

9. 今后高分子材料工程的发展方向是什么？

10. 高分子材料制备工程技术的可持续发展包括哪几个方面？

11. 为什么要重视高分子合成材料的回收利用？

12. 化工生产中的"三废"通常是指什么？应该怎么处理？

13. 试述化工清洁生产必须控制好哪几个方面？

14. 可持续发展系统工程的三个子系统是什么？

15. 目前清洁生产可采用的方法有哪些？

第2章 聚合物原料单体的来源及制备过程

内容提要：

本章主要介绍了聚合物原料的主要来源和聚合物的制备过程。内容涉及常用聚合单体的物性和不同的来源路线，着重介绍了石油化工路线和煤化工路线；对单体的要求、精制及聚合体系的准备，以及从工程的角度对聚合物制备过程进行了较为详细的分析。

学习目标：

（1）了解并掌握常用单体的性质和来源，判断不同路线获得单体的差异。
（2）判断不同路线的优劣，以及不同形势下对国民经济的影响。
（3）熟悉并掌握不同聚合物的产品路线。
（4）掌握聚合物制备的几个步骤，学习聚合物反应器的工业控制要求。

重点与难点：

（1）不同路线获得的单体精制的要求和对聚合反应的影响。
（2）从过程的角度分析聚合物制备过程的工艺控制要求。
（3）聚合物制备的实施过程中，如何控制其对环境的影响。

用来合成高分子聚合物的原料称为单体，大多数单体是脂肪族化合物，包括不饱和的各类烯烃、炔烃及含有可反应官能团的各种化合物；少数是芳香族化合物或者其他各种环状化合物。特殊性能的耐高温聚合物、导电聚合物、光敏聚合物主要采用芳香族化合物，甚至是杂环类化合物合成。

拓展阅读

常用聚合物
原料单体一览表

合成高分子聚合物的原料要求来源丰富、成本较低，因为原料单体的成本有时占产品成本较大的比例，同时要求单体的生产路线要简单，且成本要合理。当前最重要的原料来源路线有石油（天然气）路线、煤炭路线及其他原料路线三个主要路线。以天然气、石油、煤炭和其他天然原料合成单体的过程见图2-1。

（1）石油（天然气）路线　原油经石油炼制得到汽油、石脑油、煤油、柴油等馏分和炼厂气。将它们作为原料进行高温裂解，得到的裂解气经分离得到乙烯、丙烯、丁烯、丁二烯等。同时产生的液体经加氢后催化重整使之转化为芳烃，经萃取分离可得到苯、甲苯、二甲苯等芳烃化合物。然后可将它们直接用作单体或进一步经化学合成加工来生产一系列单体。石油化工路线是当前产量最大的单体生产路线。

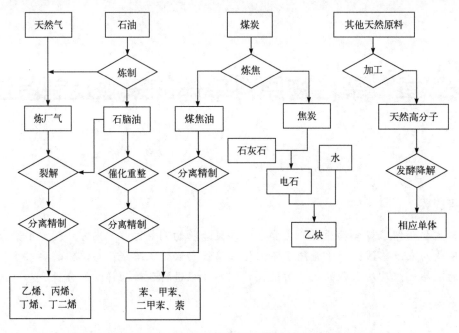

图 2-1　以天然气、石油、煤炭和其他天然原料合成单体的过程

（2）煤炭路线　煤炭经炼焦或煤气化生成煤气、氨、煤焦油和焦炭。由煤焦油经分离可得到苯、甲苯、苯酚等。焦炭与石灰石在电炉中高温反应得到电石，电石与水反应生成乙炔，由乙炔可以合成一系列乙烯基单体或其他有机化工原料；20 世纪 50 年代以前聚合物单体的合成路线主要是乙炔路线，也就是煤炭路线，后来逐渐转变为石油化工路线。目前随着我们国家煤气化技术的日趋成熟，合理利用煤炭路线制备聚合物用单体的技术也越来越成熟。

（3）其他原料路线　主要是以农副产品或木材工业副产品为基本原料，直接用作单体或经化学合成加工生产单体。此路线涉及一些粮食为基本原料，且成本相对较高，在充分利用自然资源、变废为宝的前提下少量生产某些单体或化工产品，存在一定的价值，特别是有需求的生物基材料领域。

2.1　石油（天然气）原料路线

石油是自然界最丰富的有机原料之一，石油比水轻，不溶于水，它的主要成分是碳氢化合物，同时含有少量氧、硫或氮的有机化合物，在开采过程中可能混入一些水分、泥沙和盐分。从油田开采出来未经加工的石油称为原油，原油一般是褐红色至黑色的黏稠液体。不同地区开采的原油化学组成和物理性质也有所不同。根据石油中所含烃类的不同，可以把石油分为三类：以直链结构为主的通常称为石蜡基原油，以环烷烃为主的通常称为环烷基石油，第三类介于上述二者之间，称为中间基原油。我国所产石油大多属于石蜡基石油，即属低硫、石蜡基原油，硫含量一般在 0.1%（质量分数）左右，含蜡高达 22.8%～25.8%（质量分数）。石油中所含硫化物有硫化氢、硫醇、硫醚、二硫醚、噻吩等，其可使加工设备腐蚀，使催化剂中毒等。石油中含氧量除个别在 3%以上，一般多在千分之几范围内波动，其含氧化物主要是脂肪酸、环烷酸、酚类、酮、醛、酯类等。石油中还含有胶质、沥青质、沥青质酸等结构较复杂的胶状物质，但这些胶状物质绝大部分集中在石油的残渣中。以石油（天然气）为原料制备高分子合成材料的主要路线如图 2-2 所示。

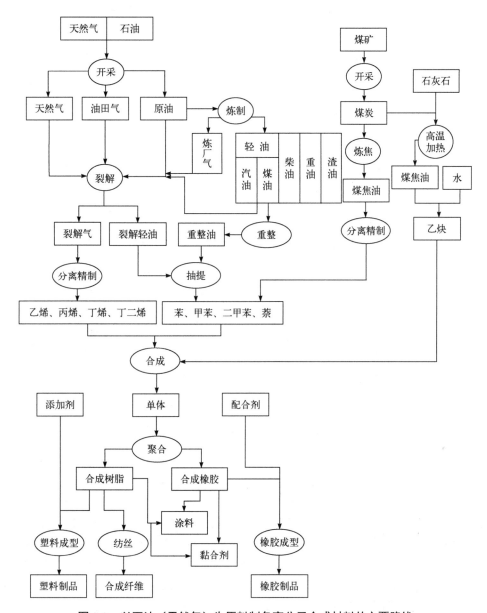

图 2-2　以石油（天然气）为原料制备高分子合成材料的主要路线

2.1.1　石油的炼制（常减压）

石油炼制主要是在 300～400℃通过常压蒸馏将石油分为石油气、石油醚、汽油（石脑油）、煤油、轻柴油、重柴油等馏分；高沸点部分再经减压蒸馏制得减压柴油、变压器油、含蜡油等馏分；沸点较高不能蒸出的部分称为渣油。各类油品的沸点范围、大致组成及用途见表 2-1，石油炼制工艺流程示意图如图 2-3 所示。

表 2-1　各类油品的沸点范围、大致组成及用途

油品名称	馏程/℃	碳原子数		分子量范围	主要用途
		范围	平均数		
石油气及液化石油气	气体	$C_1 \sim C_4$			裂解原料、燃料等
汽油	<200	$C_5 \sim C_{11}$	约 8	100～120	内燃机燃料、溶剂等
煤油	150～280	$C_8 \sim C_{15}$	约 12	180～200	喷气式飞机燃料等
轻柴油	200～350	$C_{16} \sim C_{20}$	约 16	220～240	柴油机燃料、锅炉燃料、化工原料等
减压馏分	300～500	$C_{20} \sim C_{35}$	约 30	370～400	防腐绝缘材料、铺路及建筑材料等
减压渣油	>500	$>C_{35}$	约 70	900～1100	铺路及建筑材料等
作为裂解原料的石脑油	<220				
轻质石脑油	<150				
中质石脑油	105～160				
重质石脑油	160～200				

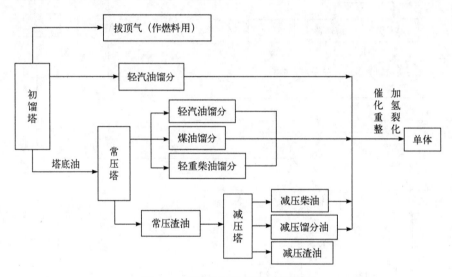

图 2-3　石油炼制工艺流程示意图

　　石油进入炼油厂，经脱盐、脱水处理后预热至 200～240℃后送入初馏塔。从初馏塔顶蒸出的轻烃，通常称为拔顶气，其数量和组成与原油的性质有关。一般占原油的 0.15%～0.40%。这当中含有 2%～4% 的乙烷，30% 的丙烷，40%～50% 的丁烷，其余为 C_5 及其以上成分。拔顶气一般作燃料用。从初馏塔顶蒸出的轻汽油组分（即石脑油，沸点 60～160℃）是催化重整装置生产芳烃的原料，也是生产乙烯的原料。

　　初馏塔塔底油被送入常压加热炉加热至 360～370℃，然后进入常压塔分馏出轻汽油馏分、煤油馏分（沸点 130～240℃），轻重柴油馏分（沸点 180～360℃）等。这些馏分有的可以作为裂解原料生产乙烯，有的可以作为催化重整或催化裂化原料，生产各种化工产品。从常压塔底分馏出的馏分称为常压渣油馏分，为了避免其在高温下分解，采用减压蒸馏。在减压塔中使之分离为减压柴油馏分（360～500℃）和减压馏分油。从塔底获得减压渣油（沸点在 500℃ 以上）。在实际的炼制装置中，根据馏分用途的不同，在实际的操作过程中各馏分的沸点范围有一定的变化。

2.1.2 石油裂解制备烯烃、芳烃及其他化工原料

（1）石油的高温裂解 乙烯和丙烯是塑料生产中最主要的烯烃单体，单套乙烯生产装置的年产量已从 20 世纪六七十年代的 15 万吨发展到目前的 100 多万吨。高温裂解装置使用管式裂解炉，裂解温度可达 800～1000℃；为了避免高温裂解管内结焦（炭）过快，通常裂解沸点较低的轻组分液体油品或气体，例如轻柴油、石脑油以及乙烷、丙烷和丁烷等，裂解轻组分液体和裂解气体所用的装置设备结构基本相同。

裂解过程是将液态烃（石脑油、轻柴油等）或气态烃（乙烷、丙烷、丁烷）在稀释水蒸气存在下，在接近 800～1000℃高温下热裂解为烯烃和二烯烃的过程。为了减少副反应，提高烯烃的收率，原料烃类在高温裂解区的停留时间一般低于 1s，有时仅为 0.2～0.5s。用水蒸气稀释的目的是为了降低烃类的分压，提高烯烃的收率，同时抑制副反应并减缓结焦的速度。乙烯装置高温裂解生成的裂解气成分是非常复杂的，主要包括乙烯、丙烯、氢气、甲烷、乙烷、丙烷、丁二烯、芳烃、裂解汽油和少量乙炔等。裂解气经过深冷分离后可制得聚合级高纯度的乙烯和丙烯，副产品包括丁二烯、混合芳烃和作为裂解炉燃料的尾气等。

按照生产工艺的不同，乙烯装置第一个分离塔可以是脱乙烷塔也可以是脱甲烷塔，其余步骤和设备基本相同。图 2-4 为裂解与分离过程的主要工序，实际生产过程要复杂得多，因为各精馏塔都是在压力和低温下操作。

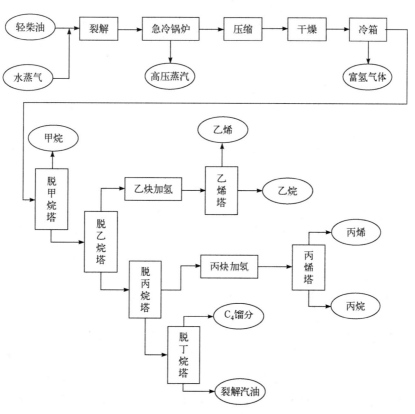

图 2-4 石油裂解与分离过程的主要工序

（2）催化裂化 催化裂化法是在 500℃左右条件下使减压柴油或常压重油进行高温催化裂化，是一个极其复杂的物理化学过程；各种产品的数量和质量不仅取决于各类烃在催化剂上的反应，而且还与原料气在催化剂表面上的吸附、反应物的脱附以及分子在气流中的扩散等物理过程有关。工业上采用的催化裂化装置主要有硅酸为催化剂的流化床催化裂化及以高活性稀土分子筛为催化剂的催化裂化两种。催化裂化法流程如图 2-5 所示。

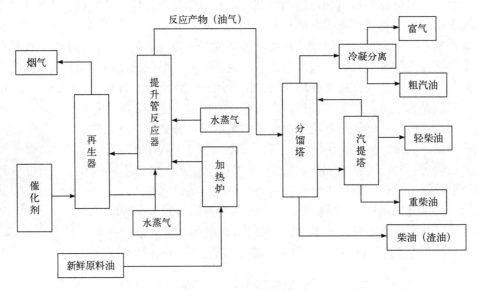

图 2-5 催化裂化法流程

拓展阅读

催化裂化过程中的化学反应

在催化裂化的高温条件下，原料中各种烃类进行着错综复杂的反应，不仅有大分子裂化成小分子的分解反应，也有小分子生成大分子的缩合反应（甚至缩合成焦炭）；与此同时，还进行异构化、氢转移、芳构化等反应。在这些反应中，分解反应是最主要的反应，各类烃的分解速率为：烯烃>环烷烃、异构烷烃>正构烷烃>芳香烃，催化裂化正是因此而命名。

（3）催化重整 催化重整是以石脑油为原料生产高辛烷值汽油调合组分、轻芳烃（苯、甲苯、二甲苯，简称 BTX），同时副产氢气的重要石油炼制过程。重整是指对烃类的结构重新排列，使之转变为另一种分子结构烃类的过程；催化重整是指原料油中的正构烷烃和环烷烃在催化剂存在下转化为异构烷烃和芳烃的过程，催化重整反应的核心是环烷烃脱氢转化为芳烃的反应。随着车用燃料清洁化程度的不断提高和石油化工工业对 BTX 需求量的不断增加，催化重整在石油炼制与石油化工工业中将会发挥越来越大的作用。石脑油催化重整生产芳烃的工艺流程见图 2-6。

（4）加氢裂化 催化加氢是在氢气存在下对石油馏分进行催化加工过程的通称。催化加氢技术包括加氢处理和加氢裂化两类。加氢处理是指在加氢反应过程中只有≤10%的原料油分子变小的加氢技术，它包括传统意义上的加氢精制和加氢处理技术。依照其所加工的原料油不同，它包括催化重整原料油加氢精制、石脑油加氢精制、催化汽油加氢精制、喷气燃料加氢精制、柴油加氢精制、催化原料油加氢预处理、渣油加氢处理、润滑油加氢、石蜡和凡士

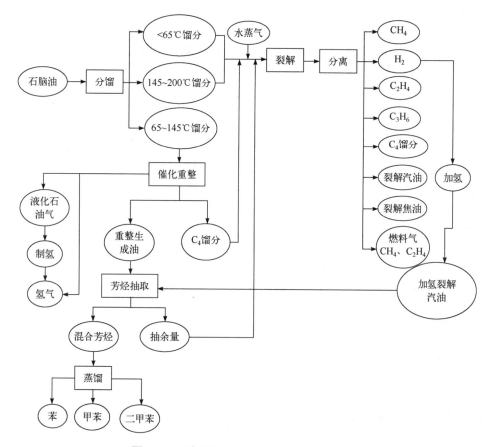

图 2-6　石脑油催化重整生产芳烃的工艺流程

林加氢精制等。而加氢裂化是指在加氢反应过程中，原料油分子中有 10% 以上变小的加氢技术，它包括传统意义上的高压加氢裂化（反应压力>14.5MPa）和缓和与中压加氢裂化（反应压力≤12.0MPa）技术。依照其所加工的原料油不同，可分为减压馏分油加氢裂化、渣油加氢裂化等。

　　加氢精制的优点是：原料油的范围宽，产品灵活性大，液体产品收率高，产品质量好。而且与其他产生废渣的化学精制方法相比还有利于保护环境和改善工人劳动条件。因此无论是加工高硫原油还是加工低硫原油的炼厂，都广泛采用这种方法来改善油品的质量。

拓展阅读

加氢裂化过程中的化学反应

2.1.3　天然气的精制

　　（1）天然气的组成及分类　　天然气是埋藏在地下不同地层中的一种以甲烷为主要成分的可燃性气体。天然气中除含有甲烷外，还含有乙烷、丙烷、丁烷及 C_4 以上的烃类。此外，还常含有少量二氧化碳、二氧化硫、硫化氢、氮等气体。

　　天然气按其组成可分为干气和湿气两类。干气的主要成分是甲烷，在常温下加压不能使其液化，一般每立方米气体中 C_3 以上的烷烃类含量低于 $13.5×10^{-6}m^3$ 的称为干气。高于此值的天然气称为湿气。湿气除含甲烷以外，还含有乙烷、丙烷、丁烷及 C_4 以上的烷烃，在常温下加压可部分液化。

天然气按其来源可分为气井气、油田伴生气。气井气是单独蕴藏的天然气，多为干气。油田伴生气是与原油伴生的天然气，以甲烷为主，也含有乙烷、丙烷或其他多碳原子的气体烃类。

我国天然气产地很多，蕴藏量丰富，其组成如表 2-2 所示。

表 2-2　我国主要的天然气产地及组成

产地	组成（体积分数）/%									
	CH_4	C_2H_6	C_3H_8	C_4H_{10}	C_5H_{12}	CO	CO_2	H_2S/（mg/kg）	H_2	N_2
四川油田	93.01	0.80	0.20	0.05	—	0.02	0.40	20～40	0.02	5.50
大庆油田	84.56	5.29	5.21	2.29	0.74	—	0.13	30	—	1.78
辽河油田	90.78	3.27	1.46	0.93	0.78	—	0.50	20	0.28	1.50
华北油田	83.50	8.28	3.28	1.13	—	—	1.50	—	—	2.10
胜利油田	92.07	3.10	2.32	0.86	0.10	—	0.68	—	—	0.84

（2）天然气的净化及分离　天然气中往往含有一些有害杂质，如水、二氧化碳、硫化氢等。在一定的温度及压力下，水与烷烃会形成水合物而造成管道堵塞；同时，一些酸性气体对管道及设备会造成腐蚀；所以，在输送天然气之前要对之进行净化。脱除酸性气体的方法有化学吸收法、物理吸收法、吸附法和转化法等。

化学吸收法是指利用碱类或醇胺类等物质（吸收剂）与天然气中的酸性物质进行化学反应使之被吸收的一种方法。物理吸收法是指天然气中的酸性物质溶解于吸收剂当中，从而使之被吸附-脱除净化；常用的吸收剂有甲醇、丙烯碳酸酯、环丁砜等。若天然气处理量较少，并且其中所含杂质也不多时，可以利用分子筛吸附去除天然气中的有害物质。天然气湿法脱硫过程如图 2-7 所示。

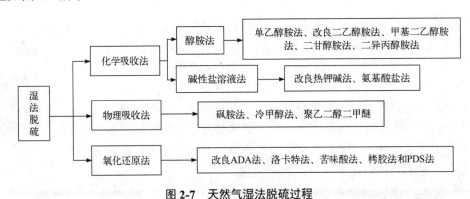

图 2-7　天然气湿法脱硫过程

天然气中的主要成分是甲烷。为了综合利用天然气，提高天然气资源的经济效益，需要从其中将所含的 C_2 以上的烃类分离，作为化工原料。天然气最常用的分离方法有吸附法、油吸收法、浅冷及深冷分离法等。

吸附法是利用天然气中所含各种烃类对吸附剂的吸附量的差异而进行的，常用的吸附剂是活性炭等。脱附是用吸附后的干气经增压和加热后作为脱附气，脱附温度为 235～265℃。脱附气经冷凝分离后可回收烃类。吸附法多用于处理气量较小及含液烃量较少的天然气的分离。吸附法装置比较简单，但能耗较大，生产成本也较高。

利用天然气中各组分在吸收油中溶解度的不同，使不同烃类分离的方法称为油吸收法。

油吸收分离装置中，主要有吸收塔、富油稳定塔和富油蒸馏塔。在吸收塔中，用吸收油吸收需要回收的烃类，同时也将吸收少量不需要回收的轻组分。吸收烃类的吸收油在富油稳定塔中脱除不需要回收的轻组分，如甲烷，然后再送入富油蒸馏塔中蒸馏出液态烃，分离出液态烃后的吸收液经冷却后再送入吸收塔循环使用。

用加压冷冻的方法，可使相应部分的烃类冷凝，由此可将天然气进行分离。冷凝温度在 -20~40℃ 范围内的冷凝分离法，称为浅冷分离法。将天然气冷却至 -90℃ 左右，由此回收乙烷及 C₂ 以上烃类的分离方法称为深冷分离法。当天然气压力很高，烃含量较低时，用浅冷分离法比较经济。

2.1.4 以石油路线为基础的合成单体、聚合物路线

石油经炼制、高温裂解、催化裂化、催化重整、加氢裂化热裂解分离可以得到乙烯、丙烯、丁二烯和芳烃、苯、甲苯、二甲苯等，它们是重要的基本有机原料，这些基本有机原料可以直接作为单体，也可以通过化学合成成为单体，从而经过聚合得到各种合成树脂与合成橡胶等高分子聚合物材料。

2.1.4.1 乙烯系列产品

乙烯用量最大的产品是聚乙烯，约占乙烯消耗量的 45%，而环氧乙烷、乙二醇、苯乙烯、氯乙烯、乙醛、乙醇及高级醇等也都是来源于乙烯的主要化工原料产品，如图 2-8 所示。

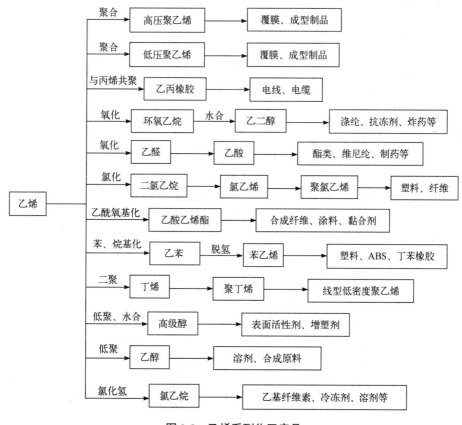

图 2-8 乙烯系列化工产品

乙烯系列主要单体的合成方法:

（1）氯乙烯 氯乙烯主要用作生产聚氯乙烯与氯乙烯共聚物塑料的单体，也可用作纤维单体。硬聚氯乙烯可制造各种耐腐蚀设备、管道以及日用品，软聚氯乙烯可用作电线、电缆的绝缘包皮，聚氯乙烯薄膜可作防雨材料及农业用薄膜等。

氯乙烯的生产方法较多，有乙烯直接氯化法、乙烯氧氯化法，生成二氯乙烷后进行热裂解。目前工业上应用最广的方法为乙烯氧氯化法，它是目前氯乙烯生产中较先进合理的方法，具有原料单一、价格便宜、工艺简单、污染小等优点。其反应式如下：

乙烯直接氯化法 $\qquad$ $C_2H_4 + Cl_2 \longrightarrow ClH_2C-CH_2Cl$

乙烯氧氯化法 $\qquad$ $C_2H_4 + HCl + O_2 \longrightarrow ClH_2C-CH_2Cl + H_2O$

二氯乙烷热裂解法 $\qquad$ $ClH_2C-CH_2Cl \longrightarrow H_2C=CHCl + HCl$

乙烯直接氯化反应的反应温度为 $40\sim70℃$，反应压力为 $0.098\sim0.29MPa$，乙烯与氯等分子比或乙烯稍过量，催化剂为三氯化铁；乙烯氧氯化反应的主催化剂为氯化铜，助催化剂为碱金属氯化物等，反应温度为 $215\sim300℃$，反应压力 $0.34\sim0.59MPa$，原料配比 $C_2H_4:HCl:O_2=(1.02\sim1.2):2:(0.5\sim0.9)$（摩尔比），氧化剂为空气或氧气；二氯乙烷的裂解温度为 $470\sim650℃$，反应压力 $1.47\sim3.92MPa$。

（2）乙酸乙烯酯 乙酸乙烯酯的主要用途是制造聚乙酸乙烯酯，用于制备黏合剂和水溶性涂料；乙酸乙烯酯也可用于制备聚乙烯醇，它主要用于维尼纶纤维的原料、黏合剂等。

目前，乙烯气相法生产乙酸乙烯酯是最经济的生产方法。其主要反应式如下：

$$C_2H_4 + O_2 + CH_3COOH \longrightarrow H_2C=CHCOOCH_3 + H_2O$$

乙烯气相法采用贵金属催化剂，如钯、金等，反应温度为 $140\sim210℃$，反应压力为 $0.49\sim0.98MPa$，$C_2H_4:O_2:CH_3COOH=9:2:1$（摩尔比）。

（3）苯乙烯 聚苯乙烯的产量仅次于聚乙烯和聚氯乙烯，是第三大消耗量的聚合物。此外苯乙烯还可用于制造丙烯腈-丁二烯-苯乙烯共聚物（ABS 树脂）、苯乙烯-丁二烯-苯乙烯（SBS 弹性体）、丁苯橡胶、苯乙烯-丙烯腈共聚物（SAN）、不饱和聚酯、离子交换树脂、涂料用树脂及绝缘体等。

目前，主要用乙苯直接脱氢制苯乙烯。脱氢反应是在常压条件下于 $550\sim650℃$ 下进行的。催化剂一般用活性氧化锌，也有用三氧化二铁及三氧化二铬等作催化剂。为了减少裂解及焦化等副反应，进料中配以一定量的水蒸气。苯乙烯收率以乙苯计约为理论量的 89%。

（4）环氧乙烷 环氧乙烷是重要的有机化工原料，它的主要用途是生产乙二醇，还可用于生产表面活性剂、医药用品、乳化剂、溶剂、杀菌剂、添加剂等。

目前生产环氧乙烷的主要方法是直接氧化法。由乙烯和空气或氧气在银催化剂作用下可直接生产环氧乙烷。反应温度为 $240℃$，反应压力为 $1.01\sim3.04MPa$，其反应式为：

$$C_2H_4 + O_2 \longrightarrow C_2H_4O$$

（5）乙二醇 在聚合物工业中，乙二醇主要用于制造聚酯纤维，其次用于生产聚酯薄膜；此外还可用于制造炸药、防冻剂等。目前生产乙二醇的主要方法是用环氧乙烷水合法。在 $150℃$、$1.42MPa$ 下，其反应为：

$$C_2H_4O + H_2O \longrightarrow HOH_2C—CH_2OH$$

2.1.4.2　丙烯系列产品

丙烯主要是由乙烯装置采用馏分油作为裂解原料时联产产生的，或者从催化装置副产的液化气中回收。天然气中的丙烷含量约为乙烷含量的 40%，其催化裂解也可得丙烯。丙烯是仅次于乙烯的另一重要的烯烃原料。丙烯主要用于生产聚丙烯及其他产品，如丙烯腈、异丙醇、苯酚、丙酮、丁醇、辛醇、丙烯酸类、环氧丙烷等，如图 2-9 所示。

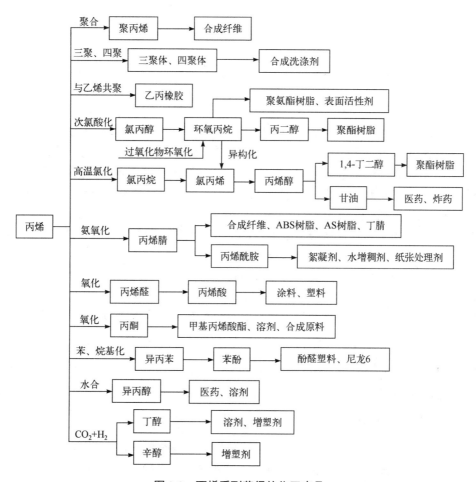

图 2-9　丙烯系列获得的化工产品

丙烯系列主要单体的合成方法：

（1）环氧丙烷　环氧丙烷主要以其衍生物形式得到广泛应用，其衍生物用量最多的是聚氨基甲酸多元醇酯树脂。用环氧丙烷生产的丙二醇，可以用于生产不饱和聚酯增强塑料。环氧丙烷的生产方法很多，主要方法是氯醇法。其反应方程式为：

$$CH_3—CH＝CH_2 + HOCl \longrightarrow CH_3—\underset{\underset{OH}{|}}{CH}—CH_2Cl \xrightarrow{+Ca(OH)_2} CH_3—CH—CH_2 + CaCl_2 + H_2O$$

氯醇法的优点是技术成熟，收率较高，可达 90% 以上，选择性好。

（2）丙烯酸及其酯类　丙烯酸及其酯类工业用途极为广泛，主要应用于表面涂层、塑料、纤维、有机玻璃、胶乳、水溶性树脂等生产中。丙烯酸及其酯类的生产方法中，主要是丙烯直接氧化法，它是目前采用最多的方法。将原料丙烯、水蒸气和空气混合后，在温度 330～370℃下通过由氧化铜及其他重金属氧化物载于惰性硅氧化铝载体上的催化剂，使丙烯氧化成丙烯醛。丙烯醛在 260～300℃温度下经含铝与钒的复合氧化物，催化氧化生成丙烯酸，反应为：

$$CH_3CH = CH_2 + O_2 \longrightarrow CH_2 = CHCHO + H_2O$$

$$CH_2 = CHCHO + O_2 \longrightarrow CH_2 = CH-COOH$$

丙烯酸酯是以丙烯酸与相应的醇在离子交换树脂催化剂存在下，在沸点温度连续进行酯化反应制得的。

甲基丙烯酸可以采用丙酮丁醇法，也可以采用异丁烯氧化法进行生产。异丁烯经过两步氧化，先氧化生成甲基丙烯醛，然后生成甲基丙烯酸。甲基丙烯酸酯类同样可以采用甲基丙烯酸与相应的醇进行反应而得，也可以采用其他的方法直接得到。如甲基丙烯酸甲酯就可以采用丙烯、一氧化碳与甲醇进行羟化反应生产 2-甲氧基异丁酸甲酯，然后通过水解反应分解成甲基丙烯酸甲酯和甲醇。甲基丙烯酸及其酯类也是一类重要的有机化工原料，尤其在聚合物制造业用途极为广泛。

（3）丙烯腈　丙烯腈是生产合成纤维、橡胶、塑料的一种重要单体。由丙烯腈还可制备丙烯酰胺、丙烯酸及其酯类、己二腈、己二胺等。

目前，世界各国丙烯腈生产方法几乎都采用丙烯氨氧化法。即原料气体中丙烯、丙烷、氨、空气的比例为 1.0：0.08：1.0：9.8（体积比），在 440℃及 63.74kPa 下，由磷钼酸铋等催化剂作用生成丙烯腈。也有采用含锑催化剂和含碲催化剂的。其主反应为：

$$CH_2 = CH - CH_3 + NH_3 + O_2 \longrightarrow CH_2 = CH - CN + H_2O$$

丙烯腈的收率可达 85%以上。丙烯氨氧化是一强放热反应，反应温度又较高，工业上大多采用流化床反应器。

2.1.4.3　C$_4$烯烃原料系列产品

C$_4$烯烃是合成橡胶及其他化工产品的主要原料。少量的饱和 C$_4$烃类来自天然气，其余的来自石油的催化裂解、石脑油的蒸汽裂解，以及在炼油厂的催化重整和催化裂解过程中作为副产物所排出的气体。

丁烯可由天然气、油田伴生气中所含 C$_4$馏分中的丁烷采用催化脱氢或氧化脱氢的方法直接生产，而目前工业上主要是以炼油厂中的石油馏分经催化裂化、热裂化等方法所得 C$_4$馏分中分离出丁烯；另外，乙烯装置也可副产丁烯。

丁二烯的生产方法主要是以乙烯装置副产 C$_4$馏分中抽提丁二烯工艺为主。其次，丁烷催化脱氢或氧化脱氢也是生产丁二烯比较重要的方法。

C$_4$烯烃主要包括 1-丁烯、2-丁烯、异丁烯以及 1,3-丁二烯。以 C$_4$烯烃为原料得到的主要产品详见图 2-10。

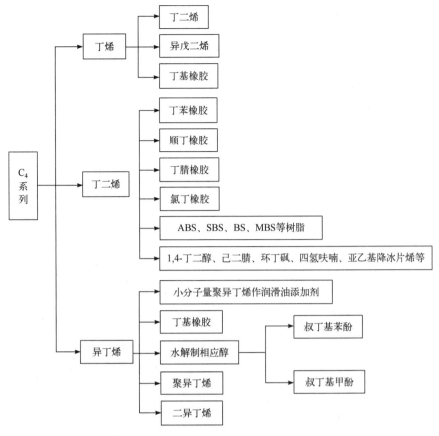

图 2-10　C₄ 烯烃为原料得到的化工产品

2.1.4.4　芳烃系列产品

芳烃是重要的化工原料，主要有苯、甲苯、乙苯、二甲苯、三甲苯、甲乙苯等。它广泛应用于合成橡胶、塑料、纤维、洗涤剂、染料、医药、农药、香料、助剂、炸药等工业中。此外还作为汽油添加剂提高其辛烷值。基于世界芳烃需求量急剧增长，作为芳烃来源的原料也发生了变化。在国外，芳烃的来源从 20 世纪 50 年代初开始以煤高温干馏副产品粗苯和煤焦油为基础的原料来源逐渐转向石油芳烃的生产。现在芳烃世界总产量的 90% 以上来自石油。

（1）以苯为原料得到的化工产品　全世界苯总产量的 80% 用于生产苯乙烯、苯酚和丙酮。以苯为原料得到的产品详见图 2-11。

（2）以甲苯为原料得到的化工产品　甲苯主要用作溶剂和高辛烷值汽油的添加剂。甲苯脱烷基制苯以及甲苯歧化生产二甲苯也是甲苯的一个重要用途。此外，由甲苯还可以生产染料、医药、香料、农药和炸药等。参见图 2-12。

（3）以二甲苯为原料得到的化工产品　二甲苯是指邻二甲苯、间二甲苯、对二甲苯和乙苯四种同分异构体的混合物。二甲苯作为溶剂广泛应用于涂料工业当中。以二甲苯为原料可制得多种化工产品，参见图 2-13。

2

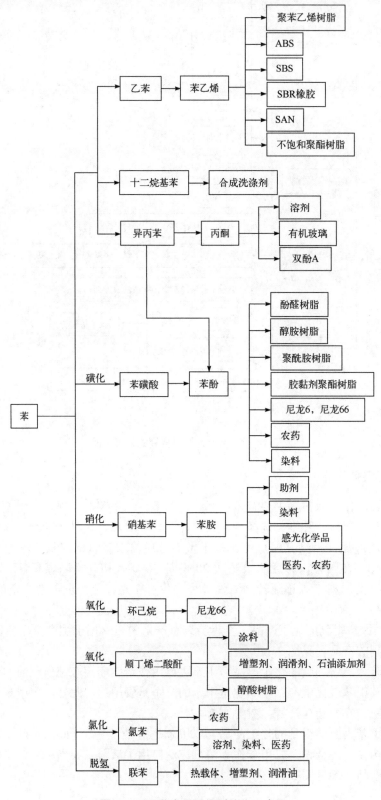

图 2-11   以苯为原料得到的化工产品

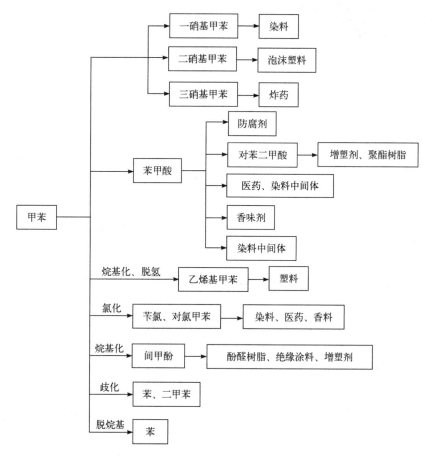

图 2-12　以甲苯为原料得到的化工产品

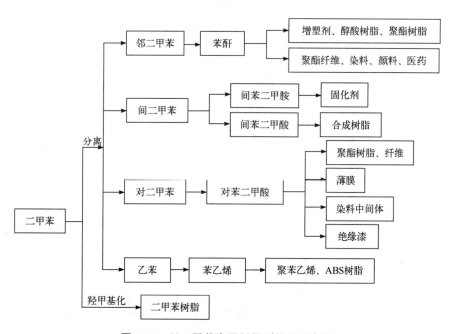

图 2-13　以二甲苯为原料得到的化工产品

2.2 煤化工原料路线

煤化工是指以煤为原料，经化学加工使其转化为气体、液体和固体燃料以及其他化学品的过程。主要包括煤的气化、液化、干馏，以及焦油加工和电石乙炔化工等。煤中有机质的化学结构，是以芳香族为主的稠环为单元核心，由桥键互相连接，并带有各种官能团的大分子结构，通过热加工和催化加工，可以使煤转化为各种燃料和化工产品。

全球煤化工开始于 18 世纪后半叶，19 世纪形成了完整的煤化工体系。进入 20 世纪，许多以农林产品为原料的有机化学品多改为以煤为原料生产，煤化工成为化学工业的重要组成部分。第二次世界大战以后，石油化工发展迅速，很多化学品的生产又从以煤为原料转移到以石油、天然气为原料，从而削弱了煤化工在化学工业中的地位。进入 21 世纪后，随着全球石油市场的动荡和石油价格的攀升，煤炭作为储量巨大并且可能替代石油的资源重新受到越来越多的重视。

我国的能源特点是缺油、少气、煤炭资源相对丰富。煤炭能源化工产业将在我国能源的可持续利用中扮演重要的角色，对于中国减轻燃煤造成的环境污染、降低中国对进口石油的依赖均有着重大意义。新型煤化工是指以洁净能源和化学品为目标产品，应用煤转化高新技术，建成未来新兴煤炭-能源化产业；结合煤炭资源开发和煤炭生产建设的发展，建成若干大型产业基地或基地群。新型煤化工是煤炭工业调整产业结构，走新型工业化道路的战略方向。新型煤化工与传统煤化工的区别：新型煤化工通常指煤制油、煤制甲醇、煤制二甲醚、煤制烯烃、煤制乙二醇等等。传统煤化工涉及焦炭、电石、合成氨等领域。煤的综合利用得到的化工产品见图 2-14。

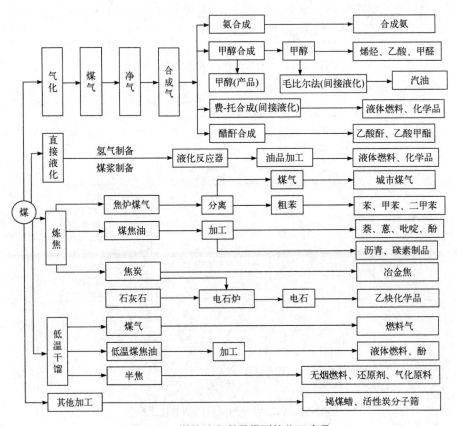

图 2-14 煤的综合利用得到的化工产品

2.2.1　煤的干馏

煤干馏指煤在隔绝空气条件下加热、分解，生成焦炭（或半焦）、煤焦油、粗苯、煤气等产物的过程。按加热终温的不同，可分为三种：900～1100℃为高温干馏，即焦化；700～900℃为中温干馏；500～600℃为低温干馏。由煤干馏得到的化工产品如表 2-3 所示。

表 2-3　煤干馏得到的主要产品

干馏产物	主要成分	主要用途
炉煤气 焦炉气（管道煤气）	氢气、甲烷、乙烯、一氧化碳	气体燃料、化工原料、化工燃料
粗氨水 粗苯	氨气、铵盐 苯、甲苯、二甲苯	氮肥 化肥、炸药、染料、医药、农药、合成材料
煤焦油	苯、甲苯、二甲苯	化肥、炸药、染料、医药、农药、合成材料
	酚类、萘	医药、染料、农药、合成材料
焦炭	沥青	筑路材料、制碳素电极
	碳	冶金、燃料、合成氨造气、电石

煤经焦化后的产品有焦炭、煤焦油、煤气和化学产品。焦炭是炼焦最重要的产品，大多用于高炉炼铁，其次用于铸造与有色金属冶炼工业，少量用于制取碳化钙、二硫化碳、元素碳等。在钢铁联合企业中，焦炭粉还用作烧结的燃料。焦炭也可作为制备水煤气的原料制取合成用的原料气。煤焦油是黑色黏稠的油状液体，其中含有苯、酚、萘、蒽、菲等重要化工原料，其组成极为复杂，多数情况下是由煤焦油工业专门进行分离、提纯后加以利用。煤气主要成分是氢和甲烷，还有一氧化碳、乙烯等；氨常以硫酸铵、磷酸铵或浓氨水等形式作为最终产品；粗苯包括苯、甲苯、二甲苯等，都是常用的有机合成工业原料；此外，还有硫及硫氰化合物等。

为保证焦炭质量，选择炼焦用煤的最基本要求是低的挥发分、黏结性和结焦性；绝大部分炼焦用煤必须经过洗选，以保证尽可能低的灰分、硫分和磷含量。用低挥发分煤炼焦，由于其胶质体黏度大，容易产生高膨胀压力，会对焦炉砌体造成损害，需要通过配煤炼焦来解决。

焦化中煤料逐层经过干燥、脱水、脱除吸附气体、热分解、胶质体产生和固化、半焦收缩，最终形成焦炭。焦化设备以焦炉为主，分为土焦和机焦两类。土焦主要有蜂窝炉、萍乡炉和土法炼焦等，污染严重，已被淘汰。机焦为水平室式炼焦工艺，一般由炉顶、燃烧室、炭化室、蓄热室、斜道区、烟道等组成。目前，焦化新技术主要有连续型炼焦工艺、型煤炼焦技术、巨型炼焦反应器和 Calderon 工艺等。

拓展阅读

煤的不同干馏
方法及干馏产品

与高温干馏（即焦化）相比，低温干馏的焦油产率较高而煤气产率较低。用于低温干馏的原料种类较多，以低煤化度煤为主，包括褐煤和高挥发分烟煤，无黏结性到有黏结性的烟煤均可使用。泥炭、油页岩、腐泥煤、残植煤等亦可作为低温干馏的原料。

2.2.2　煤气化

煤气化是指煤或焦炭、半焦等固体燃料在高温常压或加压条件下与气化剂反应，转化为气体产物和少量残渣的过程。气化剂主要是水蒸气、空气、氧气等,气化反应包括了一系列均相与非均相化学反应。在气化中煤一般都要经历干燥、热解、燃烧和气化等过程。气化主要气体产物为 CO、H_2、CH_4、H_2O 等。煤气化是煤炭清洁高效利用的核心技术,是发展煤基大宗化学品和液体燃料合成、先进的 IGCC 发电系统、多联产系统、制氢、燃料电池、直接还原炼铁等过程工业的基础,是这些行业发展的关键技术、核心技术和龙头技术。发展以煤气化为核心的多联产技术成为各国高效清洁利用煤炭的热点技术和重要发展方向。

煤气化工艺技术分为:固定床气化技术、流化床气化技术、气流床气化技术三大类。气化工艺的评价指标主要有碳转化率、冷煤气效率、合成气产出率等。不同类型的煤气化技术是在技术发展的不同阶段,适应不同的工艺要求而发展起来的。所以,不能离开煤种、煤气化配套的下游转化装置等具体问题,泛泛而谈不同煤气化技术的优劣。

固定床气化采用的原料煤粒度为 6~50mm,气化剂采用水蒸气与纯氧作为气化剂。一般煤与气化剂逆流接触,用反应残渣(灰渣)和生成气的显热,分别预热入炉的气化剂和煤,固定床气化炉一般热效率较高。该技术氧耗量较低,原料适应性广,可以气化变质程度较低的煤种(如褐煤、泥煤等),得到各种有价值的焦油、轻质油及粗酚等多种副产品。该技术的典型代表是鲁奇加压气化技术、UGI 气化和 BGL 碎煤熔渣气化技术。

粉煤流化床加压气化又称为沸腾床气化,利用流态化的原理和技术,使煤颗粒通过气化介质达到流态化。流化床的特点在于其有较高的气-固之间的传热、传质速率,床层中气固两相的混合接近于理想混合反应器,其床层固体颗粒分布和温度分布比较均匀。煤的物理和化学性质对流化床气化炉的操作有显著的影响。例如,在脱挥发分过程中煤有黏结的倾向,对于黏结性强的煤尤为严重,从而导致流化不良。当床层流化不均匀时,会产生局部高温,甚至导致局部结渣,影响流化床的稳定操作。典型代表有温克勒气化技术、U-Gas 和 ICC 灰融聚气化技术、恩德粉煤气化技术和 CFB 气化技术等。

气流床又称射流携带床,是利用流体力学中射流卷吸的原理,将煤浆或煤粉颗粒与气化介质通过喷嘴高速喷入气化炉内,射流引起卷吸,并高度湍流,从而强化了气化炉内的混合,有利于气化反应的充分进行。气流床气化碳转化率高,合成气中不含焦油等产物。气流床气化炉的高温、高压、混合较好的特点决定了它在单位时间、单位体积内提高生产负荷的最大潜能,符合大型化工装置单系列、大型化的发展趋势,代表了煤气化技术发展的主流方向。进料方式主要有水煤浆和粉煤两种,耐火衬里主要有耐火砖和水冷壁两种。典型代表有 Texaco、Shell、GSP、多喷嘴对置式气化、SE 和 HT-L 等。此外,还有加氢气化、催化气化、地下气化和等离子气化等技术也在不断发展。不同气化工艺的比较见表 2-4,不同气化工艺得到的组成差别见表 2-5。

拓展阅读

煤气化核心设备和工艺

表 2-4 不同气化工艺比较

项目	固定床		流化床		气流床
灰渣形态	干灰	熔渣	干灰	灰团聚	熔渣
入炉煤颗粒/mm	6~50	6~50	6~10	6~10	<0.1
气化炉出口温度/℃	425~650	425~650	900~1050	900~1050	1250~1600
氧耗量	低	低	中	中	高
蒸汽耗量	高	低	中	中	低
碳转化率	低	低	低	低	高
焦油等	有	有	无	无	无

表 2-5　不同气化工艺典型产品

粗煤气组成/%	Lurgi 氧气气化炉 无烟煤	ICC 灰熔聚流化床 无烟煤	OMB 气流床 烟煤
CO	20.3	33.94	48.46
H_2	45.3	34.96	36.33
CH_4	4.7	0.64	0.05
C_nH_m	0.3		
H_2S	0.1		0.71
CO_2	27.5	22.42	14.21
N_2	1.3	8.03	0.24

2.3　其他原料路线

　　除了石油、天然气和煤炭以外，自然界存在的植物和农副产品也可作为高分子单体的原料。随着石油资源的减少，利用天然高分子化合物如植物、动物、农副产品、海洋贝壳生物等为原料已引起越来越多的关注。例如，从褐色海藻中提取的海藻素就可应用于涂料、染料、建筑材料（绝缘体、密封材料、人造木材等）、灭火泡沫、纸制品、石油钻探的润滑剂和冷却剂、化妆品、洗发剂和肥皂等的生产。

　　另外，天然橡胶的利用也是工业依赖自然界的最好例子。尽管现代聚合技术完全有能力合成各种橡胶，人们也一度认为合成橡胶可以代替天然橡胶。但由于天然橡胶具有某些独特的性质，合成橡胶并不可能完全代替天然橡胶，汽车轮胎使用 40%的天然橡胶，飞机轮胎大部分使用天然橡胶。现在天然橡胶占世界橡胶市场贸易额的 30%左右。

　　来自自然的各种原料为全球的工业化发展提供了多方面的帮助，以下将用量较大的几种天然原料作简单介绍。

2.3.1　淀粉和维生素

　　（1）淀粉　自然界中最主要的多糖是淀粉和纤维素。淀粉原料是一种可再生的生物资源，通常能作为淀粉原料的植物主要有玉米、土豆、木薯、甘薯、小麦、大米和橡子等。其中产量最大的是玉米淀粉，约占世界淀粉量的 80%以上，我国的玉米淀粉约占淀粉量的 90%。淀粉具有较重要的工业价值，利用它可生产乙醇、丙醇、异丙醇、丁醇、丙酮、甘油、甲醇、甲烷、乙酸、柠檬酸、乳酸、2-亚甲基丁二酸、葡萄糖酸等一系列化工产品。

　　例如，将含淀粉的物质进行蒸煮，使淀粉糊化，再加入一定量的水，冷却至 60℃左右，并加入淀粉酶，使淀粉依次水解为麦芽糖和葡萄糖，然后加入酵母菌进行发酵，最后将发酵液进行精馏，可得 95%的工业乙醇，并副产杂醇油。

$$(C_6H_{10}O_5)_n \longrightarrow C_{12}H_{22}O_{11} \longrightarrow C_6H_{12}O_6 \longrightarrow C_2H_5OH + CO_2$$

　　（2）纤维素　纤维素原料是地球上储量十分丰富的另一种再生资源。所有的植物都含有纤维素和半纤维素。如稻麦草、高粱秆、玉米秆、玉米芯、棉籽壳、花生壳、稻壳、棉花秆都是农作物的纤维质下脚料。

纤维素的化学结构式为$(C_6H_{10}O_5)_n$，纤维素分子是葡萄糖苷经β-1,4-葡萄糖苷键连接起来的链状聚合物，聚合度在 1000～10000 之间。纤维素分子平均直径 0.6nm，长 1～6μm，分子之间通过氢键聚合在一起组成纤维束，其直径为 6～25nm。纤维束分布在细胞壁内，纤维束之间充满半纤维素、果胶、木质素、蛋白质和矿物元素等。

拓展阅读

植物纤维素
原料的应用

纤维素的衍生物，如甲基纤维素、羟乙基纤维素和羟甲基纤维素钠具有水溶性，而纤维素酯和乙基纤维素不溶于水。在聚合物工业中，甲基纤维素和羟乙基纤维素可作为悬浮分散剂、保护胶体和增稠剂。另外，它们还可用在水性涂料中以获得所需要的流动性和黏度，并且有助于乳液和颜料分散液的稳定。这种保护性能对涂料的可擦洗性、流变性和颜色的可接受性均可产生有利的影响。

2.3.2 糠醛

糠醛是一种重要的有机化工原料。生产糠醛的原料资源十分丰富。生产中常用的大宗原料主要有玉米芯、甘蔗渣、燕麦壳、棉籽壳、稻壳、油茶壳、麦秸、高粱壳等。糠醛主要是利用植物纤维原料中的多缩戊糖生产的，因此凡富含多缩戊糖的植物纤维原料，都适用于糠醛生产。

多缩戊糖在酸存在条件下经加热水解为戊糖，工业上一般采用稀硫酸水解法。水解条件是 6%左右的硫酸，在固液比 1∶0.45、180℃、0.5～1MPa 下进行反应。戊糖在酸性介质中加热脱水而转化为糠醛，其反应式为：

$$C_5H_{10}O_5 \xrightarrow[\triangle]{浓硫酸} \text{[呋喃环]} \text{CHO} + 3H_2O$$

由于糠醛的化学性质比较活泼，所以通过它可制得多种化工产品，广泛地应用于各个工业领域，由糠醛获得的化工产品，详见图 2-15。

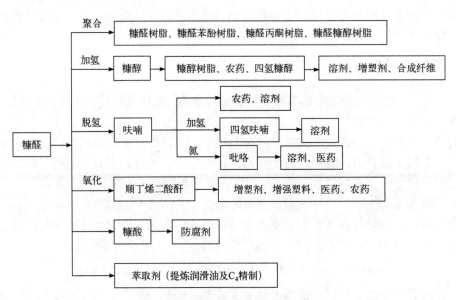

图 2-15　由糠醛获得的化工产品

2.3.3　妥尔油（或松木油）

多年来，造纸工业一直与脂肪酸及其相关产品的生产密切相关。妥尔油是硫酸盐纸浆工艺中的主要副产物，是松香酸与脂肪酸的混合物，它主要包含有松香酸、油酸、亚油酸、共轭亚油酸、棕榈酸、硬脂酸、海松酸及树脂酸，妥尔油中的脂肪酸是天然脂肪酸的另一来源。妥尔油中的树脂酸具有非常广泛的用途，如经皂化作为丁苯橡胶聚合的乳化剂，经酯化作为塑料工业的增塑剂、胶黏剂工业的胶黏剂等，在某些方面具有其他物质所不能取代的独特性能。

2.4　聚合物制备过程

聚合物制备的任务是将简单的有机化合物（单体）经聚合反应使之聚合成为高分子化合物。根据单体分子化学结构和官能度的不同，合成的聚合物分子量和用途也有所不同；线型结构高分子化合物可以进一步加工为热塑性材料和合成纤维，分子量较低的具有反应活性的聚合物可以加工为热固性材料产品，双烯烃单体则主要用来生产合成橡胶。聚合反应是高分子合成工业中最主要的化学反应过程，聚合反应产物的化学成分虽然可用简单的通式表示，但实际上是由分子量大小不等、结构也不完全相同的同系物所组成的混合物；其形态可以是坚硬的固体物、高黏度流体或高黏度溶液。高分子聚合物不能用传统的产品精制方法如蒸馏、结晶、萃取等方法进行精制提纯。

随着科学技术的发展和生活水平的不断提高，合成树脂和合成橡胶的性能日益提高，需求量日益扩大，其生产装置的规模也从早期年产数千吨，发展到当今年产量达数十万吨甚至数百万吨以上。现代生产装置不仅规模大，而且自动化程度极高。聚合物制备过程主要包括以下过程，如图 2-16 所示。

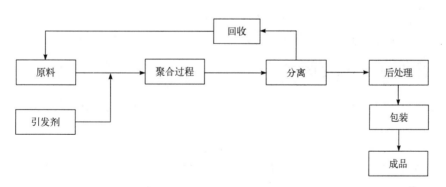

图 2-16　聚合物制备过程流程示意图

（1）原料准备与精制：包括单体、溶剂、去离子水等原料的储存、洗涤、精制、干燥、浓度调整等过程。

（2）催化剂或引发剂的准备和配制：包括聚合用催化剂、引发剂和助剂的制造、溶解、储存、浓度调整等过程。

（3）聚合反应：包括聚合反应器为中心的有关热交换设备及反应物料的输送等过程。

（4）分离过程：包括未反应单体的回收、溶剂和催化剂的脱除、低聚物的脱除等过程。

（5）聚合物后处理：包括聚合物的输送、干燥、造粒、均匀化、储存、包装等过程。

（6）回收：主要是未反应单体和溶剂的回收与精制。

此外尚有与生产有关的公用工程如供电、供气、供水和"三废"处理等设施。

2.4.1　原料准备与精制过程

高分子聚合工业最主要的原料是单体，其次是生产过程中需要的有机溶剂或反应介质等。大多数单体和溶剂是易燃、有毒、与空气混合易爆炸的气体和液体，而且有些单体容易自聚（苯乙烯）；单体或溶剂中的少量杂质可能会产生阻聚或链转移作用，使分子量降低，使催化剂中毒和分解，使逐步聚合反应端基过早封闭而降低分子量，使产品的色泽增加等。由于杂质对聚合反应结果的影响，聚合反应所需的单体、溶剂和反应介质的纯度必须达到 99.5%以上（甚至更高）的聚合级纯度。表 2-6 列出了杂质对聚合反应的一些典型影响。

表 2-6　杂质对聚合反应的一些典型影响

杂质对催化剂的潜在影响	杂质对聚合反应的潜在影响
降低催化作用	阻聚
使催化剂失效	产生链转移
分解催化剂	产品色泽异常

鉴于单体和溶剂等的化学特性，对单体和溶剂的应用和储存必须考虑以下问题：

（1）防止与空气接触产生易爆炸的混合物和产生过氧化物；

（2）保证在任何情况下储罐不会产生过高压力，以免储罐破裂；

（3）防止有毒易燃单体和溶剂泄漏（储罐、管道、阀门、泵等）；

（4）防止自聚，加阻聚剂，在反应前必须脱除（碱洗或蒸馏、过柱处理）；

（5）储罐应远离反应装置，减少着火危险；

（6）储存常温为气体，加压冷却为液体的单体（乙烯、丙烯、氯乙烯、丁二烯）必须是耐压容器，隔热、冷却水、氮气保护等。

2.4.2　催化剂或引发剂的准备

在乙烯基单体或二烯烃单体的聚合过程中，常常需要使用引发剂或催化剂，常用的引发剂或催化剂见表 2-7。

表 2-7　常用的引发剂或催化剂

引发剂	催化剂
过氧化物：BPO	烷基金属化合物：烷基铝、烷基锌等
偶氮（氧）化合物：AIBN	金属卤化物：$TiCl_4$、$TiCl_3$ 等
过硫酸盐：过硫酸铵、过硫酸钾	路易斯酸：BF_3、$SnCl_4$ 等

多数引发剂受热后有分解爆炸的危险，因此过氧化物常采用小包装及低温储存，并要防火、防撞。例如过氧化二苯甲酰为了防止储存过程中产生意外，常加适量水使其保持潮湿状

态。作为催化剂的烷基铝等金属有机化合物都是易燃易爆的危险品，不能接触水和空气，它们的活性因烷基的碳原子数目的增大而减弱，低级烷基的铝化合物应当溶解于惰性溶剂如加氢溶剂油、苯和甲苯的溶液中以便储存和运输。

2.4.3　聚合反应过程

聚合反应过程是高分子合成工业中最主要的化学反应过程，反应过程与一般的化学反应不同，它具有如下一些特点：聚合物一般都是导热不良的物体，传热能力亦随着聚合度的提高而降低。

聚合反应通常是放热反应，而聚合物的分子量及其分布又对温度十分敏感。随着聚合过程中物料分子量的增加，黏度亦急剧上升，使物料的流动、搅拌、混合等方面都产生了一系列的新问题。聚合过程的此特点，严重影响聚合反应的稳定控制。高分子聚合物的平均分子量、分子量分布以及其结构对高分子合成材料的物理机械性能产生重大影响，而且生产出来的成品不易进行精制提纯，因此对聚合工艺条件和设备的要求很严格。主要有以下几个方面：

（1）要求单体高纯度，所有分散介质（水、有机溶剂）和助剂的纯度都有严格要求。

（2）反应条件的波动与变化，将影响产品的平均分子量与分子量分布，需要采用高度自动化控制。

（3）对于大多数合成树脂的聚合生产设备，在材质方面要求不污染聚合物。

2.4.4　聚合反应机理

根据反应机理的不同，聚合反应分为加成聚合反应和逐步聚合反应。加聚反应又分为自由基聚合、离子聚合和配位聚合反应。自由基聚合实施方法主要有本体聚合、乳液聚合、悬浮聚合、溶液聚合等四种方法；离子聚合和配位聚合实施方法主要有本体聚合、溶液聚合两种方法。聚合物在反应温度下不溶于反应介质的聚合反应称为淤浆聚合。随着高分子科学技术的发展与进步，在实现加聚反应的聚合方法中衍生出许多聚合方法，如气-固相聚合等，聚合反应机理与聚合方法关系详见图 2-17。

绝大多数情况下，聚合反应所用催化剂不能接触水。在溶液聚合方法中，必须使用有机溶剂。不同的聚合反应机理对于单体、反应介质、引发剂、催化剂等都有不同的要求，实现这些聚合反应的实施方法和原材料不同，产品的形态也不相同。自由基聚合的方法和产品形状见表 2-8。

表 2-8　自由基聚合的方法和产品形状

聚合方法	原料				反应条件	产品形状
	单体	引发剂	反应介质	助剂		
本体聚合	√	√			少量或无引发剂，无反应介质，热引发	粒状或粉状树脂，板、管、棒状材料
乳液聚合	√	√	H_2O	乳化剂等	水溶性引发剂引发	高分散性粉状树脂，合成橡胶胶粒
悬浮聚合	√	√	H_2O	分散剂等	机械搅拌形成油珠状单体悬浮于水中引发	粉状树脂
溶液聚合	√	√	有机溶剂	分子量调节剂	单体溶于溶剂中引发	聚合物溶液，粉状树脂

2

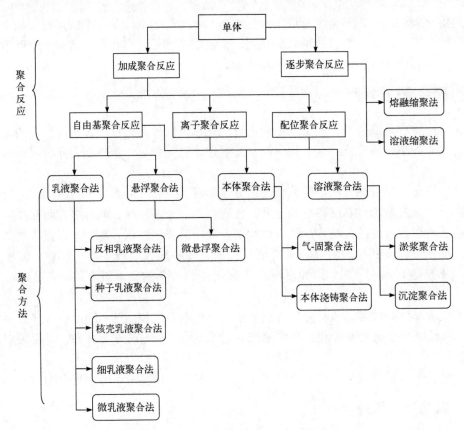

图 2-17   聚合反应机理与聚合方法关系

2.4.5   聚合后的分离过程

聚合反应得到的物料多数不是单纯的聚合物，而是含有未反应的单体、残留催化剂及反应介质（水或有机溶剂）等的混合物。为了得到高纯度的聚合物，必须将聚合物与未反应单体、反应介质等进行分离，分离方法与物料的形态有关。

有些单体例如氯乙烯、丙烯腈等是剧毒性物质，聚合物中残存量应当极低。例如国家规定聚氯乙烯中的氯乙烯含量要求在 10mg/kg 以下。从聚合物中分离未反应的单体具有保护人类健康和消除环境污染的双重意义。

根据不同聚合反应机理和不同的聚合方法，聚合产物与原料的分离主要有下列几种方法。

（1）无需经过分离过程而直接制成高分子材料的原料、成型用原料或直接成型为产品   如：

① 自由基本体聚合所得聚合物为高黏度熔体或浇铸产品，单体几乎全部转化为聚合物，无需经过分离过程可直接进行聚合物后处理。

② 自由基溶液聚合和乳液聚合的部分产品中含有少量未反应的单体和大量的反应介质（溶剂或水），难以充分脱除残留单体。如果单体无害时，可以直接用作涂料、黏合剂等而无需经过分离处理；也可按需要浓缩或适当地脱除部分未反应的单体以调整产品浓度或减少产品中单体的不适气味。

③ 配位聚合气-固聚合法生产聚乙烯或聚丙烯时，聚合物中仅含有杂质催化剂，由于使

用高效催化剂，含量极低，可以不脱除。

④ 逐步聚合熔融缩聚所得的聚合物可能含有极少量单体，难以充分脱除，达到允许含量以后可以直接用作合成纤维或热塑性塑料原材料。

（2）机械法分离反应介质　如：

① 自由基悬浮聚合法产品为珠粒状，含有分散剂和大量反应介质水。离心脱水后再洗涤脱除分散剂，必要时加酸液或碱液进一步洗涤，最后干燥获得高分子产品。

② 自由基乳液聚合生产的某些产品，例如种子乳液聚合法生产的聚氯乙烯胶乳液，含有大量水分和聚氯乙烯胶体微粒、乳化剂等，可直接将聚氯乙烯胶乳送入具有高速离心装置的干燥塔中制得含有乳化剂的聚氯乙烯糊用树脂，其粒径为数十微米。

③ 配位聚合和离子聚合方法中的淤浆聚合产品经离心过滤与有机溶剂分离后，聚合物中还含有少量溶剂和催化剂，催化剂对聚合物的颜色和性能无影响时，不需要分离除去。

（3）必须经过闪蒸脱除未反应单体和反应介质　如：

① 自由基乳液聚合法生产合成橡胶时，在反应达到要求的转化率后必须终止反应，此时反应物料中仍含有较多未反应的单体需要进行回收。回收方法是向反应物料中通入过热的水蒸气，使残留单体迅速蒸出，回收的单体精制后回收再利用。

② 配位聚合和离子聚合溶液法生产的产品为聚合物溶液；用于合成橡胶生产时，工业上使用闪蒸方式脱除未反应单体和有机溶剂。

（4）高真空脱除残留单体　某些本体聚合和熔融缩聚得到的产品含有少量未反应单体或低聚物，如果要求生产高质量聚合物时则须将这些杂质除去。在熔融状态脱除单体时，聚合物熔体的黏度增加非常迅速，要求更高的温度才能脱除完全，而高温可能会导致聚合物分解。最佳的方法是在较低温度下用高真空脱除单体，真空压力最好在 133Pa 以下，采用薄膜蒸发器使聚合物熔体呈薄层或线状流动，以加大其表面积并减少单体扩散出表面的距离，有利于脱除未反应单体和可挥发的低聚物。其他聚合方法生产的聚合物也可采用高真空法脱除残留单体。

2.4.6　聚合物后处理过程

聚合后经分离得到的聚合物必须经干燥、加入添加剂、造粒、均匀化、包装等后处理工序才能以正式产品形式出厂。合成树脂与合成橡胶由于物理性质的不同，其后处理过程也有所差别，合成树脂类的后处理过程通常可以参照图 2-18 所示工艺进行。

某些悬浮聚合法生产的合成树脂以水为反应介质，经离心分离得到的粒状树脂表面仍附着少量水分，须经干燥处理将其除去。干燥设备通常为转筒式、沸腾床式或气流干燥装置。在气流干燥中，潮湿的合成树脂用螺旋输送机送入气流干燥管的底部，在干燥管内被热气流夹带着上升；干燥好的物料被吹入旋风分离器，粒状树脂沉降于旋风分离器底部，气体夹带不能沉降的物料从旋风分离器进入袋式过滤器，袋式过滤器收集气流中带出的粉料。气流干燥通常采用加热的空气作为载热体。干燥后的树脂含水量通常小于 0.1%。

某些淤浆聚合法生产的合成树脂以有机溶剂为反应介质，经离心分离或过滤后得到的粒状树脂表面仍附着一定量有机溶剂和单体，干燥用的热载体通常选用惰性气体氮气以避免产生易爆混合物。

经过干燥后的合成树脂粉料可直接包装出厂，也可以在合成树脂中加入各种添加剂如填料、润滑剂、着色剂、稳定剂等组分，经过混炼制得可直接用来成型的粉、粒状料后才能作为商品包装出厂。混炼通常在密炼机或混炼机中进行的，合成树脂在接近于熔化的温度条件

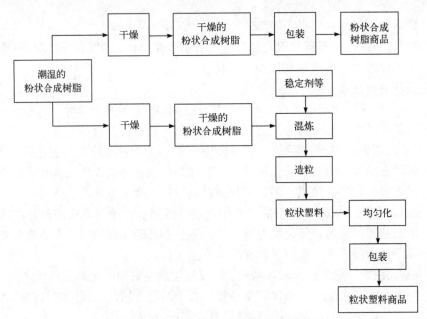

图 2-18　合成树脂类的后处理过程

下，在强力剪切作用下使添加剂与树脂充分混合；混炼好的热物料直接送入挤出机中，再进入多孔模板使物料呈条状物进入冷却水中凝固为条状固体物，经切粒机上高速运转的切粒刀切成一定形状和大小的粒状塑料后，表面附着有水分的粒料进入离心干燥器中用热气流干燥并进入粒料分离筛装置，按粒径大小筛分后包装出厂。

而合成橡胶类聚合物大多数具有很低的玻璃化温度，常温下为柔性固体物，易黏结成团，后处理过程与普通合成树脂差别较大，通常采用箱式干燥机或挤压膨胀干燥机进行干燥，充分干燥并冷却后压制 25kg 大块，包装出厂。干燥过程如图 2-19 所示。

图 2-19　合成橡胶类的干燥过程

2.4.7　聚合后的回收过程

回收过程主要是回收和精制未反应单体及溶剂。离子聚合与配位聚合中的溶液聚合法是高分子合成工业中使用有机溶剂最多的反应。分离出聚合物后的溶剂通常含有其他杂质，回收过程大致可以分为以下两种情况。

（1）合成树脂生产中溶剂的回收　通常经离心机过滤使溶剂与聚合物分离，溶剂中可能有少量单体、终止反应和破坏催化剂所用的醇类化合物，还可能溶解有聚合物（例如聚丙烯生产中得到的无规聚合物）等。

（2）合成橡胶生产中溶剂的回收　溶剂通常是在橡胶凝聚釜中和水蒸气一起蒸出，冷凝后水与溶剂通常形成两层液相，溶剂层中则可能含有未反应的单体、防老剂、填充剂等。用精馏的方法可使单体与溶剂分离，防老剂等高沸点物则作为废料处理。

（3）气相聚合中的回收利用　气相聚合工艺中未反应的气相单体的分离和回收不同于合

成树脂与合成橡胶的生产过程，其分离过程和后处理过程差异很大。例如，聚乙烯的高压聚合，未反应的单体乙烯从聚合后的高压分离设备和低压分离设备分离后可直接循环至聚合前的低压压缩设备和高压压缩设备。循环乙烯和新鲜原料乙烯混合后进行低压压缩和高压压缩后进入聚合反应器。高压聚乙烯的生产流程图如图 2-20 所示。

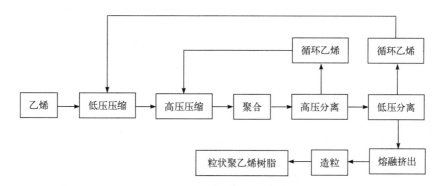

图 2-20　高压聚乙烯的生产流程图

2.4.8　聚合反应过程的特点及聚合反应器

（1）聚合反应过程的特点　聚合反应过程是高分子合成工业中最重要的化学反应过程，聚合反应过程与一般的有机化学反应不同，它具有如下特点：

① 聚合反应机理、聚合反应方法是多种多样的；

② 化学成分虽然可用较简单的通式表示，但实际是分子量大小不等，结构亦非完全相同的同系物的混合物；

③ 随着聚合反应的进行，聚合体系的黏度、密度、热导率等物性参数可发生很大的变化，这会对物料的流动、混合及其反应产生很大的影响；

④ 生成物的形态可为坚硬的固体、高黏度液体或高黏度溶液，不能用一般的精细化工产品精制方法（如蒸馏、结晶、萃取等）进行精制提纯。

由于聚合反应具有上述特点，所以生产聚合物时，对于聚合反应工艺条件和设备的要求很严格。对于大多数聚合生产设备，在材质方面要求不会污染聚合物，或者尽可能使聚合物不粘连在相关的设备上，因此聚合反应设备和管道在多数情况下应当采用不锈钢、搪玻璃、复合材料等制成，或者采用特殊的抛光工艺和涂覆工艺。高分子合成工业不仅要求通过聚合反应生产出某一种高分子聚合物，而且要求通过反应条件或其他手段的控制获得不同牌号（主要是平均分子量不同和分子量分布不同等）的产品，以适应不同行业的需要。其主要方法有：使用分子量调节剂、改变反应条件、不同的进料方式、改变稳定剂及防老剂等添加剂的种类和不同添加量等。

（2）聚合反应器　用于聚合反应的设备叫作聚合反应器，聚合反应器中的反应物料在反应初期除气相聚合方法外，都是易流动的液体状态；随着聚合反应的进行，反应器中的单体逐渐转变为聚合物。如果聚合物溶于反应介质中，则反应物料转变为高黏度流体；如果聚合物不溶于反应介质而溶于单体中，则在低转化率时形成聚合物和单体的黏稠溶液，在高转化率时如果反应温度低于聚合物软化温度，则转变为分散状固体物质。聚合反应器中的物料形态归纳见表 2-9。

表 2-9　聚合反应器中物料形态

聚合方式	反应器中物料形态
熔融缩聚、本体聚合	均相高黏度熔体
自由基溶液聚合、离子及配位溶液聚合、溶液缩聚	均相高黏度溶液
自由基悬浮聚合、离子及配位溶液聚合、溶液缩聚	非均相固体微粒-液体分散体系
自由基乳液聚合	非均相胶体分散液
自由基本体聚合、离子及配位本体聚合	非均相粉状固体
本体浇铸聚合	固体产品

按聚合方法分类，聚合反应器可分为本体聚合（含缩合聚合）反应器、溶液聚合反应器、乳液聚合反应器和悬浮聚合（含淤浆聚合）反应器；按反应器的形状分类，聚合反应器可分为管式反应器、塔式反应器和釜式反应器；此外尚有特殊类型的聚合反应器，如螺杆挤出式反应器、板框式反应器等。各类反应器以及所生产的主要聚合物如表 2-10 所示。

表 2-10　聚合物及聚合反应器

序号	聚合反应器类型	所生产的典型聚合物
1	悬浮聚合反应器	PVC、EPS
2	乳液聚合反应器	SBK、丙烯酸酯乳液
3	溶液聚合反应器	BR
4	高黏度、均相本体聚合反应器	尼龙 66
5	气、液、固三相反应器	PP、PE
6	塔式聚合反应器	低顺式聚丁二烯、尼龙 6
7	管式聚合反应器	PE、PP
8	流化床反应器	LLDPE
9	卧式反应器	HIPS、聚酯
10	其他（螺杆式反应器等）	BR、PMMA

为了生产优质的高分子聚合物产品，聚合反应器应当具有良好的热交换能力和优良的反应参数控制系统，例如温度、压力的控制系统和安全连锁装置；对于釜式反应器还应当具有适当转速和适当形状的搅拌装置。例如环管式淤浆法生产聚乙烯时，要求温度波动范围在 ±0.1℃之内以控制产品的平均分子量。聚合反应多为放热反应，排出反应热的方法主要有夹套冷却、夹套附加内冷管冷却、内冷管冷却、反应器外循环冷却反应物料、回流冷凝器冷却、反应器外闪蒸反应物料、反应介质预冷等，如图 2-21 所示。

以釜式聚合反应器为例，为使反应均匀和传热正常进行，聚合反应釜中必须安装搅拌器，常见的搅拌器类型有平桨式、旋桨式、涡轮式、锚式以及螺带式等。

当聚合反应釜内的物料为均相体系时，随着单体转化率的提高，物料的黏度明显增大，搅拌器可以增强反应物料流动使物料温度均匀，同时可加大对器壁的传热使聚合热及时传导给冷却介质，避免产生局部过热现象。对于非均相体系，搅拌器的作用除上述之外，还具有使反应物料始终保持分散状态，避免发生结块的作用。在熔融缩聚和溶液缩聚过程，搅拌器可以不断更新界面，使小分子化合物及时脱除以提高缩聚反应程度，加速反应的进行。

对于均相反应体系而言，搅拌器的作用主要是加速传热过程，使反应温度保持均匀和稳定；对于非均相反应体系而言，搅拌器则有加速传热和传质过程的双重作用。

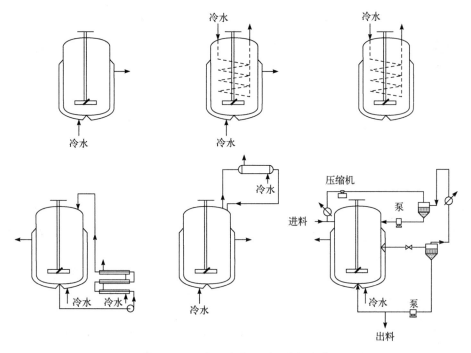

图 2-21　聚合反应釜的不同传热方式

涡轮式和旋桨式搅拌器适合低黏度流体的搅拌；平桨式和锚式搅拌器适合高黏度流体的搅拌；螺带式搅拌器具有刮反应器壁的作用，特别适合搅拌黏度很高流动性差的合成橡胶溶液等聚合体系。

还有一些聚合反应不是在反应器中生产的，而是在一定形状的模型中直接聚合为一定形状的塑料产品，这种聚合方式叫作本体浇铸聚合，有机玻璃就是使用本体浇铸生产的。

2.4.9　聚合反应的实施工艺和特征

聚合反应工艺按操作方式分类，主要可分为间歇聚合、连续聚合、半间歇（半连续）聚合等三种方式。其中，间歇操作和连续操作占主要地位。间歇式聚合工艺和连续式聚合工艺比较如表 2-11 所示。

表 2-11　间歇式聚合和连续式聚合比较

间歇式聚合	连续式聚合
聚合反应分批进行	聚合反应连续进行
反应条件易控制	生产效率高
适合小规模多品种生产	不宜经常改变产品牌号

间歇式聚合方式是指反应物料一次性地全部加入聚合反应器中，当反应达到要求的转化率时，停止反应，将反应产物从聚合反应器中卸出，经过（或不经过）后处理得成品。间歇操作较适宜小批量、多品种的高分子聚合物产品的生产。它的优点是反应条件易控制，升温、恒温可精确控制在一定程度，物料在聚合反应器内停留的时间相同，便于改变工艺条件，灵活性大。它的缺点是不易实现操作过程的全部自动化，每一批产品的规格难以严格控制一致，反应器单位容积单位时间内的生产能力受到影响，不适合大规模生产。如果聚合容易产生不

稳定因素，或淤塞管道等，如聚氯乙烯的悬浮聚合，就可以采用间歇法进行生产。在现代控制技术的不断提升下，聚合过程逐渐也可实现操作过程的全部自动化。

连续聚合方式是将单体、引发剂以及分子量调节剂等聚合助剂连续加入聚合反应器中进行反应，反应得到的聚合物连续不断地流出聚合反应器。这种操作的特点是反应条件稳定，容易实现操作过程的全部自动化，所得产品的质量规格稳定，设备密闭，污染小，适合大规模生产。它的缺点是不宜经常改变产品牌号，所以不便小批量生产某牌号产品，灵活性不如间歇聚合方式。目前只有悬浮聚合方法尚未实现大规模连续生产。

半间歇（半连续）聚合方式是处在间歇聚合方式和连续聚合方式之间过渡的一种聚合方式。将反应物料的一部分预先加入聚合反应器中，升温进行反应，当反应进行到一定阶段或达到某一温度时，将剩余的物料分次或连续地滴加到反应器中进行反应，反应结束后，所有物料从聚合反应器中卸出，经过（或不经过）后处理得成品。对于放热效应较大的聚合反应，半间歇（半连续）聚合方式可以有效地控制反应热的放出，避免反应温度过高而产生"爆聚"。同时，在反应过程中，聚合体系处于"饥饿"状态，通过加料方式和加料速度可以有效地控制反应物分子链的结构特征；从本质上可以发现，半间歇（半连续）聚合方式基本上偏向于间歇式聚合方式。目前，丙烯酸酯的乳液聚合和溶液聚合等均有效地采用此种方法进行生产。

随着反应控制硬件和软件的不断改善和提高，高分子聚合生产越来越多地实现了自动化操作的生产模式，使得整个过程更加高效、安全，最终实现绿色生产。

本章小结

从单体的种类和来源出发，介绍了不同的单体来源路线。单体通过聚合反应制备聚合物，讲述了聚合反应的特点和聚合反应的实施及聚合反应器的工艺控制等。本章的学习可参考如下思维导图。

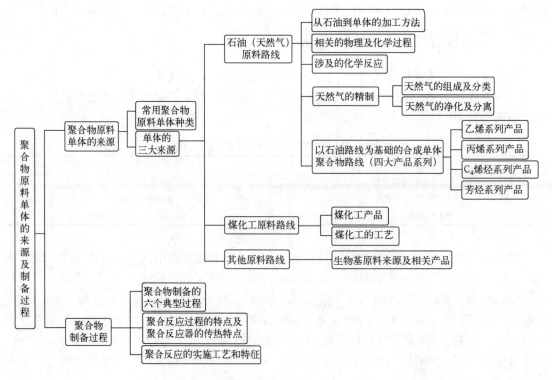

课堂讨论

（1）单体的聚合反应和一般的有机化学反应的不同特点。

（2）聚合物制备过程对反应热的处理方法，如何选择不同结构的反应器。

（3）依据"人民群众对美好生活的向往就是我们奋斗的目标"的理念，在聚合物制备的各个环节中，我们应该如何控制，应该如何设计工艺过程。

本章习题

1. 聚合物按其化学组成可分成哪几类？

2. 试简要说明聚合物生产原料单体的三条来源路线，各有什么优势？

3. 从石油化工获得的最基本的化工原料是什么？

4. 石油炼制中的常减压装置的原理是什么？可以得到哪些原料？

5. 石油的高温裂解装置主要的工艺特点是什么？工艺得到哪些化工原料？

6. 制备高分子材料制品从石油开采开始需经过哪些工业阶段？

7. 简述天然气的组成及分类。

8. 为什么天然气必须进行净化及分离？

9. 请写出以乙烯为原料生产的化工产品（最终产品为高分子材料）。

10. 请写出以丙烯为原料生产的化工产品（最终产品为高分子材料）。

11. 从乙烯（或丙烯）出发，可以制得哪些高分子合成原料单体，可以合成哪些聚合物？

12. 聚氯乙烯的单体氯乙烯如何从石油化工（或煤化工）路线得到？

13. 从 C_4 烯烃原料出发，可得到哪些高分子材料？

14. 请说明煤化工的概念，煤化工一般可获得哪些化工原料（或产品）？

15. 请用方块图描述高分子合成工艺的主要过程，并简述每个过程的主要功能。

16. 对单体和溶剂的应用和储存必须考虑哪些问题？

17. 聚合反应过程的特点是什么？

18. 聚合产物与原料的分离主要有哪些方法？

19. 聚合物制备过程的回收过程包括哪些内容？

20. 常用的聚合反应器有哪些类型？

21. 聚合反应多为放热反应，排出反应热的方法主要有哪些？

22. 简述聚合反应的实施工艺和特征。

第 **3** 章 自由基聚合工艺

内容提要:

本章主要介绍自由基聚合生产工艺的理论基础及工业应用。内容涉及常用的自由基聚合影响因素和四大聚合方法:自由基本体聚合工艺、自由基悬浮聚合工艺、自由基溶液聚合工艺和自由基乳液聚合工艺。着重介绍了各聚合工艺的特点、影响因素以及工业应用的典型例子。

学习目标:

(1)了解并掌握自由基聚合体系的组成。
(2)熟悉并掌握不同聚合工艺的生产过程及主要影响因素。
(3)熟悉并掌握不同聚合工艺的典型产品的生产路线。

重点与难点:

(1)不同聚合工艺体系的组分选择与用量确定。
(2)从过程的角度分析聚合物制备过程的工艺控制要求。
(3)自由基聚合实施过程中的安全控制。

自由基聚合在高分子合成工业的发展史上曾经占据主要位置,自由基聚合是高分子化学中极为重要的聚合反应,自由基聚合产物占总聚合物的 60% 以上,约占热塑性树脂的 80%。目前,自由基聚合仍然是合成聚合物的主要方法之一。

3.1 自由基聚合理论基础

3.1.1 自由基聚合概述

自由基聚合是指小分子单体在引发剂的存在下通过连锁聚合反应形成聚合物的过程。聚合过程一般由链引发、链增长、链终止等反应单元组成。此外,还可能伴有链转移反应。自由基聚合反应是当前高分子合成工业中应用最为广泛的化学反应之一,它主要适用于乙烯基单体和二烯烃类单体的均聚或共聚。常用的乙烯基单体是一取代乙烯和部分 1,1-二取代乙烯。

自由基聚合所得的均聚物或共聚物都是碳碳主链的线型高分子量聚合物,它们在纯粹状态下是固体物。自由基聚合所得聚合物，由于分子结构的规整性较差，所以多数是无定形聚合物。它们的物理状态与其玻璃化温度（T_g）有关，玻璃化温度远低于室温的聚合物在常温下为弹性体状态，这类聚合物主要用作橡胶，即合成橡胶。玻璃化温度高于室温的聚合物在常温下为坚硬的塑性体，即合成树脂，它主要用作塑料、合成纤维、涂料等的原料。

3.1.2　自由基聚合方法

自由基聚合实施方法有四种：本体聚合、悬浮聚合、溶液聚合和乳液聚合。聚合方法的选择取决于产品形态和产品成本。例如 PVC 悬浮聚合产品和乳液聚合产品经喷雾干燥后都为粉末状，但前者粒子直径约为 100μm，而后者粒子直径约为 1μm；前者粒子体积是后者粒子体积的 10^6 倍。乳液聚合产品因粒子直径小而不发生沉降，可制成糊状物，用于搪塑制品；而悬浮聚合产品则不能制成糊状物，不能用于搪塑制品。

3.1.3　自由基聚合引发剂

大多数情况下，单体的聚合反应在工业上都是在引发剂的存在下实现的。因此引发剂是自由基聚合反应中的重要组成，但是其用量很少，一般仅为单体量的千分之几。

3.1.3.1　引发剂种类

工业上可用作自由基聚合反应引发剂的化合物主要是过氧化物，大多数是有机过氧化物，其次是偶氮化合物、氧化-还原引发体系、光引发体系。根据引发剂的溶解性能又可分为油溶性引发剂与水溶性引发剂。水溶性引发剂可用于乳液聚合和水溶液聚合，油溶性引发剂则用于本体、悬浮与有机溶剂中的溶液聚合。

（1）过氧化物类　通式为 R—O—O—H 或 R—O—O—R，可看作过氧化氢 H—O—O—H 的衍生物。R 可为烷基、芳基、酯基、碳酸酯基、磺酰基等，常用的有机过氧化物类引发剂参见表 3-1。

表 3-1　常用的有机过氧化物类引发剂

引发剂类型	实例		分解反应式
烷基（芳基）过氧化氢 R—O—O—H	叔丁基过氧化氢	$H_3C{-}\underset{\underset{CH_3}{\vert}}{\overset{\overset{CH_3}{\vert}}{C}}{-}O{-}O{-}H$	R—O—OH ⟶ RO·+·OH
	异丙苯过氧化氢	〈苯环〉$\underset{\underset{CH_3}{\vert}}{\overset{\overset{CH_3}{\vert}}{C}}{-}O{-}O{-}H$	
过酸 $R{-}\overset{\overset{O}{\Vert}}{C}{-}O{-}O{-}H$	过乙酸	$H_3C{-}\overset{\overset{O}{\Vert}}{C}{-}O{-}O{-}H$	$R{-}\overset{\overset{O}{\Vert}}{C}{-}O{-}O{-}H$ ↓ $R{-}\overset{\overset{O}{\Vert}}{C}{-}O·+·OH$
过氧化二烷基（芳基） R—O—O—R	过氧化二异丙苯	〈苯环〉$\overset{\overset{CH_3}{\vert}}{\underset{\underset{CH_3}{\vert}}{C}}{-}O{-}O{-}\overset{\overset{CH_3}{\vert}}{\underset{\underset{CH_3}{\vert}}{C}}$〈苯环〉	R—O—O—R′ ⟶ 2RO·

引发剂类型	实例	分解反应式
过氧化二酰 R—C(=O)—O—O—C(=O)—R′	过氧化二苯甲酰 （结构式） 过氧化乙酰异丁酰 （结构式）	R—C(=O)—O—O—C(=O)—R′ → R—C(=O)—O· + ·O—C(=O)—R′ ↓ 部分 R· + CO_2
过氧化羧酸酯 R—C(=O)—O—O—R′	过氧化苯甲酸叔丁酯 （结构式）—C(=O)—O—O—C(CH₃)₃	R—C(=O)—O—O—R′ ↓ R—C(=O)—O· + ·OR′
过氧化二碳酸酯 R—O—C(=O)—O R—O—C(=O)—O	过氧化二碳酸二异丙酯 [(H₃C)₂HC—O—C(=O)—O—]₂ 过氧化二碳酸二环己酯 [环己基—O—C(=O)—O—]₂ 过氧化二碳酸二（4-叔丁基环己基）酯 [(H₃C)₃C—环己基—O—C(=O)—O—]₂	R—O—C(=O)—O—O—C(=O)—O—R → R—O—C(=O)—O· —部分→ RO· + CO_2

拓展阅读

过氧化物的
存储稳定性

有机过氧化物的共同特点是分子中均含有—O—O—键，受热后—O—O—键断裂生成相应的两个自由基。由表 3-1 可知，过氧化二酰和过氧化碳酸酯等化合物在分解时除产生自由基外，还放出 CO_2 气体。一般苯基自由基的活性大于苯甲酰基自由基。有机过氧化物通常不稳定，其不稳定程度因化学结构的不同而有很大差别。有些过氧化物可以进行常压蒸馏，有些则受热、受摩擦或受撞击时可能引起分解而爆炸。

在自由基聚合过程中，由引发剂分解所得的初级自由基，除主要与单体作用产生单体自由基外，还可能发生一些副反应。重要的副反应有夺取溶剂分子或聚合物分子中的氢原子、两个初级自由基偶合、大分子歧化或与未分解的引发剂作用产生诱导分解等。初级自由基的偶合反应受周围介质的影响较大，如被溶剂分子所包围，两个初级自由基未能扩散分离而偶合终止，此时称为"笼形效应"，这是降低引发剂的引发效率，特别是降低溶液聚合引发效率的原因之一。另外，初级自由基与未分解的引发剂发生诱导分解也将大大降低引发效率。

（2）偶氮化合物 常用的偶氮化合物有偶氮二异丁腈（AIBN）、偶氮二（2-异丙基）丁腈、偶氮二（2,4-二甲基）戊腈（偶氮二异庚腈，ABVN）等。用作引发剂的偶氮化合物一般具有通式：

$$R—C(R′)(CN)—N=N—C(R′)(CN)—R$$

偶氮类引发剂受热后分解生成自由基的反应如下（以 AIBN 为例）：

$$CH_3-\underset{\underset{CN}{|}}{\overset{\overset{CH_3}{|}}{C}}-N=N-\underset{\underset{CN}{|}}{\overset{\overset{CH_3}{|}}{C}}-CH_3 \xrightarrow{\triangle} 2CH_3-\underset{\underset{CN}{|}}{\overset{\overset{CH_3}{|}}{C}}\cdot + N_2\uparrow$$

偶氮化合物分解产生初级自由基除引发乙烯基单体外，与有机过氧化合物相似，仍可由两个初级自由基经偶合形成稳定化合物，其"笼形效应"较过氧化合物严重，所以偶氮类引发剂的引发效率低于过氧化物类引发剂。与过氧化合物类引发剂不同的是偶氮化合物不发生诱导分解，在不同溶剂中，分解速率常数相差不大，均是一级反应，常作动力学研究的引发剂。

另外，偶氮化合物分解产生氮气，所以它还被广泛用作制造泡沫塑料时的发泡剂。

（3）氧化-还原引发体系　氧化-还原引发体系是利用还原剂和氧化剂之间的电子转移所生成的自由基引发聚合反应。由于氧化-还原引发体系的分解活化能很低，常用于引发低温聚合反应。此类体系的优点是活化能较低（约 40~60kJ/mol），可在较低的温度（0~50℃）下引发聚合，且有较快的聚合速率。氧化-还原引发剂多数是水溶性，所以主要用于乳液聚合或以水为溶剂的溶液聚合。

常用的氧化-还原体系有以下 5 种：①过氧化氢-亚铁盐体系；②过硫酸盐-亚硫酸盐体系；③过硫酸盐-亚铁盐体系；④四价铈盐和醇、胺、硫醇等组合的氧化-还原体系；⑤过氧化物-叔胺体系。

（4）光引发剂　紫外线（UV）固化技术是利用光引发剂吸收一定波长的紫外线，激发产生自由基引发低分子预聚体及作为活性稀释剂的单体分子之间的聚合及交联反应的固化技术。由光引发剂引起的光固化具有以下优点：固化速率快，可在几秒钟甚至更短的时间内完成固化，能耗低，可在室温下完成固化。

自由基型光引发剂按照自由基形成的机理分为夺氢型和裂解型光引发剂。在过去的几十年中，光固化技术在许多工业领域的应用得到了快速的发展，光固化在涂料、油墨、微电子等方面有着十分广泛的应用。光固化技术在其他很多方面也有着非常广泛的应用：如制备感光印刷板、高密度光盘、齿科材料、纤维增强复合材料、激光光致聚合和微孔膜等。

拓展阅读
常用的氧化-
还原体系

拓展阅读
光引发机理
及光引发剂

3.1.3.2　引发剂的选择

在高分子合成工业中，如何正确、合理地选择和使用引发剂，对于提高聚合反应速率、缩短聚合反应时间及提高生产效率具有重要意义。引发剂选择的基本原则有以下五点。

（1）根据聚合操作方式选择适当的引发剂　不同的聚合操作方式，物料在反应区的停留时间不一样，对于引发剂的选择应有所不同。对于本体聚合、悬浮聚合和溶液聚合，因聚合引发中心是在单体相或有机相中，所以应选择油溶性引发剂，通常选用偶氮类和过氧化物类的油溶性引发剂。对于水溶液聚合或以水为溶剂的乳液聚合，由于聚合引发中心是在水相中，因此应选用水溶性引发剂，通常选用过硫酸盐类的水溶性引发剂。若聚合温度低于室温，如低温丁苯乳液聚合（在 5℃聚合），则需选用氧化-还原引发体系；氧化剂可以是水溶性或油溶性引发剂（如异丙苯过氧化氢），还原剂一般选择水溶性类型。

（2）根据聚合反应温度选择引发剂　由于引发剂的分解速率随温度的不同而变化，所以要根据反应温度选择合适的引发剂。例如氯乙烯悬浮聚合采用间歇法生产，反应物料在反应器中的停留时间达数小时，反应温度要求 50℃左右。而乙烯本体气相聚合采用连续法生产，反应物料在反应器中停留的时间以秒计算，反应温度高达 200℃左右。引发剂按使用温度分类及示例参见表 3-2。

表 3-2　引发剂的使用温度范围

引发剂分类	使用温度范围/℃	引发剂分解活化能/（kJ/mol）	引发剂举例
高温引发剂	>100	138～188	异丙苯过氧化氢
中温引发剂	33～100	109～138	过氧化二苯甲酰
低温引发剂	−10～33	63～109	过氧化氢-亚铁盐

（3）根据分解速率常数（k_d）选择引发剂　在可比较的条件下，如相同的反应介质和相同的分解温度，分解速率常数大者，其半衰期则短，分解速率快，引发活性高，反之则引发活性低。

（4）根据分解活化能（E_d）选择引发剂　与活化能低的引发剂相比，活化能高的引发剂的适宜分解温度范围通常比较窄。因此，若要求引发剂的分解温度范围窄，可选用高活化能的引发剂；若要求引发剂缓慢分解，则选用低活化能的引发剂。

（5）根据引发剂的半衰期（$t_{1/2}$）选择引发剂　在聚合物的合成过程中，通常在能够满足单体转化率的前提下，要求使用尽量少的引发剂。因为微量引发剂的残留极易造成产品性能的不稳定，如聚合物中残存有未分解的过氧化物引发剂可导致聚合物发生氧化作用而颜色变黄；又如在连续聚合过程中，反应物料在反应区停留的时间较短，离开反应区后仍继续反应，从而造成非控制性反应，导致产品性能无法保证。一般在间歇法聚合过程中，反应时间应当是引发剂半衰期的两倍以上。其反应时间因单体种类不同而不同，例如在间歇法悬浮聚合过程中，氯乙烯聚合反应时间通常为所用引发剂在同一温度下半衰期的 3 倍；而苯乙烯聚合反应时间则应当是同一温度下引发剂半衰期的 6～8 倍。因此，如果一个聚合反应的温度和时间已确定，就可根据引发剂的半衰期来选择适当的引发剂。例如，要求 8h 内完成氯乙烯的聚合反应时，应当选择在给定聚合温度下半衰期为（8/3）h ≈ 3h 的引发剂，如果要求 5h 内完成聚合反应，则应选用半衰期为（5/3）h ≈ 1.7h 的引发剂。若无适当半衰期的引发剂，则可选用复合引发剂。

在连续聚合过程中，引发剂的半衰期意义也非常重要。如果引发剂的半衰期远小于单体物料在反应器中的平均停留时间，则引发剂在反应器内近于完全分解；若引发剂的半衰期接近或等于平均停留时间，则将有相当多的引发剂未分解，随同反应物料流出反应器。这样不仅在反应器外仍有聚合的可能，而且单体的转化率会降低，影响正常生产，应当避免。所以连续聚合过程中应当根据物料在反应器中的平均停留时间选择适当的引发剂。在搅拌非常均匀的反应器中，未分解的引发剂量与停留时间的关系可用经验公式（3-1）来计算：

$$V = \frac{\ln 2}{t / t_{1/2} + \ln 2} \tag{3-1}$$

式中，V 为残留的引发剂量（以百分数计，%）；t 为物料在反应器中的平均停留时间；$t_{1/2}$ 为引发剂的半衰期。

拓展阅读

常见引发剂的物性
数据及半衰期计算

如果反应时间 $t = t_{1/2}$，则有 40% 未分解的引发剂带出反应器；若 $t_{1/2} = t/6$，则有 10% 的引发剂带出反应器，这是生产中最经济合理的数值。此外，在选用引发剂时，对于过氧化物类引发剂尚需考虑其是否具有氧化性。若聚合物容易受氧化而着色，可改用偶氮类引发剂。

3.1.4 影响聚合反应的主要因素

根据自由基聚合反应的原理可知，影响聚合物平均分子量的主要因素有聚合反应温度、引发剂浓度和单体浓度、链转移剂的种类和用量。

（1）聚合反应温度 随着聚合反应温度的升高，链转移速率常数也随之明显提高，而对聚合速率影响很小，所得聚合物的平均分子量降低，分子量分布减小。表 3-3 列出了使用三种混合溶剂在不同温度下所得丙烯酸酯共聚物的分子量及其分布。

表 3-3 温度对聚合物分子量及其分布的影响

项目	溶剂		
	乙酸正丁酯	乙酸戊酯	乙酸己酯
反应温度/℃	133	146	150
M_n	2620	1660	1600
M_w	15789	7044	5790
M_w/M_n	6.0	4.2	3.6

注：1. 单体组成：HEMA 20%，MMA 20%，St 10%，BA 47.3%，AA 2.7%；引发剂为过氧化苯甲酸叔丁酯，为单体的 4.7%。

2. 操作时溶剂先加入反应器，通氮气，回流温度下同时滴加单体和引发剂，2h 滴完，回流温度下保温 1.5h，补加单体量的 0.33% 的引发剂，保温 0.5h，完成反应。

（2）引发剂浓度和单体浓度 用引发剂引发自由基聚合的动力学链长 v 为：

$$v = K \frac{[M]}{[I]^{1/2}} \tag{3-2}$$

式中，K 为常数；[M] 为单体浓度；[I] 为引发剂浓度。

由式（3-2）可知，聚合物动力学链长与单体浓度成正比，而与引发剂浓度的平方根成反比。由此可知，引发剂和单体的用量对聚合物平均分子量有着显著的影响。在不考虑其他因素时，理论上平均聚合度与动力学链长的关系为：双基偶合终止时，平均聚合度 $\overline{P}_n = 2v$；歧化终止时，$\overline{P}_n = v$；兼有两种终止时，则 $v < \overline{P}_n < 2v$，可按比例计算：

$$\overline{P}_n = \frac{R_p}{\dfrac{R_{tc}}{2} + R_{td}} = \frac{v}{\dfrac{C}{2} + D} \tag{3-3}$$

式中，R_p、R_{tc}、R_{td} 分别代表链增长、偶合终止、歧化终止的反应速率；C 和 D 分别代表偶合终止和歧化终止的分数。

（3）链转移剂 链转移反应过程中往往存在易转移的活泼氢或氯等原子。转移的结果，自由基数目并没有减少，只是原来的链自由基终止了，因此使高分子的聚合度降低。在研究平均聚合度时，各种链转移反应和链终止反应一样，都是高分子的生成反应，使平均聚合度降低。若新生成的自由基活性与原自由基相同，则再引发和增长速率不变，若活性减弱，则再引发相应变慢，会出现缓聚现象；若新生成的自由基很稳定，不能再引发增长，就成为阻聚反应，聚合度大幅下降。

虽然链转移反应会导致所得聚合物的分子量显著降低，但是任何事物都是一分为二的，链转移反应对于制备高分子量聚合物是不利因素，但如果能够把不利因素转化为有利因素，就为我们提供了控制产品分子量的条件。在工业生产中，除可利用链转移反应控制分子量外，甚至还可以利用其来控制聚合物分子的构型，消除支链或交联结构，从而得到易于加工的聚合物。例如利用温度对单体链转移的影响调节聚氯乙烯的分子量，利用丙烷、丙烯及 H_2 控制低密度聚乙烯的平均分子量，利用硫醇作为链转移剂来控制丁苯橡胶的分子量等。

因此，链转移剂实际上起到了控制分子量或调节分子量大小的作用。因而习惯上也称为分子量调节剂、分子量控制剂或改性剂。

链转移反应与所得聚合物平均聚合度的关系可用下式表示：

$$\frac{1}{\overline{P}_n} = \frac{1}{\overline{P}_0} + C_s \frac{[S]}{[M]}$$ （3-4）

式中，$\overline{P}_n$ 为加入分子量调节剂后所得聚合物的平均聚合度；$\overline{P}_0$ 为未加分子量调节剂时所得聚合物的平均聚合度；C_s 为链转移常数；[S]和[M]分别为链转移剂和单体的浓度，mol/L。

由式（3-4）可知，分子量调节剂的链转移常数 C_s 值越大，所得聚合物的平均聚合度越低；当分子量调节剂确定后，若调节剂浓度越大，即[S]/[M]增大，则聚合物平均聚合度越低。因此，分子量调节剂的链转移常数越大，其用量应越低。当 C_s 值一定时，产品的平均聚合度取决于[S]/[M]值。需要注意的是，在间歇聚合操作中，随聚合反应的深入进行，[S]/[M]的比值将发生变化。这是因为在聚合反应初期链转移剂的消耗量较大，所以链转移剂的浓度明显降低，因此在聚合过程中如果不继续添加链转移剂，聚合反应初期所得聚合物分子量低于后期所得者，并且聚合物的分子量分布较宽。如果要求生产分子量分布狭窄的聚合物，则间歇法聚合过程中应当不间断地添加链转移剂。

作为分子量调节剂的部分硫醇的链转移常数见表 3-4。

表 3-4 硫醇的链转移常数（C_s，60℃）

单体	硫醇	C_s	单体	硫醇	C_s
苯乙烯	正丁硫醇	22	甲基丙烯酸甲酯	正丁硫醇	0.67
苯乙烯	叔丁硫醇	3.6	丙烯酸甲酯	正丁硫醇	1.7
苯乙烯	正12-硫醇	19	乙酸乙烯酯	正丁硫醇	48

自由基聚合采用溶液聚合的实施方法时，虽然溶剂的链转移常数通常远小于1，但由于其浓度大于单体浓度，C_s[S]/[M]值会影响产物的分子量。通常自由基溶液聚合所得产品的分子量小于其他聚合实施方法所得的分子量。同一种溶剂对于不同单体的链转移常数也不相同。

前面讨论了影响自由基聚合产物平均分子量的几个主要因素。在实际生产中，应根据具体的聚合物品种，选择适当的方法来调节和控制聚合物的平均分子量。例如聚氯乙烯生产中主要是向单体进行链转移，其链转移速率与温度有关，所以可依赖控制反应温度来控制产品平均分子量。又如在苯乙烯的溶液聚合中，应根据溶剂对单体的链转移常数选择合适的溶剂及分子量调节剂来控制平均分子量。

拓展阅读

溶剂对链转移
常数的影响

3.1.5　自由基聚合反应的实施方法

在高分子合成工业的发展史上，自由基聚合曾经占据主要位置。时至今日，自由基聚合仍然是合成聚合物的主要方法之一。自由基聚合反应的实施方法有四种，即本体聚合、乳液聚合、悬浮聚合以及溶液聚合。目前聚合物生产中采用的聚合方法、产品形态及用途参见表 3-5。

表 3-5　聚合物生产中采用的聚合方法、产品形态及用途

聚合方法	聚合物品种	操作方式	产品形态	产品用途
本体聚合	合成树脂 高压聚乙烯 聚苯乙烯 聚氯乙烯 聚甲基丙烯酸甲酯	连续 连续 间歇 浇铸成型	颗粒状 颗粒状 粉状 板、棒、管等	注塑、挤塑、吹塑等成型用 注塑成型用 混炼后用于成型 二次加工
乳液聚合	合成树脂 聚氯乙烯 聚乙酸乙烯酯或共聚物 聚丙烯酸酯或共聚物 合成橡胶 丁苯橡胶 丁腈橡胶 氯丁橡胶	间歇 间歇 间歇 连续 连续 连续（或间歇）	粉状 乳液 乳液 胶粒或乳液 胶粒或乳液 胶粒或乳液	搪塑、浸塑、制人造革 黏结剂或涂料等 表明活性剂或涂料等 胶粒用于制造橡胶制品 乳液用于黏结剂或橡胶制品 电缆绝缘层
悬浮聚合	合成树脂 聚氯乙烯 聚苯乙烯 聚甲基丙烯酸甲酯	间歇 间歇 间歇	粉状 珠状 珠状	混炼后用于成型 注塑成型用 做假牙、反光珠
溶液聚合	合成树脂 聚丙烯腈 聚乙酸乙烯酯	连续 连续	溶液或颗粒 溶液	直接纺丝或溶解后纺丝 进一步转化为聚乙烯醇

从理论上讲，各种乙烯基单体和二烯烃单体都可以用四种聚合方法进行工业生产。但具体聚合方法的选择需充分考虑产品用途的要求和产品自身的性质。相应的，同一种单体采用不同的聚合实施方法所得产品的形态、性能和用途也不一样。现简单举例如下。

（1）产品用途的要求　如甲基丙烯酸甲酯，采用本体聚合浇铸成型可直接制得透明的板材、棒材及管材；若用悬浮聚合法，产品形态为珠粒状，称为甲基丙烯酸甲酯模塑粉，可作注射、挤出、模压成型制得多种制品，也是制牙托、假牙的主要原料。乳液聚合法制备的聚甲基丙烯酸甲酯共聚乳液主要用于涂料和纸张上光剂等领域。又如氯乙烯经悬浮聚合和乳液聚合、喷雾干燥后的产品形态都是粉状物，悬浮聚合得到产品粒径约 10μm；乳液聚合、喷雾干燥后的粒径则在数微米范围，两者相差不多。但是加入增塑剂调合以后，乳液聚合喷雾干燥产品则生成糊状分散体系，静置后不沉降；悬浮聚合产品则不能生成糊状物。原因在于乳液聚合得到的聚氯乙烯微粒粒径多数在 1μm 以下，前述喷雾干燥后所得的颗粒是这种微粒的

聚集物，它在增塑剂中可以崩解为原来乳液微粒的状态，而悬浮聚合产品单一颗粒的粒径则在 $100\mu m$ 左右，因此直径约大 100 倍，体积则约大 10^6 倍。所以需要用聚氯乙烯糊进行塑料制品成型加工时，必须用乳液聚合法生产的聚氯乙烯树脂，这就是当前聚氯乙烯树脂虽然绝大多数是悬浮法生产，但乳液法并未被淘汰的原因。

（2）产品性质的限制　如合成橡胶的玻璃化转变温度远低于室温，在常温下为弹性体状态，易黏结成块，因此一般不采用本体聚合和悬浮聚合法生产。如果用溶液聚合方法则必须增加溶剂回收工序，提高了成本。所以，用自由基反应生产合成橡胶时，乳液聚合方法仍是目前唯一的工业生产方法。而当合成树脂的玻璃化转变温度高于室温，在常温下呈坚硬的塑性体，四种聚合实施方法通常均可使用。

随着科学的发展和技术的进步，各品种的聚合方法主次也会改变。氯乙烯从最初溶液聚合法生产为主发展到现在，悬浮聚合法生产占主导地位。本体法固有的许多优点，吸引众多公司致力于聚氯乙烯本体法合成的研究。但是由于反应热的排出问题，阻碍了工业化的进程。近年来，由于解决了传热和产品形态控制，使本体法聚氯乙烯实现了工业化。另外，过去认为合成橡胶难以用本体聚合方法进行生产，但是改进其生产工艺后，还是可行的。目前已经出现了用本体聚合法生产合成橡胶（聚丁二烯橡胶）的文献报道。

3.2　自由基本体聚合工艺

3.2.1　自由基本体聚合工艺概述

本体聚合是在不使用溶剂和分散介质的情况下，以少量的引发剂或光和热引发使单体进行聚合反应的方法。

本体聚合反应根据单体与聚合物的互溶情况可分为均相和非均相两种。均相本体聚合是指聚合物溶于单体，在聚合过程中物料逐渐变稠，但始终保持均一相态，最后变成硬块。苯乙烯、甲基丙烯酸甲酯的本体聚合就属于均相本体聚合。非均相本体聚合是指单体聚合后生成的聚合物不溶解在单体中，沉淀出来成为新的一相，氯乙烯的本体聚合就是非均相本体聚合的一种。

本体聚合按照参加反应的单体的相态还可分为气相、液相和固相三种。如乙烯临界温度（9.9℃）低，高压压缩仍为气态，通常进行气相本体聚合；苯乙烯、甲基丙烯酸甲酯常温下为液态，可进行液相本体聚合；氯乙烯临界温度为 150.4℃，易于液化，通常也采用液相本体聚合。气相本体聚合与液相本体聚合都已成熟，得到普遍应用，固相本体聚合则正在探索运用力化学方法使之得以实施。

本体聚合方法是四种自由基聚合实施方法中最简单的一种。本体聚合的主要优点是聚合体系中无其他反应介质，组分和工艺过程较简单，当单体转化率很高时，可以省去分离工序和聚合物后处理工序，可直接造粒得粒状树脂，设备利用率高，产品纯度高。

但本体聚合也有自身的不足，主要如下所述。

（1）聚合反应热难以排出。聚合反应的热效应一般都比较大，烯类单体链式聚合反应速率高，反应过程中释放出来的反应热多，约为 55～95kJ/mol。与悬浮聚合、溶液聚合、乳液聚合相比，本体聚合每单位反应器容积的放热量要大得多，并且由于单体和聚合物的比热容小，热导率也小，加上物料黏稠使得对流传热系数也降低，最终导致聚合反应热排出困难。在聚合反应初期，转化率比较低时，体系黏度不大，散热基本没有困难。但当转化率提高到20%～30%时，体系的黏度比较大，散热变得比较困难。若反应产生"自动加速效应"使得放热速率加快，就很容易引起局部过热，促使低分子物质汽化，造成产品有气泡、变色，严重时则温度失控，引起爆聚，甚至造成生产事故。因此，本体生产中的关键问题是聚合反应热的及时排出，否则，聚合反应就会失去控制。

（2）由于反应体系黏度大，分子扩散困难，容易使分子量分布变宽。

（3）挥发性组分难以脱除。本体聚合的产品常含有少量未反应的单体以及低分子物质，为了满足产品技术指标的要求，需要脱除这些挥发性组分。由于反应物系的黏度极高，分子扩散很困难，又是在高温、高真空条件下操作，使工程技术研究和设备研制的难度增大。为了保证生产过程正常进行，保证最终产品质量达标，必须解决好脱挥发分的工程技术研究和脱挥设备问题。

拓展阅读

烯烃类单体的聚合热

鉴于本体聚合的特点，理论上讲只有那些聚合热适中的单体才能采用本体聚合方法。为了使本体聚合能够正常进行，本体聚合工艺分"预聚"和"后聚合"两段进行。"预聚"是在聚合初期，转化率不高、体系的黏度不大、聚合热容易排出的阶段采用较高的温度在较短的时间内，利用搅拌加速反应，以便使自动加速现象提前到来。以此缩短聚合周期，提高生产效率。一旦自动加速现象到来就要快速降低聚合温度，以维持正常聚合的速率，充分利用自动加速现象，使反应基本上在平稳的条件下进行，以避免由于自动加速现象而造成局部过热，既保证了安全生产，又保证了产品质量，这就是本体聚合分"预聚"和"后聚合"两段进行的原因。

目前本体聚合仍然主要用于合成树脂生产，如聚乙烯（PE）、聚丙烯（PP）、聚苯乙烯系树脂（PS）、聚氯乙烯（PVC）、聚甲基丙烯酸甲酯（PMMA）等，其总产量达数千万吨。在本体聚合体系中，除单体外，通常加入少量引发剂，有时为了改进产品的性能或成型加工的需要还加入其他添加剂，如增塑剂、抗氧剂、紫外线吸收剂及色料等。

3.2.2　甲基丙烯酸甲酯本体聚合工艺

3.2.2.1　甲基丙烯酸甲酯浇铸（铸塑）本体聚合

甲基丙烯酸甲酯的聚合物（PMMA）又称作亚克力或有机玻璃，具有高透明度、低价格、易于机械加工等优点，是平常经常使用的玻璃替代材料。PMMA 透光性优良，其透光率可达92%，紫外线透过率为13.5%。PMMA 最大的不足是表面硬度低、易磨损，只能做通用塑料仪器仪表的外壳。PMMA 的电学性能独特，在很宽的频率范围内具有良好的电绝缘性能，加上它有良好的耐气候性，特别适用于室外电器用具，制作高压电流断路器等。此外，PMMA 具有良好的耐老化性能，能耐氧化性酸、碱、脂肪烃和海水等的作用，但可被芳烃、卤代烃、酯和酮等所溶胀或溶解。

当前，有机玻璃尤其是平板有机玻璃主要以浇铸（铸塑）本体聚合的方式制备，即在模具中进行的本体聚合，聚合和成型一次完成。其本体聚合的产品随模具不同有板材、棒材和管材。

制造平板有机玻璃的工艺流程分为 12 道工序：单体精制、染料处理、配料、预聚、灌模和排气、封边、聚合、脱模、裁切毛边与包装、入库、模具清洗和制模。为了便于管理，把 12 道工序分为四个工段：配料工段、预聚（制浆）工段、制模与灌模工段和聚合工段。

（1）配料工段

① 配方　根据需要可将有机玻璃板制成无色透明、有色透明、不透明和半透明的板材。无色透明平板有机玻璃典型的配方见表 3-6。

表 3-6　无色透明平板有机玻璃典型的配方

厚度/mm	ABIN/%	邻苯二甲酸二丁酯/%	硬脂酸/%	甲基丙烯酸/%
1～1.5	0.06	10	1	0.15
2～3	0.06	8	0.6	0.10
4～6	0.06	7	0.6	0.10
8～12	0.025	5	0.2	0.10
14～25	0.020	4		
30～45	0.005	4		
特白	0.06	7	0.6	

注：各组分的量为单体的质量分数，其余为 MMA。

② 对染料的要求和处理　有色透明有机玻璃板材中需要的染料要求其在甲基丙烯酸甲酯（MMA）中有良好的溶解性，并能耐光、耐热、保证产品不褪色。对染料的处理方法是将所需的染料计量好溶于单体中，并搅拌均匀。如果是醇溶性染料，则溶于丁醇中（丁醇的用量是单体质量的 2%），再加入等量的单体混溶，置于水浴中加热 10min，过滤后，滤液放入原料液中搅拌均匀备用。

（2）预聚工段（制浆）　工业上用连续法进行预聚。预聚是在普通的夹套反应釜中进行。聚合温度 90～95℃，聚合时间 15～20min，使聚合转化率为 10%～20%。预聚阶段聚合体系的黏度不高，相当于丙三醇的黏度。

预聚的目的是为了缩短聚合周期，使自动加速现象提早到来；并且预聚物有一定的黏度，灌到模具中不易漏模；体积已部分收缩，聚合热已部分排出，有利于以后的聚合。

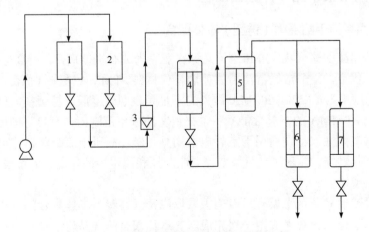

图 3-1　连续法制取有机玻璃预聚物流程

1,2—高位槽；3—转子流量计；4—预热器；5—预聚釜；6,7—冷却釜

连续法预聚制备有机玻璃浆液的工艺流程如图 3-1 所示。将配制好的原料液经泵打入高位槽 1 和 2 中，通过转子流量计 3 以 500～600L/h 的流量进入预热器；原料液在预热器 4 中预热至 50～60℃，然后从预聚釜 5 顶部中心加入预聚釜中，预聚釜的温度保持在 90～95℃，原料液在其中的停留时间为 15～20min，然后从预聚釜上部溢流至冷却釜 6、7；在冷却釜中预聚物冷却至 30℃以下出料，转化率为 10%～20%，浆液的黏度约 1Pa·s。

（3）制模和灌模工段　平板有机玻璃的模具一般由普通玻璃（或钢化玻璃）制作而成。制作的方法是将两块洗净的玻璃平行放置，周围垫上橡皮垫，橡皮垫要用玻璃纸包好，用夹子固定，然后再用牛皮纸和糨糊封好，外面再用一层玻璃纸包严，封好后烘干。保证不渗水、不漏浆。注意：上面留一个小口，以备灌浆。将预聚物灌入模具中注意排气，而后送至聚合工段。

（4）聚合工段　有机玻璃板的聚合方法有水浴聚合和气浴聚合，目前我国多采用水浴聚合。水浴聚合的工艺条件见表 3-7。

表 3-7　水浴聚合的工艺条件

| 板材厚度/mm | 保温温度/℃ | | 保温时间/h | 高温聚合 | | 冷却速度 |
	无色透明	有色板		时间/h	温度/℃	
1～1.5	52	54	10	1.5	100	以 2～2.5h 冷却至 40℃的速度冷却
2～3	48	50	12	1.5	100	
4～6	46	48	20	1.5	100	
12～16	36	38	40	2～3	100	先冷至 80℃，再按上述速度冷却
18～20	32	32	70	2～3	100	

3.2.2.2　甲基丙烯酸甲酯本体聚合工艺条件分析

从平板有机玻璃的生产过程知道：浇铸（铸塑）本体聚合工艺随板材厚度的增加，引发剂用量要减少，保温（聚合）温度要降低，保温时间要延长，最后还要高温聚合，同时还要有一定的冷却速度。浇铸（铸塑）本体聚合工艺的制定可以从本体聚合过程中聚合速率的变化来说明。

甲基丙烯酸甲酯本体聚合时转化率-时间关系曲线如图 3-2 所示。本体聚合的全过程分诱导期、聚合初期、聚合中期和聚合后期等四个阶段。聚合初期转化率＜10%～15%，这一阶段接近稳态，此时聚合速率 R_p 遵循微观动力学方程：

$$R_p = k_p \left(\frac{fk_d}{k_t} \right)^{\frac{1}{2}} [I]^{\frac{1}{2}} [M] \tag{3-5}$$

式中　R_p——聚合速率，mol/（L·s）；

k_p——增长反应速率常数，L/（mol·s）；

k_t——终止反应速率常数，L/（mol·s）；

k_d——引发剂分解反应速率常数，s^{-1}；

f——引发剂引发效率；

[M]——单体浓度，mol/L；

[I]——引发剂浓度，mol/L。

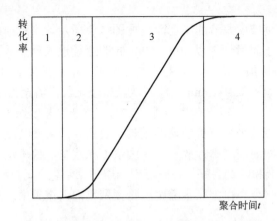

图 3-2   MMA 本体聚合时转化率-时间关系曲线
1—诱导期；2—聚合初期；3—聚合中期；4—聚合后期

聚合速率 R_p 随聚合时间 t 的延长、单体浓度[M]和引发剂浓度[I]的降低而降低。聚合初期即转化率＜10%～15%，这一阶段体系黏度低，聚合热容易导出。

当转化率＞10%～15%以后，体系中出现自动加速现象，虽然单体浓度和引发剂浓度降低，正常聚合速率下降，但自动加速部分大于正常速率的衰减部分，二者结果叠加后，聚合速率仍表现为加速，所以几十分钟内使转化率增加到80%，这一阶段属聚合中期。在聚合中期，聚合热效应很明显，体系黏度很大，聚合热不易排出，甚至造成局部过热，产品变黄，影响产品质量，严重时会引起爆聚，使聚合失败。因此，聚合中期是危险期，是聚合成败的关键时期。

当转化率＞80%以后，体系黏度大到单体难以扩散，而且单体浓度已经很低，正常聚合速率很低，也不存在自动加速现象，聚合总速率很低，这一阶段属于聚合后期。

分析了本体聚合过程中速率的变化，就不难理解本体聚合的工艺条件的制定原则。板材越厚，聚合热越不易导出，局部过热和爆聚的可能性越大。因此，应随板材厚度的增加减少引发剂的用量，并降低聚合温度，以降低正常聚合速率。而为了达到规定的转化率需延长聚合时间；在聚合后期，体系的黏度已经很大，聚合速率已经很小，为了使单体完全转化，需提高聚合温度，以使单体扩散能够进行。

为了消除产品的内应力，提高产品的力学性能，聚合产品需要一定的冷却速度。

3.2.3   乙烯高压气相本体聚合——低密度聚乙烯（LDPE）的生产工艺

以乙烯为原料合成的聚合物称为聚乙烯（PE），在热塑性通用塑料中，PE 的产量居第一位，其生产能力约占合成树脂的 1/3。目前，乙烯的聚合方法以采用的压力高低分为高压法、中压法和低压法，所得聚合物相应地被称为高压聚乙烯、中压聚乙烯及低压聚乙烯。其中，高压法生产的 PE 约占总 PE 的 50%。

高压聚乙烯是将乙烯压缩到 150～250MPa 的高压条件下，用氧或过氧化物为引发剂，于 200℃左右的温度下经自由基聚合反应而制得。其密度较低，一般为 0.910～0.940g/cm³，故称为低密度聚乙烯，简称 LDPE。分子具有长短支链，分子量一般不超过 $5×10^5$。中压聚乙烯是用载于氧化硅-氧化铝上的氧化铬为催化剂，反应温度在 106～170℃，低于 5MPa 压力下使乙烯聚合成聚乙烯。低压聚乙烯是用 AlEt₃/TiCl₄ 为催化剂，在数个兆帕的低压下使乙烯聚合成聚乙烯。中压法和低压法都属于配位聚合，所生产的聚乙烯密度较高，在 $0.940\sim0.970g/cm^3$ 之间，故称为高密度聚乙烯，简称 HDPE。高密度聚乙烯是线型的，并有少量的短支链。由于分子结构的不同，HDPE 比 LDPE 密度大，结晶度高，硬度大，相应软化点也较高。此外近来发展迅速的还有一定数量无规分布支链的线型低密度聚乙烯（LLDPE）及超高分子量的聚乙烯（UHMWPE）。

拓展阅读

聚乙烯的
特性及用途

3.2.3.1　乙烯高压气相本体聚合工艺

（1）原料准备

① 单体乙烯　乙烯是烯类单体中最简单的单体。乙烯常温常压下为气体，它没有取代基，结构对称，偶极矩为 0，不易诱导极化，聚合反应的活化能很高，不易发生聚合反应；爆炸极限为 2.75%～28.6%，纯乙烯在 350℃ 以下是稳定的，更高的温度则分解为 C、H_2 和 CH_4。本体聚合的单体乙烯的纯度应超过 99.95%。

② 分子量调节剂　在工业生产中，为了控制 PE 的分子量（熔体流动速率）必须加入适当种类和适当数量的分子量调节剂。可用的调节剂包括烷烃（乙烷、丙烷、丁烷、己烷和环己烷）、烯烃（丙烯和异丁烯）、氢气、丙酮和丙醛等。而以乙烷、丙烷和丙烯最为常用。分子量调节剂的种类和用量根据 PE 的牌号不同而异，用量一般是乙烯体积的 1%～6.5%。

③ 添加剂　PE 在长期使用过程中，由于日光中紫外线照射易于老化，性能变坏。为了防止 PE 在成型过程中受热被氧化需加入防老剂（抗氧剂）264（2,6-叔丁基对甲酚）和紫外线吸收剂邻羟基二苯甲酮。此外，还要加入润滑剂如硬脂酸铵、油酸铵和亚麻仁油酸铵（或三者的混合物）；开口剂用高分散的 SiO_2 和 Al_2O_3 的混合物；抗静电剂用含有氨基或羟基等极性基团而又可溶于 PE 中不挥发的聚合物如聚环氧乙烷等。不同牌号不同用途的 PE 添加剂的种类和用量各不相同，为了使用方便，通常是将添加剂配成浓度为 10% 的白油（脂肪族烷烃混合物）溶液，用计量泵送入低压分离器或于二次造粒时加入。

（2）引发剂的配制　乙烯高压聚合时需要加入自由基引发剂，所用的引发剂主要是氧和过氧化物。早期的工业生产工艺中主要是用氧作引发剂。氧的引发作用是氧与乙烯单体中的双键作用生成单体自由基及氧参与聚合反应形成过氧化聚合物共同作用的结果。目前，除管式反应器中还用氧作引发剂外，釜式反应器已全部改为用过氧化物作引发剂。

工业上常用的有机过氧类引发剂主要是过氧化二叔丁基酯、过氧化苯甲酸叔丁酯等。将引发剂与白油配成引发剂溶液，用泵注入聚合釜乙烯的进料口或直接注入聚合釜。在釜式聚合反应器操作中根据引发剂的注入量控制反应温度。

（3）聚合工艺过程　高压聚乙烯生产工艺有釜式法和管式法两种。两种工艺的生产能力相当，20 世纪 70 年代后偏重管式法。

① 釜式法　釜式反应器是装有搅拌器的圆筒形高压容器。在釜式反应器内物料接近理想混合状态，温度均匀，合成聚乙烯分子量分布较窄。釜式法早期的单程转化率为 10%～20%，单线生产能力为 2500～7500 吨/年，近期单程转化率达 24.5%，单线生产能力达到 90000 吨/年。釜式法工艺大多采用有机过氧化物为引发剂，反应压力较管式法的低，聚合物停留时间稍长，部分反应热是借助连续搅拌和夹套冷却带走，大部分反应热是靠连续通入冷乙烯和连续排出热物料的方法加以调节，使反应温度较为恒定。

釜式法生产流程简短，工艺较易控制。主要缺点是高压釜结构较复杂，尤其是搅拌器的设计与安装均较困难，在生产中搅拌器会发生机械损坏，聚合物易沉积在搅拌桨上，因而造成搅拌功率平衡破坏，甚至有时会出现金属碎屑堵塞釜后减压阀的现象，使釜内温度急剧上升，导致爆聚的危险。

② 管式法   管式反应器是细长的高压管。管式反应器的物料在管内呈柱塞式流动，反应温度沿管程有变化，因而反应温度有最高峰，合成聚乙烯分子量分布较宽。管式法早期的单程转化率较低，大约 10%，生产能力为 3000 吨/年，近期单程转化率与釜式法相近，为 24% 左右，单线生产能力已达到 60000～80000 吨/年。管式反应器的结构较为简单，但传热面积相对比较大，整根细长的高压管都可布置夹套。此细长管分为加热段、反应段和冷却段。因反应热是以管壁外部冷却方式排出，所以管的内壁易黏附聚乙烯而造成堵管现象。

管式法所使用的引发剂是氧或过氧化物。反应器的压力梯度和温度分布大、反应时间短，所得聚乙烯的支链少，分子量分布较宽，适宜制作薄膜等产品。管式法的主要缺点是聚合物易粘管壁而导致堵塞现象。近年来为提高转化率而采用多点进料的方式。

乙烯高压聚合釜式法和管式法两种工艺流程基本相同，主要区别在于聚合反应器的类型、操作条件和引发剂的种类。乙烯高压气相本体聚合工艺流程如图 3-3 所示。

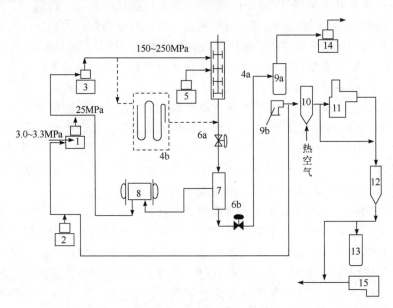

图 3-3   乙烯高压气相本体聚合工艺流程图

1— 一次压缩机；2—分子量调节剂泵；3—二次高压压缩机；4a—釜式聚合反应器；4b—管式聚合反应器；5—高压引发剂泵；6a，6b—减压阀；7—高压分离器；8—废热锅炉；9a—低压分离器；9b—挤出切粒机；10—离心干燥器；11—密炼机；12—混合机；13—混合物造粒机；14—压缩机；15—包装机

聚合工艺流程：原料新鲜乙烯来自乙烯精制车间，其压力通常为 3.0～3.3MPa。新鲜乙烯进入一次压缩机 1 的中段，经压缩达 25MPa。

来自低压分离器 9a 的循环乙烯（压力＜10MPa）与分子量调节剂混合后进入一次压缩机 1 入口，被压缩至 25MPa。然后与来自高压分离器 7 的循环乙烯混合后进入二次高压压缩机 3。二次压缩机的最高压力因聚合设备的要求而不同，管式反应器要求的最高压力为 300MPa 或更高些，釜式反应器要求其最高压力为 250MPa。

经二次压缩达到反应压力的乙烯经冷却后进入聚合反应器 4a 或 4b。引发剂溶液则用高压引发剂泵 5 送入乙烯进料口，或直接进入聚合反应器 4a 或 4b，乙烯聚合反应即开始。当聚合物的分子量达到要求时，反应物料经适当冷却后，经过减压阀 6a 进入高压分离器 7，减压至 25MPa。乙烯的单程转化率为 15%～30%，大部分的乙烯（70%～85%）要循环使用。

（4）分离过程　未反应的乙烯与聚乙烯分离，并经冷却，脱除蜡状的低聚体后回到二次高压压缩机 3 入口，经压缩后循环使用。PE 则经减压阀 6b 进入低压分离器 9a 中，其与抗氧剂、润滑剂、紫外线吸收剂、防静电剂和开口剂等助剂混合后经挤出切粒机 9b 造粒，得到粒状的 PE 树脂。

（5）聚合物后处理　粒状 PE 树脂被水流送往脱水振动筛，与大部分水分离后进入离心干燥器 10 热风干燥，以脱去 PE 表面附着的水，经振动筛分去不合格的粒状料。成品用气流输送至计量设备计量，经混合机 12 混合后为一次成品。再经过密炼机 11、混合机 12、混合物造粒机 13 切粒得到二次成品，二次成品经包装即为商品 PE 树脂。

3.2.3.2　高压聚乙烯生产工艺条件分析

（1）温度和压力的影响　乙烯高压气相本体聚合在高温 130～280℃、高压 110～250MPa 甚至 300MPa 压力的苛刻条件下进行。这是因为乙烯 $CH_2\!=\!CH_2$ 的结构对称，反应活性很低。提高反应温度，可提高乙烯的反应活性，易发生聚合反应，但纯乙烯在 350℃ 以下是稳定的，更高的温度则分解为 C、H_2 和 CH_4。为了安全生产，为使生成的 PE 呈熔融状态，不发生凝聚，聚合温度一般控制在 130～280℃。

乙烯常温、常压下为气体，即使在 110～250MPa 甚至 300MPa 的压力下仍为气体，但其密度已达到 $0.5g/cm^3$，接近液态的密度，称为气密相状态。此时乙烯分子间的距离显著缩小，从而增加了自由基与乙烯分子的碰撞概率，故易发生聚合反应。受设备的气密性和耐压强度的限制，压力不能无限制地提高。

乙烯高压聚合反应时，压力对聚合反应有很大的影响。图 3-4 和图 3-5 分别表示聚合压力对产品支链度及其数均分子量的影响。表 3-8 列出了温度和聚合压力对聚乙烯中甲基和不饱和基团含量的影响。

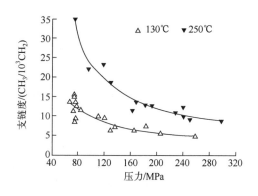

图 3-4　聚合压力对产物支链度的影响

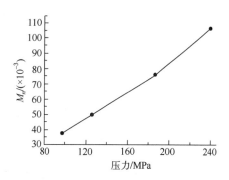

图 3-5　聚合压力与数均分子量的关系

乙烯高压聚合是气相聚合反应，提高反应系统压力，有利于促使分子间碰撞，加速聚合反应，提高聚合物的产率和分子量，同时使聚乙烯分子链中的支链度及乙烯基含量降低。因提高压力相当于提高了反应物的浓度，有利于链增长及链转移反应，但对链终止却无显著的影响。压力增加，将导致产品密度增大。实践证明，当其他条件不变，压力每增加 10MPa，聚合物的密度将增加 0.007g/cm³。乙烯的聚合压力也不能过高，否则设备制造困难，所以工业上一般采用 150～250MPa 的聚合条件。

当以氧为引发剂时，存在一个压力和氧浓度的临界值关系，即在此临界限下乙烯几乎不发生聚合，超过此界限，即使氧的含量低于 2μL/L 时，也会急剧反应。在此情况下，乙烯的聚合速率取决于乙烯中氧的含量。

表 3-8   温度和压力对聚乙烯中甲基和不饱和基团含量的影响

压力/MPa	温度/℃	每1000个碳原子中的含量		
		—CH₂	＞C＝CH₂	—CH＝CH₂
80	130	15	0.08	< 0.015
80	250	35	0.5	约 0.04
300	130	5	0.03	< 0.015
300	250	10	0.05	0.03

反应温度的确定与所用引发剂类型有密切关系，一般采用引发剂半衰期为 1min 时的温度。因此反应温度只许在一定范围内调节。

在一定温度范围内，聚合反应速率和转化率随温度的升高而升高，当超过一定值后，转化率降低，参见图 3-6。由于反应温度升高，聚合速率加快，但链转移反应速率增加比链增长反应速率更快，所以聚合物的分子量相应降低，即熔体指数增大，参见表 3-9。

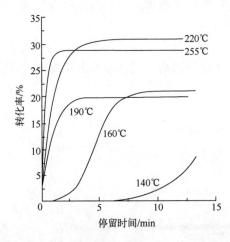

图 3-6   温度和停留时间对转化率的影响（压力：124.1MPa，含氧量：455μL/L）

由图 3-6 还可看出，温度越高，最初的反应速率越大。当转化率达到某种程度以后趋于一定值，而不再受停留时间的影响。这说明了在某种反应条件下，即使延长停留时间（如加长管式反应器）转化率也不再改变，用单位时间计算的生产能力也没有提高。

同时，反应温度升高，支化反应加快，导致产物的长支链及短支链数目增加，如图 3-7 所示。因此反应温度升高会造成产物密度降低，同时大分子链末端的乙烯基含量也有所增加，产品的抗老化能力降低。表 3-9 也体现了这一趋势。

表 3-9　聚合条件与分子量的关系

聚合温度/℃	压力/MPa	停留时间/min	聚合率/%	分子量 M_n
190	122.7	4.03	19.2	27600
	121.3	0.66	8.9	21500
220	124.1	3.74	31.7	16230
	124.1	0.94	19.4	11250
255	123.4	3.83	29.0	9410
	124.1	0.38	20.5	7270

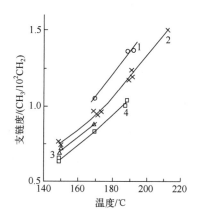

图 3-7　温度对支链度的影响
1—121.6MPa；2—141.9MPa；3—152MPa；4—162.1MPa

　　此外温度的高低直接影响聚合体系的相态。当温度较低时，单体和聚合物的相溶程度降低，将出现乙烯相、聚乙烯相两个"流动"相，加剧聚合反应器中聚合物的粘壁现象。

　　实际生产中，聚合温度范围的选择应根据目标产物的分子结构、分子量及分子量分布而定，当然也和聚合压力有关。

　　（2）引发剂的影响　乙烯高压聚合反应中，使用的引发剂有氧、有机过氧化物及偶氮化合物，主要以前两者为主。这些引发剂可单独使用，亦可混合使用。氧是常用的一种引发剂，近来也有直接用空气作引发剂，特点是处理容易，反应较平稳，原料来源丰富。管式反应器过去多用氧为引发剂，但它在 200℃以上才有足够的活性，并且由于在循环乙烯中配入微量的氧在操作上很难稳定，故近年逐渐采用有机过氧化物作为引发剂。

　　引发剂的选择应视反应区聚合温度而定。单区操作常用的引发剂有：过氧化月桂酰、过氧化二叔丁基酯、过氧化苯甲酸叔丁酯等。近年来，管式反应器有采用混合引发剂的趋势，即将不同比例的低、中、高活性引发剂分两点加入，以减少反应中温度变化，易于操作，提高转化率，降低成本。如果是多区操作，低温区以活性较高的引发剂为主，高温区则以活性较低的引发剂为主。

　　在釜式反应法中，引发剂可在压缩段开始加入或直接注入反应釜。当使用固态引发剂时，须先配成与聚合物混溶的溶液，以免发生事故。

　　引发剂的用量将影响聚合反应速率和产物的分子量。引发剂用量增加，聚合反应速率加快，分子量降低。生产上，引发剂用量通常为聚合物质量的万分之一左右。

（3）链转移剂的影响　分子量调节剂就是链转移剂。丙烷是较好的调节剂，若反应温度>150℃，它能平稳地控制聚合物的分子量。氢的链转移能力较强，但只适用于反应温度低于170℃的聚合反应。若温度高于170℃，反应则很不稳定。丙烯亦可作调节剂，丙烯和乙烯可共聚，因此丙烯起到调节分子量和降低聚合物密度的作用，且会影响聚合物的端基结构。丙烯调节会使某些聚乙烯链端出现 CH₂=CH—结构。若用丙醛作调节剂，在聚乙烯链端部则会出现羰基。

（4）单体纯度的影响　单体乙烯中杂质越多，则聚合物的分子量越低，且会影响产品的性能。乙烯的杂质一般有甲烷、乙烷、一氧化碳、二氧化碳、硫化物等，新鲜乙烯中的杂质的允许含量见表3-10。其中，一氧化碳和硫化物的存在会影响产品的电绝缘性能。乙炔和甲基乙炔能参与反应，使聚合物的双键增多，因此影响产品的抗老化性能。工业上，乙烯的纯度要求超过99.95%。

回收的循环乙烯，由于有些杂质在聚合过程中已消耗，所以杂质中主要是不易参加反应的惰性气体，如氮、甲烷、乙烷等。多次循环使用时，惰性杂质的含量可能积累，此时应采取一部分气体放空或送回精制车间精制。

表 3-10　新鲜乙烯中杂质的允许含量

杂质	含量/（μL/L）	杂质	含量/（μL/L）
CH₄, CH₃CH₃	<500	CO₂	<5
C₃ 以上馏分	<10	H₂	<5
CH≡CH	<5	S（按 H₂S 计）	<1
O₂	<1	H₂O	<1
CO	<5		

（5）转化率的控制　乙烯高压气相本体聚合过程中单程转化率仅为 15%~30%，大量的乙烯需要循环使用。因此，所用的原料一小部分是新鲜的乙烯，大部分是循环回收的乙烯。这是因为乙烯的聚合热 $\Delta H=-95kJ\cdot mol$，高于一般的烯类单体的聚合热。由于每千克乙烯聚合时可产生聚合热 3344~3762kJ，在 140MPa、150~300℃ 温度范围内乙烯的比热容为 2.5~2.8J/（g·℃），所以乙烯聚合时其转化率每升高 1%，反应物料的温度要升高 12~13℃。如果聚合热不能及时排出，温度将迅速升高。乙烯在 350℃ 以上时不稳定，将发生爆炸性分解。因此，乙烯聚合时应防止局部过热，防止反应器中产生过热点。为了安全生产，保证产品质量，聚合转化率不能超过 30%。同时，聚合釜中采用高速搅拌，保证釜内物料与引发剂充分混合，不产生局部过热现象。

3.2.4　聚氯乙烯非均相本体聚合生产工艺

虽然氯乙烯本体聚合所得的产品质量好、清洁度高，但是聚合热难以排出，反应温度不易控制，聚合反应易发生粘釜和堵塞冷凝器等问题，延缓了聚氯乙烯（PVC）本体法的实现。经过多年的努力，法国 Saint Gobain 公司于 1956 年实现了一段法本体聚合的工业化；1960年该公司并入 Chlneyst. Gobain（PSG）公司，开发了两段法工艺，并于 1962 年实现工业化。

近年来氯乙烯（VC）本体聚合生产技术有了突破，而且产品性能接近悬浮聚合产品；且本体聚合不需要介质水，革除了干燥工序，设备利用率高，所以氯乙烯本体聚合有了迅速发展。目前，用本体聚合生产的 PVC 树脂占 PVC 树脂总量的 10%。

氯乙烯的沸点为 -13.4℃，常温下为气体，加压或冷却则液化，所以工业生产中氯乙烯保持液体状态。由于聚氯乙烯不溶于氯乙烯中，所以聚氯乙烯在聚合过程中呈粉状析出。因此，氯乙烯的本体聚合称为非均相本体聚合，聚合工艺主要包括聚合和后处理两个工序。

3.2.4.1　氯乙烯非均相本体聚合工艺

氯乙烯非均相本体聚合分预聚合、后聚合和后处理三段进行。氯乙烯非均相本体聚合工艺流程如图 3-8 所示。

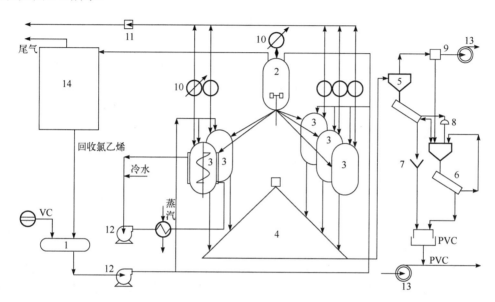

图 3-8　氯乙烯非均相本体聚合生产流程图
1—氯乙烯储罐；2—预聚釜；3—聚合反应釜；4—聚氯乙烯储槽；5—旋风分离器；6—筛子；7—研磨器；8—粉碎器；
9—过滤器；10—冷凝器；11—真空泵；12—泵；13—风机；14—氯乙烯回收装置

（1）预聚合工艺　氯乙烯非均相本体聚合是间歇进行的。预聚合在立式不锈钢预聚釜中进行，目前各生产装置所用的预聚釜容积为 8～25m³，装有冷却用的夹套和冷凝器。其搅拌装置为四叶片涡轮式，釜壁装有挡板。溶有引发剂的液态氯乙烯加至预聚釜后于 62～75℃进行预聚合。所用引发剂是高活性引发剂如过氧化二碳酸酯类、过氧化乙酰基环己烷磺酰，其用量严格控制，仅使 10% 以下的氯乙烯转化为聚氯乙烯。反应时间一般不超过 30min，转化率 7%～12%。此时引发剂实际上已全部耗尽，转化率不可能再进一步提高。预聚合释放出一部分聚合热，此部分聚合热可由单体气化，通过回流冷凝器移除。

（2）后聚合工艺　第二阶段聚合称为后聚合。后聚合最早是在卧式聚合釜中进行。但是卧式聚合釜难以出料，并且清洗困难；目前，后聚合装置大多采用立式聚合釜。立式聚合釜装有搅拌装置、冷却用夹套和冷凝器。因预聚时间仅为 30min，而后聚合时间超过 3h，一般为 3～9h，为了在生产中匹配，一个预聚釜可配 5～8 个后聚合釜。后聚合釜的容积一般为预聚釜的一倍以上。经预聚合转化率仅为 10% 左右的聚合浆料，依靠重力流到后聚合釜。预聚合沉淀出的微粒子作为后聚合的沉淀中心或称为种子粒子。根据预聚釜的搅拌情况可控制种子粒子的粒径和数目。后聚合釜中引发剂主要是过氧化二碳酸酯类和过氧化二酰类（复合引发剂）。反应温度不低于 62℃，反应时间为 3～9h，当转化率达 20% 后，形成的颗粒和液态单体并存,转化率达 40%,转化为液态单体较少的外观上看起来干燥的粉状物。此时,传热效率很低,主要靠单体气化、回流带走热量。转化率达规定的 70%～80%后反应可停止,再在真空条件下加热至 90～100℃,然后通氮气或水蒸气进一步排出未反应的单体。

(3)后处理工艺   聚合反应达到要求的转化率以后,脱除未反应的单体而结束聚合反应,回收单体经压缩液化后可循环使用。单体的回收分以下三个阶段。

① 利用釜内压力直接排气至反应釜压力和回收冷凝器压力达到平衡;

② 用压缩机抽压排气到釜内压力达到一定的真空(约 100mmHg,1mmHg = 133.3Pa);

③ 用氮气或蒸汽破除真空。

这三个阶段,釜内应保持一定的温度(90～100℃),时间约 1.5～3h(根据不同的树脂牌号而定)。经处理后树脂中残余单体量在 10μL/L 以下。

最后向釜内加入适量抗静电剂,以便于粉料顺利出料。粉料经过筛选,除去所含有的大颗粒后得到产品。大颗粒树脂约占总量的 10%,经研磨粉碎后重新过筛,合格者与产品合并包装。

3.2.4.2   影响氯乙烯非均相本体聚合的主要因素

氯乙烯非均相本体聚合的影响因素有很多,根据聚合工艺过程,在三个工段中的主要影响因素如下:

(1)预聚合过程

① 搅拌速度的影响   预聚釜中用平桨涡轮式搅拌器结合挡板防止形成涡流,最终的颗粒直径依赖于搅拌速度,且呈线性关系,搅拌速度越大,聚合物粒径越小。

② 聚合温度的影响   初级粒子和聚集体的内聚力大小既影响聚合物的加工性能,也影响预聚釜物料能否经受住向第二段反应器的转移,并在釜中承受长期搅拌的严酷条件。当用较高的聚合温度时,其内聚力增大。因此第一段聚合反应温度控制在 62℃以上,以便保证聚集体的内聚力。因预聚釜中形成的聚合物仅占总量的约 5%,因此不影响最终聚氯乙烯产品的分子量。预聚反应温度也影响聚集体"网状"结构的展开程度,即影响孔隙率。如果要求提高孔隙率可降低预聚温度,但不能低于 62℃,否则将影响初级粒子和聚集体间的内聚力。

③ 引发剂的影响   预聚合时,应选择分解速率很快的高活性引发剂,引发剂的半衰期低于 10min,用量控制在尽可能使 10%以下单体转化为宜。当转化率达 7%～12%,预聚合完成,这时引发剂已基本耗尽,转化率不可能进一步提高。因此,即使向后聚合供料的时间上不能吻合,也可保证物料处于预聚合结束时的状态。

④ 反应热的排出   预聚合体系物料黏度随转化率增高而增大,当转化率在 7%～12%时,体系黏度尚不妨碍涡轮搅拌器的正常运转。单体聚合热可通过预聚釜的夹套冷却和配置的回流冷凝器来排出。

(2)后聚合过程

① 引发剂的影响   后聚合反应中,应选择引发速率较慢的引发剂,如过氧化十二酰、过氧化碳酸二异丙酯等,所需的引发剂以溶在增塑剂中的方式注入。

② 聚合反应温度的影响   氯乙烯本体聚合产品的分子量取决于聚合温度(这同悬浮聚合一样,由于链转移占优势,K 值仅取决于聚合反应温度)。对一定品级的聚氯乙烯,分子量(或 K 值)一定,因此后聚合反应温度也就确定。聚合温度由 50℃提高到 70℃,分子量则由 $6.7×10^4$ 降低到 $3.5×10^4$。在本体聚合工艺控制中,只要转化率不是太高,压力与温度呈线性

关系，可通过监测压力来控制反应温度。

③ 产品的孔隙率　在后聚合反应中，由于初级粒子聚集体的熔合作用，颗粒变得更加结实，之后由于初级粒子聚集体之间孔隙的内填充作用，颗粒尺寸增大。实验表明，产品的孔隙率取决于后聚合温度和单体转化率的高低，如图 3-9 所示。本体法聚氯乙烯的孔隙率影响加工性能。若要求产品孔隙率高，必须降低最终转化率或采用较低的聚合温度，也可两种措施并用。

④ 聚合热的排出　在后聚合时，当转化率为 20% 时，物料是潮湿粉料。继续转化至 40% 以后，液态单体被聚氯乙烯颗粒吸收，反应物料转变为外观上干燥的粉状物。此时传热效率很低，主要靠单体汽化回流排出热量。此外还依靠冷却夹套和可通冷水的搅拌轴进行冷却以排出聚合热。

⑤ 粘釜程度　在本体法中，粘釜程度取决于单体纯度、引发剂的类型和釜壁的温度。只要釜壁温度低，粘釜程度就小。预聚釜不必定期清洗，后聚釜可用高压水定期清洗。

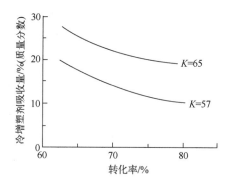

图 3-9　在两种不同聚合温度下产品的冷增塑剂吸收量与转化率的关系（预聚合温度 70℃）

本体聚合反应机理与悬浮聚合相同。本体聚合同悬浮聚合的主要区别是没有加分散剂和大量分散介质水，从而导致本体聚合颗粒表面未包有胶状膜。目前氯乙烯本体聚合工艺还处于发展阶段。与悬浮聚合相比，生产成本稍低些。但后聚合釜容积目前最大为 50m³，与悬浮聚合釜比较（最大的为 230m³），生产能力受到限制；在产品性能方面优于悬浮聚合产品。主要表现在热稳定性、透明性优良，吸收增塑剂的速度快，成型加工时流动性好等。

3.3　自由基悬浮聚合工艺

本体聚合有一定的优点，但也存在着严重的缺点，克服本体聚合缺点的手段是采用其他聚合方法。例如，利用悬浮聚合、溶液聚合或乳液聚合，降低体系的黏度，减缓自动加速现象或推迟自动加速现象的到来。

3.3.1　自由基悬浮聚合工艺概述

3.3.1.1　悬浮聚合

悬浮聚合是指溶有引发剂的单体，借助悬浮剂的悬浮作用和机械搅拌使单体以小液滴的形式分散在介质水中的聚合过程。溶有引发剂的一个单体小液滴就相当于本体聚合的一个小单元。因此，悬浮聚合也称为小本体聚合。悬浮聚合中的主要组分是单体、引发剂、悬浮剂和介质水。

3.3.1.2　悬浮聚合分类

悬浮聚合可根据单体对聚合物溶解与否分为均相悬浮聚合（珠状聚合）和非均相悬浮聚合（沉淀聚合）两大类。

（1）均相悬浮聚合　如果聚合物溶于其单体中，则聚合产物是透明的小珠，该悬浮聚合称为均相悬浮聚合或称珠状聚合。如苯乙烯的悬浮聚合和甲基丙烯酸甲酯的悬浮聚合等均为均相悬浮聚合。

（2）非均相悬浮聚合　如果聚合物不溶于其单体中，聚合物将以不透明的小微球沉淀下来，该悬浮聚合称为非均相悬浮聚合或称沉淀聚合。如氯乙烯、偏二氯乙烯、三氟氯乙烯和四氟乙烯等的悬浮聚合。

目前，悬浮聚合法主要用来生产 PVC 树脂、可发性聚苯乙烯（EPS）、苯乙烯-丙烯腈共聚物（SAN 树脂）、离子交换树脂用的交联聚苯乙烯白球、聚甲基丙烯酸甲酯（PMMA）均聚物与共聚物、聚偏二氯乙烯（PVDC）、聚四氟乙烯（PTFE）和聚三氟氯乙烯（PCTFE）等。

3.3.1.3　悬浮聚合的组分

悬浮聚合的组分主要是单体、引发剂、悬浮剂和介质（水）。有时为了改进产品质量和工艺操作还需加入一些辅助物料，如分子量调节剂、表面活性剂以及水相阻聚剂等。各组分的用量对聚合过程有很大影响。

（1）单体　若单体纯度高，则聚合速率快、产品质量好、生产容易控制。因此，要求对单体进行精制，使其纯度达到要求才能进行聚合。杂质对聚合速率和产品质量可能产生下列影响。

① 杂质的阻聚作用和缓聚作用　有些杂质是自由基聚合的阻聚剂或缓聚剂，使聚合反应产生诱导期而延长了聚合时间。如氯乙烯单体中乙炔含量从 0.0009%增至 0.13%时，可使诱导期从 3h 延长至 8h；达到转化率 85%的时间从 11h 延长至 25h；聚合物的数均分子量从 $14.4×10^4$ 下降至 $2.0×10^4$。许多无机盐和金属离子，如铁离子、铜离子等有阻聚作用，几乎所有的单体应尽量避免含有金属离子。

② 加速作用和凝胶作用　有些杂质可以增加反应速率，如苯乙烯中含有 α-甲基苯乙烯、二乙烯基苯时会使反应速率加快；另外，二乙烯基苯使聚苯乙烯产生支化，重者产生凝胶而不能使用。

③ 杂质的链转移作用　有些杂质是自由基聚合的链转移剂，影响聚合物的分子量和分子量分布。氯乙烯单体中的乙醛和氯乙烷、苯乙烯中的甲苯和乙苯都是链转移剂。氯乙烯单体中二氯乙烷的含量从 0 增至 $11×10^{-6}$ 时可使聚氯乙烯的平均聚合度 $\bar{X}_n$ 从 935.4 下降至 546.8。

由以上实例说明减少单体中杂质的含量是保证聚合反应正常进行和产品质量的关键措施之一。一般情况下，悬浮聚合中单体的纯度要求 >99.9%。

（2）介质水　在悬浮聚合中使用大量的水作为介质。水作为单体的分散、悬浮介质，维持单体和聚合物微球成为稳定的分散体系；并且作为传热介质，把聚合热排出体系以外。不仅如此，水与单体在反应中相互碰撞，水的质量还会对聚合反应产生影响。水中的杂质主要是铁离子、镁离子、钙离子、氯离子和溶解氧以及可见杂质。氯离子、铁离子、镁离子、钙离子及可见杂质使聚合物带有颜色并使产品质量下降，如热性能和电性能变差；水中的氯离子还能破坏悬浮聚合的稳定性，使聚合物微球变粗；水中的溶解氧能产生阻聚作用，延长诱导期，降低聚合速率。因此，悬浮聚合工业中常用去离子水作聚合用水。经离子交换树脂处理后的去离子水的质量指标做如下要求：pH=6～8；Cl⁻ ≤ 1mg/kg；电导率 $= 1×10^{-5}$～ $1×10^{-6}$Ω/cm；硬度≤5（或 Ca^{2+} 或 Mg^{2+}）；无可见机械杂质。

（3）悬浮剂 悬浮剂能降低水的表面张力，对单体液滴起保护作用，防止单体液滴黏结，使单体-水这一不稳定的分散体系变为较稳定的分散体系，这种作用称为悬浮作用或分散作用。具有悬浮作用（或分散作用）的物质称为悬浮剂或分散剂。

常用的悬浮剂有两类：一类是水溶性高分子化合物；另一类是不溶于水的无机化合物。

工业中常用的水溶性高分子化合物中有聚乙烯醇（PVA）、聚丙烯酸、聚甲基丙烯酸的盐类、纤维素醚类和明胶等。

不溶于水的无机化合物有碳酸钙、碳酸镁、碳酸钡、硫酸钙、硫酸镁、磷酸钙、滑石粉、高岭土、硅藻土和白垩等。

① 明胶 明胶是一种蛋白质，由动物的皮或骨熬煮而成。分子量为300～200000，属两性天然聚合物。采用明胶作悬浮剂既有保护微球、防止聚合物微球黏结的作用，又能降低水的表面张力。其用量一般为水量的 0.1%～0.3%，比 PVA 多好几倍。由于用量多容易沉积在聚合物微球表面，形成一层难以洗去的保护膜，影响产品的色泽而且使微球表面坚硬，产品吸收增塑剂的能力变差，对产物的耐热性有一定的影响。另外，由于明胶是一种天然聚合物，杂质较多，在一定温度下易受细菌的作用而使聚合物分解变质，故国外一般不用。但其来源丰富、价廉、保护能力强，可在水油比较小的情况下使用，有利于提高设备的生产能力，故在我国目前还有一定的使用价值。

② 纤维素醚类 作为悬浮剂的纤维素醚类有甲基纤维素（MC）、羟乙基纤维素（HEC）、羟丙基纤维素（HPC）和乙基羟乙基纤维素（EHEC）等。纤维素作悬浮剂可以使聚合体系稳定，防止聚合物微球之间黏结，减轻粘釜程度，提高产品质量，得到的微球小而均匀，微球结构疏松，吸收增塑剂的能力强，使用较为普遍。

工业上应用最广的是甲基纤维素（MC），其为白色无臭味的粉末或纤维状，其用量为水量的 0.004%～0.2%。

③ 聚乙烯醇（PVA） PVA 是目前工业上用得极广泛的一种悬浮剂。PVA 的分散作用和保护单体液滴的作用与其醇解度和平均聚合度有关。用作悬浮剂的 PVA 的规格为：

$$\overline{X}_n = 1700～2000；醇解度 = 75\%～89\%$$

PVA 在水中的溶解度与其分子量和醇解度有关。完全水解的 PVA 仅溶于 90℃ 以上的热水中；醇解度为 88% 的 PVA 室温下就可溶于水中；醇解度为 80% 的 PVA 仅溶于 10～40℃ 的水中，超过 40℃ 变浑（使 PVA 水溶液变浑的温度界限称为浊点）；醇解度为 70% 的 PVA 仅溶于水-乙醇溶液中；醇解度 < 50% 的 PVA 则不溶于水中。应该根据用途和聚合温度来选择醇解度适当的 PVA。

PVA 的分散能力与平均聚合度有关。平均聚合度低的 PVA 其分散能力和保护能力较弱，所得的聚合物微球较粗大，粒度分布也较宽；反之亦然。但平均聚合度过高的 PVA 其溶液黏度过大，使传热变得困难。

当温度高于 100℃时，PVA 会分解而失去分散能力。因而，PVA 不能作为高温悬浮聚合的悬浮剂。

PVA 作为悬浮剂其用量一般为水量的 0.02%～0.1%。此时，水溶液的黏度为 10～14 cP。

④ 其他合成高分子悬浮剂　在合成高分子化合物中，可以作为悬浮剂的物质除 PVA 外，还有聚丙烯酸及其钠盐等。它们的特点是分散能力和保护能力强、效率高、所得聚合物微球粒度均匀、吸水性小、能减轻粘釜现象，并且在高温下（150℃）它们的性能稳定，不会发生分解。在高温 PS 的悬浮聚合生产中，使用合成的高分子化合物作为悬浮剂，其用量为水量的 0.04%。合成高分子悬浮剂除可单独使用外，还可以与其他悬浮剂配合使用，以改善树脂的微球形态，提高产品的加工性能。

⑤ 不溶于水的无机化合物悬浮剂　作为悬浮剂的不溶于水的高分散的无机化合物主要有碳酸钙、碳酸镁、碳酸钡、硫酸钙、硫酸钡、磷酸钙、滑石粉（$3MgO \cdot 4SiO_2 \cdot H_2O$）、高岭土、硅藻土（硅藻的硅质细胞壁组成的一种生物化学沉积岩）和白垩等。不溶于水的高分散的无机化合物多用于甲基丙烯酸甲酯（MMA）、乙酸乙烯酯（VAc）和苯乙烯（St）等单体的悬浮聚合，其用量为水量的 0.1%～1%，它们的分散能力和对单体的保护能力都很好，能得到粒度均匀、表面光滑和透明度好的聚合物微球。

固体粉末越细，其分散能力和保护能力越强，能形成尺寸更小的聚合物微球。为了得到极细的聚合物微球，可以通过往悬浮聚合体系中加入两种化合物在水相介质中反应生成沉淀的方法来获得这种高分散性的悬浮剂粉末。

（4）引发剂及助剂　在悬浮聚合中，一般使用油溶性引发剂。除引发剂外，还有发泡剂如丁烷和己烷也要加入单体中。染料通常加入部分聚合的浆料中，润滑剂一般是挤出加工时加入。

3.3.1.4　悬浮聚合的工艺控制

（1）水油比　水的用量与单体用量之比称为水油比。水油比是生产控制的一个重要因素。水油比大时，传热效果好，聚合物微球的粒度较均一，聚合物的分子量分布较窄，生产控制较容易；缺点是降低了设备利用率。当水油比小时，则不利于传热，生产控制较困难。

一般悬浮聚合体系的水油比为：

$$W(水)：W(油) = (1～2.5)：1$$

（2）聚合温度　当聚合配方确定后，聚合温度是反应过程中最主要的参数。聚合温度不仅是影响聚合速率 R_p 的主要因素，也是影响聚合物分子量（或动力学链长 v 或平均聚合度 $\bar{X}_n$）的主要因素。

有关方程式见式（3-6）及式（3-7）。

$$v = \frac{k_p[M]}{2(fk_dk_t)^{1/2}[C]^{1/2}} \qquad (3-6)$$

特别是氯乙烯（VC）的自由基聚合，聚合物的分子量由温度来调节，因为

$$\bar{X}_n = \frac{1}{C_M} = \frac{k_p}{k_{tr,M}} \qquad (3-7)$$

式中　k_p, k_t, $k_{tr,\mathrm{M}}$ ——分别为增长反应速率常数、终止反应速率常数和向单体转移速率常数，

L/（mol·s）；

k_d ——引发剂分解速率常数，s^{-1}；

[M] ——引发剂单体浓度，mol/L；

v ——动力学链长；

$\bar{X}_n$ ——平均聚合度；

C_M ——向单体转移常数；

f ——引发剂的引发效率。

（3）聚合时间　连锁聚合的特点之一是生成一个聚合物大分子的时间很短，只需要 0.01s 至几秒的时间。但是，要把所有的单体都转变为大分子则需要几小时，甚至长达十几小时。这是因为温度、压力、引发剂的用量和引发剂的性质以及单体的纯度都对聚合时间产生影响，所以聚合时间不是一个孤立的因素。

从生产效率来考虑，当转化率达 90%以后，聚合物微球中单体含量已经很少，聚合速率已经大大降低，如果用延长聚合时间的办法来提高转化率将使设备利用率降低，这是不经济的。在高分子合成工业生产中常用提高聚合温度的办法使剩余单体加速聚合，以达到较高的转化率。通常，当转化率达到 90%以上时即终止反应，并回收未反应的单体。

（4）聚合装置　聚合反应的主要设备是聚合釜，聚合釜的作用是传热和强化生产。其大小、结构以及搅拌器的形状是影响聚合反应的重要因素。

① 聚合釜的传热　悬浮聚合用聚合釜一般是带有夹套和搅拌的立式聚合釜。夹套能帮助聚合过程中产生的大量的聚合热及时、有效地传出釜外。近年来，聚合釜向大容积方向发展，但釜的容积增大，其单位容积的传热面积减小。如一个 $35\mathrm{m}^3$ 的聚合釜，它的单位容积的传热面积为 $1.43\mathrm{m}^2/\mathrm{m}^3$，比容积为 $14\mathrm{m}^3$ 的聚合釜所具有的单位容积的传热面积 $1.93\mathrm{m}^2/\mathrm{m}^3$ 减少了 27%。

为了增加传热面积，常采用以下措施：在釜内插入两根 D 型挡板，并向其中通入冷却水；在釜外加回流冷凝器；根据物料体积收缩情况，向釜内补加相应的水，维持原有的水油比；合理地选用聚合釜材料。搪瓷釜不易产生结垢，不会因刮垢伤釜壁影响传热，所以比不锈钢釜好；在夹套中安装螺旋导流板，其中通冷却水。冷却水不走短路，当冷却水流速提高 10 倍以上时，水对釜的给热系数则可提高 8 倍以上。

② 聚合釜的搅拌　搅拌在悬浮聚合中是影响聚合物微球形态、大小及粒度分布的重要因素。搅拌使单体分散为液滴，搅拌桨叶的旋转对液滴所产生的剪切力的大小决定了单体液滴的大小。剪切力越大，所形成的液滴越小。搅拌还可以使釜内各部分温度均一，物料充分混合，从而保证产品的质量。

搅拌效果与聚合釜的形状、叶片的形状和搅拌速度有关。一般来说，细长条釜不易保证轴向均匀混合；而短粗釜不易保证径向均匀混合（一般聚合釜 $H = 1.25D$）。搅拌速度太快，剪切力增大，影响聚合物微球的规整性。采用三叶片后掠式搅拌器搅拌时不会产生不必要的涡流，可以节省能量。同时，聚合物粘釜的程度小，聚合釜比较容易清洗。

在悬浮聚合中，当搅拌速度增加到某一数值时，物料会产生强烈的涡流现象，物料微球严重黏结，此时的速度称为"临界速度"或称"危险速度"。不同容积的聚合釜其最高的搅拌速度应比临界速度低。当选用的悬浮剂有良好的分散性和保护作用时，只要单体能保证在釜内分散和翻动，宜采用较慢的转速，以减少结垢并可使粒度均匀。

③ 粘釜壁现象　进行悬浮聚合时，被分散的液滴逐渐变成黏性物质，搅拌时被桨叶甩到聚合釜壁上结垢，结垢后使聚合釜传热效果变差。而且，当树脂中混有这种粘釜物后加工时不易塑化。粘釜的原因很多，如搅拌器的类型与转速、釜型与釜壁材料、釜壁的粗糙度、水油比、悬浮剂的种类及用量、聚合温度及转化率和体系的 pH 值等。

④ 清釜壁　粘釜物不易塑化，影响树脂的加工性能和产品的质量，应该及时清釜。人工清釜劳动强度大，污染严重，且造成釜壁刮伤，而引起更严重的粘釜壁。目前，生产中用高压水冲刷釜壁除去粘釜物，高压水的压力为 15～39MPa。此法不损伤釜壁、劳动强度小、效率高、减少了单体对空气的污染、维护了工人的健康。另外，还可以用涂布法减轻粘釜，即在釜壁涂上某些涂层。据报道，用合适的配方[如 W（醇溶黑）：W（醇酸清漆）：W（松香）：W（环氧树脂）：W（溶剂）=5：5：5：5：80]组成的涂料涂布釜壁，可以减轻粘釜。经涂壁后可连续操作 70～100 次不用清釜。因此，不粘壁技术和减轻粘釜技术的研究很有必要。

3.3.2　氯乙烯悬浮聚合生产工艺

PVC 是五大合成树脂之一，约占合成树脂总产量的 20%。我国 2019 年的 PVC 总产能约 2518 万吨。世界上大规模生产 PVC 的方法有三种：悬浮聚合法占 75%，乳液聚合法占 15%，本体聚合法占 10%。我国悬浮聚合法占 94%，其余为乳液聚合法（约 119 万吨，2019 年），本体聚合法仅在个别厂家计划生产。

PVC 树脂添加增塑剂和必要的助剂后可加工为软质 PVC 塑料制品和硬质 PVC 塑料制品。前者可作电缆的绝缘层、薄膜和人造革；后者可作管道、塑料门窗和板材等。

3.3.2.1　氯乙烯悬浮聚合原料组成

氯乙烯悬浮聚合体系中，除单体氯乙烯外，还有引发剂、悬浮剂和介质水，有时还需加入 pH 值调节剂、分子量调节剂、防粘釜剂和消泡剂等多种助剂。

（1）单体　目前，我国氯乙烯生产主要方法是乙炔法和乙烯氧氯化法。因单体生产方法不同和各厂家所采用的生产工艺的差别，对单体纯度以及杂质的含量要求也有所不同。单体纯度要求 >99.8%，先进的厂家则要求 >99.99%。

杂质含量因生产方法不同而有差别，如单体中乙炔的含量：乙炔法生产路线要求其含量 $<10^{-5}$，而乙烯氧氯化法则要求 $\leqslant 10^{-6}$；二氯乙烷的含量 $<2 \times 10^{-6}$，$Fe \leqslant 5 \times 10^{-7}$。

在聚合之前应对单体进行精制，使氯乙烯的纯度达 99.8% 以上。单体精制的方法是碱洗、水洗、干燥和精馏。碱洗以除去酸性物质；水洗以除去碱性物质，干燥以除去水；精馏以除去高沸点和低沸点物质。

（2）引发剂　VC 悬浮聚合的温度为 50～60℃，应根据反应温度选择适当的引发剂。选择原则是在反应温度下 $t_{1/2} = 2h$。工业生产中多采用复合引发剂，两种引发剂的配比因要求生产的树脂的牌号即平均分子量的不同而异。生产分子量较低的 PVC 时，可使用一种引发剂。常温下为固体的引发剂，在使用时应配成溶液。常用的引发剂有偶氮类、过氧化二酰类和过氧化二碳酸酯类等油溶性引发剂。目前多采用高活性引发剂和低活性引发剂复合体系，如偶氮二异丁腈和偶氮二异庚腈复合。如复合得当，可使 PVC 的悬浮聚合接近匀速反应。

（3）悬浮剂　悬浮剂的种类和用量对 PVC 的微球大小和形态至关重要。选用明胶作悬浮剂将形成紧密型树脂或称乒乓球树脂，表面有很多鱼眼；选用 PVA 作悬浮剂时，则形成疏松型树脂或称棉花球状树脂。

在 PVC 生产中悬浮剂分为两类：主分散剂和辅助分散剂。主分散剂的作用主要是控制聚合物的微球大小，辅助分散剂的作用主要是提高聚合物微球中的孔隙率，主分散剂和辅助分散剂的协同作用是使聚合物粒度较均匀，表面疏松，吸收增塑剂的能力强。主分散剂主要是纤维素醚类和部分水解的 PVA。纤维素醚类包括甲基纤维素（MC）、羟乙基纤维素（HEC）、羟丙基纤维素（HPC）和羟丙基甲基纤维素（HPMC），目前主要用羟丙基甲基纤维素。要求 PVA 的平均聚合度为 1750±50，醇解度为 80%±1.5%。辅助分散剂也就是表面活性剂，工业上常用的有非离子型表面活性剂如脱水山梨醇单月桂酸酯。

（4）介质水　所用的反应介质水应为经过离子交换树脂处理后的去离子水，其 pH = 5～8.5，硅胶含量 < 0.2mg/L。

（5）其他助剂

① 链终止剂　为了保证 PVC 树脂的质量，当达到规定的转化率时须加入终止剂，使聚合反应停止。常用的链终止剂是聚合级的双酚 A 和对叔丁基邻苯二酚（TBC）。

② 链转移剂　为了控制 PVC 的平均聚合度，除严格控制反应温度外，必要时需添加链转移剂。常用的链转移剂有硫醇和巯基乙醇等。

③ 抗鱼眼剂　为了减少 PVC 树脂中乒乓球树脂的数量可加入抗鱼眼剂，其主要是叔丁基苯甲醚和苯甲醚的衍生物。

④ 防粘釜剂　PVC 树脂的粘釜是悬浮聚合法要解决的重要问题。防粘釜剂主要是苯胺染料和蒽醌染料等的混合溶液或这些染料与某些有机酸的络合物。

3.3.2.2　氯乙烯悬浮聚合配方及工艺条件

（1）氯乙烯悬浮聚合组成配方　氯乙烯悬浮聚合组分配方见表 3-11。

表 3-11　氯乙烯悬浮聚合配方

单体	分散剂	引发剂	去离子水
100	0.05～0.15	0.03～0.08	90～150

注：数据为质量份。具体投料则因生产的树脂牌号不同而不同。

（2）氯乙烯悬浮聚合工艺条件　聚氯乙烯 PVC 树脂的牌号以黏度和平均聚合度大小表示，因树脂中一般不加助剂，所以牌号不多，具体牌号及其悬浮聚合工艺条件见表 3-12。

表 3-12　氯乙烯悬浮聚合工艺条件

型号		XS-1	XS-2	XS-3	XS-4
平均聚合度		1300～1500	1100～1300	980～1100	800～900
树脂的 K 值		>74.2	70.3～74.2	68～70.3	65.2
操作控制条件	气密压力/MPa	0.5	0.5	1.5	0.5
	聚合温度/℃	47～48	50～52	54～55	57～58
	升温时间/min	< 30	< 30	< 30	< 30
	温度波动/℃	0.2～0.5	± 0.2～0.5	± 0.2～0.5	± 0.2～0.5
	聚合压力/MPa	0.65～0.7	0.7～0.75	0.75～0.8	0.8～0.85
	出料压力/MPa	0.45	0.45	0.50	0.55
	搅拌速度/（r/min）	200～220	200～220	200～220	200～220

表 3-12 中，K 值是表示聚氯乙烯树脂分子量大小的一个数值，它由下式求得：

$$\ln \eta_r = \frac{75K^2}{1+1.5Kc \times 10^{-3}} + 10^{-3}Kc \qquad (3\text{-}8)$$

式中　η_r——相对黏度（以环己酮为溶剂）；

　　　c——浓度，g/100mL；

　　　K——特性常数（聚氯乙烯的比黏度）。

3.3.2.3　氯乙烯悬浮聚合生产工艺流程

氯乙烯悬浮聚合生产工艺流程如图 3-10 所示。

（1）聚合前准备工作　先将去离子水经计量后加入聚合釜中，开动搅拌，依次加入事先准备好的悬浮剂溶液、水相阻聚剂硫化钠溶液和缓冲剂碳酸氢钠溶液。

（2）聚合过程　反应釜升温至规定的温度，加入溶有引发剂的单体溶液，聚合反应即开始。夹套通低温水（9～12℃）进行冷却，严格控制反应温度，使反应温度波动范围不超过 ±0.2℃。大、中型反应釜除夹套冷却外，还有回流冷却器，借单体回流除去聚合热。技术先进的生产装置装料和温度控制全部可由计算机按预定的程序自动控制。PVC 不溶于单体 VC 中，但 PVC 可吸收单体达 27%（即可被单体所溶胀），形成具有黏性的凝胶，当转化率达 70% 以上时，游离的单体数目急剧减少，釜内压力开始下降，而当游离的单体消失时，压力明显下降。然后，聚合反应在凝胶内进行。此时，体系的黏度增加，链自由基由原来的伸展状态变为卷曲状态，链段重排受阻，链自由基末端被包裹，双基终止困难，终止速率常数 k_t 显著下降；但是，体系的黏度还不至于妨碍单体的扩散，即链增长反应还能进行，链增长反应速率常数 k_p 变化不大，$k_p/(k_t)^{1/2}$ 增加了近 7～8 倍。因此，开始出现自动加速现象，聚合速率显著增加。当转化率达 80%～85% 时，单体数量减少，聚合速率下降；在工业生产中，通常根据反应釜压达规定值后结束反应，通常为 0.50～0.55MPa，具体因树脂的牌号不同而异。

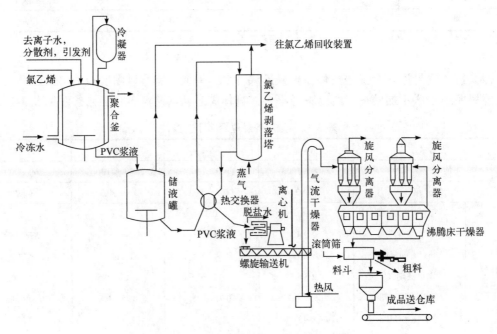

图 3-10　氯乙烯悬浮聚合生产工艺流程

（3）分离过程　终止反应的方法是加入链终止剂。此时，迅速减压脱除未反应的单体，进入单体回收系统，但此时 PVC 浆料中仍含有 2%～3% 的氯乙烯。由于氯乙烯是致癌物质，产品 PVC 中单体氯乙烯含量要求低于 10^{-5} 甚至 10^{-6}。因此，反应物料应进行"单体剥离"或称为"汽提"过程。

PVC 树脂浆料自塔顶送入塔内与塔底通入的水蒸气逆向流动，氯乙烯与水蒸气自塔顶逸出，用真空泵抽至油水分离器与水分离后进入气柜，经压缩精馏后循环再使用。

（4）聚合物后处理　剥离单体后的浆料经热交换器冷却后，送至离心分离工段。脱除水分后的滤饼中含水量为 20%～30%，再送入卧式沸腾干燥器进行干燥。干燥后的 PVC 树脂含挥发物为 0.3%～0.4%，经筛分除去大微球树脂后进行包装，即可出售。

3.3.2.4　PVC 悬浮聚合生产工艺条件控制

（1）反应釜材质和传热　我国中小型悬浮法 PVC 树脂生产工厂，早期采用容积为 7～13.5m³ 的反应釜。反应釜主要为搪玻璃压力釜，内壁光洁，不易产生釜垢，容易清釜。但因玻璃的传热系数低，仅用于小型反应釜。大型反应釜采用不锈钢制作，但缺点是粘釜现象严重，随着生产配方和生产技术的进步，粘釜问题基本解决。

氯乙烯聚合热比较大（95.6kJ/mol），为了合成某一牌号的树脂，必须严格控制聚合温度波动范围不超过 ±0.2℃，所以如何及时地导出聚合热成为反应釜设计过程中必须考虑的重要问题。解决问题的方法是将反应釜设计为瘦长型，提高夹套冷却面积。大型反应釜设有可水冷的挡板，反应釜上安装回流冷凝装置，为了提高传热效率，工业上采用经冷冻剂冷却的低温水（9～12℃或更低）进行冷却。

反应釜的搅拌装置不仅对传热效果产生重要作用，而且对 PVC 微球形态、微球大小及微球分布产生重要影响。因此，搅拌器桨叶的形状、叶片层数和转速等的设计甚为重要。

（2）意外事故的处理　由于聚合热大，如遇突然停电、搅拌器停止搅拌或冷却水产生故障都将使釜中物料温度上升，导致釜内压力升高甚至引起爆炸。为杜绝此类事故的发生，生产中一般采取两项措施：

① 反应釜盖上安装有与大口径排气管连接的爆破板，万一发生爆炸时爆破板首先爆破。

② 反应釜具有自动注射阻聚剂的装置，当温度急剧升高时，自动装置向釜内注射阻聚剂。

（3）粘釜及其防止方法　氯乙烯悬浮聚合过程中的反应釜内壁和搅拌器表面经常沉淀 PVC 树脂形成的锅垢（粘釜物）。粘釜物的存在将降低传热效率，增加搅拌器负荷，更重要的是粘釜物跌落在釜内则形成鱼眼，影响产品质量。为了保证产品质量，现在为了防止粘釜，通常加入防粘釜剂。优良的防粘釜剂使用量很少，效果明显。产生的少量粘釜物可用高压水枪进行清釜。

3.3.2.5　PVC 悬浮聚合的工艺特点

（1）聚合温度和链转移反应　聚合温度对 PVC 的分子量有着极其重要的影响，这个影响是通过链转移反应而起作用的。因为氯乙烯是很活泼的单体，其自由基的共轭效应也很活泼，PVC 链自由基向单体氯乙烯的转移速率很大，甚至超过正常的终止速率。

PVC 链自由基向 VC 单体的转移反应表示如下：

因此，氯乙烯自由基聚合时聚合物的平均聚合度可表示为：

$$\bar{X}_n = \frac{R_p}{R_t + \sum R_{tr}} = \frac{R_p}{R_{tr,M}} = \frac{k_p[M][M^\cdot]}{k_{tr,M}[M][M^\cdot]} = \frac{k_p}{k_{tr,M}} = \frac{1}{C_M} \qquad (3\text{-}9)$$

式中，k_p、$k_{tr,M}$ 分别为增长反应速率常数和向单体转移速率常数，L/（mol·s）；C_M 为向单体转移常数的链转移常数。

常用单体自由基聚合时向单体转移常数 C_M 与温度的关系见表 3-13。

表 3-13 常用单体自由基聚合时向单体转移常数（C_M）

单体	30℃	50℃	60℃	70℃
氯乙烯	6.25×10^4	13.5×10^4	20.2×10^4	23.8×10^4
乙酸乙烯酯	0.94（40℃）	1.29×10^4	1.91×10^4	
苯乙烯	0.32×10^4	0.62×10^4	0.85×10^4	1.16×10^4
丙烯腈	0.15×10^4	0.27×10^4	0.30×10^4	
甲基丙烯酸甲酯	0.12×10^4	0.15×10^4	0.18×10^4	0.3×10^4

表 3-13 说明单体氯乙烯自由基聚合时向单体转移常数 C_M 值是常用单体中最高的（是其他单体的 7~50 倍），且随温度升高明显增大。由式（3-9）说明，PVC 的平均聚合度只与向单体转移常数有关。因此，工业生产中利用控制不同反应温度来生产各种牌号的 PVC 树脂。反过来说，即为了生产不同牌号的 PVC 树脂，必须严格控制聚合反应的温度，温度波动范围不能超过 ±0.2℃，同时，聚合温度不能太高，一般为 50~60℃。温度太高会引起 PVC 链自由基向 PVC 大分子的链转移反应，引起支化大分子的形成，影响产品的性能。PVC 聚合物的分子量与温度的关系见表 3-14。

表 3-14 聚合反应温度对 PVC 树脂性能的影响

聚合温度/℃	k	$\bar{X}_n$	微球孔隙率/%
50	73	67000	29
57	67	54000	24
64	61	44000	12
71	57	33000	7

（2）自动加速现象　氯乙烯的悬浮聚合属沉淀聚合。聚合开始不久就出现自动加速现象，但不明显，直至转化率达 70% 才表现得比较明显。这是因为 PVC 虽不能溶于单体氯乙烯中，

但能被氯乙烯所溶胀，聚合物微粒表面吸收一部分单体形成单体聚合物微珠。这种微珠的黏度比单体的黏度大，但单体在其中运动扩散并无困难。所以，链自由基与单体的链增长反应仍能进行，加上氯乙烯进行自由基聚合时终止方式是链自由基向单体转移为主。所以，氯乙烯的聚合体系既不同于均相悬浮聚合，又不同于典型的非均相悬浮聚合。氯乙烯的悬浮聚合体系中，PVC 的分子量用聚合温度来控制，聚合反应的速率用引发剂的种类和用量来调节。

（3）安全问题　实践证明，氯乙烯是一种致癌物质，长期接触氯乙烯单体有可能患肝癌。因此，降低空气中氯乙烯的浓度是很重要的。美国规定，PVC 生产环境中，8h 内氯乙烯平均浓度不超过 10^{-6}mg/kg，在任何 15min 内氯乙烯的平均浓度不得超过 $5×10^{-6}$mg/kg，降低氯乙烯在空气中的浓度关键是防止生产过程中的泄漏，泄漏较多的是聚合部分，其次是清釜时打开釜盖。所以，PVC 生产中防护技术尤为重要。

3.3.2.6　PVC 树脂微球形态、粒度分布及其影响因素

PVC 树脂有紧密型即乒乓球状和疏松型即棉花球状两种。前者表面光滑、吸收增塑剂的能力较差、不易塑化、加工性能较差、表面有很多鱼眼；后者表面疏松、吸收增塑剂的能力强、容易塑化、加工性能好。

影响 PVC 树脂性能的因素除了树脂的微球形态以外，还有树脂的粒度分布。粒度分布通常用通过 200 目筛孔的百分数来表示。PVC 树脂的粒度分布为 30%～43.5%（50～150 μm）较适宜。一般讲，树脂微球较大，其软化温度和冲击强度较高，但成型加工困难；而树脂粒度太小，加工时容易飞扬，污染环境。

影响 PVC 树脂微球形态和粒度分布的因素主要是悬浮剂的种类和机械搅拌，其次是单体的纯度、聚合用水和聚合物后处理等。

（1）悬浮剂种类　悬浮剂明胶对单体的保护作用太强，对树脂的压迫力较大，容易形成紧密型树脂。聚乙烯醇 PVA 悬浮剂对单体的保护作用适中，往往形成类似疏松型树脂。但 PVA 是合成高分子化合物，其分子量大小和分子量分布对 PVC 树脂的粒度分布有影响：分子量越大，对 PVC 树脂的保护作用越强，使 PVC 树脂粒度变小，反之亦反。因此，PVA 的分子量分布宽时使 PVC 树脂粒度分布变宽。因此，对 PVA 的聚合度、分子量分布及醇解度要求较严格。

（2）机械搅拌　当悬浮剂的种类和用量一定时，机械搅拌就成了影响 PVC 树脂微球形态和粒度分布的重要因素。一般情况下，搅拌速度越快，树脂微球越小；搅拌速度均匀，树脂微球分布较窄。

（3）其他因素　单体的纯度、聚合用水及聚合物后处理对 PVC 树脂微球形态和粒度分布有一定的影响。若其中含有氯离子或氯化物，它们对 PVC 树脂有一定的溶解能力，会导致形成紧密型树脂。

3.3.3　苯乙烯-丙烯腈悬浮共聚合生产工艺

悬浮聚合除用来生产聚氯乙烯外，还常用来生产苯乙烯二元共聚物，如聚苯乙烯-丙烯腈树脂（SAN 树脂）、聚苯乙烯-甲基丙烯酸甲酯树脂（SMMA 树脂）以及可发性聚苯乙烯树脂（EPS 树脂）等。过去曾用于生产 PS 均聚物，但由于产品透明性不及本体聚合法，而且残余单体不易脱除，所以逐渐被淘汰。

SAN 树脂是无规、无定形共聚物。它是坚硬透明的热塑性塑料，易成型加工，具有良好

的尺寸稳定性。制品多数为透明或半透明，少数情况下不透明。含丙烯腈20%～35%的SAN树脂为透明塑料，力学性能与耐化学药品性均能优于PS。SAN树脂可用玻璃纤维增强，以获得高刚性、不易破裂和高抗冲性塑料制品。SAN塑料主要用作餐具、汽车灯罩、仪表板、冰箱中的塑料部件、录音机的箱壳、观察镜、门窗、医疗手术用具、包装用的瓶和桶等。

（1）苯乙烯和丙烯腈悬浮共聚生产配方（配方中数据为质量份）

单体	苯乙烯、丙烯腈	100
去离子水	$w(水)：w(油)=(1.4\sim1.6)：1$	140～160
悬浮剂	$MgSO_4(16\%)$	0.12
	$Na_2CO_3(16\%)$	0.09
	SM-Na	0.012
阻聚剂	TBC	0.028

在高温悬浮聚合中，引发剂可加可不加。如加引发剂可选择过氧化苯甲酸叔丁酯等，用量为单体丙烯腈质量的0.3%～0.5%。因为聚合温度超过100℃，一般的悬浮剂不能使用，该聚合体系中选用了由$MgSO_4$和Na_2CO_3在聚合釜中反应生成的$MgCO_3$作悬浮剂。其优点是新生的悬浮剂分散性好，制得的树脂微球均匀且耐高温（150℃）。另外，体系中还加入少量聚苯乙烯-顺丁烯二酸酐钠盐（SM-Na），可减少$MgSO_4$和Na_2CO_3的用量。

（2）苯乙烯和丙烯腈悬浮共聚合工艺条件　聚合温度＞140℃；聚合时间8～24h。

（3）苯乙烯和丙烯腈悬浮共聚合工艺流程　苯乙烯-丙烯腈高温悬浮共聚合工艺流程如图3-11所示。

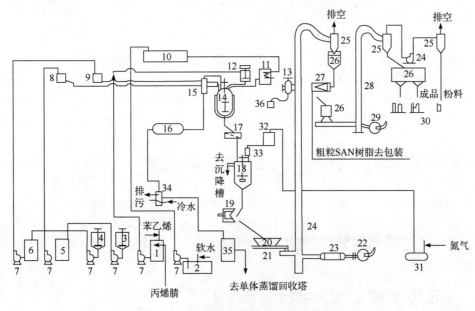

图3-11　苯乙烯-丙烯腈高温悬浮共聚合工艺流程

1—单体储槽；2—软水池；3—碳酸钠溶解釜；4—硫酸镁溶解釜；5—碳酸钠储槽；6—硫酸镁储槽；7—输送泵；8—碳酸钠计量槽；9—硫酸镁计量槽；10—软水高位槽；11—软水计量槽；12—单体计量槽；13—SM-Na溶解釜；14—聚合釜；15—回收单体冷凝器；16—回收单体冷却器；17—SAN树脂过滤器；18—洗涤釜；19—离心机；20—湿物料中间仓；21—螺旋输送器；22—鼓风机；23—翅片加热器；24—热风气升管；25—旋风分离器；26—料仓；27—圆筛；28—冷风气升管；29—引风机；30—磅秤；31—硫酸储槽；32—硫酸高位槽；33—硫酸计量槽；34—油水分离器；35—回收单体储槽；36—铝桶

① 聚合前准备工作　在聚合釜中加入预热至 90℃的软水及浓度为 16%的 Na_2CO_3 水溶液，升温至 78℃；再加入浓度为 16%的 $MgSO_4$ 水溶液，搅拌 30min；加入 SM-Na 盐，升温至 95℃，停止搅拌。30min 后，通入热的水蒸气，排走空气，然后封闭全部出口。降温至 75℃，使之产生 27 kPa（200mmHg，1mmHg = 133.322 Pa）的负压。

② 聚合过程

a. 将溶有阻聚剂 TBC 的单体（按比例）加入聚合釜，开动搅拌，升温至 92℃，通氮至 0.15MPa，以防止高温下釜内物料剧烈翻腾。

b. 继续加热至 150℃，釜内压力 0.6MPa，搅拌 2h（这时釜内 SAN 树脂微球已变硬）。

c. 再升温至 155℃，釜内压力为 0.7～0.75MPa，维持 2h。

d. 降温至 125℃，维持 0.5h，再升温至 140℃，熟化 4h，促使微球内部残余单体进一步转化为聚合物。

③ 分离过程　聚合完成后卸掉聚合釜压力，未反应的单体经冷凝器冷却液化后再经冷却器冷却，进入油水分离器，分离水，单体送精制车间精馏，以循环利用。

④ 聚合物后处理　聚合物料经降温出料，物料中含有不溶于水的 $MgCO_3$ 等杂质呈碱性，进入中和槽加入 98%的浓 H_2SO_4，使 pH = 3～4，在搅拌下进行如下反应：

拓展阅读

苯乙烯-丙烯腈
高温悬浮
共聚合的优点

$$MgCO_3 + H_2SO_4 \longrightarrow MgSO_4 + H_2O + CO_2\uparrow$$

最后进行洗涤和干燥。

3.4　自由基溶液聚合生产工艺

3.4.1　自由基溶液聚合工艺概述

溶液聚合是指单体和引发剂溶于适当的溶剂中聚合为聚合物的过程。溶液聚合体系的组分主要为单体、溶剂和引发剂。

3.4.1.1　溶液聚合分类

根据聚合物是否溶于溶剂中，可将溶液聚合分为均相溶液聚合和非均相溶液（沉淀）聚合。

（1）均相溶液聚合　单体溶于溶剂中，聚合物也溶于溶剂中，形成聚合物溶液，这种溶液聚合体系称为均相溶液聚合。如乙酸乙烯酯（VAc）以 CH_3OH 为溶剂的溶液聚合、丙烯腈（AN）以浓硫氰酸钠（NaSCN）水溶液为溶剂的溶液聚合、丙烯腈以 N,N'-二甲基甲酰胺为溶剂的溶液聚合和丙烯酰胺以水为溶剂的溶液聚合均为均相溶液聚合。丙烯酰胺以水为溶剂的溶液聚合亦称为水溶液聚合。

（2）非均相溶液聚合　单体溶于溶剂中，而聚合物不溶于溶剂中，形成的固体聚合物沉淀出来，这种溶液聚合体系称为非均相溶液聚合（或称沉淀聚合）。丙烯腈以水为溶剂的溶液聚合、丙烯酰胺以丙酮为溶剂的溶液聚合以及苯乙烯-顺丁烯二酸酐以甲苯为溶剂的溶液聚合均为非均相溶液（沉淀）聚合。

3.4.1.2　溶液聚合的优缺点

自由基溶液聚合具有自己独特的优缺点：

（1）溶液聚合的优点

① 由于使用了溶剂，降低了体系的黏度，推迟了自动加速现象的到来，如果控制适当的转化率可以基本上消除自动加速现象，聚合反应接近匀速反应，聚合反应容易控制，聚合物的分子量分布较窄。

② 如果选用向溶剂转移常数 C_s 较小的溶剂，控制低转化率结束反应，容易建立聚合速率 R_p 与单体浓度[M]和引发剂浓度[I]的定量关系，这对相关的聚合体系实施动力学研究有独到之处。

（2）溶液聚合的缺点

① 由于聚合在溶剂中进行，溶剂的回收和提纯使工艺过程复杂化，从而使生产成本增加。

② 由于链自由基向溶剂的转移反应使聚合物的平均聚合度 $\bar{X}_n$ 降低。

3.4.1.3　溶剂的影响

（1）溶剂对引发剂分解速率的影响　溶剂对有机过氧类引发剂分解速率产生一定影响，不同溶剂对有机过氧类引发剂分解速率增加的顺序为：

$$芳香类\ 醇类\ 酚类\ 酰类\ 胺类 \longrightarrow$$

溶剂对偶氮类引发剂分解速率一般不产生影响，偶氮类引发剂中只有偶氮二异丁酸甲酯可被溶剂诱导而加速分解。

$$CH_3-\underset{\underset{COOCH_3}{|}}{\overset{\overset{CH_3}{|}}{C}}-N=N-\underset{\underset{COOCH_3}{|}}{\overset{\overset{CH_3}{|}}{C}}-CH_3$$

（2）溶剂的链转移作用及其对聚合速率和聚合物分子量的影响　在自由基溶液聚合中，存在链自由基与单体的链增长反应和链自由基向溶剂的转移反应：

$$\sim\sim CH_2-\underset{\underset{X}{|}}{\overset{}{C}}H^\bullet + H_2C=\underset{\underset{X}{|}}{\overset{}{C}}H \xrightarrow{k_p} \sim\sim CH_2-\underset{\underset{X}{|}}{\overset{}{C}}H-CH_2-\underset{\underset{X}{|}}{\overset{}{C}}H^\bullet$$

$$\sim\sim CH_2-\underset{\underset{X}{|}}{\overset{}{C}}H^\bullet + SH \xrightarrow{k_{tr,S}} \sim\sim CH_2-\underset{\underset{X}{|}}{\overset{}{C}}H_2 + S^\bullet$$

$$S^\bullet + H_2C=\underset{\underset{X}{|}}{\overset{}{C}}H \xrightarrow{k_{p,S}} S-H_2C-\underset{\underset{X}{|}}{\overset{}{C}}H^\bullet$$

其中，k_p、$k_{tr,S}$ 和 $k_{p,S}$ 分别代表链增长反应速率常数、向溶剂转移速率常数和新生的自由基与单体加成的增长反应速率常数，SH 代表溶剂。

若 $k_{p,\mathrm{S}} \approx k_p$，则 SH 为链转移剂，SH 不影响聚合速率，但使聚合物的分子量降低。

若 $k_{p,\mathrm{S}} < k_p$，则 SH 为缓聚剂，SH 使聚合速率和聚合物的分子量降低。

若 $k_{p,\mathrm{S}} \ll k_p$，则 SH 为阻聚剂，SH 使聚合反应终止，并使聚合物的分子量降低。

（3）溶剂对聚合物大分子的形态和分子量分布的影响　溶剂能控制生长着的链自由基的分散状态和形态。如使用良溶剂，链自由基在其中处于伸展状态，将形成直链型大分子。如使用不良溶剂，由于链自由基在其中处于卷曲状态或球型，在高转化率时会使链自由基沉淀，以溶胀状态析出形成无规线团。有溶剂存在，当转化率较低时，可降低链自由基向大分子的转移概率，从而减少大分子的支化度。

自动加速现象使聚合物的分子量增加；而链自由基向溶剂的链转移作用又可能使聚合物的分子量降低。自动加速现象和链转移作用对聚合物分子量的影响恰恰相反，但常常是同时发生，从而使聚合物的分子量分布变宽。

在均相溶液聚合中，当所得的聚合物溶液黏度较低时，加入少量不良溶剂使之析出后，则由于自动加速现象，会形成分子量特别高的聚合物。

3.4.1.4　溶剂的选择

在溶液聚合中，溶剂的种类和用量直接影响着聚合反应的速率、聚合物的分子量、分子量分布和聚合物的构型。因此，选择适当的溶剂非常重要。选择溶剂的原则如下：

（1）溶剂对自由基聚合不能有缓聚和阻聚等不良影响，即应使 $k_{p,\mathrm{S}} \approx k_p$。

（2）溶剂的链转移作用几乎是不可避免的，为了得到一定分子量的聚合物，溶剂的 C_s 不能太大，即应使 $k_p \gg k_{tr,\mathrm{S}}$。

（3）如果要得到聚合物溶液，则选择聚合物的良溶剂；而要得到固体聚合物，则应选择聚合物的非良溶剂。

（4）尚需考虑毒性和成本等问题。

3.4.1.5　链转移作用的应用

（1）调节聚合物的分子量　采用溶液聚合方法若要生产高分子量的聚合物，要选择 C_s 值小的溶剂，如苯、甲苯、环己烷、2,2,4-三甲基戊烷、2,2,3,4,5-五甲基己烷和叔丁醇等；要制备分子量较低的聚合物就要选择适当的单体浓度和选择 C_s 值大的溶剂。通过实践知道，浓的硫氰酸钠（NaSCN）水溶液对丙烯腈聚合反应链转移作用比较小，所以丙烯腈在浓的硫氰酸钠水溶液中进行溶液聚合时，可以得到高分子量的聚丙烯腈（PAN），但不利于纺丝；为了得到适当分子量的聚丙烯腈，必须加链转移剂，以调节 PAN 的分子量，如加入 C_s 值较大的异丙醇作分子量调节剂。因为异丙醇含有仲碳原子，其仲碳原子上的仲氢原子比较活泼，容易发生转移反应。

拓展阅读

调节聚合

很多卤素化合物如四氯化碳（CCl$_4$）、氯仿（CHCl$_3$）少量添加时，可使聚合物的聚合度显著降低。这是因为 C—Cl 键比较弱，Cl 原子容易转移。多数醛类化合物也能起链转移作用。

2,2,4-三甲基戊烷　　　　　2,2,3,4,5-五甲基己烷　　　　　异丙醇

（2）进行调节聚合，制备所需的低聚物　　调节聚合是通过自由基型溶液聚合得到低聚物的一种反应，也是链转移反应的一种实际应用。

3.4.2　乙酸乙烯酯溶液聚合

乙酸乙烯酯的聚合根据产品用途的不同可采取乳液、悬浮及溶液聚合方法，其中溶液聚合是最常用的聚合方法。由溶液聚合所制得的聚乙酸乙烯酯可用于制备黏合剂及清漆。但是将溶液聚合得到的聚乙酸乙烯酯转化成聚乙烯醇，并进一步对其缩醛化制成维尼纶纤维则是其主要用途。这项技术由日本首先开发，并于 1950 年实现工业化。我国也将聚乙酸乙烯酯作为生产聚乙烯醇的原料，并将相当部分的聚乙烯醇用于生产维尼纶，其余作非纤用途。

针对生产聚乙烯醇纤维用的聚乙酸乙烯酯一般都用溶液聚合法制得，因为溶液聚合反应较易控制，产品质量较好。

3.4.2.1　乙酸乙烯酯的聚合特征

乙酸乙烯酯进行自由基聚合反应时，与其他烯类单体相比，乙酸乙烯酯单体与自由基的反应活性相对较弱。但与其他烯类聚合物自由基相比，聚乙酸乙烯酯自由基活性相当高，这是因为该自由基上的独电子与乙酰基的共轭效应很弱。一旦形成乙酸乙烯酯自由基，它能迅速地与乙酸乙烯酯进行链增长并形成聚乙酸乙烯酯。由于聚乙酸乙烯酯自由基活性高，它容易进行链转移和支化反应，在聚合转化率很高时，可得到支化程度很高的聚乙酸乙烯酯。

（1）大分子自由基的链转移反应

① 向单体链转移　　乙酸乙烯酯单体可转移的氢原子有三个位置，即以下结构中 a、b、c 这三个碳原子上的氢。

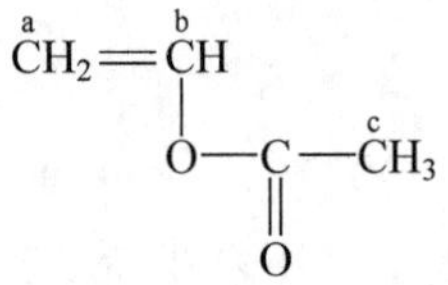

许多研究结果认为，主要转移位置是 c 位碳原子上的氢，如下式所示。

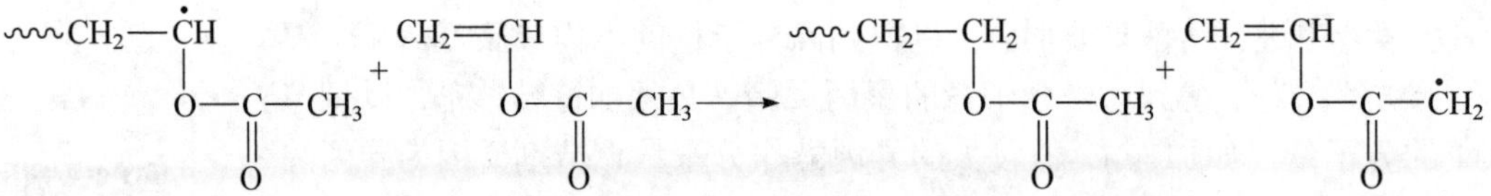

② 向溶剂或杂质链转移　　以 SH 代表溶剂或单体中的杂质，则链转移反应可用下式表示：

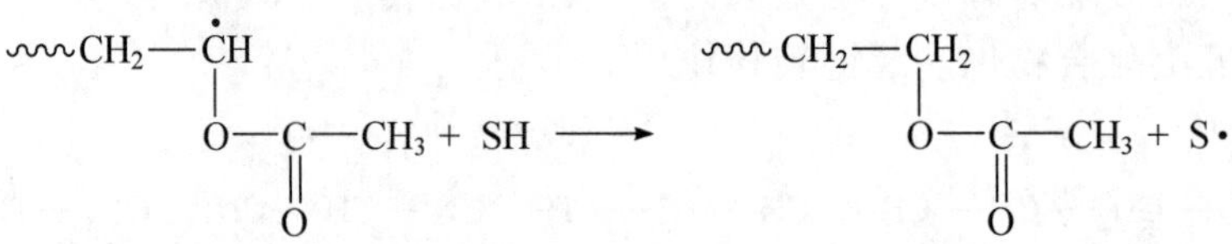

由于链转移反应，聚合物分子量降低。如果杂质中 S· 使单体的聚合能力下降，则杂质具有阻聚或缓聚作用。

③ 向聚乙酸乙烯酯大分子转移 聚乙酸乙烯酯长链自由基对聚乙酸乙烯酯的转移，可导致支化或交联。在乙酸乙烯酯溶液聚合反应时，反应不宜达到很高的转化率，以防止支化反应的产生。乙酸乙烯酯溶液聚合反应中，遵循自由基反应速率方程。聚合反应速率与引发剂平方根和单体浓度成正比。由 Arrhenius 方程可知，反应温度升高，反应速率常数增大，因此聚合速率加快。

在乙酸乙烯酯溶液聚合反应中，因溶剂存在，体系黏度明显减小，溶剂的链转移反应又使聚合物分子量变小，因此在不太高的转化率范围内，可视反应符合稳态假设，由反应动力学方程式可进行生产中的某些动力学方面的计算，如某一转化率时的停留时间等。

乙酸乙烯酯的溶液聚合可以选择不同溶剂及溶剂与单体的配比来控制聚合物的分子量。

（2）乙酸乙烯酯溶液聚合的副反应 溶液聚合可能会产生相应的副反应。如在以甲醇为溶剂的乙酸乙烯酯聚合过程中，在正常聚合反应的同时，还发生下列主要的副反应：

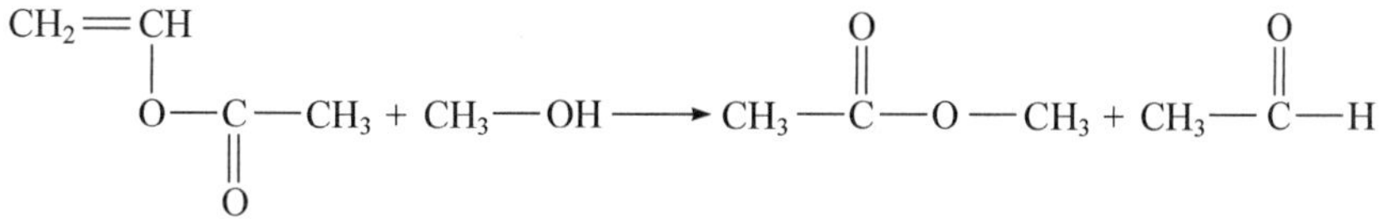

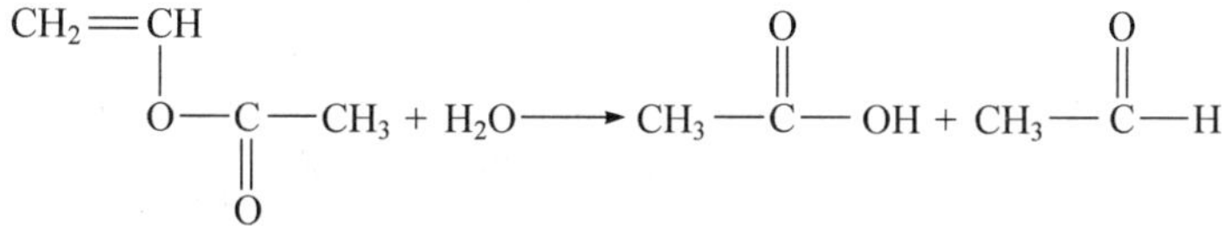

3.4.2.2 乙酸乙烯酯溶液聚合生产工艺

（1）主要原料及其规格 乙酸乙烯酯溶液聚合中的主要原料是乙酸乙烯酯单体及甲醇溶剂，其主要技术指标参见表 3-15 和表 3-16。

表 3-15 乙酸乙烯酯单体的技术指标

项目	指标	项目	指标
纯度/%	>99.5	水/%	<0.1
乙醛/%	<0.04	相对密度（20℃）	0.932
游离酸/%	<0.02	活性度[①]	<12.5
巴豆醛/%	<0.008		

① 单体的活性度测定：取 10g 乙酸乙烯酯，在（65±1）℃下加入引发剂 AIBN 0.030g，引发聚合。记录开始加入引发剂至体系开始发泡所需的时间（min），即为单体的活性度。单体的活性度越大，表示该单体的综合含杂质量越高。

表 3-16 甲醇溶剂的技术指标

项目	指标	项目	指标
纯度/%	>99.3	碘仿生成物（丙酮换算）/%	<0.01
相对密度（15℃）	0.798	水溶性	无白浊
游离酸/（mL/500mL）	2	硫酸着色物	浅茶色变淡
蒸发残留物/%	0.002		

（2）聚合配方及工艺条件 乙酸乙烯酯溶液聚合以 CH_3OH 为溶剂，偶氮二异丁腈（ABIN）为引发剂。w（乙酸乙烯酯）：w（CH_3OH）＝80：20；偶氮二异丁腈的用量为单体质量的 0.025%；

聚合温度为（65±0.5）℃；转化率为50%～60%；聚合时间为4～8h。

（3）聚合工艺流程   目前最常见的乙酸乙烯酯聚合生产工艺流程如图3-12所示。经精制的乙酸乙烯酯和甲醇，按工艺规定的配比，经计量器和换热器进入第一聚合釜。与此同时，经由另一根支管加入规定量的、预先调配好的引发剂偶氮二异丁腈（AIBN）的甲醇溶液。聚合时释放出的热量使聚合釜中的部分溶剂和单体汽化，混合蒸气在换热器中被冷凝后重新回流入聚合釜。一般物料在第一聚合釜中约完成要求转化率的40%，在第二聚合釜中则要求达到工艺规定的聚合转化率（50%～60%）。

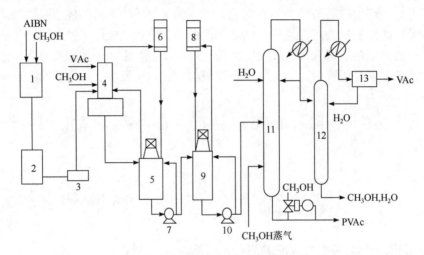

图3-12   乙酸乙烯酯溶液聚合工艺流程图
1—引发剂配制槽；2—引发剂储槽；3—计量泵；4—换热器；5—第一聚合釜；6,8—冷凝器；7,10—泵；9—第二聚合釜；
11—脱单体塔；12—乙酸乙烯酯-甲醇分离塔；13—沉析槽

完成聚合后的物料，经由泵从第二聚合釜中送出，用甲醇稀释后进入脱单体塔。在塔中，吹入甲醇蒸汽使未反应的单体与聚合物分离，从塔顶引出乙酸乙烯酯和甲醇的混合物，由塔底流出聚乙酸乙烯酯的甲醇溶液，经浓度校正后即可用于醇解以制取聚乙烯醇。

由塔顶所获得的乙酸乙烯酯和甲醇的混合物，全部送去进行分离以回收乙酸乙烯酯和甲醇，或经调整比例，部分进行直接回用以减轻后面进一步回收时的负荷，但这时必须严格控制回用单体和甲醇中的杂质量，否则将对聚合产生极为不利的影响。

3.4.2.3   工艺条件分析

（1）溶剂的选择   本工艺选择甲醇作溶剂。甲醇虽然有毒，但工艺上常选甲醇作溶剂的原因如下：

① CH_3OH 对聚乙酸乙烯酯溶解性能极好，链自由基处于伸展状态，体系中自动加速现象来得晚，使聚乙酸乙烯酯大分子为线型结构且分子量分布较窄。

② CH_3OH 是下一步聚乙酸乙烯酯醇解的醇解剂。

③ CH_3OH 的 C_s 小，只要控制单体与溶剂的比例就能够保证对聚乙酸乙烯酯分子量的要求。

（2）聚合温度的选择   聚合温度为（65±0.5）℃。因为乙酸乙烯酯和 CH_3OH 有恒沸点64.5℃，聚合反应温度容易控制。同时聚合物的结构与聚合温度有关，因此必须严格控制聚合反应温度。

（3）聚合转化率和聚合时间的选择   聚合转化率通常为50%～60%，聚合时间为4～8h。

CH_3OH 对聚乙酸乙烯酯溶解性能极好，聚乙酸乙烯酯链自由基处于伸展状态，体系中自动加速现象来得晚，如果控制转化率 50%～60% 结束反应，可基本消除自动加速现象，将使聚合反应接近匀速反应，并使聚乙酸乙烯酯大分子为线型结构且分子量分布较窄。

（4）乙酸乙烯酯溶液聚合体系中氧的作用　实践证明，氧对乙酸乙烯酯的聚合有双重作用，氧有时可以使乙酸乙烯酯缓聚甚至阻聚，有时又能引发乙酸乙烯酯聚合。氧的这种双重作用取决于温度和氧含量。

相关的化学反应方程式如下：

$$\sim CH_2-\overset{\displaystyle |}{\underset{\displaystyle OCOCH_3}{CH}}{}^{\bullet} \ + O_2 \xrightarrow{\text{大量}} \sim CH_2-\overset{\displaystyle |}{\underset{\displaystyle OCOCH_3}{CH}}-O-O^{\bullet}$$

$$\sim CH_2-\overset{\displaystyle |}{\underset{\displaystyle OCOCH_3}{CH}}-O-O^{\bullet} \xrightarrow[N_2]{\text{加热}} \sim CH_2-\overset{\displaystyle |}{\underset{\displaystyle OCOCH_3}{CH}}{}^{\bullet} + O_2$$

当有大量 O_2 且低温时，O_2 起阻聚作用，而当有 N_2 存在，高温时 O_2 被 N_2 置换，聚合反应又可以继续进行。我们可以利用 O_2 的双重作用，一旦发生意外事故时立即通 O_2、降温，当事故排除后再通 N_2 置换并升温，可继续聚合。

3.4.3　聚乙烯醇的生产工艺

聚乙烯醇不能从乙烯醇直接聚合而合成，因乙烯醇极不稳定，它会迅速异构化为乙醛。因此聚乙烯醇是通过乙酸乙烯酯溶液聚合，然后醇解，用羟基代替乙酰基制得。

3.4.3.1　聚乙酸乙烯酯的醇解原理

由聚乙酸乙烯酯转化为聚乙烯醇，主要有两种方法：直接水解法和酯交换法。直接水解法称为皂化法，酯交换法称为醇解法。

（1）皂化法（直接水解法）　反应物料中若含有水，氢氧化钠在水中能形成钠离子和氢氧根离子，它可和聚乙酸乙烯酯按以下历程进行皂化反应：

$$\sim CH_2-\overset{|}{\underset{OCOCH_3}{CH}}\sim CH_2-\overset{|}{\underset{OCOCH_3}{CH}} + 2CH_3OH \xrightarrow{NaOH}$$

$$\sim CH_2-\overset{|}{\underset{OH}{CH}}\sim CH_2-\overset{|}{\underset{OH}{CH}}\sim + 2CH_3COOCH_3$$

由于聚乙烯醇沉淀下来，促使反应向右进行。在皂化反应中，NaOH 参与反应并生成乙酸钠，这一反应所占的比例与体系中碱的浓度密切相关。

（2）醇解法（酯交换法）　聚乙酸乙烯酯与甲醇起酯交换反应，其中 NaOH 与甲醇形成甲醇钠，实际起催化反应的是 CH_3O^-，反应历程如下：

$$\sim CH_2-\overset{|}{\underset{OCOCH_3}{CH}}\sim CH_2-\overset{|}{\underset{OCOCH_3}{CH}}\sim + 2CH_3OH \xrightarrow{NaOH}$$

$$\sim CH_2-\overset{|}{\underset{OH}{CH}}\sim CH_2-\overset{|}{\underset{OH}{CH}}\sim + 2CH_3COOCH_3$$

3.4.3.2　醇解工艺

工业生产中，通常使用醇解法来生产聚乙烯醇，根据醇解反应体系中所含水分的多少或反应所用碱催化剂量的高低，分为高碱醇解法和低碱醇解法两种不同的生产工艺。

（1）高碱醇解法　目前我国大多采用高碱醇解法。高碱醇解法反应体系中的允许含水量约为 6%。通常情况下，每 1mol 聚乙酸乙烯酯链节需加碱 0.1～0.2mol。氢氧化钠是以其水溶液的形式加入的，因此也有人把此法称作湿法醇解。高碱醇解法的特点是醇解反应速率快、设备的生产能力较大。然而由于副反应量较多，除耗用碱催化剂量较多外，还使醇解残液的回收工艺较为复杂。其工艺流程如图 3-13 所示。

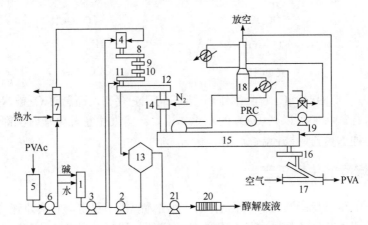

图 3-13　高碱醇解法（湿法）工艺流程

1—碱液储槽；2,3,6,21—泵；4—混合机；5—树脂中间槽；7—树脂调温槽；8—醇解机；9,10,14—粉碎机；11—输送机；12—挤压机；13—沉析槽；15—干燥机；16,17—出料输送机；18—甲醇冷凝器；19—真空泵；20—过滤机

用于醇解的聚乙酸乙烯酯（PVAc）甲醇溶液经预热至规定温度（45～48℃）后，和氢氧化钠水清液（浓度约为 350g/L）按规定用量分别经由泵送入混合机，两者充分混合后，迅速送入醇解机中。完成醇解后，生成块状的聚乙烯醇。随后经粉碎和挤压，使聚乙烯醇与醇解残液分离。所得固体物料经进一步粉碎、干燥，即得所需要的聚乙烯醇。挤压所得残液和从干燥机导出的蒸气合并在一起，送至专门的工段回收甲醇和乙酸。

（2）低碱醇解法　低碱醇解法耗碱量比高碱醇解法低，一般每 1mol 聚乙酸乙烯酯链节仅加碱 0.01～0.02mol。在醇解过程中，碱以其甲醇溶液的形式加入。整个反应体系中的含水量必须控制在 0.1%～0.3%以下，所以也有人把此法叫作干法醇解。其特点是副反应少，醇解残液的回收比较简单，但反应的速率较慢，所以醇解物料在醇解机中的停留时间应适当增长。其工艺流程如图 3-14 所示。

低碱醇解法的工艺与高碱醇解法大致相同。用于低碱醇解的聚乙酸乙烯酯树脂溶液浓度经预热至所需的温度（40～45℃）后和氢氧化钠的甲醇溶液分别通过泵按一定配比送入混合机中，混合后的物料被置于皮带醇解机的输送带上，于静止状态下经历一定时间使醇解反应完成。块状的聚乙烯醇从皮带机的尾部下落，经粉碎后投入洗涤釜，用经脱除乙酸钠的甲醇液洗涤，借以减少产物中夹带的乙酸钠。然后再投入中间槽，接着送入分离机进行固-液相连续分离。所得固体经干燥后即为需要的聚乙烯醇，残液送去进行回收。由于此法乙酸钠的生成量较少，回收过程中可不考虑乙酸钠的回收问题，回收工艺较为简单。

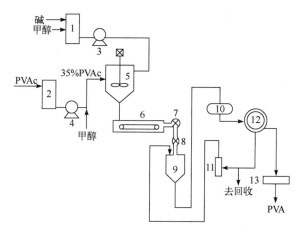

图 3-14　低碱醇解法（干法）工艺流程

1—碱液调配槽；2—树脂中间槽；3,4—泵；5—混合机；6—皮带醇解机；7,8—粉碎机；9—洗涤釜；10—中间槽；11—蒸发机；12—连续式固-液分离机；13—干燥机

3.4.3.3　聚乙酸乙烯酯醇解反应速率

实验证明，聚乙酸乙烯酯的醇解（包括酯交换和皂化）反应，与小分子的双分子反应吻合。即聚乙酸乙烯酯、乙酸乙烯酯、乙酸乙酯三者水解（醇解）反应速率常数非常一致，反应活化能也基本相同，约为 54.4kJ/mol。聚乙酸乙烯酯长链中的侧基（—OCOCH$_3$）与小分子乙酸乙烯酯和乙酸乙酯中的羧基具有相同的性质。所以，聚乙酸乙烯酯的醇解速率与它的平均聚合度以及聚合度分布无关。

如上所述，当干法醇解时，系统中含水很少，主要进行酯交换反应，其反应速率可用式（3-10）表示。

$$\frac{\mathrm{d}x}{\mathrm{d}t} = k_0 \left(1 + m\frac{x}{a}\right)(a-x) \qquad (3\text{-}10)$$

式中　x——反应进行到 t 时聚乙酸乙烯酯的浓度；

a——聚乙酸乙烯酯的初始浓度；

t——反应进行时间；

k_0——反应初始速率常数；

m——反应的加速度常数。

在湿法醇解中，系统中有水，除酯交换反应外，还进行皂化反应，其反应速率方程可用式（3-11）来表示。

$$\frac{\mathrm{d}x}{\mathrm{d}t} = k_0 \left(1 + m\frac{x}{a}\right)(a-x)(b-x) \qquad (3\text{-}11)$$

式中，b 为碱的初始浓度。

由上述讨论可知，聚乙酸乙烯酯醇解反应开始时是一级反应。但是，当醇解反应继续进行和反应程度的提高，羟基取代乙酸乙烯酯大分子链上的酯基，醇解反应出现加速现象。这是由于邻近基团效应，即已醇解生成的羟基会加速邻近乙酸乙烯酯单元的醇解。因此，没有醇解完全的聚乙烯醇，其剩余的乙酸乙烯酯单元常以较长序列存在，可利用这一特点生产不同醇解度的聚乙烯醇。

氢氧化钠含量很重要，若氢氧化钠与聚乙酸乙烯酯的比值过小，只能得到部分水解的聚乙烯醇。若比例过大，醇解反应速率过大，聚乙烯醇沉淀过快，容易结块，且将乙酸钠包进去难以洗尽。因此生产中，对于高碱醇解法，其氢氧化钠对聚乙酸乙烯酯的摩尔比大多控制在 0.11～0.12；对于低碱醇解法，碱的摩尔比则控制在 0.012～0.016。

水的含量对醇解也有很大的影响，含水量高，则醇解率低，产品中残存乙酸多。生产维尼纶纤维要求聚乙烯醇的醇解度为 99%，反应物料中的含水量应严格控制在溶液的 1%～2% 以下。

醇解反应温度对聚乙烯醇的物理性能有较大的影响，温度提高，成品粒度增大，水溶性降低，所以一般控制以不超过 50℃ 为宜。此外聚合物的结构对醇解反应也有影响。

3.4.4　丙烯腈溶液聚合生产工艺

聚丙烯腈（PAN）纤维是指由聚丙烯腈或丙烯腈含量占 85% 以上和其他第二、第三单体的共聚物纺制而成的纤维。当共聚物中的丙烯腈含量占 35%～85%，而第二单体含量占 15%～65% 的共聚物制成的纤维，则称为改性聚丙烯腈纤维。我国聚丙烯腈纤维的商品名称为腈纶。

早在 20 世纪 30 年代初期，美国 DuPont 公司和德国 Hoechst 化学公司就已着手聚丙烯腈纤维的生产试验，并于 1942 年同时取得以二甲基甲酰胺（DMF）为聚丙烯腈溶剂的专利。随后又发现其他有机与无机溶剂，如二甲基乙酰胺（DMAc）、二甲基亚砜（DMSO）、硫氰酸钠（NaSCN）的浓溶液、氯化锌溶液和硝酸等。而后经过十余年的研究，直至 1950 年，聚丙烯腈纤维才正式生产。

最早的聚丙烯腈纤维由纯 PAN 制成，因染色困难，且弹性较差，故仅作为工业用纤维。后来开发出丙烯腈与乙烯基化合物组成的二元或三元共聚物，改善了聚合物的可纺性和纤维的染色性，其后又研制成功丙烯氨氧化法制丙烯腈的新方法，才使聚丙烯腈纤维迅速发展。目前其产量仅次于涤纶和尼龙而居聚合物纤维第三位。

3.4.4.1　PAN 均相溶液聚合工艺

（1）PAN 聚合体系组成

① 单体　纯聚丙烯腈纤维的产量较低，均用作工业用途。世界各国生产的聚丙烯腈纤维大多由三元共聚物制得，其中除第一单体丙烯腈外（占 88%～95%），还要采用第二单体和第三单体。工业生产中常用的第二单体为非离子型单体，如丙烯酸甲酯、甲基丙烯酸甲酯、乙酸乙烯酯和丙烯酰胺等。加入第二单体的作用是降低 PAN 的结晶性，增加纤维的柔软性，提高纤维的机械强度、弹性和手感，提高染料向纤维内部的扩散速率，并在一定程度上改善纤维的染色性。第二单体用量通常为单体总量的 4%～10%。

加入第三单体的目的是引入一定数量的亲染料基团，以增加纤维对染料的亲和力，可制得色谱齐全、颜色鲜艳、染色牢度好的纤维，并使纤维不会因热处理等高温过程而发黄。第三单体为离子型单体，可分为两大类：一类是对阳离子染料有亲和力，含有羧基或磺酸基团的单体，如丙烯磺酸钠、甲基丙烯磺酸钠、亚甲基丁二酸（衣康酸）、对乙烯基苯磺酸钠、甲基丙烯苯磺酸钠等；另一类是对酸性染料有亲和力，含有氨基、酰氨基、吡啶基等的单体，如乙烯基吡啶、2-甲基-5-乙烯基吡啶、甲基丙烯酸二甲氨基乙酯等。第三单体用量通常为0.1%～2%，如用衣康酸时，用量为 0.5% 即可。

由于丙烯腈单体活性较大，可以同许多单体进行共聚改性，因此，这为改善腈纶纤维性能奠定了基础。当两种或两种以上单体进行共聚时，往往会因为各单体的竞聚率不同导致单体在聚合过程中的消耗速率不一，增加聚合操作的复杂性。在实际生产中为了便于控制，以保证所得产物质量的稳定，所用各单体的竞聚率不能相差过大。

拓展阅读

各种单体与丙烯腈共聚时的竞聚率

②　溶剂　在工业生产中，根据所用溶剂的溶解性能不同，丙烯腈溶液聚合可分为均相溶液聚合和非均相溶液聚合两种。

均相溶液聚合时，采用了既能溶解单体又能溶解聚合物的溶剂，如 NaSCN 水溶液、氯化锌水溶液及二甲基亚砜等。反应完毕后，聚合物溶液可直接纺丝，所以这种生产聚丙烯腈纤维的方法称为"一步法"。

非均相溶液聚合时，采用的溶剂能溶解或部分溶解单体，但不能溶解聚合物。聚合过程中生成的聚合物以絮状沉淀不断地析出。若要制成纤维，必须将絮状的聚丙烯腈分离出来，再进行溶解制得纺丝原液（供纺丝用的聚合物浓溶液）才可纺制纤维，所以这种方法称为"两步法"。若非均相聚合时采用的溶剂是水，则称为"水相沉淀聚合法"。这种方法反应温度低，产品色泽洁白，在水相聚合中可得到分子量分布较窄的产品；聚合速率快，转化率高，节省了溶剂回收工序。水相沉淀聚合法的缺点是纺丝前还要进行聚合物的溶解，聚合和纺丝分两步，生产不连续化。

③　引发剂　丙烯腈聚合通常使用下列三类引发剂。

偶氮类引发剂：主要是偶氮二异丁腈、偶氮二异庚腈；

有机过氧化物类：如辛酰过氧化物、十二酰过氧化物、过氧化二碳酸二异丙酯；

氧化-还原体系类：氧化剂如过硫酸盐、氯酸盐、过氧化氢，还原剂如氧化铜、亚硫酸盐、亚硫酸氢钠。

丙烯腈聚合因不同溶剂路线和不同的聚合方法对引发剂的选择也有所不同，例如 NaSCN 溶剂路线和 DMSO 溶剂路线常采用偶氮二异丁腈为引发剂，水相聚合法则采用氧化-还原引发体系为主。

④　链转移剂　丙烯腈溶液聚合反应中，存在多种链转移反应。由于溶剂的存在，大分子自由基向溶剂的链转移，结果使大分子支化受到抑制。溶剂的链转移常数大，不能制得分子量大的聚合物。因此，一般选择链转移常数适当的溶剂，且用异丙醇或乙醇作调节剂。

⑤　添加剂　为了防止聚合物着色，在聚合过程中还需加入少量还原剂或其他添加剂，如二氧化硫脲、氯化亚锡等，以提高纤维的白度。

（2）聚合配方及工艺流程

①　聚合配方　以硫氰酸钠水溶液为溶剂，丙烯腈为主单体的三元共聚物的典型配方及工艺条件如表 3-17 所示。

表 3-17　丙烯腈均相溶液聚合配方及工艺条件

组分	质量份	聚合工艺条件	数值
丙烯腈	91.7	聚合温度/℃	70～80
丙烯酸甲酯	7	聚合时间/h	1.2～1.5
衣康酸	1.3	高转化率控制范围/%	70～75
偶氮二异丁腈	0.75	高转化率时聚合物浓度/%	11.9～12.75
异丙醇	1～3	低转化率控制范围/%	50～55
二氧化硫脲	0.75	低转化率时聚合物浓度/%	10～11
硫氰酸钠水溶液（51%～52%）	80～80.5	搅拌速率/（r/min）	50～80

② 聚合工艺流程　丙烯腈均相溶液聚合工艺流程见图 3-15。原料丙烯腈（AN）、第二单体丙烯酸甲酯（MA）及浓度为 48.8% 的硫氰酸钠分别经由计量桶计量后放入调配罐，引发剂偶氮二异丁腈（AIBN）和浅色剂二氧化硫脲（TUD）称量之后，经由加料斗加入调配桶；衣康酸（ITA）则被调成一定浓度的水溶液经由计量桶加入调配桶。调配好后，各物料连续地以稳定的流量注入试剂混合桶，与从聚合浆液中脱除出来的未反应单体（如 AN、MA、ITA）充分混合，调节 pH 值为 4~5 并调温后，与异丙醇（IPA）在管道中混合后，用计量泵连续地送入两个并联聚合釜，在反应釜内按设定的工艺条件进行聚合。

完成聚合后的浆液由釜顶出料，通往两个脱单塔，未反应的单体在脱单塔中分离逸出，被抽到单体冷凝器，在这里反应用的试剂混合液又被作为回收单体的冷凝液，经泵注入单体冷凝器，把未反应的单体冷凝下来，而后被一起带回试剂混合罐。脱单体后的浆液中最终单体含量低于 0.2%，送入纺丝原液准备工序。

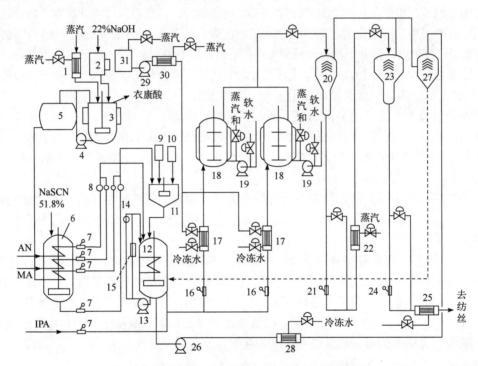

图 3-15　丙烯腈均相溶液聚合工艺流程图

1—软水加热器；2—烧碱计量罐；3—衣康酸钠调制槽；4—输送泵；5—高位槽；6—匀温槽；7—计量泵；8—光电计量校正系统；9—二氧化硫脲加料器；10—偶氮二异丁腈加料器；11—淤浆槽；12—反应剂混合槽；13—pH 计调环泵；14—pH 计；15—比重计；16—反应釜加料泵；17—转化率控制器；18—反应釜；19—夹套循环泵；20,21—第一脱单体器及抽出泵；22—原液预热器；23,24—第二脱单体器及抽出泵；25—原液冷却器；26—喷淋液循环泵；27—单体冷凝器；28—喷淋液冷却器；29—热水循环泵；30—软水加热器；31—热水高位槽

（3）影响聚合反应的主要因素

① 总单体浓度　从自由基反应动力学可知，聚合反应速率与单体浓度的一次方成正比，所以单体浓度增加，聚合反应速率提高。此外，聚合物平均分子量与单体浓度成正比，因此，提高单体浓度也使聚合物的分子量提高。在丙烯腈均相溶液聚合中，以偶氮二异丁腈为引发剂时，其他条件固定，仅改变单体浓度，其结果参见表 3-18。

表 3-18　单体浓度对聚合反应的影响

反应体系中单体浓度/%	转化率/%	增比黏度 η_{sp}
8	68.6	2.18
10	78.8	2.52
12	81.8	2.64
14	82.6	2.80
16	83.1	2.79

但是单体浓度并不能随意提高，对于一步法制备纺丝原液，单体浓度受制于纺丝原液的总固含量和转化率。如以硫氰酸钠浓水溶液为溶剂，聚合物平均分子量为 60000～80000，总固含量为 11.5%～13.5%；如单体转化率为 55%～75%，则在聚合液中的单体总浓度应控制在 17%～21%。

② 引发剂浓度　随引发剂浓度的增加，聚合速率加快，但聚合物分子量降低。如在硫氰酸钠水溶液中进行丙烯腈-丙烯酸甲酯二元共聚时，当 AN：MA＝90：10（质量份），其他条件不变，仅改变 AIBN 用量，所得的结果见图 3-16。由图可见，其反应速率（即单位时间内所产生总固体量或单位时间的转化率）随引发剂用量增加而增加，聚合物平均分子量则随引发剂用量增加而减少。在实际生产中，引发剂 AIBN 用量一般为总单体质量的 0.2%～0.8%。

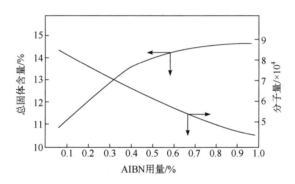

图 3-16　AIBN 用量对 AN 共聚物的影响（MA 占 10%）

③ 聚合反应温度　在硫氰酸钠水溶液中，以 AIBN 为引发剂进行丙烯腈-丙烯酸甲酯二元共聚，反应温度对聚合反应的影响如表 3-19 所示。

表 3-19　反应温度对二元共聚反应的影响

聚合温度/℃	转化率/%	平均分子量/×10⁴
70	70.6	7.89
75	72.5	6.58
80	76.5	4.34

由 Arrhenius 方程可知，反应温度提高，速率常数增大，因此反应速率加快。由于温度升高，引发剂分解速率加快，而形成的自由基增多，导致链引发速率及链终止速率增大，所以聚合物的平均分子量降低。

以硫氰酸钠水溶液为溶剂的二元共聚体系为例，如果反应温度超过单体的沸点（AN 为

77.3℃，MA 为 79.6～80.3℃）时，单体急速汽化，反应不易控制，也给操作带来一定困难。生产中，反应温度选择 76～78℃。

④ 聚合时间   聚合时间短，聚合热来不及释放，聚合转化率也低；聚合时间太长，则会降低设备的生产能力。以硫氰酸钠水溶液为溶剂的均相溶液聚合的生产中，聚合时间的影响见表 3-20。

表 3-20   聚合时间对转化率及聚合物分子量的影响

聚合时间/min	总固体/%	转化率/%	落球黏度/s	分子量/×10⁴	AN/%
60	11.5	67.6	382.9	8.53	87.8
90	12.14	71.4	456.7	8.63	86.8
120	12.12	71.3	391.7	7.75	88.1

由表 3-20 可知，随着聚合时间的增加，转化率上升缓慢，分子量有所下降，并且分子量分布变宽。生产上，以硫氰酸钠水溶液为溶剂时，聚合时间一般控制在 1.5～2.0h；以 HNO₃ 或 DMSO 为溶剂时，聚合时间一般为 12～14h。

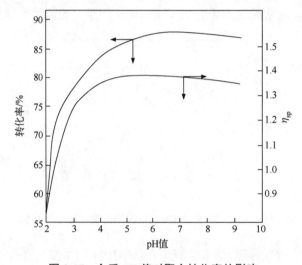

图 3-17   介质 pH 值对聚合转化率的影响

⑤ 介质的 pH 值   在硫氰酸钠溶液聚合反应中，以 AIBN 为引发剂、二氧化硫脲为浅色剂，在 AN-MA 二元共聚中，pH 值对聚合转化率的影响见图 3-17。由图可知，当 pH 值在 4 以下时，溶液 pH 值对聚合转化率和聚合物增比黏度有明显的影响。这可能是由于 pH 值低时，在聚合条件下有少量硫氰酸钠产生硫化物而引起的链转移和阻聚作用。当 pH 值在 4～9，转化率、增比黏度变化较小，但当 pH 值大于 7 时，聚丙烯腈分子链上的氰基容易水解。

聚丙烯腈在 NH₃ 存在下会在大分子链上产生共轭双键并形成脒基而显黄色。若加入稀酸处理，黄色化合物会水解成无色的聚丙烯酰胺或聚丙烯酸，这样可以使聚合物恢复白度。

pH 值低，聚合物色淡、透明；pH 值高，聚合物色泽变黄。在 pH 值为 5±0.3 时，聚合物颜色较淡，且对聚合转化率等影响不大。如以衣康酸为第三单体，以硫氰酸钠水溶液为溶剂进行聚合，为使反应体系 pH 值保持 5 左右，必须将衣康酸先行转化为衣康酸钠盐，且浓度配成 13.5%，此时 pH 值与反应体系所要求的 pH 值较接近。

⑥ 浅色剂的影响　二氧化硫脲（TUD）可明显改善聚合物的色泽，故称为浅色剂。二氧化硫脲是一种性能良好的浅色剂，加入 0.75%时，透光率可提高到 95%，其用量通常为单体量的 0.5%～1.2%。

二氧化硫脲之所以能起到浅色剂的作用，主要是它受热后能产生不稳定的甲脒亚磺酸，并产生尿素及次硫酸，而次硫酸遇氧后又产生亚硫酸。由于次硫酸和亚硫酸都会电离出氢离子，能抵消硫代硫酸钠分解所引起的 pH 值升高，故有利于稳定体系的 pH 值。其反应式如下：

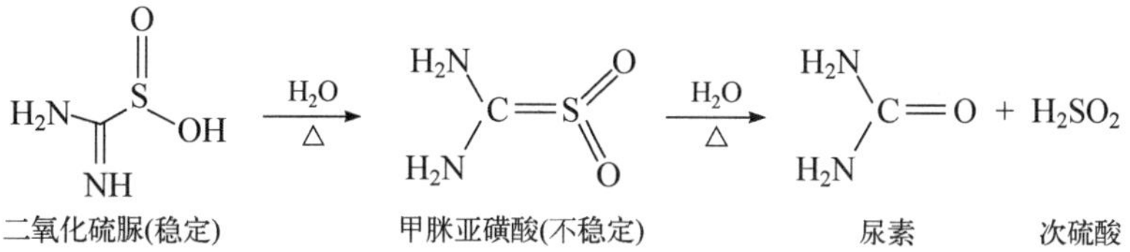

$$H_2SO_2 \xrightarrow{O_2} H_2SO_3$$

$$H_2SO_2 \longrightarrow H^+ + HSO_2^-$$

$$H_2SO_3 \longrightarrow H^+ + HSO_3^-$$

还有一种解释，认为二氧化硫脲的分解产物能与丙烯腈、衣康酸形成络合物，阻止铁离子吸附到丙烯腈上，因此使聚丙烯腈不被污染。

但浅色剂用量不能过多，它会造成硫酸根的增多，对反应系统产生阻聚作用和链转移反应，使聚合体系的转化率和分子量下降。

⑦ 调节剂的用量　异丙醇（IPA）作为分子量调节剂，试验表明，聚合浆液的平均分子量随异丙醇用量的增加而递减，而转化率变化甚微，所以在生产上可用异丙醇的加入量来调整聚合物的分子量。

⑧ 转化率的选择　以硫氰酸钠水溶液为溶剂的丙烯腈聚合反应中，可采用两种转化率：一种为低转化率 50%～55%，另一种为中转化率 70%～75%。低转化率的聚丙烯腈色度洁白，分子量较高，但单体的回收量大。而高转化率（＞80%）的聚丙烯腈色黄，分子量分布宽，且有支链会影响纺丝，所以一般工厂选用中转化率（70%～75%）进行生产。

⑨ 铁质　以硫氰酸钠水溶液为溶剂，偶氮二异丁腈为引发剂的聚合体系中，无论是 Fe^{2+} 还是 Fe^{3+} 都对反应有阻聚作用，使反应速率下降，聚合物分子量下降。这是因为丙烯腈与 Fe^{3+} 会发生如下反应：

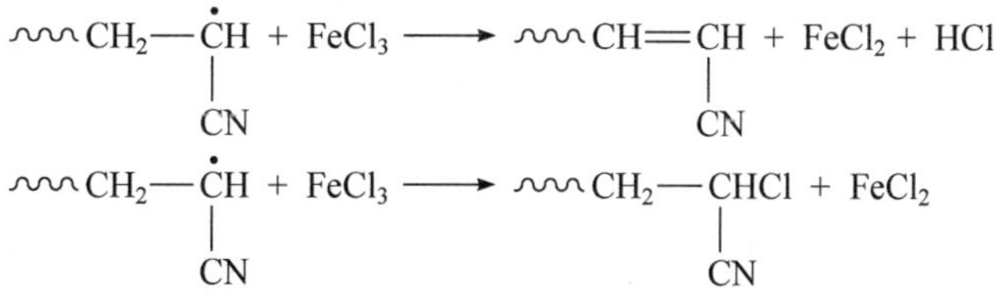

铁离子还会与 SCN^- 反应生成 $Fe(SCN)_3$ 及 $[Fe(SCN)_n]^{3-n}$（$n=1\sim6$），均呈深红色。铁离子含量增加会影响成品的白度，所以聚合釜及相关设备大多采用不锈钢。

3.4.4.2　PAN 水相沉淀聚合工艺

丙烯腈水相沉淀聚合是指用水作介质的溶液聚合方法。丙烯腈单体在水中有一定的溶解度，见表 3-21。当用水溶性引发剂引发聚合时，生成的聚合物不溶于水而从水相中沉淀析出所以称沉淀聚合，又称为水相沉淀聚合。由于纺丝前要用溶剂将聚合物溶解，以制成原液，因此又称腈纶生产两步法。

表 3-21　丙烯腈在水中的溶解度

温度/℃	溶解度（质量分数）/%	温度/℃	溶解度（质量分数）/%
0	7.2	60	9.10
20	7.35	80	10.80
40	7.90		

（1）聚合体系组成

① 单体　单体主要有丙烯腈、丙烯酸甲酯等（第二单体）、苯乙烯磺酸钠等（第三单体）。

② 溶剂　溶剂采用去离子水。

③ 引发剂　引发剂一般采用水溶性的氧化-还原引发体系，如 $NaClO_3$ -Na_2CO_3、$K_2S_2O_8$-$NaHSO_3$ 等。若 $NaClO_3$ -Na_2CO_3 为引发剂，只有 pH 值在 4.5 以下才能发生引发反应，适宜的 pH 值为 1.9～2.0。实际应用中 $NaClO_3$/Na_2CO_3 的摩尔比一般为 1∶（3～20）。$NaClO_3$ 氧化剂占单体量的 0.2%～0.8%。

工业生产中，以 $K_2S_2O_8$ 为氧化剂时，通常还采用二氧化硫作为还原剂来组成氧化-还原体系。二氧化硫还对控制反应体系中的 pH 值（2.5～3）和聚合物的游离酸度起到重要作用。

④ 催化剂　一般以硫酸亚铁作为聚合反应的催化剂，增加铁含量能增加自由基的浓度，导致更多的链引发和链终止。当体系中铁的含量大于 5μg/g 时，再增加铁含量对黏度没有明显影响，一般反应混合物中的最终浓度为 1.3μg/g（以单体计约为 4μg/g）。

为控制反应转化率，当需要终止反应时，常加入乙二胺四乙酸四钠盐水溶液，其浓度约 16%（商品名为"唯尔希"的一种螯合剂）。乙二胺四乙酸四钠盐与铁离子结合，使铁对连续聚合反应失去作用，起到终止剂的作用。铁-唯尔希络合物是水溶性的，在过滤时便可从系统中除去。

（2）聚合工艺流程　连续式水相沉淀聚合工艺流程如图 3-18 所示。单体、引发剂、水、微量铁催化剂等通过计量泵打入聚合釜。用酸调节聚合液的 pH 值为 2～3，在 30～50℃下进

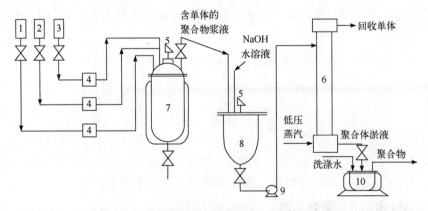

图 3-18　连续式水相沉淀聚合工艺流程示意图

1—AN-MA 计量稳压罐；2—$NaClO_3$ -Na_2CO_3 水溶液计量稳压罐；3—第三单体（如 SAS）计量稳压罐；4—计量泵；5—搅拌电动机；6—脱单体塔；7—聚合釜；8—碱终止釜；9—输送泵；10—离心机

行聚合反应，反应时间约 1～2h。控制转化率约在 70%～80%，之后将聚合釜内含单体的聚合淤浆压至碱终止釜，用氢氧化钠水溶液调节 pH 值使反应终止。将含有单体的淤浆送至脱单体塔，用低压蒸汽在减压条件下脱除未反应的单体并将其回收。脱除单体后的聚合物淤浆经脱水、洗涤、干燥即得粉状丙烯腈共聚物。

（3）水相沉淀的特点　目前，国内外的腈纶厂很多采用两步法聚合，它占腈纶总产量的70%以上，该法的主要特点如下。

① 聚合介质混合均匀，对聚合体系各单体的竞聚率没有特别要求，故选择第二、三单体的余地较大。

② 通常采用水溶性氧化-还原引发体系，聚合可在较低温度下进行，聚合热在水中易散发，工艺条件易控制。

③ 纺丝溶剂不参与聚合，故对溶剂纯度的要求可低一些。

④ 聚合物基本不含单体，可减少单体对环境的污染。

⑤ 聚合和纺丝设备不必强求配套，可以分开进行。所得聚合物体便于储藏和运输，调换和开发新品种比较方便灵活。

⑥ 聚合物可分等混合用于纺丝，既经济又可保证各批纤维的质量均匀。

⑦ 聚合釜釜壁容易"结疤"，釜内聚合物容易沉淀堆积，影响后续生产，增加清理工作量。

⑧ 与均相聚合相比，聚丙烯腈固体粒子需用溶剂重新溶解，以制纺丝原液，比一步法增加一道生产工序。

（4）影响水相沉淀聚合工艺的主要因素

① 总单体浓度　对于水相沉淀聚合，单体起始浓度不受纺丝原液的聚合物规定浓度所限制。对于连续聚合而言，单体对水的比例可以在 15%～40%，一般选用 28%～30%。当高浓度的单体以连续方式进料时（即丙烯腈浓度远超过它在水中的溶解度时），单体浓度与转化率及聚合物分子量的关系如图 3-19 所示。由图可知，随着进料单体浓度的增加，转化率有所提高，而产物分子量则下降。在水相沉淀聚合时，由于进料单体浓度的增加而引起聚合物分子量下降的原因可能是因为在固定引发剂与单体的比例之后，单体量增加时，引发剂量也相应增加，但单体仅部分溶于水，而引发剂却全部溶于水，相对提高了水相中引发剂的浓度，所以在聚合时，聚合物平均分子量下降。

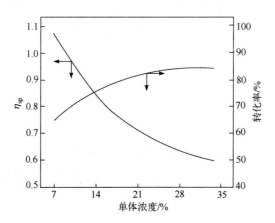

图 3-19　水相聚合时 AN 进料浓度与 PAN 增比黏度（η_{sp}）和单体转化率之间的关系

② 引发剂体系 水相沉淀聚合中常采用水溶性氧化-还原引发体系，有时还加入少量的亚铁盐，如 $FeSO_4$，俗称活化剂（或促进剂），以提高反应速率。

这类引发体系对 pH 值十分敏感，如常用的 $NaClO_3$-Na_2SO_3 体系，当 pH < 4.5 时才能引发聚合，在 pH = 1.9～2.2 时最为合适。如采用 $K_2S_2O_8$-SO_2-$FeSO_4$ 引发体系，可在聚合产物（即聚合物粒子与水介质组成的淤浆）中加入草酸或乙二胺四乙酸（常称终止剂）来终止聚合反应。

③ 聚合时间与温度 聚合时间（连续聚合时，为停留时间）的长短会影响聚合转化率、聚合物分子量及其分布。聚合温度的影响也很大。如取 25℃，引发速率太慢；超过 60℃ 则产物聚丙烯腈的颜色较深。温度的高低也会影响到转化率及分子量。所以这两个因素须按实际反应情况而定，通常聚合时间取 1～2h，而聚合温度控制在 35～55℃。

④ 添加剂及杂质的影响 反应中若加入少量十二烷基硫酸钠等阴离子表面活性剂，会提高聚合反应的初速度。用 AIBN 引发丙烯腈聚合时，Fe^{2+} 会使聚合速率减慢，而 $NaClO_3$-Na_2SO_3 引发体系中加有 Fe^{2+} 时可加速聚合。

对丙烯腈的聚合反应而言，氧能起阻聚作用，而在水相沉淀聚合时，则物料中溶解的微量氧气或很少量空气所带入的氧气对聚合反应没有多大的影响。

⑤ 聚合物粒子的大小和"结疤"问题 水相沉淀聚合时，聚合物粒子的大小和其聚集状态是一个重要的控制指标。另外搅拌速率对聚合物粒子的大小和粒径分布也有较大的影响。因为这些因素将会影响到聚合物淤浆的过滤性能。

水相沉淀聚合工艺在实施过程中，聚合物会黏附在聚合釜的釜壁上，引起"结疤"，所以在工业生产中避免或克服"结疤"也是一个主要问题。

（5）聚合主要设备

① 聚合釜 聚合釜是实施聚合反应的关键设备。考虑到丙烯腈聚合时会放出大量的聚合热，加上反应系统的黏度高，散热效果差，因此聚合釜的结构首先要求具有良好的散热效果，其次是有利于在尽可能短的时间内达到尽可能高的转化率，因此最好采用高度与直径比 [(2～1.5)∶1] 不大的混合型聚合釜，并用强力搅拌使进入的冷料与反应物料迅速有效地混合，以平衡放出的热量，但是这时转化率难以提高。一般来说，对于以硫氰酸钠为溶剂的一步法低、中转化率工艺，可使用此种结构的反应釜。但是以二甲基亚砜为溶剂的一步法高转化率工艺（要求达到 95% 以上），除了必须有几个（一般为 3 个）反应釜串联使用外，还要求每个聚合反应釜的高度和直径的比例有所不同，一般是第一台釜的高径比为 1.5∶1，第二、第三台反应釜则大多采用细而高的置换型聚合釜，借以避免釜内处于不同反应阶段的物料互混（称为"返混"或"短路"），从而保证大部分物料都经历相同的反应时间，有利于转化率的提高（一般第二台釜的高径比为 3∶1，第三台釜的高径比为 2∶1）。釜内装有搅拌器，对于采用单釜聚合工艺，如 NaSCN 溶液均相聚合工艺，一般在釜内装有三排四桨叶式搅拌器，第一和第三排桨叶能使聚合液向上运动，中间的一排桨叶迫使聚合液向下运动，以保证釜内聚合液混合均匀。聚合釜结构如图 3-20 所示。

混合液在进入聚合釜之前，先经过进料温度控制器（或称加热-冷却器）。其结构实际为一分段式加热和冷却器，有列管式和板式之分，图 3-20 中为列管式，下部为冷却段，用 1℃ 的水冷却；上部为加热段，用 60℃ 的水加热。一般控制聚合釜进料温度为 15.5～18℃。

② 脱单体塔 脱单体塔如图 3-21 所示。脱单体塔内有五层伞，最上层起阻挡作用，以

免进出的料液雾沫直冲喷淋冷凝器或真空管道。二至五层伞是使浆液在伞上成薄膜以增加蒸发面积，使浆液内单体或气体易于逸出。伞的圆锥角一般为120°。浆液进入脱单体塔时采用两个同心套管，管内外各通两层伞，其目的是使浆液分布得更加均匀。

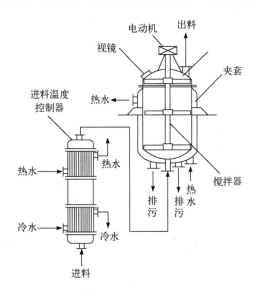

图 3-20　聚合釜结构示意图

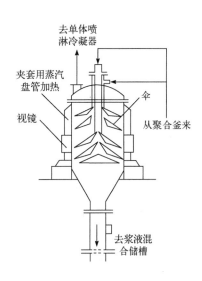

图 3-21　脱单体塔示意图

3.4.4.3　聚丙烯腈溶液的纺丝

① 湿法纺丝　湿法纺丝主要是生产短纤维，由聚合物溶液经脱单体、过滤和脱泡即可直接进行纺丝。湿法纺丝的优点在于溶剂的挥发速度容易控制，纤维成型加工的条件比较柔和，纤维的脆性小，故制得的纤维有弹性，柔软性较好，耐磨性好。目前无论是国内还是国外均以湿法纺丝为主。

② 干法纺丝　干法纺丝主要是为了生产长纤维，一般采用二步法。将聚丙烯腈用容易挥发的 N, N'-二甲基甲酰胺配成纺丝溶液，纺丝溶液借热空气从喷丝头压出，在压出细丝的过程中，溶剂被蒸出，从而形成纤维，然后进行纺丝。其优点是溶剂的挥发速率容易控制，纤维成形条件柔和，纤维脆性小，被制得的纤维有弹性、柔软。其缺点是需高温操作，设备复杂。

3.5　自由基乳液聚合生产工艺

3.5.1　自由基乳液聚合工艺概述

3.5.1.1　乳液聚合及其组分

（1）乳液聚合　乳液聚合是指单体在乳化剂的作用下分散在介质水中形成乳状液（液-液分散体系），在水溶性引发剂的作用下进行聚合，形成固态聚合物且分散于水中，形成胶乳的

聚合过程（此时的乳状液称为固-液分散体系）。固态的聚合物微粒直径在 1μm 以下。因此，静止时不会沉降，聚合物胶乳是一种非常稳定的聚合物乳液。

乳液聚合更具聚合工艺和产品特点，通常可以分为典型乳液聚合、种子乳液聚合、核-壳乳液共聚合、反相乳液聚合等。

（2）乳液聚合的组分　乳液聚合的组分主要有油溶性单体、水溶性引发剂、水溶性乳化剂和介质水。

3.5.1.2　乳化剂

（1）乳化剂及乳化作用　某些物质能降低水的界面张力、对单体有增溶作用、对单体液滴有保护作用、能使单体和水组成的分散体系成为稳定的难以分层的似牛乳状的乳液，这种作用称为乳化作用。具有乳化作用的物质称为乳化剂。

（2）乳化剂的种类　乳化剂是一种表面活性剂，有阴离子型、阳离子型、两性和非离子型四类。乳液聚合用的乳化剂主要是阴离子型，其次是非离子型。

阴离子型乳化剂主要是脂肪酸钠盐，如硬脂酸钠（肥皂）$C_{17}H_{35}COONa$、十二烷基硫酸钠 $C_{12}H_{25}SO_4Na$ 和十二烷基苯磺酸钠 $C_{12}H_{25}C_6H_4SO_3Na$。在非离子型乳化剂中最典型的代表是聚氧化乙烯型乳化剂，其次是聚乙烯醇。

（3）乳化剂的乳化机理　阴离子型乳化剂由非极性基团（亲油基）和极性基团（亲水基）构成。例如硬脂酸钠 $C_{17}H_{35}COONa$ 在水中以阴离子形式（$C_{17}H_{35}COO^-$）存在，其中 $C_{17}H_{35}$— 为亲油基，—COO^-为亲水基。当水中加入乳化剂时，如果乳化剂的浓度很低，它以单个分子形式真正溶于水中（称为真溶）；当乳化剂的浓度超过某一浓度时，就形成由 50~100 个乳化剂分子所构成的聚集体（称为胶束）。胶束有球状和棒状两种，如图 3-22 所示。

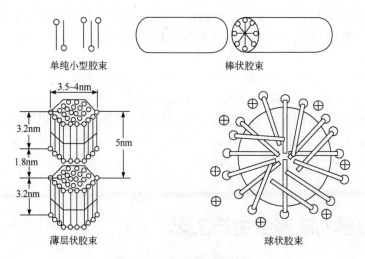

图 3-22　胶束的形状类型

当水和乳化剂组成的体系中加入单体以后，单体除按溶解度以单个分子的形式真正溶于水中（真溶）以外，还以比溶解度更多的量溶解于胶束中，这种溶解与真溶不同，特称为"增溶"。这是因为乳化剂形成的胶束亲油基指向胶束中心，单体与亲油基有相似相容的性质。

绝大部分单体以小液滴的形式分散在介质水中，而这些单体小液滴周围又吸附了一层乳化剂分子，乳化剂分子的亲油基指向单体，亲水基指向外围水相，形成带电的保护层，从而使单体液滴稳定，这就是乳化剂的乳化机理。

（4）乳化剂的选择　乳液聚合时应选择性能合适的乳化剂。表征乳化剂性能有三个指标：临界胶束浓度、亲水亲油平衡值和三相平衡点。

临界胶束浓度是指在一定温度下，乳化剂能够形成胶束的最低浓度，记作 CMC（mol/L 或 g/L）。应该选择 CMC 较小的乳化剂，这样可以节省乳化剂。

亲水亲油平衡值是根据乳化剂亲油基和亲水基对性能的贡献，给每一种乳化剂定一个数值，称为亲水亲油平衡值，用 HLB（hydrophile-lipophile balance）来表示。不同的乳化剂有不同的亲水亲油平衡值。用于典型的乳液聚合体系，应选择 HLB 为 8～18 范围内的乳化剂，其属于 O/W（水包油）型。

乳化剂中亲水基的亲水性和疏水基的疏水性的相对大小将直接影响其使用性能，尤其是乳化效果的好坏。Griffin 提出的乳化剂亲水亲油平衡值 HLB 就是用来衡量乳化剂分子中亲水部分和亲油部分对其性质所做贡献大小的物理量。每一种乳化剂都具有特定的 HLB 值，对于大多数乳化剂来说，其 HLB 值在 1～40。HLB 值越低，表明其亲油性越大；HLB 值越高，表明其亲水性越大。HLB 值的计算方法有 Griffin 法和 Davies 法。

① Griffin 法　对于聚氧化乙烯型和多元醇型非离子型乳化剂来说，其 HLB 值可按如下公式计算：

$$HLB值 = \frac{亲水基质量}{亲水基质量 + 疏水基质量} \times \frac{100}{5} \tag{3-12}$$

式（3-12）在应用时根据非离子乳化剂的类型特点可做些变动，以方便估算。如式（3-13）和式（3-14）中聚乙二醇型和多元醇型非离子乳化剂的 HLB 值的计算。

聚乙二醇型非离子乳化剂：
$$HLB = E/5 \tag{3-13}$$

式中，E 为聚乙二醇部分的质量分数，%。

多元醇型非离子乳化剂
$$HLB = 20\left(1 - \frac{S}{A}\right) \tag{3-14}$$

式中，S 为多元醇酯的皂化值；A 为原料脂肪酸的酸值。

② Davies 法　对于其他类型的乳化剂来说，可将乳化剂分子分割成基团，把各基团的常数加和得到 HLB，如式（3-15）所示。

$$HLB = \sum 亲水基团常数 - \sum 亲油基团常数 + 7 \tag{3-15}$$

当两种乳化剂混合使用时，混合乳化剂的 HLB 值可将组成它的各乳化剂的 HLB 值按质量平均进行估算。

乳化剂的 HLB 值仅供选择乳化剂时参考，因为它既不能确定所需乳化剂的浓度，又不能确定所生产的乳液的稳定性，但从实践中已经验证对于甲基丙烯酸甲酯的乳液聚合，HLB 值为 12.1～13.7 的乳化剂可获得最为稳定的胶乳；HLB 值为 11.8～12.4 适用于丙烯酸乙酯的乳液聚合；甲基丙烯酸甲酯与丙烯酸乙酯共聚时（各 50%），选择 HLB 值为 11.95～13.05 的乳化剂较为恰当。

阴离子型乳化剂在某一温度下，可能以三种形态（单个分子状态、胶

拓展阅读

计算HLB值的常数

束状态和凝胶状态）存在于水中。使三态共存的温度叫三相平衡点。

如体系的温度大于三相平衡点凝胶消失，乳化剂以单个分子和胶束两种形态存在，这时乳化剂才具有乳化能力。反之，如果体系的温度低于三相平衡点，乳化剂将以凝胶状态析出，失去乳化能力。因此，应选择三相平衡点低于聚合温度的乳化剂。

对于苯乙烯的乳液聚合，多选用硬脂酸钠或油酸钠做乳化剂；而对于乙酸乙烯酯乳液聚合，多选用非离子型乳化剂聚乙烯醇；对于丁二烯、苯乙烯乳液共聚制备丁苯橡胶多选用歧化松香酸钠作乳化剂；对于氯乙烯的种子乳液聚合，多选用十二醇硫酸钠作乳化剂。

3.5.1.3　乳液聚合的特点

（1）以水为介质，价廉安全，且对传热十分有利。

（2）分散体系稳定性优良，可以进行连续操作，聚合物胶乳可以作为黏合剂、涂料或表面处理剂等直接利用。

（3）制备固体聚合物时，需要加电解质破乳、水洗和干燥等工序，工艺过程较复杂。

（4）乳液聚合体系中基本上消除了自动加速现象；乳液聚合的聚合速率可以很高，聚合物的分子量也很高。这是因为乳液聚合的场所是在增溶胶束中，而增溶胶束的体积很小，往往在同一时刻只能容纳一个自由基。因此，其链终止为链自由基与初级自由基或短链自由基的双基终止，相当于单基终止。因此，乳液聚合体系中基本上消除了自动加速现象。

（5）增加乳胶粒的数目可同时提高聚合速率和聚合物的平均聚合度。乳液聚合体系中聚合速率方程和聚合物平均聚合度方程分别为：

$$R_p = k_p[\mathrm{M}][\mathrm{M}\cdot] = \frac{k_p[\mathrm{M}]N \times 10^3}{2N_\mathrm{A}} \tag{3-16}$$

$$r_p = k_p[\mathrm{M}] \times \frac{1}{2} \qquad r_i = \frac{R_i N_\mathrm{A}}{N \times 10^3}$$

$$X_n = \frac{r_p}{r_i} = \frac{k_p[\mathrm{M}]N \times 10^3}{2N_\mathrm{A}R_i} = \frac{k_p[\mathrm{M}]N}{2\rho} \tag{3-17}$$

式中　[M]——单体浓度，mol/L；

[M·]——自由基浓度，mol/L；

R_p——聚合速率，mol/（L·s）；

R_i——引发速率，mol/（L·s）；

ρ——初级自由基的生成速率，分子/（mL·s）；

k_p——增长反应速率常数，L/（mol·s）；

N——乳胶粒数目；

N_A——阿伏伽德罗常数。

由式（3-16）和式（3-17）说明，乳液聚合的速率和聚合物的平均聚合度与乳胶粒的数目有关。所以，在乳液聚合体系中，增加乳胶粒的数目可同时提高聚合速率和聚合物的平均聚合度。

乳液聚合不仅可以用于合成树脂用聚合物（塑料用和纤维用聚合物）的生产，而且可以用于橡胶用聚合物的生产，如工业中合成橡胶的最大品种丁苯橡胶就是用乳液聚合方法生产的。因此，乳液聚合在聚合物生产中具有重要意义。

3.5.2　丁二烯-苯乙烯乳液共聚合——丁苯橡胶的生产工艺

3.5.2.1　概述

丁二烯-苯乙烯乳液共聚合产品为丁苯橡胶。丁苯橡胶的加工性能和物理性能接近天然橡胶，可与天然橡胶共混，作为制造轮胎和其他橡胶制品的原料。丁苯橡胶是丁二烯和苯乙烯的无规共聚物，通用型丁苯橡胶中苯乙烯单体单元的质量分数为23.5%。

早期丁苯橡胶的生产采用过硫酸钾为引发剂，因其分解活化能高，聚合温度高，橡胶的性能差；且引发剂在 50℃时半衰期 $t_{1/2}=30h$，生产周期长，生产的丁苯橡胶较硬，称为硬丁苯或热丁苯。后来发展了氧化-还原引发剂，采用氧化-还原引发剂反应温度为 5℃，生产的丁苯橡胶较软，称为软丁苯或冷丁苯。因此，"低温聚合"逐渐取代了"中温聚合"。目前，我国丁苯橡胶的生产几乎全部采用低温聚合法生产。丁二烯和苯乙烯进行自由基共聚合，50℃时其竞聚率为 $r_1=1.38$，$r_2=0.64$，属于非理想非恒比共聚体系。为了合成组成较均一的共聚物（$x_1'=0.832$，x_1'为共聚物组成中含单体单元丁二烯的摩尔分数），应采用连续补加混合单体的投料法，并且控制转化率为 60%～80%。经理论研究和实践证明，当两种单体按 w（丁二烯）：w（苯乙烯）=72：28 投料，转化率为 20%～80%时，共聚物组成基本不变，所得的丁苯橡胶中苯乙烯单体单元的质量分数约为 23%，符合生产的要求。

3.5.2.2　丁二烯-苯乙烯乳液共聚合典型配方及工艺条件

（1）丁二烯-苯乙烯乳液共聚合组分　丁二烯-苯乙烯乳液共聚合典型组分配方见表 3-22。

表 3-22　丁二烯-苯乙烯乳液共聚合典型组分配方

原料及辅助材料		冷法/%
单体	丁二烯（质量分数）	72
	苯乙烯（质量分数）	28
分子量调节剂	叔十二碳硫醇	0.16
反应介质	水	105
脱氧剂	保险粉	0.025～0.04
乳化剂	歧化松香酸钠	4.62
过氧化物	氢过氧化异丙苯	0.06～0.12
还原剂	硫酸亚铁	0.01
	吊白块	0.04～0.10
螯合剂	EDTA-二钠盐	0.01～0.025
电介质	磷酸钠	0.24～0.45
终止剂	二甲基二硫代氨基甲酸钠	0.10
	亚硝酸钠	0.02～0.04
	多硫化钠（Na$_2$S$_x$）	0.02～0.05
	其他（多乙烯多胺）	0.02

表 3-22 说明，丁二烯和苯乙烯低温乳液共聚合是典型的乳液聚合。与其他的乳液聚合体系相比，其配方中所用的原料种类较多。

（2）聚合工艺条件　丁二烯-苯乙烯乳液共聚合工艺条件见表3-23。

表3-23　丁二烯-苯乙烯乳液共聚合工艺条件

聚合工艺条件	数值
聚合温度/℃	5
转化率/%	60～80
聚合时间/h	7～10

（3）共聚物中苯乙烯单体单元的含量与单体转化率的关系　丁二烯-苯乙烯乳液共聚合，共聚物中苯乙烯单体单元含量与单体转化率的关系见表3-24。

表3-24　共聚物中苯乙烯单体单元的质量分数与单体转化率的关系

转化率/%	20	40	60	80	90	100
共聚物中苯乙烯单体单元的含量/%	22.3	22.5	22.8	23.6	24.3	28.0

通用型丁苯橡胶中苯乙烯单体单元的质量分数为23.5%，由表3-23说明，控制转化率为60%～80%，即可得到合格产品。

3.5.2.3　丁二烯-苯乙烯乳液共聚合合成原理

（1）链引发反应　引发剂氢过氧化异丙苯分解，形成初级自由基：

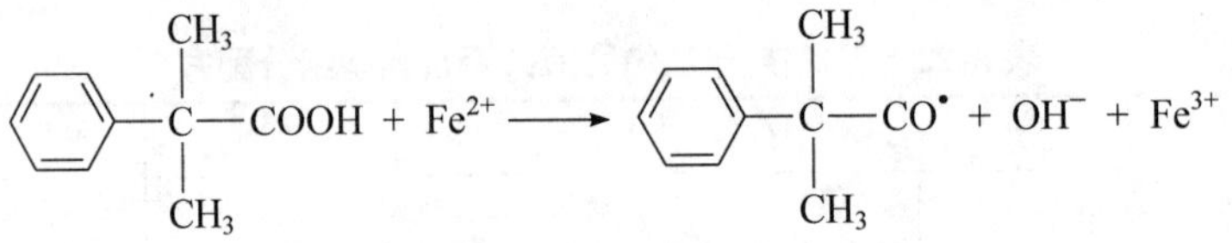

如果以RO·代表初级自由基，以M_1代表单体丁二烯，M_2代表单体苯乙烯，形成单体自由基的反应可表示如下：

$$RO^\bullet + M_1 \longrightarrow ROM_1^\bullet$$

$$RO^\bullet + M_2 \longrightarrow ROM_2^\bullet$$

（2）链增长反应

$$ROM_1^\bullet + M_1 \longrightarrow ROM_1M_1^\bullet$$

$$ROM_1^\bullet + M_2 \longrightarrow ROM_1M_2^\bullet$$

$$ROM_2^\bullet + M_1 \longrightarrow ROM_2M_1^\bullet$$

$$ROM_2^\bullet + M_2 \longrightarrow ROM_2M_2^\bullet$$

写成通式

$$ROM^\bullet + nM \longrightarrow ROM_nM^\bullet$$

（3）链终止反应　当转化率（或门尼黏度）达到要求时，加入终止剂二甲基二硫代氨基甲酸钠，终止剂与链自由基发生下列反应，使链自由基活性消失。

$$(CH_3)_2N\text{—}C(=S)\text{—}SNa + RO^\bullet + H_2O \longrightarrow (CH_3)_2N\text{—}C(=S)\text{—}S^\bullet + ROH + NaOH$$

$$(CH_3)_2N\text{—}C(=S)\text{—}S^\bullet + {}^\bullet MM_nOR \longrightarrow (CH_3)_2N\text{—}C(=S)\text{—}S\text{—}MM_nOR$$

聚合反应简式可表示为

$$n\,CH_2{=}CH\text{—}CH{=}CH_2 + m\,CH_2{=}CH(C_6H_5) \longrightarrow \text{—[}CH_2\text{—}CH{=}CH\text{—}CH_2\text{]}_n\text{[}CH_2\text{—}CH(C_6H_5)\text{]}_m\text{—}$$

3.5.2.4　丁二烯-苯乙烯乳液共聚合生产工艺

（1）原料中组分及各组分的用量

① 单体　丁二烯的纯度>99%，其主要杂质是在储存时或运输时为了防止单体自聚而加入的阻聚剂对叔丁基邻苯二酚（TBC），如果杂质含量超过 100mg/kg，则用浓度为 10%～15% 的 NaOH 溶液于 30℃进行洗涤，以除去杂质。苯乙烯的纯度 >99.6%，杂质含量应<10mg/kg，苯乙烯也容易自聚，在储存时或运输时为了防止自聚也要加入阻聚剂对叔丁基邻苯二酚（TBC），同样要用浓度为 10%～15%NaOH 溶液于 30℃进行洗涤，以除去杂质。

② 引发体系

a. 过氧化物　丁苯乳液共聚合使用的过氧化物为水溶性氢过氧化异丙苯，其用量为单体总质量的 0.06%～0.12%。

b. 还原剂　丁苯乳液共聚合使用的还原剂为硫酸亚铁和吊白块。硫酸亚铁用量为单体总质量的 0.01%，吊白块的用量为单体总质量的 0.04%～0.10%。

c. 螯合剂　为 EDTA-二钠盐，其用量为单体总质量的 0.01%～0.25%。

③ 介质水　水中的 Ca^{2+}、Mg^{2+} 可能与乳化剂作用，生成不溶于水的盐，从而降低乳化剂的乳化作用，而影响聚合反应的正常进行。因此，聚合用水应该使用去离子水，水中杂质含量（以 $CaCO_3$ 计）应该 <10mg/kg。水油比按 w（水）：w（油）=（1.7～2.0）：1。

④ 乳化剂　脂肪酸钠（或歧化松香酸钠），可单独使用，也可二者混合使用[按 w（脂肪酸钠）：w（歧化松香酸钠）=1：1]，其用量为单体总质量的 4.62%左右。

⑤ 脱氧剂　脱氧剂保险粉的用量为单体总质量的 0.04%～0.025%。

⑥ 电解质　Na_3PO_4、K_3PO_4、KCl、NaCl 或 Na_2SO_4，其中 Na_3PO_4 和 K_3PO_4 应用较多，其用量一般为单体总质量的 0.24%～0.45%。

⑦ 分子量调节剂　正十二硫醇（或叔十二硫醇），其用量一般为单体总质量的 0.16%。

⑧ 终止剂　二甲基二硫代氨基甲酸钠用量为单体总质量的 0.1%，多硫化物用量为单体总质量的 0.02%～0.05%，亚硝酸钠的用量为单体总质量的 0.02%～0.04%，多乙烯多胺的用量为单体总质量的 0.02%。

⑨ 防老剂　丁苯橡胶大分子中存在双键与空气长期接触容易老化，因而需加入防老剂。防老剂是胺类化合物和酚类化合物，如苯基胺、芳基化的对苯二胺等，其用量一般为单体总

质量的 1.5%。

防老剂一般不溶于水，需将其配成乳液，加入已脱除单体的胶乳中，使之与胶乳混合均匀。防老剂乳液的制备方法是：如果防老剂是液态的，则在搅拌下加入含乳化剂的去离子水中使之成为乳液；如果防老剂是固体物质，则在搅拌下将防老剂分散在含有乳化剂的去离子水中，用胶体磨粉碎，使之成为乳液。

⑩　填充油　合成橡胶中用液态烃作填充油，相当于合成树脂中加入增塑剂进行增塑。常用的液态烃有芳烃和环烷烃。为了充分与橡胶混合，也必须将填充油制成乳液。在搅拌下加入含乳化剂的去离子水中，使之成为乳液，再加入已脱除单体的胶乳中。

（2）聚合工艺　丁二烯-苯乙烯乳液共聚合工艺流程如图 3-23 所示。

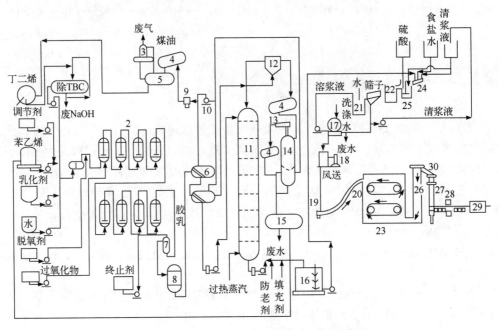

图 3-23　丁二烯-苯乙烯乳液共聚合工艺流程图

1—冷却器；2—连续聚合釜；3—洗气罐；4—冷凝器；5—丁二烯储罐；6—闪蒸器；7—终止釜；8—缓冲器；9—压缩机；10—真空泵；11—苯乙烯汽提塔；12—气体分离器；13—喷射泵；14—升压器；15—油水分离器；16—混合槽；17—真空转鼓过滤器；18—粉碎机；19—鼓风机；20—空气输送带；21—再胶化槽；22—转化槽；23—干燥器；24—絮凝槽；25—胶粒化槽；26—输送器；27—成型机；28—金属检测器；29—包装机；30—自动计量器

①　原料准备　单体丁二烯和苯乙烯分别用 10%～15% 的 NaOH 水溶液于 30℃ 进行淋洗，以除去所含的 TBC；分子量调节剂、乳化剂、电解质、脱氧剂等水溶性的物质按规定的数量用去离子水分别配成水溶液；填充油和防老剂等非水溶性的物质配成乳液。

②　聚合过程　将单体、分子量调节剂、乳化剂混合液和去离子水在管路中混合，进入冷却器 1，使之冷却至 30℃；然后与脱氧剂（包括螯合剂和还原剂）进行混合，一起从第一聚合釜的底部进入聚合系统；氧化剂则直接从釜的底部进入第一聚合釜。

聚合系统由 8～12 个聚合釜组成，串联操作。反应物料达到规定的转化率时加终止剂。聚合温度为 5℃，聚合时间则以转化率或门尼黏度达到要求为准。当达到规定的转化率（按生产不同牌号的产品而有区别）后，可在终止釜 7 加入终止剂二甲基二硫代氨基甲酸钠终止聚合反应。

③　回收未反应的单体　从聚合釜被卸出的胶乳进入胶乳缓冲罐 8，然后经两个不同真空

度的闪蒸器（用真空泵 10 减压）回收未反应的单体丁二烯，丁二烯经压缩机 9 压缩液化再经冷凝器 4 冷凝，除去惰性气体后，循环使用；脱除了丁二烯的胶乳进入脱单体苯乙烯汽提塔 11，汽提塔用过热水蒸气加热。苯乙烯蒸气从塔顶出，经气体分离器 12 分离，将其中含有的少量乳液返回闪蒸器 6 再次闪蒸，以除去丁二烯，丁二烯蒸气经压缩机 9 压缩液化再经冷凝器 4 冷凝，除去惰性气体后，循环使用；苯乙烯蒸气进入冷凝器 4，再经升压器 14 升压，经喷射泵 13 喷射至冷凝器 4 冷凝液化，进入油水分离器 15 除去水后继续循环使用。经脱除单体丁二烯和苯乙烯的胶乳进入混合槽 16。在此与规定量的防老剂乳液进行混合，必要时添加填充油乳液，经搅拌混合均匀，达到要求浓度后送至后处理工段。

④ 聚合物后处理　将混有防老剂的胶乳用泵送至絮凝槽 24，在此与浓度为 24%～26% 的 NaCl 溶液相遇而破乳变成浆状物，然后进入胶粒化槽 25 与 0.5% 的稀硫酸混合后，在剧烈搅拌下生成胶粒，再溢流到转化槽 22 以完成乳化剂转化为游离酸的过程，操作温度为 55℃。

从转化槽 22 溢流出的胶粒和清液经过振动筛进行过滤分离，湿胶粒进入再胶化槽 21，用清浆液和洗涤水洗涤，操作温度为 40～60℃，物料再经真空转鼓过滤机 17 脱除一部分水，使水含量低于 20%，然后将湿胶粒进入粉碎机粉碎成 5～50mm 的胶粒，用空气输送带 20 送至干燥机 23 进行干燥至含水量 ＜0.1%。称重、压块、金属检测后包装入库。

（3）聚合过程工艺控制和聚合装置

① 聚合工艺条件　聚合反应温度控制在 5～7℃，操作压力（表压）为 0.25MPa，反应时间为 7～10h，转化率为 60%±2%。

② 聚合装置　乳液聚合生产丁苯橡胶聚合釜一般由 8～12 台釜式反应器串联组成一条生产线，生产能力因聚合釜的体积而不同，由 36m³ 的聚合釜组成的生产线年产可达 40000t，目前最大的聚合釜容积为 90m³。

用几个釜串联进行连续操作时，转化率随物料位置的不同而不同，但每一釜中物料的状态基本相同，物料在釜内的停留时间是平均值。有些乳胶粒子在釜内的停留时间少于平均停留时间，而另外一些乳胶粒子的停留时间则大于平均停留时间。在乳液聚合中，胶乳粒子的粒径分布与停留时间有关。在丁苯乳液聚合中要求转化率为 60%～80%，平均停留时间 10h，就是为了使丁苯胶乳粒子粒径分布较窄，以满足对其性能的要求。采用多釜串联，可以提高物料的流动速度，同时可避免短路，使物料在釜内的停留时间与平均停留时间接近。生产冷丁苯胶乳时，搅拌速度一般为 105～120r/min。低温聚合的反应温度为 5℃。因此，对聚合釜的冷却效率要求甚高。目前，工业上主要采用在聚合釜内部安装垂直管式氨蒸发器，即用液氨气化的方法进行冷却。

③ 引发体系　低温乳液聚合中，采用氧化-还原引发体系，在还原剂中加入多种组分，如 $FeSO_4$、EDTA-二钠盐、吊白块和保险粉等，其目的是为保证聚合反应的正常进行和丁苯橡胶的质量。这是因为在引发剂分解形成初级自由基时，同时产生了 OH^- 和 Fe^{3+}。OH^- 能与 Fe^{2+} 反应，使体系中产生 $Fe(OH)_2$ 沉淀析出，白白地消耗了 $FeSO_4$，使 $FeSO_4$ 的使用效率降低。为了避免 $Fe(OH)_2$ 沉淀析出，加入 EDTA-二钠盐与 Fe^{2+} 形成螯合物。

由链引发反应可知，随着引发剂氢过氧化异丙苯的分解，体系中 OH^- 含量升高，导致体系的 pH 值升高。而 OH^- 与体系中的 Fe^{2+} 的反应又会产生 $Fe(OH)_2$ 沉淀。

为了防止产生的 $Fe(OH)_2$ 沉淀析出，工业上采用乙二胺四乙酸二钠盐（EDTA-二钠盐）作为螯合剂，与 Fe^{2+} 生成水溶性螯合物。

EDTA-二钠盐与 Fe^{2+} 生成的水溶性螯合物，其离解度小，在碱性条件和酸性条件下都很稳定，可在较长时间内保持 Fe^{2+} 的存在，而又不生成 $Fe(OH)_2$ 沉淀。

Fe^{2+} 经氧化后变成 Fe^{3+}，Fe^{3+} 呈棕色，如果其浓度较高将影响丁苯橡胶的色泽。为了减少 Fe^{3+} 的浓度，工业上常使用吊白块[甲醛-亚硫酸氢钠二水合物（$CH_2O\text{-}NaHSO_3 \cdot 2H_2O$）]作为二级还原剂，使 Fe^{3+} 还原为 Fe^{2+}。由于消耗了二级还原剂吊白块，硫酸亚铁的用量显著减少。

保险粉[连二亚硫酸钠二水合物（$Na_2S_2O_4 \cdot 2H_2O$）]称为脱氧剂，其能与水中的溶解氧反应：

$$2Na_2S_2O_4 + O_2 + 2H_2O \longrightarrow NaHSO_4 + NaHSO_3$$

水中的溶液氧在低温下是阻聚剂，加入保险粉能保证聚合反应正常进行。

④ 反应终点的控制　聚合反应的终点取决于转化率和门尼黏度。工业上控制转化率为 60%，门尼黏度则因产品牌号不同而异。测定转化率的方法是测定物料的固含量，这需要一定的时间才能得出结果。新办法是用胶乳的密度随转化率上升而增加的性质，用安装在生产线上的 γ 射线密度计快速测定。

为了精确地控制反应终点，终止剂应及时加入。为此，每个聚合釜后面都连接一个小型的终止釜，终止釜之间互相串联起来，每个终止釜中都有终止剂加料口，根据需要于适当位置加终止剂，以保证转化率为 60%±2%。

二甲基二硫代氨基甲酸钠为有效的终止剂，但在单体回收过程中仍有聚合现象发生。为此，添加了多硫化物、亚硝酸钠以及多乙烯多胺。多硫化物有还原作用，可与残存的过氧化物反应，以消除回收过程中残存的过氧化物的引发作用，亚硝酸钠有防止菜花状的爆聚物生成的作用。

⑤ 生产中应注意的问题　单体回收过程中，因胶乳中含有的乳化剂受热和减压时容易产生大量泡沫，胶乳粒子可能凝聚成团，或黏附在反应器壁上形成粘釜物。因此，乳液聚合中也存在清理釜壁的问题。工厂中用人工进行清理，劳动强度很大，每月需清理 1～3 次。

另外，在丁苯橡胶乳液聚合中因转化率只有 60%，所以 40%的单体需回收。丁二烯和苯乙烯在残存的过氧化物作用下或氧的作用下受热而生成爆聚物种子，这种爆聚物种子会逐渐长大为爆聚物，而这种爆聚物种子活性期很长，即使加热到 260℃，经 20h 后再接触单体仍可以增长，并且伴有体积的增大，它们会堵塞管道，甚至会撑破钢铁容器，而且很难清理，所以它是丁苯橡胶生产中最棘手的问题。

为了防止生成爆聚物种子或者将生成的爆聚物种子消灭，需要将抑制爆聚物种子生长的抑制剂连续不断地加到单体回收系统中。$NaNO_2$、I_2 和 HNO_3 等可以作爆聚物种子的抑制剂。

3.5.3　种子乳液聚合——糊用聚氯乙烯的生产工艺

3.5.3.1　概述

一般的乳液聚合得到的聚合物胶乳微粒直径在 $0.2\mu m$ 以下，但要求粒径为 $1\mu m$ 时很困难，为了达到此目的，工业上采用种子乳液聚合方法。

糊用聚氯乙烯（PVC）树脂（用于搪塑制品）的生产是典型的种子乳液聚合方法。PVC 树脂是应用广泛的通用合成树脂品种之一，其产量曾居世界合成树脂的首位。与 PE、PP 树脂不同，它必须加入增塑剂才能得到热塑性塑料。因增塑剂数量不同而得到性能坚硬或柔软的塑料：硬 PVC 塑料和软 PVC 塑料。PVC 的性能是多样化的，用不同的成型方法可以得到不同形态的塑料制品，如模塑制品、薄膜、人造革和泡沫塑料等。在模塑制品中有一种性能非常柔软的制品是用搪塑成型方法制成的，它是用高分散的 PVC 树脂加稳定剂等各种添加剂与增塑剂调制成糊状物（PVC 糊），然后浇入模具中，受热塑化而成型的。调制 PVC 糊必须用种子乳液聚合方法生产的高分散的 PVC 树脂-糊用 PVC 作为原料。

PVC 糊不仅用于搪塑成型，还用于浸渍、涂刷，然后经加热塑化制得相应的塑料制品，如 PVC 人造革和浸塑制品。

3.5.3.2　氯乙烯种子乳液聚合生产工艺

与丁二烯-苯乙烯乳液共聚合相比较，氯乙烯（VC）采用种子乳液聚合，需加种子乳液；引发剂同样使用氧化-还原引发体系；另外，由于氯乙烯自由基聚合时，聚氯乙烯链自由基向氯乙烯单体的转移速率很大，所以氯乙烯的乳液聚合不需要加分子量调节剂；反应温度 50℃ 时可以获得分子量符合要求的产品，而 $K_2S_2O_4 \cdot Na_2SO_3$ 组成的氧化-还原引发体系的分解温度刚好为 50℃。

工业上使用两种规格的胶乳作为种子：一种是用乳液聚合得到的胶乳作为种子——第一代种子；二是用第一代种子进一步进行乳液聚合得到的乳液——第二代种子。

（1）VC 种子乳液聚合配方　VC 种子乳液聚合配方见表 3-25。

表 3-25　VC 种子乳液聚合配方

原料	用量	原料	用量
单体（氯乙烯）	100～110	乳化剂（十二醇硫酸钠）	0.05～1.0
介质（水）	150	氧化剂（过硫酸钠）	0.05～0.01
种子：第一代	1	还原剂（亚硫酸氢钠）	0.01～0.03
第二代	2	pH 值	10～10.5

注：表中数据为质量份。

（2）VC 种子乳液聚合工艺流程　VC 种子乳液聚合采用间歇法操作，聚合工艺流程如图 3-24 所示。

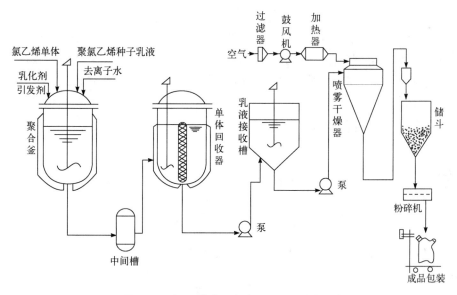

图 3-24　氯乙烯种子乳液聚合工艺流程图

① 聚合准备工作　首先在聚合釜中加入一定量的水、种子胶乳以及氧化-还原引发剂，

用 N_2 排出空气并试漏后，将单体的 1/15 加入聚合釜中，并且加入一部分乳化剂十二醇和十二醇硫酸钠（复合乳化剂）。

② 聚合过程　升温至 50℃，反应 30min，而后分批加单体和乳化剂溶液，反应温度控制在（50±0.5）℃，反应时间为 7~8h，当聚合釜内压力降至 0.5~0.6MPa 时，反应结束。

③ 回收未反应的单体　待反应釜内无压力时开启真空泵将残存的单体抽出。

④ 聚合物后处理　为了改进糊用 PVC 的流变性，在出料前加适量的非离子型表面活性剂，如环氧乙烷蓖麻油。为了获得热稳定性优良的糊用 PVC 树脂，应当在喷雾干燥之前，于乳液中加入热稳定剂，热稳定剂应事先配成乳液。

经搅拌均匀后将胶乳送往储槽，再用压缩空气将胶乳送往喷雾干燥器进行干燥。喷雾干燥器是大型的中空容器，经过滤的热空气自顶部进入干燥器，胶乳经喷嘴被压缩空气吹入干燥器上部分散为雾状与空气接触立即被干燥为次级粒子（PVC 胶乳粒子直径一般为 1μm，称为初级粒子；经喷雾干燥后的粉状粒子实际上是原始粒子的聚集体，称为次级粒子）。次级粒子的粒径为 75μm，比初级粒子的粒径大 10^2 倍，经过旋风分离器分离，较粗的粒子被沉降；经粉碎机粉碎，成品随气流进入成品旋风分离器，沉积于成品料斗中；过细的粒子用袋式捕集器收集后也成为成品，尾气则排空。

3.5.4　反相乳液聚合合成超高分子量聚丙烯酰胺

3.5.4.1　概述

采用反相乳液聚合的目的在于：利用乳液聚合反应的特点以较高的聚合速率生产高分子量的水溶性聚合物；利用乳胶粒子甚小的特点，使反相乳液聚合生产的含水聚合物微粒迅速溶于水中，以制备聚合物水溶胶。

反相乳液聚合主要用于水溶性聚合物的生产，其中以聚丙烯酰胺（PAM）的生产最为重要。PAM 反相乳液聚合所用的单体水溶液浓度为 40% 左右，可以生产分子量大于 1000 万的PAM 产品。

PAM 大分子链上具有活性酰胺基团，其具有增稠、絮凝和对流体的流变性调节等作用。在石油钻井中，PAM 能调节钻井液的流变性、润滑钻头、携带岩屑等，有利于钻井；在二次、三次采油中，在注入水中加入少量水溶性 PAM 能增加驱动液的黏度，降低地层中水相的渗透率，增加驱动液的阻力因子，使水与油能均匀地向前流动，从而比常规注水获得更大的采收率。

3.5.4.2　超高分子量聚丙烯酰胺的合成

（1）聚合原理　以水为溶剂，液体石蜡为介质，Span-80 为乳化剂，过硫酸钾-连二亚硫酸钠为氧化-还原引发剂，丙烯酰胺反相乳液聚合有关的聚合反应方程式表示如下：

链引发反应：

$$K_2S_2O_8 + Na_2S_2O_4 \longrightarrow 2K^+ + 2Na^+ + SO_4^{2-} + SO_4^{-\bullet} + S_2O_4^{-\bullet}$$

$SO_4^{-\bullet}$ 和 $S_2O_4^{-\bullet}$ 都为初级自由基。令 $R^\bullet = SO_4^{-\bullet}$ 和 $S_2O_4^{-\bullet}$，则

链增长反应：

$$R^\bullet + CH_2{=}CH{-}CONH_2 \longrightarrow R{-}CH_2{-}CH^\bullet{-}CONH_2$$

链终止反应：

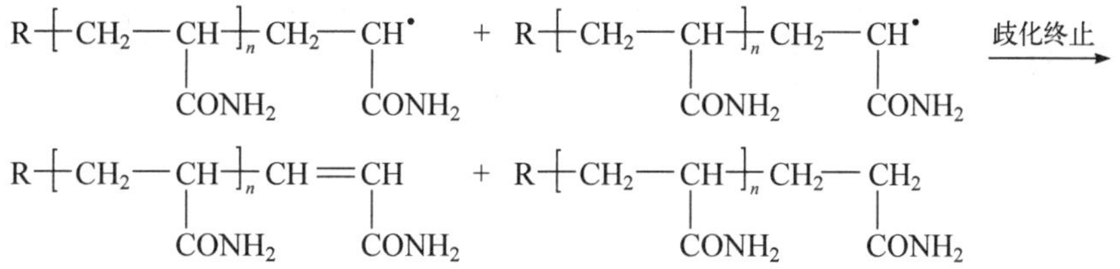

（2）聚合工艺条件　单体丙烯酰胺配成 50% 的水溶液，将 50% 的丙烯酰胺水溶液用阳离子交换树脂交换柱进行处理，以除去其中的阻聚剂铜离子。阳离子交换树脂应预先用 5% 的盐酸溶液润洗，恢复其活性，润洗后的树脂用蒸馏水多次冲洗至 pH=6。然后配成 27%、35% 两种不同浓度的丙烯酰胺水溶液。

氧化-还原引发剂为过硫酸钾-连二亚硫酸钠，其中过硫酸钾浓度为 4×10^{-5}mol/L，连二亚硫酸钠的浓度为 3×10^{-5}mol/L。

乳化剂为 Span-80。w（液体石蜡）:w（水）=1.1:1；反应温度为（40±2）℃；总反应时间为 8h。

3.5.4.3　PAM 黏均分子量 $\bar{M}_\eta$ 的测试

聚合所得 PAM 通常采用乌式黏度计，按"一点法"和式（3-18）求出其特性黏度[η]。

$$[\eta]=\frac{\left[2(\eta_{sp}-\ln\eta_r)\right]^{1/2}}{c} \tag{3-18}$$

$$\eta_r=t/t_0, \quad \eta_{sp}=\eta_r-1 \tag{3-19}$$

式中　t——PAM 溶液的停留时间，s；
　　　　t_0——2mol/L NaNO$_3$ 溶液的停留时间，s；
　　　　η_r——相对黏度；
　　　　η_{sp}——增比黏度；
　　　　[η]——特性黏度；
　　　　c——待测聚丙烯酰胺溶液的浓度，g/mL，c 值为所取聚丙烯酰胺质量的 1/2。
计算出[η]后，按式（3-20）计算 PAM 的黏均分子量 $\bar{M}_\eta$。

$$[\eta]=K\overline{M_\eta^\alpha} \tag{3-20}$$

式中，$K=3.75\times10^{-2}$；$\alpha=0.66$。

3.5.4.4　聚合工艺条件分析

（1）引发剂对 PAM 分子量的影响　以过硫酸钾-四甲基乙二胺氧化-还原引发剂引发丙烯酰胺聚合，可得到超高分子量的 PAM，但分子量太高的 PAM 在水中的溶解性能差。以一种新型的氧化-还原引发体系——溴酸钾-硫脲引发剂，引发丙烯酰胺聚合，合成的 PAM 分子量不是很高。以过硫酸钾-连二亚硫酸钠为氧化-还原引发剂，引发丙烯酰胺聚合，合成的 PAM 分子量超千万，而且在水中的溶解性能比较好。

（2）加料方式对聚丙烯酰胺分子量的影响　在反相乳液法合成聚丙烯酰胺的过程中，丙烯酰胺水溶液的加入方式对 PAM 的分子量有很大的影响。

为使聚合反应正常进行，配成27%和35%两种不同浓度的丙烯酰胺水溶液。先加入27%的丙烯酰胺水溶液，反应0.5h后，再加入35%的丙烯酰胺水溶液继续反应。二次加料既保证了聚合体系中单体的浓度，又减少了偶合终止的机会，有利于生成水溶性好的超高分子量的聚丙烯酰胺。

本章小结

从自由基聚合的概况和组分选择出发，介绍了本体聚合、悬浮聚合、溶液聚合及乳液聚合等四大自由基聚合实施方法。讲述了四大聚合实施方法的特点和聚合反应的典型实施案例等。本章的学习可参考如下思维导图。

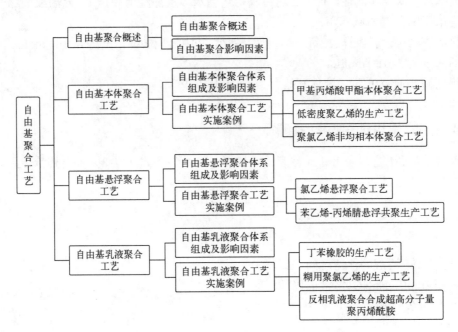

课堂讨论

（1）简述四种自由基聚合生产工艺的定义以及它们的特点和优缺点。

（2）举例说明自由基聚合引发剂的分类，在聚合物生产中如何选择适合的引发剂？

（3）依据"牢固树立安全发展"的理念，在自由基聚合生产工艺中，引发剂储存时应注意什么问题？

（4）试述悬浮聚合中分散剂和助分散剂是怎样起到分散保护液滴作用的？聚氯乙烯生产根据常用牌号分别选择哪两种分散剂？其产品形态有什么不同？

（5）自由基溶液聚合生产中溶剂对聚合反应的影响。

（6）试述自由基乳液聚合中乳化剂的分类并举例说明，并简述不同乳化剂的稳定性作用原理。

本章习题

1. 何谓本体聚合？试述自由基本体聚合的优点和存在问题，为解决存在问题工业上可采取的措施有哪些？

2. 乙烯进行自由基聚合时，为什么要在高温（130～280℃）、高压（110～250MPa 甚至 300MPa）的苛刻条件下进行？

3. 乙烯自由基聚合时，为什么可以用氧作引发剂？试写出用氧引发乙烯聚合的引发反应方程式。

4. 氯乙烯本体聚合为什么分两段（预聚和聚合）进行？氯乙烯的本体聚合产品和悬浮聚合产品相比有什么优点？

5. 何谓悬浮聚合？悬浮聚合的种类有哪两种？并举例说明。与本体聚合相比，其优缺点是什么？

6. 简述悬浮聚合中工艺条件（水油比、聚合温度、聚合时间、聚合装置等）的控制并说明原因。

7. 在悬浮聚合中，搅拌为什么是影响聚合物微球形态、大小及粒度分布的重要因素。

8. 苯乙烯-丙烯腈高温悬浮共聚合的生产工艺中，为什么选择硫酸镁和碳酸钠作悬浮剂？

9. 何谓溶液聚合？简述溶液聚合的优缺点。

10. 何谓均相溶液聚合？何谓非均相溶液聚合？

11. 溶液聚合中溶剂的作用是什么？选择溶剂的原则是什么？

12. 试分析乙酸乙烯酯溶液聚合的配方和工艺条件确定的原则。

　　（1）为什么转化率控制在 50%～60%？

　　（2）为什么选甲醇作溶剂？

　　（3）为什么聚合温度控制在（65±0.5）℃？

13. 乙酸乙烯酯溶液聚合时氧的作用是什么？怎样利用氧的这种双重作用？

14. 在丙烯腈溶液聚合中第一单体、第二单体和第三单体的选择原则是什么？

15. 简述丙烯腈制备腈纶溶液聚合一步法和二步法的区别，包括聚合机理和聚合工艺。

16. 何谓乳液聚合？其主要组分和各组分的作用是什么？乳液聚合的特点是什么？

17. 何谓乳化剂？乳化剂的作用是什么？乳化剂有哪几种类型？它们的使用场合有什么不同？用哪些指标来表征乳化剂的性能？

18. 在乳液聚合中，乳化剂不参加聚合反应，但它的存在对聚合反应（聚合反应速率和聚合物的分子量）有很大的影响，为什么？

19. 试述低温乳液聚合生产丁苯橡胶配方中的主要组分和各组分的作用。

20. 试述氯乙烯种子乳液聚合的生产工艺。

21. 何谓反相乳液聚合？其主要组分和各组分的作用是什么？

第4章 缩合聚合工艺

内容提要：

本章主要介绍缩合聚合生产工艺的理论基础及工业应用。概述了缩聚反应的特点、分类、单体以及实施方法，讨论了缩聚反应中的影响因素，分析了线型缩聚工艺和体型缩聚工艺中的关键问题。着重介绍了聚酯和聚酰胺两个典型的线型缩聚工艺应用，以及酚醛树脂和环氧树脂两个典型的体型缩聚工艺应用。

学习目标：

（1）掌握缩聚反应的特点、分类和实施方法，理解缩聚反应的影响因素。
（2）掌握线型缩聚反应和体型缩聚反应的基础理论，明确各自的关键问题。
（3）掌握聚酯、聚酰胺、酚醛树脂和环氧树脂生产的主要原料、合成原理、工艺路线，了解生产工艺流程。

重点与难点：

（1）能够运用线型缩聚反应中影响产品分子量及其分布的因素，分析聚酯和聚酰胺66在生产中控制分子量的手段；
（2）能够对体型缩聚反应的凝胶点进行预测，会分析酚醛树脂和环氧树脂组分配比与凝胶点的关系。

4.1 缩聚反应理论基础

4.1.1 缩聚反应概述

缩合聚合反应（condensation polymerization），简称缩聚反应，是指由一种或多种单体相互缩合生成高分子的反应。缩聚反应的主产物称为缩聚物，此外还有水、醇、氨或氯化氢等低分子副产物产生，例如：

$$n\mathrm{NH_2-R-COOH} \Longleftrightarrow \mathrm{H\!+\!NH-R-CO\!+\!_n OH} + (n-1)\mathrm{H_2O}$$

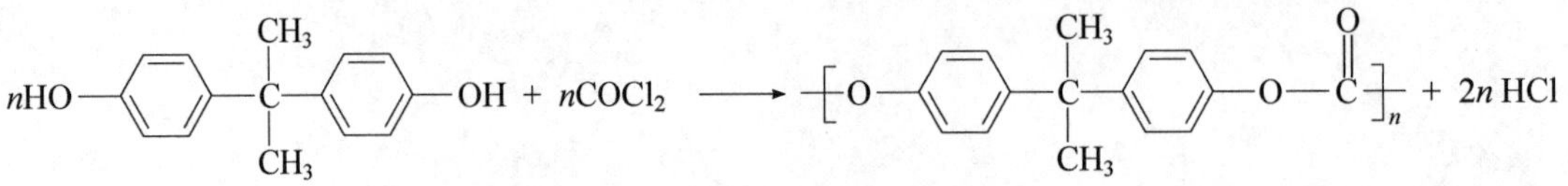

1907 年 L. H. Backland 制造了第一个工业合成产品酚醛树脂（Bakelite）。随后出现了醇酸树脂、脲醛树脂。1929 年，美国科学家 W. H. Carothers 在系统地研究了很多双官能化合物的缩聚反应后，提出了缩合聚合的概念。20 世纪 30 年代，尼龙 6 和尼龙 66 问世，开始了合成纤维的生产。20 世纪 50 年代，聚酯纤维开始工业化生产，并很快跃居合成纤维的第一大品种。到 2020 年，全球聚酯的产量已达到 8000 万吨，成为用途最广泛的一类工程塑料。缩聚反应是合成聚合物的主要反应之一，通过缩聚反应合成的聚合物广泛应用于工程塑料、纤维、橡胶、涂料和黏合剂等。主要的产品有尼龙、涤纶、酚醛树脂、脲醛树脂、氨基树脂、醇酸树脂、不饱和聚酯、环氧树脂、硅橡胶、聚硫橡胶、呋喃树脂、聚碳酸酯等。

4.1.1.1 缩聚反应的特点

与链式聚合不同，缩聚反应是通过单体官能团之间的反应逐步进行的，每步反应的机理相同，因而反应速率和活化能大致相同。在聚合过程中，反应体系始终由单体和分子量递增的一系列中间产物组成，单体以及任何中间产物两分子间都能发生反应。聚合产物的分子是逐步增大的。以二元羧酸与二元醇合成聚酯的反应为例。

第一步是二元醇和二元酸单体生成二聚体的反应：

$$\text{HOOC—R—COOH} + \text{HO—R'—OH} \longrightarrow \text{HOOC—R—COO—R'—OH} + H_2O$$

二聚体与二元醇单体或二元酸单体生成三聚体：

$$\text{HOOC—R—COO—R'—OH} + \begin{cases} \text{HOOC—R—COOH} \longrightarrow \text{HOOC—R—COO—R'—OOC—R—COOH} + H_2O \\ \text{HO—R'—OH} \longrightarrow \text{HO—R'—COO—R—COO—R'—OH} + H_2O \end{cases}$$

二聚体还能与自身反应生成四聚体：

$$2\text{HOOC—R—COO—R'—OH} \longrightarrow \text{HOOC—R—COO—R'—OOC—R—COO—R'—OH} + H_2O$$

三聚体和四聚体继续与其自身进行反应，或相互进行反应，或与单体和二聚体反应：

$$n\,\text{HOOC—R—COOH} + n\,\text{HO—R'—OH} \longrightarrow \text{HO}\left[\overset{O}{\overset{\|}{C}}\text{—R—}\overset{O}{\overset{\|}{C}}\text{—OR'O}\right]_n\text{H} + (2n-1)H_2O$$

聚合反应过程以这种逐步的方式进行，最终生成聚合度较高的大分子。聚合物的分子量随着反应时间（转化率）的延长而持续增大。缩聚反应最重要的特征是聚合体系中任何两分子（单体分子或聚合物分子）间都能相互反应生成聚合度更高的聚合物分子。在逐步缩合聚合过程中，在反应初期单体就已经消失，聚合物分子量的增大相对比较缓慢。

多数缩聚反应为可逆平衡反应，即当反应进行到一定程度就达到平衡状态，这时产物的分子量不再随反应时间的延长而增加，要使产物的分子量增加，必须将形成的产物不断从反应体系中移除，打破平衡，使反应向生成聚合物方向移动。

4.1.1.2 缩聚反应的分类

（1）按产物的结构分类

① 线型缩聚（linear polycondensation）：参与反应的单体只含两个官能团（即双官能单体），聚合产物分子链只会向两个方向增长，得到的产物为线型结构。典型的线型缩聚产品有尼龙、聚酯等。这类单体缩聚反应的通式为：

$$n\,\text{aAa} + n\,\text{bBb} \Longrightarrow \text{a}[\text{AB}]_n\text{b} + (2n-1)\text{ab}$$

$$n\,\text{aAb} \Longrightarrow \text{a}[\text{A}]_n\text{b} + (n-1)\text{ab}$$

式中，a、b 代表官能团；A、B 代表残基。

② 体型缩聚（non-linear polycondensation）：参加反应的单体至少有一种单体带有两个以上官能团，产物分子链形态不是线型的，而是支化或交联型的。典型的体型缩聚产品有酚醛树脂、环氧树脂、醇酸树脂、硅树脂等。通式为：

（2）按参加反应单体的种类分类

① 均缩聚（homo-polycondensation）：只有一种单体参加的缩聚反应，这种本身就带有两个可以相互反应的不同官能团，如 ω-氨基酸（H_2N–R–COOH）、ω-羟基酸（HO–R–COOH）参加的缩聚反应。

② 混缩聚（conjunct polycondensation）：又称为异缩聚，两种分别带有两个相同官能团的单体进行的缩聚反应，如二元酸与二元醇缩聚制备聚酯、二元胺与二元酸缩聚制备尼龙等。

③ 共缩聚（co-polycondensation）：在均缩聚体系中加入第二种单体或在混缩聚体系加入第三种单体（或第四种单体）进行的缩聚反应。

（3）按反应热力学的特征分类

① 平衡缩聚：又称为可逆缩聚，通常指反应平衡常数 K 小于 10^3 的缩聚反应，如聚对苯二甲酸乙二醇酯（涤纶）的聚合反应。

② 不平衡缩聚：一般指反应平衡常数 K 大于 10^3 的缩聚反应，这类反应多使用高活性单体或采用其他办法实现，如二元酰氯与二元胺生成聚酰胺的反应。

4.1.2　缩聚反应的单体

4.1.2.1　官能团、单体的官能度与平均官能度

所谓官能团（functional group）是指单体分子中能参加反应并能表征反应类型的基团，其中直接参加反应的部分称为活性中心。官能团决定化学反应的行为，常见的官能团有—OH、—NH₂、—COOH、—COCl 等。缩合反应形成的新基团称为特征基团。根据特征基团的类型，缩合反应可分为聚酯化反应、聚酰胺化反应、聚醚化反应、聚氨酯化反应、聚硅醚化反应、酚醛缩聚、脲醛缩聚等反应。

单体的官能度（functionality）是指在一个单体分子上反应活性中心的数目，用 f 表示。在形成大分子的反应中，不参加反应的官能团不计算在官能度内。如苯酚在进行酰化反应时，只有一个酚羟基（—OH）参加反应，所以官能度是 1；而当苯酚与醛类进行缩合时，参加反应的是酚羟基的邻、对位上的 3 个活泼氢原子，此时官能度为 3。在缩聚反应中，单官能度的单体通常用作封端剂，来调节聚合物的分子量；双官能度的单体则是线型缩聚物的主要原料；三个及以上官能度的单体用在体型缩聚反应中，起到交联的作用。

单体的平均官能度（mean functionality）是指每种原料分子上平均带有的官能团数，用 $\bar{f}$

表示。其定义式为：

$$f = \frac{f_A N_A + f_B N_B + f_C N_C + \cdots}{N_A + N_B + N_C + \cdots} \qquad (4\text{-}1)$$

式中，f_A、f_B、f_C 分别表示单体 A、B、C 各自的官能度数；N_A、N_B、N_C 分别表示单体 A、B、C 的物质的量。由式（4-1）可知，单体的平均官能度不但与体系内各种单体的官能度有关，而且还与单体的配料比有关。

通过单体的平均官能度数值，可直接判断缩聚反应所得产物的结构和反应类型如何。

当 $\bar{f} = 2$ 时，生成的产物为线型结构，属于线型缩聚反应；

当 $\bar{f} > 2$ 时，则可能生成支化甚至网状的聚合物，属于体型缩聚反应；

当 $\bar{f} < 2$ 时，则反应体系中有单官能团原料，不能生成很高分子量的聚合物。

在目前很多芳杂环耐高温聚合物合成中，大多采用芳族二元胺、四羧酸二酐、四元胺等二官能度以上的单体，结果并未形成凝胶，而是得到线型聚合物，这表明官能团所处的位置对这类聚合物的结构有影响。若官能团的位置在缩聚反应中能形成新的五元或六元环而不会形成凝胶，这种官能团的位置称"有效邻位"。

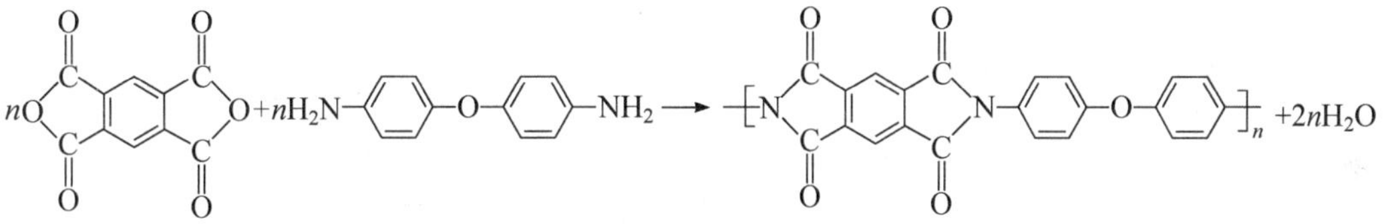

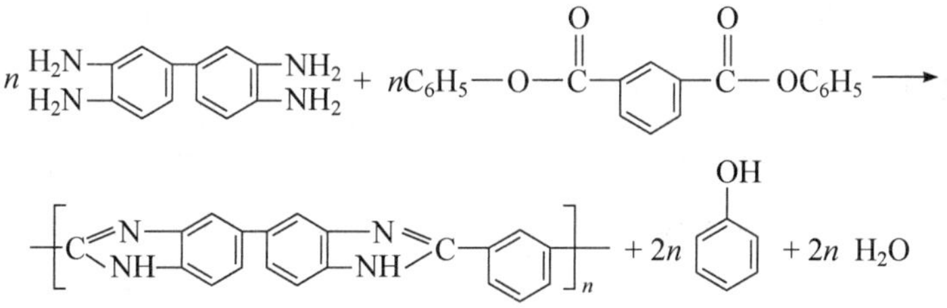

4.1.2.2 单体的类型及特点

缩聚反应单体中，有些是带有相同官能团的，有些是带有不同官能团的，有些自身可以缩聚，有些只能与另一单体进行缩聚反应。根据官能团的类型及反应性质，将缩聚反应的单体分为以下几类。

（1）a′-R-a′ 型单体 单体带有同一类型并可相互作用的官能团（a′），反应是在同类分子之间进行，例如：

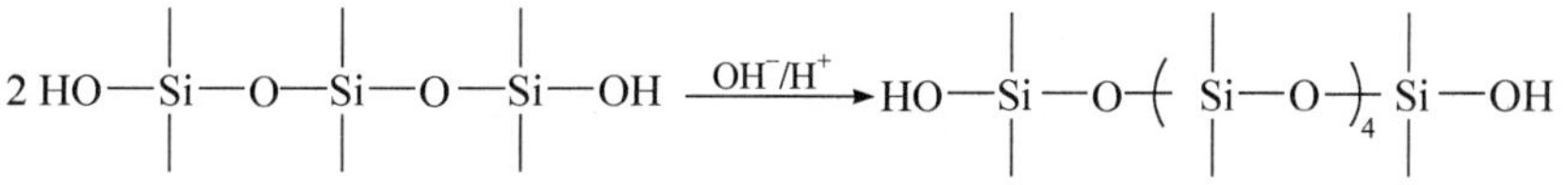

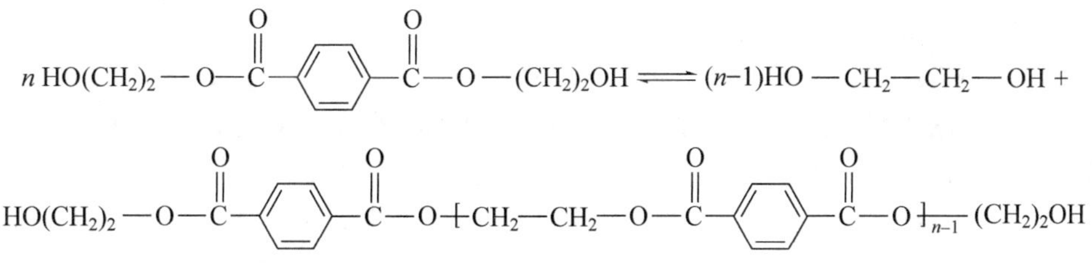

这类单体进行缩聚反应时，不存在原料配比影响产物分子量的问题。

（2）a-R-a 型单体　这类单体带有相同官能团，但本身不能进行缩聚反应，只能同另一类型的单体（b-R-b）进行反应，例如：

$$n\,HO-\!\!\!\!\bigcirc\!\!\!\!-\overset{\overset{\displaystyle CH_3}{|}}{\underset{\underset{\displaystyle CH_3}{|}}{C}}-\!\!\!\!\bigcirc\!\!\!\!-OH + n\,COCl_2 \xrightarrow{-2nHCl} \left[O-\!\!\!\!\bigcirc\!\!\!\!-\overset{\overset{\displaystyle CH_3}{|}}{\underset{\underset{\displaystyle CH_3}{|}}{C}}-\!\!\!\!\bigcirc\!\!\!\!-O-\overset{\overset{\displaystyle O}{\|}}{C}\right]_n$$

利用这类单体进行反应时，要想得到高分子量的产品，必须严格控制两种单体的等摩尔比，否则其中任一种原料过量都会明显地降低缩聚产物的分子量。

（3）a-R-b 型单体　单体本身带有不同类型官能团，它们间可进行反应生成聚合物的单体，例如：

$$n\,NH_2-R-COOH \Longleftrightarrow H[NH-R-CO]_nOH+(n-1)H_2O$$

这类单体在缩聚反应中也不存在原料配比问题。

（4）a′-R-b′型单体　虽然单体本身带有不同类型官能团，但它们间不能相互反应，只能与其他单体进行共缩聚反应，如氨基醇（$H_2N-R-OH$）。

4.1.3　缩聚反应的实施方法

工业上广泛采用的缩聚反应方法有熔融缩聚、溶液缩聚、界面缩聚、乳液缩聚和固相缩聚等。采用不同的缩聚方法可以得到同一种缩聚物，但由于反应进行的条件不同，其性能是不一样的。在制备某种聚合物时，要根据聚合特点、产物用途等合理地选择实施方法。

4.1.3.1　熔融缩聚

熔融缩聚（melt polycondensation）是指反应不加溶剂，在原料单体和缩聚产物熔化温度以上（一般高于熔点 $10\sim25℃$）进行的缩聚反应。熔融缩聚的反应温度高（一般在 $200℃$ 以上），聚合过程中原料单体和生成的聚合物均处于熔融状态，有利于提高反应速率和排出低分子副产物。此类缩聚方式主要用于平衡缩聚反应，如聚酯、聚酰胺等的生产。熔融缩聚一般分为以下三个阶段。

初期阶段：反应以单体之间、单体与低聚物之间的反应为主，可在较低温度、较低真空度下进行，此时要注意单体挥发、分解等问题，同时要保证功能基等摩尔比。

中期阶段：反应以低聚物之间的反应为主，有降解、交换等副反应，需要高温、高真空，此时可除去小分子，提高反应程度，从而提高聚合产物分子量。

终止阶段：反应已达预期指标，需要及时终止反应，避免副反应，节能省时。

熔融缩聚生产工艺较简单，由于不需要溶剂，减少了溶剂蒸发的损失，省去回收溶剂的工序，减少污染，有利于降低成本。但反应通常在比较高的温度（$200\sim300℃$）下进行，过程持续的时间比较长，一般都在几个小时以上。为避免高温下聚合物的氧化降解，常需在惰性气氛（氮气、二氧化碳或过热蒸汽）保护下进行反应。反应后期物料的黏度较大，需在高真空下进行，便于从反应系统中完全排出副产物。

熔融缩聚方法的优点是工艺流程比较简单，制得聚合物的质量比较高，也不需要洗涤及其他后处理过程，设备简单，可连续生产。缺点是过程工艺参数指标高（高温、高压、高真空、长时间），需要一些辅助操作，对设备要求较高，此外要严格控制功能基等摩尔比，对原料纯度要求高。

4.1.3.2　溶液缩聚

溶液缩聚（solution polycondensation）是指单体在惰性溶剂中进行缩聚反应的方法。通常在两种情况下可采用溶液缩聚的方法，一是当单体或缩聚产物在熔融温度下不够稳定而易分解变质时，为了降低反应温度，可使缩聚反应在某种适当的溶剂中进行，特别适合分子量高且难熔的耐热聚合物，如聚砜、聚酰亚胺、聚苯醚、聚芳香酰胺等。另一种情况是制得的聚合物溶液可直接作为纺丝液、清漆或成膜材料使用，省去了沉析、洗涤和干燥等工艺过程，广泛用于涂料、胶黏剂等的制备。

溶液缩聚中选择的溶剂可以是单一的，也可以是几种溶剂混合，要对单体和聚合物的溶解性好，溶剂沸点应高于设定的聚合反应温度，有利于移除小分子副产物，提高聚合物分子量。与熔融缩聚法相比，溶液缩聚法缓和、平稳，物料体系黏度较低，传质传热容易，避免了局部过热现象，产物均一性好。此外，缩聚过程中不需要高真空，一般的反应釜可以作为聚合设备。

4.1.3.3　界面缩聚

界面缩聚（interface polycondensation）是将两种单体分别溶于两种不互溶的溶剂中，再将这两种溶液倒在一起，在两液相的界面上进行缩聚反应，聚合产物不溶于溶剂，在界面析出。界面缩聚工艺适用于反应速率常数很高、反应不可逆的缩聚反应，如二元酰氯和二羟基化合物界面缩聚合成聚酯类缩聚物。工业上采用二元酰氯和二元胺界面缩聚合成聚酰胺等。由于使用了活性单体，反应可以在常温以至低温下以极快的速度进行，聚合场所在两种溶剂的界面区域，并且生成的聚合物必须及时地排出才能使缩聚进一步进行下去。

根据体系的相状态，界面缩聚可分为液-液相、气-液相和固-液相三类。液-液界面缩聚是将两种有高反应活性的单体分别溶于互不相溶的溶剂中（一般一相为有机相，另一相为水相），在两相界面处进行缩聚反应。气-液界面缩聚是一些易挥发的单体（常用惰性气体如 N_2、空气等稀释）处于气相，而另一相溶于水中，在气-液界面上进行的缩聚反应，例如光气和双酚 A 通过气-液界面缩聚反应制备聚碳酸酯。液-固相界面缩聚是指一种单体为液相，另一种单体为固相，缩聚反应发生在液-固相的界面。

按反应过程是否搅拌，界面缩聚可分为静态法和动态法两种。所谓静态法就是指两种可发生缩聚反应、互不相溶的两相，在界面上发生缩聚反应，同时生成的聚合物成丝状被连续抽出，界面区域的缩聚反应不断进行下去，一直到任意溶剂中的单体反应完全。静态法因为接触的界面极为有限，无实际生产意义，但在实验室中可用于小规模特种聚合物的制备，例如图 4-1 所示的界面缩聚制备尼龙 66。

动态法就是指在搅拌剪切力的作用下使两相中的一相成为分散相，另一相成为连续相，反应发生于两相接触面。若其中一相为有机相，另一相为水相，那么在搅拌作用下，实际形成了有机相分散在水相中的乳浊液。由于两相接触面积大大增加，界面层可以不断更新，促进了缩聚反应进行，该方法可实际应用。

界面缩聚方法主要针对不平衡缩聚反应，单体为高反应性，聚合物在界面迅速生成，小分子副产物可被溶剂中某一物质所消耗吸收。反应速率受单体扩散速率控制，其分子量与总的反应程度无关。界面缩聚对单体纯度与功能基等摩尔比要求不严，反应温度低，可避免因高温而导致的副反应，有利于高熔点耐热聚合物的合成。由于需采用高活性单体，且溶剂消耗量大，设备利用率低，因此虽然有许多优点，但工业上实际应用并不多。

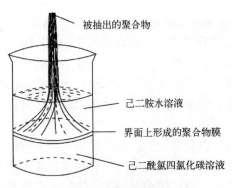

被抽出的聚合物

己二胺水溶液

界面上形成的聚合物膜

己二酰氯四氯化碳溶液

图 4-1　界面缩聚制备尼龙 66

4.1.3.4　乳液缩聚

乳液缩聚（emulsion polycondensation）是指在乳液体系某一相中进行的缩聚反应，也是非均相不可逆缩聚反应的实施方法之一。就整个体系的相态而言，乳液缩聚是多相体系，但从聚合物形成的反应而言它又属均相反应。

与界面缩聚的扩散性质不同，乳液缩聚的形成反应在一个相中进行，规律性类似于溶液缩聚。但与溶液缩聚不同的是，乳液缩聚存在单体从一相向另一相进行质量传递的问题，各组分在两相间的分配情况也起着重要作用。乳液缩聚法适用于高熔点难熔聚合物的合成。单体反应活性高，属于不可逆平衡缩聚，故反应放热量大，且反应中有低分子副产物析出。可以使不溶于水的两种原料单体用此法制得聚合物，乳液缩聚过程中，聚合物的分离、溶剂回收等一系列过程，工艺比较复杂，生产效率低，且单体需要精确计量加料，生产中需强烈搅拌等，目前仅限于芳酰胺的生产。

4.1.3.5　固相缩聚

固相缩聚是指单体或预聚体在固相状态下进行的缩聚反应。固相缩聚的温度一般在聚合物的玻璃化温度以上、熔点以下。此阶段聚合物的大分子链段能自由活动，活性端基能进行有效碰撞发生化学反应。固相缩聚与熔融缩聚都没有溶剂或反应介质的参与，但熔融缩聚是在单体及聚合物熔点之上反应的。固相缩聚工艺的优点是反应温度较低，温度低于熔融缩聚温度，反应条件相对熔融缩聚而言较温和。对于那些熔点很高或在熔点以上易于分解的单体缩聚，以及耐高温聚合物，特别是无机聚合物的制备，固相缩聚是非常适合的实施方法。固相缩聚工艺的缺点是反应原料需要充分混合，固体粒子粒径要求达到一定细度；反应速率低；生成的小分子副产物不易脱除。经固相缩聚获得的聚合物可以是单晶或多晶聚集态。

固相缩聚在实际应用中主要有两种情况：结晶性单体的固相缩聚和预聚物的固相缩聚。结晶性单体通过固相缩聚制备线型缩聚物的方法较为适合以下几种情况：第一，要求缩聚物大分子链结构高度规整而通过缩聚方法难以实现的情况；第二，易于发生环化反应的结晶性单体；第三，结晶性单体的空间位阻大、难反应等。例如采用对卤代苯硫醇合成聚苯硫醚，

拓展阅读

乳液缩聚
和固相缩聚

熔融缩聚法获得的聚合物易产生支链及交联结构，而采用固相缩聚方法获得的聚苯硫醚是结构规整的线型结构。

4.1.4　缩聚反应的影响因素

缩聚反应中，影响聚合物分子量和分子量分布因素较多，包括配料比、杂质、反应程度、平衡常数、温度、氧、催化剂等。

（1）配料比的影响　单体配料比对产物平均分子量有决定性影响，所以在缩聚的全过程都要严格按配料比进行。例如在己二酸与己二胺制尼龙 66 的缩聚反应中，过量的己二酸对缩聚产物分子量的影响如表 4-1 所示。

表 4-1　己二酸过量对尼龙 66 缩聚反应的影响

过量己二酸（摩尔分数）/%	端基滴定法测得的数均分子量	黏度法测得的黏均分子量	过量己二酸（摩尔分数）/%	端基滴定法测得的数均分子量	黏度法测得的黏均分子量
0.5	35100	23000	15	4200	4100
1.0	23800	19500	30	3200	2800
2.0	18200	14900	60	2600	2600
6.0	6300	5300	100	2200	2000

随着己二酸组分过量越多，分子量下降越大。这个例子的反应可以用下面的通式来表示：

$$xaAa + xbBb \longrightarrow a(AB)_x b + (2x-1)ab$$

如果 A/B=2，就是 A 过量 100%，理论上只能得到 ABA，平均聚合度 $\overline{DP}=1$，如果 A/B=1.5，即 A 过量 50%，理论上只能得到 ABABA，$\overline{DP}=2$。可见，过量的 A 把分子链的端基封起来，因此不能继续反应。根据这个推断，得到下面公式：

$$\overline{DP} = 100/q \qquad (4-2)$$

式中，q 为过量单体的过量摩尔分数。

对配料比的要求不仅仅在开始配料时，而且包括全部反应过程，特别在较高温度条件下，A 与 B 的挥发性有差异，官能团的化学稳定性也有差异，从而对高分子链的进一步增长带来困难，在工业生产中往往利用一些便于控制配料比的方法。如将对苯二甲酸转变为易于提纯的对苯二甲酸二甲酯，再与乙二醇进行酯交换生成对苯二甲酸乙二醇酯，再进行缩聚反应得涤纶树脂。又如将己二酸与己二胺转变成尼龙 66 盐生产尼龙 66。对于高温挥发性较大的单体采用适当多加的办法，以弥补损失量。

（2）杂质的影响　单体纯度不够或者引入杂质会影响原料的配料比，从而直接影响到产物的分子量。具有反应活性的杂质，尤其是单官能团的杂质，危害更大。例如双酚 A 中往往有苯酚杂质，对苯二甲酸中可能有苯甲酸杂质。这些杂质易引起封端作用，不利于分子链增长。以涤纶生产为例，封端反应如下：

杂质的存在不仅会影响分子量的大小，有些杂质还会影响反应速率、产物结构以及分子量的分布等。

（3）反应程度的影响　对任何聚合物合成反应来说，不但要求有高的转化率或高的反应程度，还必须有高的聚合物收率。缩聚反应的聚合物收率，必须要达到一定的反应程度，反应程度过低时，产物分子量太低，不足以构成任何强度。以涤纶树脂为例，工业上要得到实用价值的聚酯，其分子量为 10000～30000 或以上，这时要求反应程度为 99%～99.5% 或以上。

当两种原料为等当量比时，则以结构单元为基准的数均聚合度 X_n 与反应程度 P 有下面的关系：

$$X_n = 1/(1-P) \tag{4-3}$$

以符号 X_n 表示以结构单元为基准的数均聚合度，以符号 $\overline{DP}$ 表示以重复单元为基准的数均聚合度。对于异缩聚来说：$X_n = 2\overline{DP}$；对于均缩聚来说：$X_n = \overline{DP}$。数均分子量 M_n 则可用下式计算：

$$M_n = \frac{X_n}{2}(M_1 + M_2) - m_0(X_n - 1) \tag{4-4}$$

以涤纶为例，式中 M_1、M_2 分别代表对苯二甲酸与乙二醇的分子量；m_0 为小分子副产物水的分子量。

为简化起见，数均分子量 M_n 也可按下式计算：

$$M_n = M_0 X_n \tag{4-5}$$

式中，M_0 为重复单元内两种单体结构单元分子量的平均值。

以尼龙 66 为例，如果己二胺与己二酸是等当量的话，可得表 4-2。

表 4-2　己二胺与己二酸为等当量时，反应程度与理论分子量的关系

反应程度 P/%	X_n	$\overline{DP}$	M_n
95	20	10	2260
99	100	50	11300
99.5	200	100	22600
99.7	300	150	33900

作为一般纤维用的尼龙 66，P 必须在 99.5% 左右，要作为高强度纤维 P 则要大于 99.5%，如果 P 小于 99%，就不能得到合乎要求的树脂。

原料为非等当量比时，反应程度对分子量的影响较大，这种情形在实际生产中往往是更常遇到的。对于两种原料单体 aAa 和 bBb，以 N_A 表示 A 分子中官能团的总数，N_B 表示 B 分子中官能团总数，当 B 分子过量，即 $N_B > N_A$，设 $N_A/N_B = \gamma$，N_A 为以单体 A 为基准的反应程度，则

$$X_n = \frac{N_A + N_B}{N_A + N_B - 2N_A P_n} \tag{4-6}$$

以 $N_A/N_B = \gamma$ 代入式（4-6），经整理得：

$$X_n = \frac{1+\gamma}{2\gamma(1-P_A)+(1-\gamma)} \tag{4-7}$$

由于单体过量百分数 q 与 γ 有如下关系：

$$q=\frac{N_B-N_A}{N_A}\times100=\frac{1-\gamma}{\gamma}\times100$$

因此，

$$\gamma=\frac{100}{100+q} \tag{4-8}$$

将式（4-8）代入式（4-7），得

$$X_n=\frac{200+q}{200(1-P_A)+q} \tag{4-9}$$

式（4-9）表达了平均聚合度与反应程度、单体过量百分数之间的关系。以尼龙 66 为例，据式（4-9）得表 4-3。

表 4-3　尼龙 66 的理论分子量与反应程度 P、单体过量百分数 q 的关系

q/%	反应程度 P=100%	反应程度 P=99.5%	反应程度 P=99%
0	—	22600	11300
0.1	226113	20555	10769
1	22713	11375	7571
1.5	15176	9108	6509

通过排出小分子副产物的办法可以提高反应程度。具体可以采用提高真空度、强烈机械搅拌、改善反应器结构（如采用卧式缩聚釜、薄层缩聚法等）、使用扩链剂（扩链剂能增加小分子副产物的扩散速率）、通过惰性气体等方法。

（4）平衡常数对分子量的影响　对于多数缩聚反应，从单体到聚合物每一步反应都存在平衡问题。平衡常数的大小与反应官能团的活性有关。大量的实践和理论分析证明，在缩聚反应过程中，官能团的活性基本不变，即官能团的反应活性与链长无关，这就是缩聚反应中官能团的等活性概念。根据这一理论可以用一个平衡常数描述整个缩聚反应，也可以用两个官能团之间的反应来描述整个缩聚反应过程，而不必考虑各种具体的反应步骤。如聚酯反应可以表示为：

$$\sim\sim COOH+HO\sim\sim \rightleftharpoons \sim\sim OCO\sim\sim +H_2O$$

其平衡常数为

$$K=\frac{[-OCO-][H_2O]}{[-OCOH][-OH]}$$

平衡常数越小，说明逆反应的倾向越大。为获得高分子量产物，就必须采取一定措施抑制逆反应促进正反应，例如采用真空以及时把生成的低分子副产物移除，使平衡向有利于形成高分子的方向移动。

在反应程度较高时，可用下式来描述缩聚反应的平均聚合度 X_n 与平衡体系内析出小分子百分数 n_w 及 K 三者之间的近似关系：

拓展阅读

一些缩聚反应的平衡常数

$$X_n = \sqrt{\frac{K}{n_w}} \qquad\qquad (4\text{-}10)$$

图 4-2 更形象说明三者的关系。

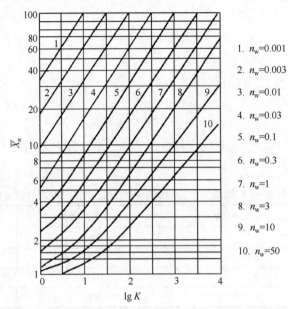

1. $n_w=0.001$

2. $n_w=0.003$

3. $n_w=0.01$

4. $n_w=0.03$

5. $n_w=0.1$

6. $n_w=0.3$

7. $n_w=1$

8. $n_w=3$

9. $n_w=10$

10. $n_w=50$

图 4-2   缩聚反应中平均聚合度与平衡常数及小分子副产物含量的关系曲线

（5）温度的影响   温度有双重的影响，既影响反应速率，又影响平衡常数。温度越高，反应速率越快。但温度过高时要注意官能团的分解、挥发性单体的逸出等不良影响。

缩聚反应通常是放热反应，故温度越高，平衡常数越小。可让反应先在高温下进行，这时反应快，达到平衡的时间可缩短。然后可适当降低反应温度，因为在低温下接近平衡时的分子量较高。

（6）氧的影响   在高温下氧的存在会导致氧化降解与交联并且会有发色基团产生，随着氧化程度加深，颜色先转黄。同时伴随制品发脆、性能明显变差。反应系统最好在氮、二氧化碳等惰性气体保护下进行反应。在配料中可酌加一些抗氧剂，如 N-苯基-β-萘胺、磷酸三苯酯、亚磷酸三苯酯等。

（7）催化剂的影响   在熔融缩聚中常需加入定量的催化剂以加速反应。例如，聚酯反应常用乙酸盐或金属氧化物等作催化剂。缩聚速率常与催化剂的用量成比例。理论上讲，催化剂不影响反应平衡，因而也不影响缩聚产物的极限分子量。实际上，由于催化剂会同时催化某些副反应，使反应过程复杂化。故选用不同催化剂时，产物的分子量也有一定差别。

4.2   线型缩聚反应

4.2.1   线型缩聚反应机理

当缩聚反应的单体均为双官能度时，产生的是线型结构的聚合物，同时伴随着小分子副产物的生成，此缩聚反应过程称为线型缩聚，生成的聚合物为线型缩聚物。

图 4-3 是己二醇与癸二酸的线型缩聚反应的分子量和反应时间的变化曲线。反应开始时，单体消失很快（曲线 4），形成大量低聚物（曲线 3）和极少量的高分子量聚酯（曲线 2）。反应 3h 后，体系内只存在 3%左右的单体和 10%左右的低聚物，高分子量聚酯占 80%左右（曲线 2），聚酯产物的分子量随时间逐步增加（曲线 5 的 *ab* 段）。10h 后，聚酯分子量缓慢增加（曲线 5 的 *bc* 段），缩聚反应趋向平衡。

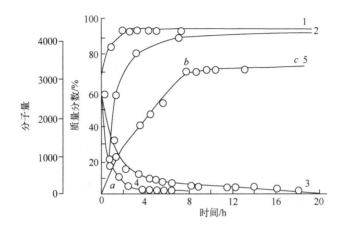

图 4-3　己二醇与癸二酸的线型缩聚反应的分子量和时间的变化曲线
1—聚酯总含量；2—高分子量聚酯含量；3—低聚体含量；
4—癸二酸含量；5—聚酯分子量（黏度法），其中 *ab* 段在 200℃氮气流下反应，*bc* 段在 200℃真空下反应

从上面线型大分子生长过程来看，体系内不同链长的大分子链端都带有可供反应的官能团，只要官能团不消失，就应该一直反应下去，形成分子量无限大的聚合物大分子。但事实并非如此，实际线型缩聚物的分子量一般在几千到几万之间，比加聚反应产物的分子量要小很多，其主要原因是平衡因素及官能团失活所致。

与平衡有关的因素包括：随着反应的进行，体系内反应物的浓度降低，而产物特别是副产物（析出的小分子物质）浓度增加；同时由于在高温下进行的缩聚反应容易发生降解反应（如水解、醇解、氨解、酚解、酸解、链交换等），使逆反应速率越来越明显，以致达到平衡而使过程停止。此外，随着反应的进行，缩聚产物浓度增大，体系黏度随之增加，使小分子副产物排出困难；黏度增大后使官能团碰撞反应的概率降低，对缩聚反应不利而造成过程停止。

造成官能团失活的因素包括：其一是原料（或官能团）配比不同（一种官能团多，另一种官能团少），造成反应到一定阶段后，体系内所有"大"分子两端带相同的官能团，而失去再反应的对象，即封端失活。其二是虽然配比相同，但由于单体的挥发度不同，造成单体挥发而破坏配比。其三是在缩聚反应条件下，官能团发生其他化学变化（如脱羧、脱氨、水解、成盐、成环等）而失去缩聚反应活性。其四是催化剂耗尽或反应温度降低也会使官能团失去活性。其五是单官能团杂质造成端基封端而失去反应活性。

4.2.2　线型缩聚聚合物

工业上采用线型缩聚方法制备的高分子量线型缩聚聚合物主要有下列一些品种。

（1）聚酯类　聚酯类线型缩聚物有聚对苯二甲酸乙二醇酯、聚对苯二甲酸丁二醇酯、双酚 A 型聚碳酸酯等。聚对苯二甲酸乙二醇酯主要生产涤纶纤维、聚酯瓶和聚酯包装薄膜，以及制备感光胶片、录音带、录像带等材料。聚对苯二甲酸丁二醇酯和双酚 A 型聚碳酸酯主要用作工程塑料。双酚 A 型聚碳酸酯工业上采用双酚 A 和碳酸二苯酯混缩聚合而成。

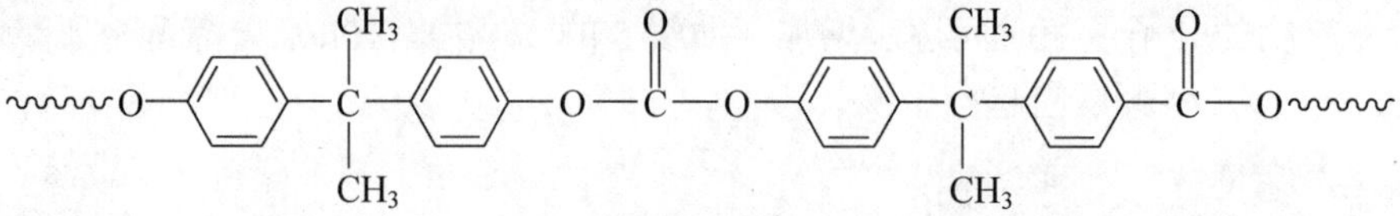

（2）聚酰胺类　聚酰胺也称尼龙。聚酰胺类线型缩聚物有聚酰胺 66、聚酰胺 610、聚酰胺 1010、聚酰胺 6、聚酰胺 11、聚酰胺 12 等。聚酰胺 66 及聚酰胺 6 主要用作聚酰胺纤维。聚酰胺 6 可以采用浇注成型方法制备耐磨制件，如滚轮、滚筒、齿轮等。聚酰胺 1010 主要用作热塑性塑料，生产卫生洁具的塑料配件等。

（3）聚砜类　聚砜是采用双酚 A 或其钠盐与二氯代二芳基砜混缩聚合成的。聚砜可用作耐高温的高分子材料。目前产量最大的是聚苯砜，采用双酚 A 与 4,4′-二氯二苯基砜混缩聚合而成。

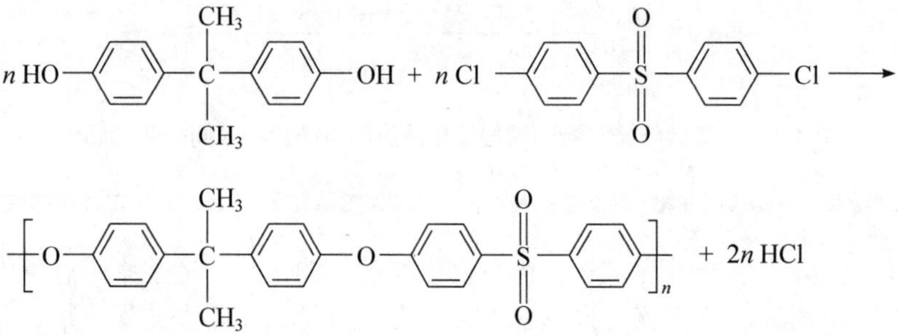

（4）聚酰亚胺类　聚酰亚胺是采用芳香二胺和芳香二羧酸酐混缩聚合成的。目前最主要的聚酰亚胺就是采用均苯四甲酸二酐和 4,4′-二氨基二苯基醚混缩聚合而成的。

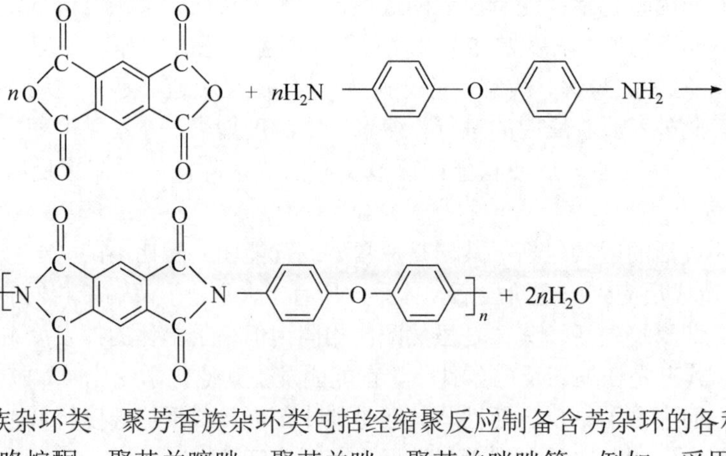

（5）聚芳香族杂环类　聚芳香族杂环类包括经缩聚反应制备含芳杂环的各种聚合物品种，如聚苯并咪唑吡咯烷酮、聚苯并噻唑、聚苯并唑、聚苯并咪唑等。例如，采用均苯四甲酸二酐和 3,4,3′,4′-四氨基联苯混缩聚制备聚苯并咪唑吡咯烷酮；采用间苯二甲酸和 3,4,3′,4′-四氨基联苯混缩聚制备聚苯并咪唑。

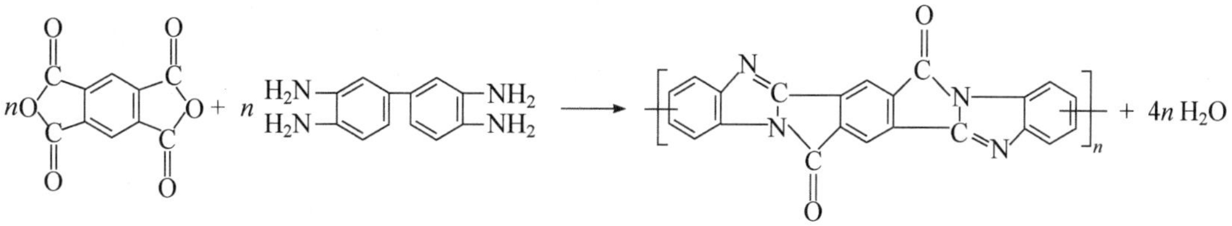

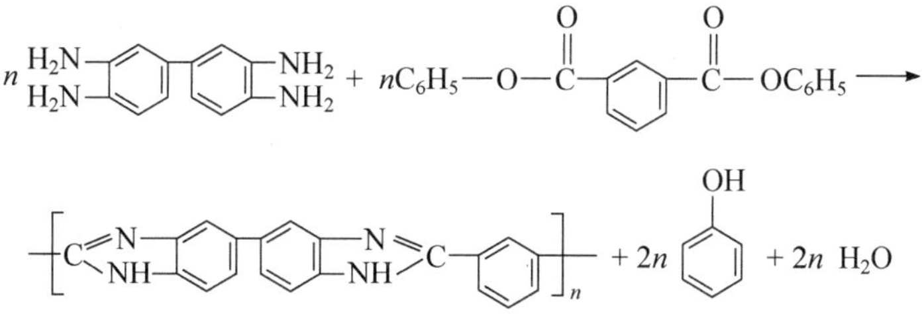

聚砜、聚酰亚胺以及聚芳香族杂环类线型缩聚物均属于耐高温型聚合物品种，可用于制备耐高温塑料、耐高温合成纤维、耐高温涂料及胶黏剂等。

4.2.3　线型缩聚工艺的关键问题

（1）线型缩聚产物的聚合度问题　首先，反应程度对聚合度有影响。根据聚合度与反应程度的公式（4-3）可知，在任何情况下，缩聚物的聚合度均随反应程度的增大而增大。因此，利用缩聚反应的这一逐步特性的反应机理，可以通过采取冷却等措施控制反应程度，获得相应大小的分子量，以适用于不同的产品要求。

工业生产中，为获得高分子量的线型缩聚物，必须使缩聚反应的单体转化率接近于100%，但随着转化率的提高反应速率明显减慢。例如，对于外加酸催化的二元羧酸和二元醇可逆线型缩聚反应体系，其反应程度与时间的关系满足公式（4-11）。根据简单计算可知，完成转化率98%到99%所需的反应时间与反应开始到转化率达98%的时间相近。因此，为获得较高反应程度，促进缩聚反应速率，提高缩聚物分子量，必须采用合适的催化剂。

$$\frac{1}{1-P} = k'C_0 t + 1 \qquad (4\text{-}11)$$

其次，原料配比对聚合度有重要的影响。对于官能度均为 2 的等摩尔比的两种单体形成的线型缩聚体系，如果缩聚反应充分进行，理论上可以得到分子量无限大的产品，而事实上这种情况很难出现。主要原因分析如下：首先原材料中存在微量的杂质，缩聚过程中微量官能团的分解、缩聚过程中少量单体的挥发等因素均会影响官能团等摩尔比的精确性；其次官能团的完全转化，即反应程度等于 1，需要足够的缩聚时间，而实际上不可能过分延长反应时间，因此缩聚反应不可能进行完全。上述两种情况的分析结果表明，官能团等摩尔比的精确性是相对的，尽可能地接近官能团等摩尔比对提高产物分子量是有利的。因此，缩聚体系形成的缩聚产物中总是或多或少地存在一定量未反应的官能团。

缩聚产物存在的未反应官能团，比如聚酯分子链的端羟基和端羧基、聚酰胺分子链的端氨基和端羧基，在适当条件下会进一步反应，促使分子量的成倍增长。当对这些缩聚物进行塑料成型加工或熔融纺丝时，在高温高压下残余官能团会进一步缩合反应促使熔体黏度的急剧上升，导致成型加工及熔融纺丝过程无法进行。为了使具有活性端基的高分子量缩聚物熔融加工时黏度稳定，在生产过程中必须加入黏度稳定剂。所谓黏度稳定剂，就是一些单官能度物质，加入后与端基反应使活性端基失活而稳定。例如，生产聚酰胺树脂时，原材料配方中含有少量一元酸如乙酸等，则聚酰胺树脂的端氨基发生乙酰化反应而失去活性。

$$CH_3—CO \overbrace{—NH(CH_2)_y—HNCO(CH_2)_x—CO}^{}_n OH$$

最后，小分子副产物对聚合度有影响。对于官能度均为 2 的等摩尔比的两种单体形成的线型缩聚体系，大多为平衡缩聚反应。例如二元醇和二元羧酸的缩聚反应，平衡常数约为 4，即当缩聚反应达到平衡时，反应程度为 0.67，产物聚合度为 3；再如二元胺和二元羧酸的缩聚反应，平衡常数约为 400，即当缩聚反应达到平衡时，反应程度为 0.95，产物聚合度为 21。也就是说，上述两种缩聚反应达到平衡时均不能得到高分子量缩聚物，要想得到高分子量缩聚物必须设法破坏缩聚平衡，促使反应不断朝着正反应方向进行。在工业实践中，常采用的方法是在缩聚过程中不断排出生成的小分子副产物。换言之，缩聚体系中残留的副产物量会影响缩聚物的分子量。

线型缩聚物的聚合度一般要求在 100 以上。对于二元醇和二元羧酸的缩聚反应，平衡常数约为 4，若要产物聚合度超过 100，体系中小分子副产物水的残留量不大于 $4×10^{-4}$。如此小的副产物残留量，必须采用很高真空度方可达到。工业生产中经常采用的工艺方法有薄膜蒸发、溶剂共沸蒸馏、真空脱除以及通入惰性气体吹出等。

反应程度越高，缩聚物分子量的质量分布曲线越宽，不同分子量聚合物含量的差异越小。无论反应程度如何，质量分布曲线均出现极大值。图 4-4 为不同反应程度缩聚物的质量分布曲线。

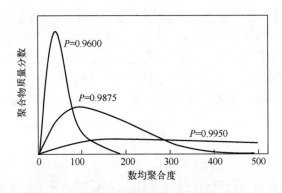

图 4-4   不同反应程度缩聚物的质量分布曲线

（2）线型缩聚过程中的副反应问题   在线型缩聚过程中，除了缩聚反应还可能会伴有副反应，比如环化反应、官能团的消去反应、化学降解以及链交换反应等。

环化反应主要发生在均缩聚过程中，首尾缩合反应闭合成环。比较典型的是二甲基硅醇之间的缩聚，除了产生线型聚硅氧烷外，还会有少量的六甲基环三硅氧烷、八甲基环四硅氧烷等环状单体。环的稳定性越大，反应过程中越易成环。例如羟基乙酸很难均缩聚形成大分子，因为会发生如下的成环反应：

$$2HOCH_2COOH \xrightarrow{-H_2O} HOCH_2COOCH_2COOH \xrightarrow{-H_2O} O=C \overset{\overset{CH_2-O}{|}}{\underset{\underset{O-CH_2}{|}}{}} C=O$$

在长时间的高温缩聚的过程中，容易发生官能团的消去反应，包括羧酸的脱羧、胺的脱氨等反应。对于二元羧酸来说，两个羧基之间的烷基碳链越长，羧基的热稳定性越好。对于含有相近碳原子的二元羧酸，含偶数个碳原子的二元羧酸比含奇数个碳原子的二元羧酸的热稳定性好。表 4-4 列出了常见脂肪二元酸的脱羧温度。

表 4-4　常见脂肪二元酸的脱羧温度　　　　　　　　　　　　单位：℃

二元酸	脱羧温度	二元酸	脱羧温度
己二酸	300～320	壬二酸	320～340
庚二酸	290～310	癸二酸	350～370
辛二酸	340～360		

脱羧反应如下：

$$HOOC\!+\!CH_2\!\frac{}{}_n\!COOH \xrightarrow{\triangle} HOOC\!+\!CH_2\!\frac{}{}_n\!H + CO_2$$

在醇酸、氨基与羧酸缩聚的过程中，一些小分子醇、酸、水会使聚酯、聚酰胺大分子链发生醇解、酸解、水解等化学降解反应。降解反应的结果是使聚合物分子量降低，在聚合、加工及使用过程中都可能发生。利用降解原理可以回收废旧的聚酯、聚酰胺等缩聚物。

$$H\!+\!OROCOR'CO\!)_m \mid +\!OROCOR'CO\!)_n\!OH$$

醇解	H──OROH
酸解	HOOCR'CO──OH
水解	H──OH

理论上，聚酯、聚酰胺等的两个分子可在任何位置的酯键、酰胺键处进行链交换反应。在线型缩聚过程中，尤其缩聚后期当分子量增长到一定程度后容易发生链交换反应。链交换反应的结果是既不增加又不减少官能团数目，不影响反应程度。链交换反应不改变体系中大分子链的数目，而且还会使聚合物分子量分布更均一。例如，在二元醇与二元羧酸线型缩聚的后期可以发生下列的链交换反应：

$$H\!+\!OROCOR'CO\!)_m \mid +\!OROCOR'CO\!)_n\!OH$$
$$H\!+\!OROCOR'CO\!)_p \mid +\!OROCOR'CO\!)_q\!OH$$
$$\downarrow$$
$$\begin{array}{c} H\!+\!OROCOR'CO\!)_m \\ HO\!+\!COR'COORO\!)_q \end{array} + \begin{array}{c} +\!OROCOR'CO\!)_n\!OH \\ +\!COR'COORO\!)_p\!H \end{array}$$

利用链交换反应原理可以制备一些嵌段缩聚物。例如，将线型聚酯和聚酰胺进行链交换反应，可形成聚酯链段与聚酰胺链段的嵌段缩聚物。

4.3　熔融线型缩聚制备聚酯

4.3.1　聚酯概述

聚对苯二甲酸乙二醇酯（polyethylene terephthalate, PET），简称聚酯，分子结构式为：

$$+CH_2-CH_2-O-\overset{O}{\underset{}{C}}-\overset{}{\underset{}{\bigcirc}}-\overset{O}{\underset{}{C}}-O+_n$$

PET 分子是一种分子链规整的线型大分子，其重复单元中含有柔性的—CH$_2$—CH$_2$—O—链段和刚性的苯环基团。所有苯环几乎处在同一平面上，且沿着分子长链方向拉伸时能相互平行排列，因此能紧密堆砌而易于结晶。当 PET 迅速冷却至室温时可得到透明的玻璃状树脂；如缓慢冷却，则可得到结晶的不透明树脂。若将透明的树脂升温至 90℃左右，大分子链发生运动，自动转变为不透明的结晶结构。

由于 PET 大分子链具有高度的立构规整性和对称性，以及主链上含有刚性很强的对亚甲基苯结构单元，PET 具有较高的耐热性和熔点，常用的 PET 熔点为 255～265℃，软化温度为 230～240℃。工业上用来纺丝的 PET 的熔点为 265℃。经测定不同聚集态结构的 PET 的玻璃化转变温度（T_g）及熔点（T_m）值如表 4-5 所示。

表 4-5　PET 的玻璃化温度和熔点
单位：℃

PET	玻璃化转变温度	PET	熔点
无定形态	67	工业品	256～265
晶态	81	纯 PET 结晶	271（或 280）
取向态结晶	125		

凡是能破坏 PET 大分子链立构规整性、对称性及刚性的因素，均会不同程度地降低 PET 熔点，进而影响 PET 的使用性能。如生产 PET 原材料中的杂质邻位或对位的苯二甲酸等，副产物一缩二乙二醇等均能明显降低 PET 的熔点。脂肪族聚酯的熔点很低，而含有对称联苯结构的芳香族聚酯则具有很高的熔点。

PET 分子量的大小直接影响其成纤性能和纤维质量。实验测定 PET 数均分子量在 15000 以上才能有较好的可纺性。目前民用 PET 纤维的数均分子量为 16000～20000，大分子链的平均链长为 90～112nm。

PET 大分子链上含有大量的酯基，虽然常温下是稳定的，但在高温下容易发生水解、热氧化、热裂解等副反应，生成羧基、羰基、双键等结构，导致 PET 的熔点下降、颜色加深、机械性能下降等。因此，在 PET 的合成、加工、纺丝等过程中，必须对工艺加以控制，防止上述副反应的发生。

1941 年英国的 Whinfield 和 Dickson 用对苯二甲酸二甲酯与乙二醇缩聚获得 PET，经熔融纺丝制备性能优良的纤维，商品名称为涤纶，并于 1953 年在美国工业化。由于其性能优良，发展很快，至 1972 年它的产量已占据合成纤维的首位。2020 年，全球 PET 产量达到 8000 万吨，其中纤维占 62%，瓶用占 33%，膜用占 5%。

4.3.2　聚酯的合成原理

聚酯可以由对苯二甲酸（PTA）和乙二醇（EG）两种原料通过异缩聚方式制得，但由于高温下乙二醇容易挥发，缩聚过程中官能团等摩尔比控制较为困难，因此 PET 的工业生产一般采用先合成中间体对苯二甲酸二乙二醇酯（bis-hydroxyethyl-terephthalate, BHET），再由此中间体经均缩聚而得聚合物。聚酯的生产主要包括中间体 BHET 的合成以及 BHET 缩聚制备聚酯两个步骤，如图 4-5 所示。

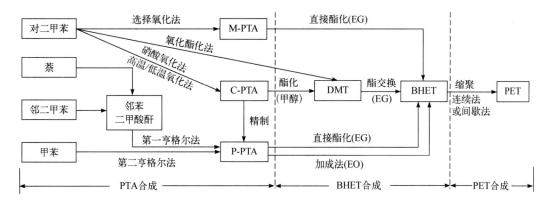

图 4-5　PET 合成路线图
C-PTA、M-PTA 及 P-PTA—分别为粗、中及高纯度 PTA；
EG—乙二醇；EO—环氧乙烷；BHET—对苯二甲酸二乙二醇酯

4.3.2.1　BHET 的合成

采用对苯二甲酸二甲酯（DMT）作为原料，经酯交换生产对苯二甲酸二乙二醇酯，再经缩聚生产聚酯纤维的原料 PET。这种方法称为酯交换法，又称 DMT 法。也可以用对苯二甲酸和乙二醇直接酯化，先得到 BHET，再经缩聚生产 PET。这种方法称为直接酯化法，又称 PTA 法。PET 的合成还可以采用对苯二甲酸和环氧乙烷的加成反应制备。上述合成方法的不同之处在于中间体 BHET 的合成方法不同，但缩聚过程是相同的。目前我国生产聚酯树脂主要采用酯交换法，世界上约 70% 也采用此法。

（1）酯交换法（DMT 法）　酯交换法是最早实现工业化的聚酯路线，是将对苯二甲酸二甲酯（DMT）与乙二醇（EG）按 1∶2.5（摩尔比）比例混合，在乙酸锌、乙酸锰和乙酸钴催化剂的作用下（催化剂用量为 0.01%～0.05%），发生酯交换反应，生成对苯二甲酸二乙二醇酯。

$$H_3COOC-\!\!\!\langle\ \ \rangle\!\!\!-COOCH_3 + HOCH_2CH_2OH \rightleftharpoons HOCH_2CH_2OOC-\!\!\!\langle\ \ \rangle\!\!\!-COOCH_2CH_2OH + CH_3OH$$

DMT　　　　　　　　　EG　　　　　　　　　　　　　　BHET

两个端酯基先后分两步进行酯交换，且两个酯基在两步反应中的活性相同。酯交换是吸热反应，$\Delta H=11.22\text{kJ/mol}$，升高温度有利于酯交换，但由于 ΔH 较小，升高温度对反应平衡常数影响较小。实际生产中为了提高酯交换收率，采用增加乙二醇用量，同时从体系中将生成的甲醇及时排出的办法。对苯二甲酸二甲酯与乙二醇的摩尔比一般为 1∶（2.1～2.3），反应温度为 155～210℃，在常压下进行。酯交换反应为可逆反应，过量的乙二醇有利于反应正向进行。通过不断地蒸出甲醇，使反应向生成 BHET 的方向推移。酯交换工艺方法传统，工艺成熟。但是酯交换工艺要消耗甲醇，生产流程长，成本相对高。酯交换方法生产 PET 因工艺成熟而成为以前国内的主要生产方法，但目前由于技术的发展，逐渐趋于淘汰。

（2）直接酯化法（PTA 法）

HO—C(=O)—⟨benzene⟩—C(=O)—OH + 2HOCH₂CH₂OH ⟶

HO(CH₂)₂—O—C(=O)—⟨benzene⟩—C(=O)—O—(CH₂)₂OH + 2H₂O

用高纯度的对苯二甲酸直接与乙二醇反应，可省去对苯二甲酸二甲酯的制造和精制及甲醇的回收，因而成本有所降低。自 20 世纪 60 年代美国阿莫克公司开发了对二甲苯空气氧化并精制得到高纯度的对苯二甲酸工艺以后，直接酯化法得到迅速发展，成为与酯交换法相竞争的重要方法。由于 PTA 中的氢离子本身具有自催化作用，因此一般不使用专门的酯化催化剂。通常对苯二甲酸和乙二醇的摩尔比为 1∶（1.1～1.4），反应在常压或减压下进行，温度为 220～230℃。此法应用 PTA 与 EG 直接酯化为对苯二甲酸和乙二醇的低聚物，再进行缩聚反应。直接酯化法与酯交换法相比，流程缩短，生产成本低，反应设备效率高，生产较安全，这些优点使此法比酯交换法更有竞争力。

为了进一步缩短工艺流程，在工艺集成化的基础上，研究人员把聚酯生产过程与 PTA 生产过程进行整合，把 PTA 浆料配制工序与 PTA 生产工序合并，甚至更进一步把酯化工序放在 PTA 生产过程中进行。因为对苯二甲酸的熔点高于升华温度，不能熔融，而乙二醇的沸点（196～199℃）与对苯二甲酸的升华温度（300℃）相比较低，所以固体对苯二甲酸在乙二醇沸点下酯化反应是在固-液非均相体系中进行的。随反应的进行，悬浮的 PTA 溶解速度不断增加，PTA 在反应混合物体系中的溶解度远大于在纯 EG 中的溶解度，当 PTA 全溶后，体系由非均相浑浊转向均相透明。因为反应体系在对苯二甲酸完全溶解之前，溶液中对苯二甲酸总是饱和状态，所以酯化反应速率与对苯二甲酸浓度无关，因此可考虑分批次加入 PTA，改善传质工艺过程。

为了加快反应速率，常采取提高反应温度，使反应在乙二醇沸点以上进行，并同时加大乙二醇的摩尔比，但是这样会加剧乙二醇脱水致使醚化反应生成一缩二乙二醇，这种醚化反应比酯交换法的醚化反应速率大得多，所以直接酯化的关键在于：解决浆状物的混合问题；提高反应速率，使其达到工业生产的要求；抑制醚化反应。

（3）环氧乙烷法（EO 法）

HOOC—⟨benzene⟩—COOH + 2CH₂—CH₂(O) ⟶ HOCH₂CH₂OOC—⟨benzene⟩—COOCH₂CH₂OH

对苯二甲酸和环氧乙烷的加成反应制备 BHET，从理论上看该法是最简单的方法，不需要将环氧乙烷制成乙二醇，此工艺方法称为环氧乙烷法。环氧乙烷活性高，与对苯二甲酸反应迅速，反应可以在较低温度下进行。但是在实践中会遇到许多困难，因为容易生成许多副产物，包括环氧乙烷聚合成聚醚和聚醚与对苯二甲酸的反应产物，使醚键引入聚酯链中，降低聚酯的熔融温度。日本过去曾用此法进行过 PTA 生产，但由于此法反应过程易出现易燃、易爆及环氧乙烷原材料的毒害性等问题，目前尚未推广应用。

4.3.2.2 BHET 的缩聚

BHET 在 275～290℃下进行熔融缩聚，不断分离出副产物乙二醇，可以制得高分子量的

PET:

$$n\ HO—(CH_2)_2O—\overset{O}{\underset{\|}{C}}—\overset{O}{\underset{\|}{C}}—O—(CH_2)_2OH \rightleftharpoons (n-1)HO—CH_2—CH_2—OH\ +$$

$$HO(CH_2)_2—O—\overset{O}{\underset{\|}{C}}—\overset{O}{\underset{\|}{C}}—O\overset{}{\underset{}{+}}CH_2—CH_2—O—\overset{O}{\underset{\|}{C}}—\overset{O}{\underset{\|}{C}}—O\overset{}{\underset{}{+}}_{n-1}(CH_2)_2OH$$

BHET 的缩聚有以下三个特点：

（1）属于平衡缩聚，平衡常数小，平均为 4.9，要除去副产物乙二醇才能得到聚合物，所以要求高真空（后期绝对压力在 3mmHg 以下）。

（2）在缩聚中随着聚合物聚合度的增加熔体的黏度和熔点变化很大，如表 4-6 所列。

表 4-6　PET 平均聚合度与熔体黏度及熔点的关系

X_n	1	5	20	110
η/mP·s	8（200℃）	50（240℃）	1000（265℃）	300000（280℃）
m_p/℃	140~160	225~235	260	265

由表 4-6 可知，若作纤维用 PET 的聚合度需 100，则反应前后熔体黏度的变化达 10000 倍左右。为适应这种变化，通常把缩聚过程分成几段，根据物性差别选择不同的工艺条件及设备。由于缩聚后期黏度很高，故后缩聚釜的结构形式是连续缩聚的关键。

缩聚反应的温度：酯交换反应后生成的 BHET 及相应的低聚物，其熔点最高为 220℃（n=4 的低聚物），在缩聚过程中分子量不断增大，最后树脂的熔点可达 260℃，为了使整个反应体系保持在液相条件下进行，反应温度必须超过 260℃。另外考虑到涤纶树脂在 290℃ 以上有明显的热分解，故工业上常取 270~280℃。

缩聚催化剂与稳定剂：缩聚反应与酯交换反应基本上是相同的，故酯交换催化剂同样可催化缩聚反应，但乙酸锌、乙酸锰这类催化剂对聚酯的热分解亦有催化效能，产生含有 —COOH 的热分解物，而生成的 —COOH 对这些催化剂又有强烈的抑制作用，使之中毒而失去催化作用。现常使用的缩聚催化剂是 Sb_2O_3，它对酸性基团不敏感，它的活性与羟基的浓度成反比，由于缩聚反应进行时，—OH 越来越少，故 Sb_2O_3 的活性会逐渐上升，Sb_2O_3 的适宜用量为 DMT 的 0.03% 左右。为防止涤纶树脂降解，反应中常加入亚磷酸或其酯类，如亚磷酸三苯酯，其加入量通常为 DMT 的 0.03% 左右。

（3）添加剂：在 BHET 缩聚中尚需加入各种添加剂，其作用及要求列于表 4-7。

表 4-7　各种添加剂的作用和要求

名称	作用和要求	代表
催化剂	① 促进反应，要求活性高 ② 对聚合物的热稳定性影响小 ③ 可溶于反应混合物 ④ 在酯交换或缩聚前加入	三氧化二锑 0.03%（DMT） 乙酸锑 0.01%~0.05%（DMT）
稳定剂	① 防止聚合物受热分解 ② 酯交换后期或缩聚前加入	亚磷酸、磷酸二甲酯、 磷酸二苯酯 0.03%（DMT）
消光剂	调节纤维的光泽，要求粒度细、分散性好，缩聚或纺丝前加入	二氧化钛 0.3%~1%（DMT）

4.3.3 聚酯的生产工艺

从操作方式上看，聚对苯二甲酸乙二醇酯的两种主要生产路线都有间歇操作和连续操作之分。连续式缩聚所得产品质量稳定，适合大批量生产，缩聚产物可直接纺丝。我国几个大的石化公司，如上海金山石化公司、北京燕山石化总公司等均采用连续缩聚。另一种间歇式缩聚则大多为中小工厂采用，这种方式一次性投资少，设备简单，且生产品种也较易变更。相比较而言，直接酯化法聚酯连续法比间歇法的成本低 20%；酯交换法聚酯连续比间歇的成本低 10%。下面主要介绍酯交换法和直接酯化法聚酯的生产工艺。

4.3.3.1 酯交换法连续生产聚酯工艺

酯交换法连续生产聚酯工艺包括酯交换、预缩聚、缩聚等过程，其原则工艺流程如图 4-6 所示。

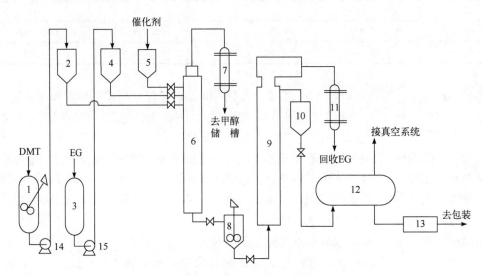

图 4-6 酯交换法连续生产聚酯原则工艺流程
1—DMT 熔化器；2—DMT 高位槽；3—EG 预热器；4—EG 高位槽；5—催化剂高位槽；6—连续酯交换塔；7—甲醇冷凝器；8—混合器；9—预缩聚塔；10—预聚物中间储槽；11—冷凝器；12—卧式连续真空缩聚釜；13—连续纺丝、拉膜或造粒系统；14—齿轮泵；15—离心泵

（1）酯交换 将原料 DMT 连续加入熔化器中，加热（150 ± 5）℃熔化后，用齿轮泵送入高位槽中。另将乙二醇连续加入乙二醇预热器中预热至 150～160℃后，用离心泵送入高位槽中。将上述两种原料按摩尔比 1∶2 分别用计量泵连续定量加入酯交换塔上部，分别将催化剂乙酸锌和三氧化二锑按 DMT 的 0.02%加入量，用乙二醇配制成液体加入高位槽中，并连续定量送入连续酯交换塔上部。

连续酯交换塔是一个塔顶带有乙二醇回流的填充式精馏柱的立式泡罩塔。控制酯交换温度为 190～220℃，反应所生成的甲醇蒸气通过塔内各层塔板上的泡罩齿缝上升，进行气液交换后进入冷凝器冷凝后流入甲醇储槽中。

原料由塔顶加入后，经 16 个分段反应室流到最后一块塔板，完成酯交换反应，酯交换的生成物由塔底再沸器加热后流入混合器中。

纯的酯交换产物对苯二甲酸乙二醇酯（BHET）是一种无色结晶，能溶于过量乙二醇。但一般情况下酯交换产物得到的是对苯二甲酸乙二醇酯及低聚物的混合物，其熔点最高可达到

220℃。因此，酯交换的产物可以用以下通式表示。

$$HO-CH_2CH_2-O-\left[\!\!\begin{array}{c} \overset{O}{\overset{\|}{C}}-\!\!\!\bigcirc\!\!\!-\overset{O}{\overset{\|}{C}}-OCH_2CH_2O \end{array}\!\!\right]_n\!\!-H \quad (n=2\sim5)$$

经测定，当 n 为 1 时，熔点为 110℃；n 为 2 时，熔点为 168～170℃；n 为 3 时，熔点为 200～202℃；n 为 4 时，熔点为 217～220℃；n 为 5 时，熔点为 225～235℃。这些低聚物的存在不会影响下一步的缩聚反应。

酯交换阶段还可能生成少量的环状物质，会影响到产物的分子量和熔点的波动，进而影响 PET 的性能和使用，实际生产中需严格控制。如：

$$\left[\!\!\begin{array}{c} COOCH_2CH_2O-\!\!\!\bigcirc\!\!\!-CO \\ \\ OC-\!\!\!\bigcirc\!\!\!-OCH_2CH_2OOC \end{array}\!\!\right]_n$$

n=2时，熔点314～316℃
n=3时，熔点225～229℃
n=4时，熔点247～250℃

$$\begin{array}{c} COOCH_2CH_2OCH_2CH_2OOC \\ \bigcirc \qquad \bigcirc \\ COO-\!\!CH_2CH_2\!\!-OOC \end{array}$$

醚键环状物，熔点165～170℃

酯交换过程中乙二醇之间会发生分子间脱水，生成一缩二乙二醇。一缩二乙二醇的存在，会在 PET 分子链上不规则出现一缩二乙二醇链节，使 PET 熔点下降，树脂颜色发黄，质量下降，影响使用，同样需严格控制。

（2）预缩聚　混合器中的单体经过滤器过滤后，经计量泵、单体预热器送入预缩聚塔底部。采用塔式设备主要是基于物料的低黏度和需要大量蒸出的乙二醇，黏度较小的物料熔体可以在塔内的垂直管中自上而下作薄层运动，以提高乙二醇蒸发的表面积。预缩聚塔由 16 块塔板构成，控制塔内温度在（265±5）℃。单体由塔底进入后，沿各层塔板的升液管逐层上升，在上升过程中进行缩聚反应，反应所生成的乙二醇蒸气起搅拌作用，可以加快反应速率。当物料到达最上一层塔板后，便得到特性黏度 $[\eta]$= 0.2～0.25 的预聚物，预聚物由塔顶物料出口流出，进入预聚物中间储槽中。

缩聚反应的温度应控制在一定的范围内。较高的温度虽然会使聚合物黏度降低，有利于小分子的脱挥，也可使反应速率增大，但太高的反应温度会加速副反应。缩聚阶段压力的减小要逐步进行，在缩聚开始时，物料黏度低，乙二醇排出量较多，这时真空度不宜过高，否则乙二醇大量逸出，沸腾剧烈，可能将缩聚物带出，甚至堵塞管道。随着缩聚程度的加深，物料黏度增大，逐步减小体系压力，让乙二醇持续稳定地蒸出。缩聚阶段大约有80%的乙二醇被排出。

在缩聚过程中通入惰性气体如氮气或氩气等。惰性气流的通入可使缩聚过程在涡流条件下进行，物料得到良好的搅拌，通入气流的速度要使小分子副产物的分压维持在相当低的水平，这样才有显著的效果。

（3）缩聚　预聚物由计量泵定量连续输送到卧式连续真空缩聚釜的入口。该釜为圆筒形的内有圆盘轮的单轴搅拌器，釜的底部有与圆盘轮交错安装的隔板隔成的多段反应室，如图 4-7 所示。以乙酸锌为催化剂时，釜内缩聚反应温度不超过 270℃，加入稳定剂后可控制在275～278℃，压力小于 133.3 Pa。在搅拌器的作用下，物料由缩聚釜的一端向另一端移动，在移动过程中进行缩聚反应。当物料到达另一端时，聚酯树脂的特性黏度逐渐增加到 0.46～0.68。然后经过连续纺丝、拉膜或造粒即得其产品。

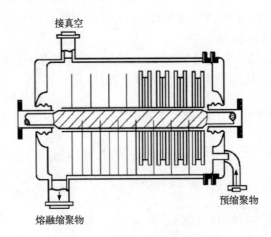

图 4-7　卧式连续真空缩聚釜

缩聚反应开始前，熔融的物料黏度很小，而缩聚反应结束时熔融的物料黏度很高。缩聚开始阶段有大量小分子化合物逸出，而缩聚后期少量的乙二醇脱除困难。特别是酯交换法生产 PET 的反应为可逆平衡反应，平衡常数很小。缩聚后期必须采用较高真空度才能够将乙二醇蒸出，促使产物分子量的增加。工业上采用串联的卧式缩聚釜，两釜串联可以减少真空度要求更高的最后一个缩聚釜的容积，利于高真空度工艺的实施。采用卧式缩聚釜可以有效促使高黏度物料的流动和均匀缩聚，避免物料残留的死角。

缩聚温度高可以加快反应速率，但是温度高易导致更多的副反应。对于 PET 缩聚的最高温度的确定还应考虑反应体系混合物料的熔点及 PET 的热分解温度。缩聚反应发生后，随聚合度增加缩聚物的熔点逐步增加。经测定聚合度为 20 的 PET 的熔点为 260℃，聚合度为 110 的 PET 的熔点为 265℃。缩聚温度一般控制在物料熔点之上 20～30℃，但必须在 PET 的分解温度 290℃以下。因此，缩聚的最高温度不能超过 285℃。

高温下的缩聚反应过程中，链增长反应的同时伴随着分子链裂解。裂解反应随着分子量的增大和反应温度的升高而加剧。因此 PET 的后缩聚过程中会出现特性黏数的极大值点，如图 4-8 所示。后缩聚温度越高，获得的 PET 特性黏数越低；后缩聚温度越高，PET 出现特性黏数拐点所需要的反应时间越短。

PET 缩聚反应是一个可逆平衡缩聚反应，因此要获得较高分子量的产物就必须在减压条件下进行。因此，压力对缩聚反应及产物分子量有较大影响。如图 4-9 所示，PET 在 285℃下进行后缩聚反应，压力越低，可以在越短的时间内获得较高特性黏数或分子量的 PET。

在缩聚阶段，由于反应温度及聚合度的提高，发生热降解及氧化降解的副反应概率增大。在 PET 的缩聚过程中，易发生的副反应有热降解反应、热氧化降解反应、环化反应和生成醚键的反应等。热降解反应会产生端羧基、端基不饱和双键、乙醛及二乙二醇醚键等，导致 PET的分子量和熔点下降，外观变色和性能劣化。热氧化降解反应是指有氧气存在和高温的情况

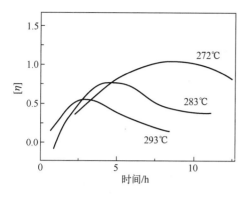

图 4-8　后缩聚工段 PET 特性黏数与温度的关系
催化剂 Zn(OAc)₂ 含量（摩尔分数）0.01%，余压 0.02～
0.05mmHg

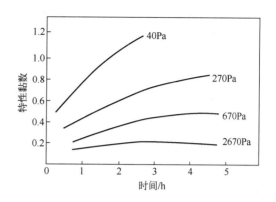

**图 4-9　后缩聚工段 PET 特性黏数
与压力的关系**

下，PET 发生的副反应。热氧化降解反应属于自由基机理，热氧化降解的结果会形成交联物，若 PET 中含有二乙二醇醚键，则更容易被氧化。

4.3.3.2　直接酯化聚酯法生产工艺

直接酯化聚酯法生产工艺所用的原料对苯二甲酸与乙二醇的质量要求如表 4-8 所示。其工艺过程包括酯化与缩聚。

表 4-8　直接酯化聚酯法对原料的要求

对苯二甲酸		乙 二 醇	
纯度	>99.9%	相对密度	1.1130～1.1136
光学密度（NH₄OH 溶液，380μm）	<0.006	沸点	(140±0.7) ℃
铂钴比色值（NaOH 溶液）	<10	铂钴比色	<10
含水量	<0.1%	二缩、三缩乙二醇	<0.05%
灰分	<0.001%	水分	<0.1%
钾	<0.003%	酸度	<0.001%
铁	<0.0001%	灰分	<0.0005%
醛	0	铁	<0.00001%
纯度	99.8%	外观	无色透明

（1）酯化反应　对苯二甲酸与乙二醇按摩尔比 1∶1.33 配料，以三氧化二锑 Sb₂O₃ 为催化剂，在搅拌下，控制酯化温度在乙二醇沸点以上，酯化反应在反应釜中进行。用平均聚合度为 1.1 的酯化物在反应器中循环，酯化物与对苯二甲酸的摩尔比为 0.8。控制釜的夹套温度为 270℃，物料在釜内第一区室内充分混合，制成黏度为 2 Pa·s 的浆液。这种浆液穿过区室间挡板上的小孔进入一个区室，物料在前进中进行反应，最后获得均一低聚物。反应产生的水，经蒸馏排出设备外。

（2）缩聚反应　缩聚反应设备与酯交换基本相同，连续酯化后的产物进入缩聚设备进行连续缩聚反应，即得聚对苯二甲酸乙二醇酯。

由于直接酯交换法中一般要加入磷酸三苯酯、亚磷酸三苯酯等稳定剂，所以聚酯产物的热稳定性和聚合度都比酯交换法聚酯高，可以作为生产轮胎帘子线的高质量纤维。

4.4 溶液线型缩聚制备聚酰胺 66

4.4.1 聚酰胺 66

聚己二酰己二胺，也称尼龙 66，是美国杜邦公司推出的第一个聚酰胺品种。1939 年开始工业化生产。尼龙 66 工业化的第一个产品就是生产纤维。这种纤维在当时被誉为"比蜘蛛丝还细，比钢铁还强"。1952 年，杜邦公司作为工程塑料使用。由于机械强度和硬度很高，刚性很大，被用于机械附件如齿轮、润滑轴承，代替有色金属材料做机器外壳、汽车发动机叶片等。2019 年，我国的尼龙产量为 35.7 万吨，其中工程塑料占 52%，工业丝 32%，民用丝 12%，其他 4%。

尼龙 66 大分子链由亚甲基和酰胺键构成。酰胺键是一个强极性键，它们之间具有较大的内聚能，约为 69kJ/mol；而亚甲基是非极性结构，它们之间的内聚能仅有 4.14kJ/mol。由于大分子链之间较易形成氢键，再者亚甲基具有较好的柔顺性，使得大分子链易于排列规整，因此聚酰胺是一种结晶性聚合物。

尼龙 66 是一种外观上为半透明或不透明乳白色的结晶性聚合物，具有可塑性。常用的尼龙 66 的密度为 $1.15g/cm^3$。尼龙 66 的热分解温度大于 350℃，能够长期在 80～120℃的条件下使用。尼龙 66 能耐酸、碱，大多数无机盐水溶液，以及卤代烷、烃类、酯类、酮类等有机溶剂的腐蚀。尼龙 66 易溶于苯酚、甲酸等极性溶剂。尼龙 66 具有优良的耐磨性、自润滑性，机械强度较高。尼龙 66 具有一定程度的吸水性，平衡吸水率为 2.5%。由于吸水使得其力学强度和弹性模量下降，成型制品的尺寸发生变化。但是吸水可促使微观结构的稳定化，同时获得韧性。

尼龙 66 作为塑料或纤维时，数均分子量一般在 10000 以上。作为常规使用的尼龙 66 的数均分子量一般为 $1.5×10^4～3.0×10^4$。尼龙 66 的熔点为 246～267℃。结晶性尼龙 66 有清晰的熔点，随结晶度的降低，熔点范围变宽。尼龙 66 的玻璃化转变温度是指非晶区域的玻璃化转变温度。尼龙 66 的玻璃化转变温度与结晶度、分子量、水分含量及测定方法有关。因此来自不同文献的玻璃化转变温度的数据有所差异，一般在 65～80℃。除用作纤维外，尼龙 66 还广泛用于制造机械、汽车、化学与电气装置的零件，亦可制成薄膜包装材料、医疗器械、体育用品、日用品等。尼龙 66 由于耐热性和耐油性好，适合于制作汽车发动机周围的机能部件和容易受热的电子电气制品的部件。尼龙 66 的耐磨性优良，用于制造轴承、齿轮、滑轮等有滑动部分的机械零件。

4.4.2 聚合体系各组分及其作用

（1）己二酸　己二酸的结构式为 $HOOC(CH_2)_4COOH$，分子量为 146.14，常温常压下为白色晶体。熔点 153℃，沸点 330℃，固体相对密度 1.344（18℃）。溶于甲醇、乙醇、丙酮，微溶于环己烷，不溶于苯和石油醚，易溶于热水。

（2）己二胺　己二胺结构式为 $H_2N(CH_2)_6NH_2$，己二胺的分子量为 116.21，常温常压下为白色片状结晶，有氨臭，可燃；己二胺主要用于合成聚己二酰己二胺纤维和树脂的原料，另一小部分用于合成聚癸二酰己二胺纤维的合成。

（3）分子量稳定剂　分子量稳定剂是用来终止缩聚反应，控制尼龙 66 分子量的物质。常用的有乙酸、己二酸和己内酰胺等，用量视产物分子量的要求而定。

4.4.3　聚合原理

理论上己二胺与己二酸的缩聚反应为：

$$nHOOC-(CH_2)_4-COOH+nH_2N-(CH_2)_6-NH_2 \rightleftharpoons$$
$$HO-[OC-(CH_2)_4-COHN-(CH_2)_6-NH]_n-H+(2n-1)H_2O$$

但该缩聚反应需要严格控制两种单体原料的摩尔比，才能得到高分子量的聚合物。生产中一旦某一单体过量时，就会影响产物的分子量。因此，在进行缩聚反应前，先将己二酸和己二胺混合制成己二胺己二酸盐（简称 66 盐），再分离精制，确保没有过量的单体存在，再进行缩聚反应，从而得到需要的分子量。

$$nHOOC-(CH_2)_4-COOH+nH_2N-(CH_2)_6-NH_2 \longrightarrow nNH_3^+-(CH_2)_6-NH_3OOC-(CH_2)_4-COO^-$$
$$nNH_3^+-(CH_2)_6-NH_3OOC-(CH_2)_4-COO^- \longrightarrow$$
$$HO-[OC-(CH_2)_4-COHN-(CH_2)_6-NH]_n-H+(2n-1)H_2O$$

4.4.4　聚酰胺 66 的生产

目前工业上尼龙 66 的生产，皆采用尼龙 66 盐在水溶液中进行缩聚的工艺路线。之所以选择此工艺路线，一是对于由两种双官能度构成的线型缩聚体系，如己二酸与己二胺构成的线型缩聚体系，若要获得高分子量的聚合物，参加反应的官能团须是等摩尔比的。而采用己二酸与己二胺生成的尼龙 66 盐作为缩聚的反应物，则可以满足此要求。采用尼龙 66 盐的方法可将由己二酸和己二胺的混缩聚转变为均缩聚，而保证反应官能团之间的等摩尔比。二是工业生产中，尼龙 66 盐先在加压的水溶液中反应，可以有效防止己二胺的挥发逸失，稳定了己二酸与己二胺的物料配比。工业上生产尼龙 66 的工艺可以简单地分为三个工段。

（1）尼龙 66 盐的浓缩工段　将储存在 66 盐水溶液储槽中的含量为 50% 的尼龙 66 盐溶液用泵打至蒸发器进行浓缩。在高温浓缩过程中，随着水分的不断蒸发，尼龙 66 盐溶液浓度不断增大。当浓缩至浓度 65% 时出料，此时出料温度约为 108℃。

蒸发器可以设计为立式圆柱形，无搅拌，内置蛇管蒸汽加热装置。蒸发过程可在常压下进行。

含量为 50% 的尼龙 66 盐溶液的凝固点为 27℃，因此尼龙 66 盐溶液的储存、运输和使用温度须在其凝固点之上，防止凝固而影响使用。

（2）缩聚工段　在水溶液中，尼龙 66 盐的缩聚是一个吸热和可逆平衡的缩聚反应。由于作为原料的尼龙 66 盐溶液固含量仅为 50%，含有大量的水，此外缩聚过程还会产生水，总含水量较高，不利于缩聚反应发生。因此，在缩聚前必须采用浓缩工艺，蒸发除去部分水；工艺上要求浓缩至含量为 65% 时出料是考虑到减少己二胺的挥发逸失，同时避免尼龙 66 盐在浓缩阶段过多缩聚，使物料黏度增大，导致传热和传质困难。

浓缩至 65%的尼龙 66 盐水溶液，黏度增大，用柱塞泵打入管式预热器，预热至 215～216℃，保持 1.5～2h，同时借助水蒸气压力作用升压至 1.8MPa 左右，然后进入卧式 U 形反应器。在反应器内物料停留时间为 2.5h，最高温度达到 250℃，缩聚工段结束时反应程度达 85%左右。

（3）后缩聚工段　来自卧式 U 形反应器的物料黏度很大，并且含有大量的水分。物料经柱塞泵打至闪蒸器，压力从 1.8MPa 迅速降至常压，因此水分大部分蒸发。物料从闪蒸器出料的温度为 275℃。分子量稳定剂、消光剂 TiO_2 及其他添加剂和物料一同进入闪蒸器，经混合均匀后进入后缩聚釜。因为物料黏度很大，后缩聚釜内置螺旋推进器和外置抽真空装置，以 58 r/h 转速搅拌，后缩聚在 270～280℃和 40 kPa 的条件下进行。物料在后缩聚釜中停留时间为 40min 左右，后缩聚结束。呈熔融状态的物料经齿轮泵加压强制打出，送至铸带或熔融纺丝工段。采用上述工艺方法制备尼龙 66 的合成工艺流程如图 4-10 所示。

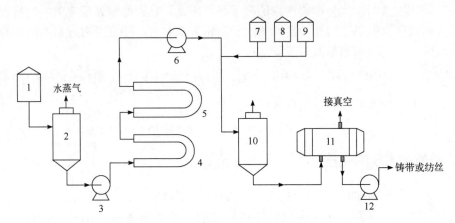

图 4-10　尼龙 66 的合成工艺流程

1—尼龙 66 盐溶液储槽；2—蒸发器；3—柱塞泵；4—管式预热器；5—卧式 U 形反应器；6—柱塞泵；7～9—消光剂、稳定剂
和其他助剂储槽；10—闪蒸器；11—后缩聚釜；12—齿轮泵

如果不是直接用来纺丝或生产尼龙 66 树脂，则后缩聚结束后，熔融态的尼龙 66 经挤出切粒。切粒方法有水下切粒、水环切粒和轴带切粒三种。

尼龙 66 缩聚过程中不易发生环化反应，故产物中低分子量杂质含量较少，一般在 1%以下。所以尼龙 66 合成后不需要水洗和萃取过程来脱除低分子量杂质。

上述过程生产的尼龙 66 树脂，其数均分子量通常在 $1.1×10^4$～$1.8×10^4$，适合注射成型。用于挤出成型者，分子量必须达 $2.4×10^4$～$2.9×10^4$。这种品级的聚酰胺树脂生产方法是在甲酸蒸气中进一步加热熔体，或在氮气中加热固态注射级聚酰胺树脂。

4.4.5　工艺条件分析

（1）缩聚体系中水的影响　研究报道，聚合体系中的含水量对聚合的热效应、平衡常数及缩聚速率有明显影响。反应热随含水量增加而增加（表 4-9），而平衡常数随含水量增加而降低（图 4-11），缩聚速率也随着含水量增加而明显降低（表 4-10）。随着缩聚反应的进行，体系中含水量逐步减少，聚合的热效应、平衡常数及缩聚速率均在发生变化。尼龙 66 盐溶液水溶液缩聚的这些特性必须加以注意。

表 4-9　尼龙 66 缩聚体系的热效应与含水量关系

含水量/（mol/mol 尼龙 66 盐）	热效应（吸热）/（kJ/mol 尼龙 66 盐）
1.00	9.54
3.05	22.3
6.23	26.1

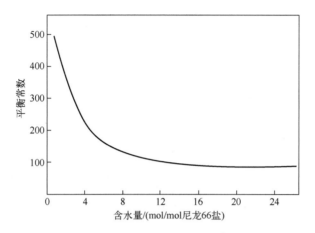

图 4-11　尼龙 66 的缩聚平衡常数与含水量的关系

表 4-10　尼龙 66 盐缩聚速率与体系含水量的关系

含水量 /（mol/mol 尼龙 66 盐）	不同温度下的缩聚速率/（g·mol/h）		
	200℃	210℃	220℃
0.50	1000	1920	2670
1.00	825	1260	2200
3.05	392	520	1070
6.25	197	323	510
10.00	135	188	393

　　尼龙 66 在 100℃以下，对水是稳定的。但在高温熔融状态下易发生水解，因此在高温缩聚阶段要考虑水解副反应对聚合物分子量的影响。此外，尼龙 66 在碱性水溶液中稳定。研究表明，尼龙 66 在 10%氢氧化钠水溶液中，85℃处理 16h 以上没有发现明显的水解现象。但是尼龙 66 在酸性水溶液中容易水解。尼龙 66 在水和氧气同时存在的情况下，200℃就显示分解倾向。

　　（2）尼龙 66 产物分子量的控制　　关于尼龙 66 产物分子量的控制方法，工业上是通过测定尼龙 66 盐的酸值来确定分子量的控制方法的。若尼龙 66 盐为中性，则加入少量单官能团物质乙酸封端控制其分子量，反应原理如下：

$$H \left[\underset{\underset{H}{|}}{N} (CH_2)_6 - \underset{\underset{H}{|}}{N} - \underset{\underset{O}{\|}}{C} - (CH_2)_4 - \underset{\underset{O}{\|}}{C} \right]_n OH + CH_3COOH \longrightarrow$$

$$CH_3 - \underset{\underset{O}{\|}}{C} \left[N \atop H - (CH_2)_6 - \underset{\underset{H}{|}}{N} - \underset{\underset{O}{\|}}{C} - (CH_2)_4 - \underset{\underset{O}{\|}}{C} \right]_n OH + H_2O$$

若尼龙 66 盐为酸性,则利用过量的己二酸做分子量稳定剂来控制其分子量大小。反应原理如下:

$$H \!-\!\! \left[\!\! \begin{array}{c} H \\ N(CH_2)_6 \end{array}\!\!-\!\!\begin{array}{c} H \\ N \end{array}\!\!-\!\!\begin{array}{c} O \\ \| \\ C \end{array}\!\!-\!\!(CH_2)_4\!\!-\!\!\begin{array}{c} O \\ \| \\ C \end{array}\!\! \right]_n\!\!\!-\!\!OH \ + \ HCOO(CH_2)_4COOH \longrightarrow$$

$$HOOC(CH_2)_4\!\!-\!\!\begin{array}{c} O \\ \| \\ C \end{array}\!\!-\!\!\begin{array}{c} H \\ N \end{array}\!\!-\!\!(CH_2)_6\!\!-\!\!\begin{array}{c} H \\ N \end{array}\!\!-\!\!\begin{array}{c} O \\ \| \\ C \end{array}\!\!-\!\!(CH_2)_4\!\!-\!\!\left[\begin{array}{c} O \\ \| \\ C \end{array}\right]_n\!\!\!-\!\!OH \ + \ H_2O$$

过量己二酸对产物分子量大小有影响,己二酸过量越多,产物的数均分子量和黏均分子量均下降。表 4-11 列出了过量己二酸对尼龙 66 分子量的影响。

表 4-11   过量己二酸对尼龙 66 分子量的影响

己二酸过量/%	分子量（端基法）	分子量（黏度法）	己二酸过量/%	分子量（端基法）	分子量（黏度法）
0.5	35100	23000	15	4200	4100
1.0	23800	19500	30	3200	2800
2.0	18200	14900	60	2600	2600
6.0	6300	5300	100	2200	2000

（3）缩聚温度   温度升高,缩聚速率加快,但是缩聚温度的确定还要考虑更多的因素。尼龙 66 在惰性气氛中加热到 300℃还是比较稳定的。但是在 290℃长时间加热 5h 左右就可看出明显分解,产物为氨气和二氧化碳。例如后缩聚阶段,体系实际上处于熔融缩聚状态,聚合温度很高,大分子链的氨基末端与分子链上的己二胺链节反应生成吡咯结构,使聚合物发黄,并能产生交联聚合物。此现象在缩聚及熔融纺丝阶段需加注意和防止。因此后缩聚温度确定在 270～280℃范围为宜。

4.5   体型缩聚反应

4.5.1   体型缩聚反应的特点

体型缩聚就是指在平均官能度大于 2 的缩聚体系中,当缩聚反应达到一定程度时,分子链之间通过交联形成三维方向的立体网络结构,此反应过程称为体型缩聚。通过体型缩聚反应得到的高分子产物称为体型缩聚物。工业化的体型缩聚物有酚醛树脂、脲醛树脂、三聚氰胺甲醛树脂、醇酸树脂、不饱和聚酯树脂等。由于体型缩聚物是三维的交联结构,因此加热不再熔化,在溶剂中只能发生不同程度的溶胀,不能溶解。由体型缩聚物制备的高分子材料有热固性塑料制品、固化的膜层材料及固化后的胶黏剂等。

体型缩聚的合成工艺过程分两个阶段进行。第一个阶段称为预聚反应阶段。预聚反应就是单体缩聚到反应程度小于凝胶点前的聚合反应,产物称为预聚物。预聚物结构为线型及支链型,产物可溶可熔,具有可进一步反应的活性。预聚物的分子量仅为数百至数千,其外观为黏稠液体或脆性固体。工业上利用这类树脂的可溶可熔性来浸渍粉状填料,制备成粉状且具有可塑性的原材料，称为压塑粉。

体型缩聚工艺的第二个阶段就是预聚物的固化反应或硫化反应阶段。所谓固化反应或硫化反应，就是指缩聚反应程度大于凝胶点的反应，具体来说就是预聚物在外界条件，如光、热、催化剂等条件作用下发生化学交联形成立体网络结构的反应。第二个阶段的产物称为体型缩聚物。体型缩聚物为不同交联程度的三维体型结构，不溶不熔，该结构耐热、耐腐蚀、尺寸稳定，不再具有进一步反应的活性。

体型缩聚的第二个阶段实际上就是预聚物的应用与成型阶段。例如将可塑性压塑粉进行模塑，同时发生固化反应制备各种模塑制品。将可溶可熔性预聚物浸渍纤维状、片状无机增强材料，经固化或硫化加工后制备各种增强复合材料。利用预聚物的可溶性制备成涂料进行涂装施工后，再通过固化形成坚韧的保护性膜层材料。也可制备胶黏剂，在黏结施工过程中发生固化反应，使物件之间高强度黏结。

也有人根据体型缩聚反应程度的高低将体型缩聚分为 A、B 和 C 三个阶段。反应程度小于凝胶点的树脂称为 A 阶段树脂，该阶段树脂分子量小，残留单体量多，树脂可溶可熔。反应程度接近于凝胶点的树脂称为 B 阶段树脂，该阶段树脂分子量较大，分子链有支化，甚至少量交联，残留单体较少，树脂仍然可溶可熔，但是熔化温度高于 A 阶段树脂，溶解性也明显差于 A 阶段树脂。反应程度超过凝胶点的树脂称为 C 阶段树脂，该阶段树脂分子量很大，分子链大量交联，残留单体很少，树脂不熔不溶，只能视交联密度的高低存在不同程度的溶胀。

4.5.2　凝胶点的预测

对于平均官能度大于 2 的缩聚反应体系，当反应进行到一定程度时会出现体系黏度突增，聚合物熔体沿着搅拌轴攀爬，最后熔体难以流动，体系转变为具有弹性的凝胶状物质，这一现象称为凝胶化现象。体型缩聚进行到开始出现凝胶化时的反应程度称为凝胶点（P_c），也称为临界反应程度。它是用来表征高度支化的缩聚物过渡到体型缩聚物反应程度的转折点。

凝胶点的预测对体型缩聚物的生产具有重要的意义。一是可以防止预聚阶段反应程度超过凝胶点而使预聚物在反应釜内发生"结锅"事故。二是固化阶段合理控制固化时间，确保产品质量。如热固性泡沫塑料制品生产中，固化速率太慢，因泡沫破灭而使泡沫结构发生塌陷，造成产品性能下降。

凝胶点的预测方法有理论预测法和实验测定法两种。

（1）凝胶点的理论预测　关于凝胶点的预测和计算方法有 Carothers 方程法和 Flory 统计法两种。

① Carothers 方程法：Carothers 认为当反应体系开始出现凝胶时，数均聚合度趋于无穷大。换言之，数均聚合度趋于无穷大时的反应程度就称为凝胶点 P_c，表示如下：

$$P_c = \frac{2}{\bar{f}} \tag{4-12}$$

可见，求凝胶点关键在于平均官能度。平均官能度的计算要分为两种情况。第一种情况是缩聚体系中两种相互反应的官能团等摩尔比，这时平均官能度等于官能团总数除以分子总数。第二种情况是缩聚体系中两种相互反应的官能团不等摩尔比，这时平均官能度等于不过量组分的官能团数的 2 倍除以体系中的分子总数。在实际应用中的体型缩聚体系，两种相互反应的官能团一般总是不等摩尔比的。此时，平均官能度可由式（4-1）求得。

当 $\bar{f} < 2$ 时，$P_c > 1$，体系不会产生凝胶；当 $\bar{f} > 2$ 时，$P_c < 1$，体系达到临界反应程度时会产生凝胶。

② Flory 统计法：Flory 认为在体型缩聚中，官能度大于 2 的单体是产生支化和导致凝胶化的根源。将分子链上多官能团单体形成的结构单元称为支化点。当分子链上的一个支化点连接另一个支化点时便形成一个交联点。对于由 A、B、C 三种单体组成的体型缩聚体系，且 $f_A=f_B=2$，单体 A 和 C 含有相同的官能团 a，体系中 a 官能团总数少于 b 官能团总数，f_C 为官能度大于 2 的单体的官能度。凝胶点 P_c 的表示式为：

$$P_c = \frac{1}{[r+r\rho(f_C-2)]^{\frac{1}{2}}} \tag{4-13}$$

Carothers 方程法与 Flory 统计法计算的凝胶点均存在一定程度的偏差。例如，对于等摩尔比的甘油与二元酸体型缩聚体系，实测的凝胶点为 0.765，即官能团转化率为 76.5% 时，体系出现凝胶化现象。但是按照 Carothers 方程法计算得到的凝胶点为 0.833，按照 Flory 统计法计算得到的凝胶点为 0.707。因此，在工业实际应用中采用 Carothers 方程法与 Flory 统计法的计算值来预测凝胶点时应当根据规律进行适当修正。由以上理论计算可知，体型缩聚的预聚反应阶段必须在凝胶化现象出现之前停止反应，因此必然有未反应的单体残留。

（2）凝胶点的实验测定 实验方法一般是用出现凝胶时的时间（凝胶时间）来估计体型缩聚中的凝胶点。具体方法较多，下面介绍几种简便的测定方法。

①黏度法：将体型缩聚反应过程中，体系黏度突然增大时所对应的时间定义为凝胶时间。例如，用落球黏度计在一定温度下测定环氧树脂体系（已加入固化剂）的黏度与时间曲线（见图 4-12）。用这种方法可以测定不同温度下的凝胶时间，为制定成型工艺条件提供可靠的依据。

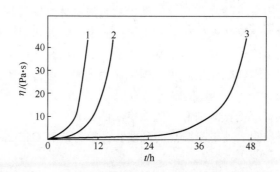

图 4-12 30℃时咪唑-环氧树脂固化体系的黏度变化曲线
1—咪唑；2—2-甲基咪唑；3—2-乙基-4-甲基咪唑

② 差示扫描量热法（DSC）和差热分析法（DTA）：体型缩聚物的形成过程也就是树脂固化过程。一般来说，固化过程是放热反应。因此，利用 DSC 和 DTA 测得的曲线上的固化放热峰所对应的时间来确定凝胶点。图 4-13 是不同固化剂固化 618 环氧树脂时的 DSC 曲线，曲线 A 在 150℃时有最高放热峰，所对应的时间为 14min。这说明将二乙烯三胺与 618 环氧树脂混合后于 150℃下进行固化，14min 即产生凝胶化。

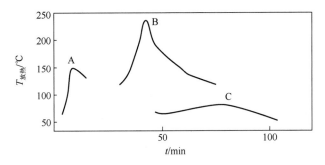

图 4-13　不同固化剂固化 618 环氧树脂的放热温度曲线
A—二乙烯三胺；B—间苯二胺；C—DMP-30

③ 固化板法：固化板法是更方便的测定方法，它是采用金属固化板来测定凝胶时间（图 4-14）。称取一定量的已加入固化剂的待测聚合物，在一定温度下，将其置于固化板上开始计时，同时不断地搅拌聚合物，直至聚合物拉丝时所需的时间即为凝胶时间。

凝胶时间的测定，可以为树脂基体配方及制品成型工艺条件的确定提供可靠数据。

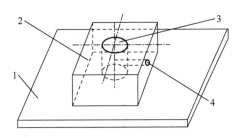

图 4-14　固化板法测凝胶时间
1—加热板；2—固化板；3—被测样品型腔；4—热电偶或温度计

4.5.3　体型缩聚的应用特点

体型缩聚的第二阶段实际上就是预聚物的应用与成型阶段。具有进一步反应活性的预聚物，经固化转变为体型缩聚物；虽然理论上，预聚物自身可以反应转变为体型缩聚物，但有时反应速率太慢，不能满足实际工艺要求。在实际应用中，必须加入能促进固化的催化剂、交联剂或固化剂等组分进行配合才可以实施预聚物的成型工艺。

加有各种催化剂、固化剂等组分的预聚物混合体系，反应活性较高，必须在指定的时间内使用完。将预聚物与催化剂、固化剂混合后至开始凝胶化前的这段时间称为预聚物混合体系的活性期。活性期可以通过加入不同种类不同用量的催化剂、固化剂来进行调整，以满足不同的成型施工要求。如快速胶黏剂的活性期很短，大约为几十秒至几分钟，便于物件之间的快速黏结。涂料的活性期要长一些，常温下一般为几十分钟至几十个小时，这样可以确保涂料涂附后的表面流平。像酚醛压塑粉、氨基压塑粉等粉状预聚物混合物，活性期则更长，一般几个月至几年，这时的活性期也称为储存期。预聚物混合物的活性期与温度的关系密切，升高温度，活性期缩短。例如，压塑粉常温下可以稳定储存一年以上，但在升温硫化的条件下，在几分钟至几十分钟便可以固化完全。再如聚氨酯漆包线漆常温下可稳定储存两年以上，在漆包炉内的漆膜完全固化时间仅需几秒。

预聚物混合物的固化工艺参数的确定必须在理论指导下，结合生产实践反复摸索才能确定；合理的固化工艺才能获得预期性能的体型缩聚物。

4.6   酚醛树脂的生产工艺

4.6.1   酚醛树脂概述

酚醛树脂是酚类化合物与醛类化合物在酸性或碱性条件下，经缩聚反应制得的一类聚合物的统称。酚类单体主要有苯酚、甲酚、二甲酚、叔丁基苯酚等，醛类单体有甲醛、乙醛及糠醛等。其中以苯酚和甲醛为单体缩聚的酚醛树脂最为常用，简称为 PF，是第一个工业化生产的树脂品种。以酚醛树脂为主要成分并添加大量其他助剂制得的制品称为酚醛塑料，包括 PF 模塑料制品、PF 层压制品、PF 泡沫塑料制品、PF 纤维制品、PF 铸造制品及 PF 封装材料六种，并以前三种最为常用。

酚醛树脂具有较好的耐热性、难燃性、耐腐蚀性、力学性能、电性能和尺寸稳定性、价格低廉等突出优点，被广泛应用于机械、电子、交通运输、航空、航天、国防等行业或部门。酚醛树脂主要用来生成酚醛压塑粉、层压制品、胶黏剂、涂料、纤维等。

酚醛压塑粉在模具中经模压成型制得模压塑料制品。热塑性酚醛树脂压塑粉主要用于制造开关、插座、插头等电气零件，日用品及其他工业制品。热固性酚醛树脂压塑粉主要用于制造高电绝缘制件。

酚醛树脂可以用来生产特种纤维。一般采用酸法酚醛树脂，经熔融纺丝先得到未固化的纤维，然后浸渍含催化剂的甲醛水溶液，再受热交联制备酚醛纤维。酚醛纤维的特点是难燃，在火焰中可逐渐炭化制备碳纤维。

拓展阅读

酚醛树脂的原料

酚醛树脂制备的空心微球具有难燃、低密度、孔隙率高等优点，可作为填充材料生成环氧泡沫塑料和不饱和聚酯泡沫塑料等。这类泡沫塑料具有高压缩强度，可作为结构材料的芯材用于汽车工业、宇航工业、造船工业、飞机制造工业等。

酚醛树脂作为胶黏剂，用于砂轮制造、翻砂模具、刹车片等。松香和植物油改性酚醛树脂以及甲酚、对叔丁基苯酚、二甲苯等改性的酚醛树脂等可用作耐酸涂料、防腐涂料、绝缘涂料等。

4.6.2   酚醛树脂的合成原理

（1）热塑性酚醛树脂的合成　使用酸性催化剂，使反应介质的 pH < 3，而甲醛与苯酚的摩尔比小于 1 时（一般摩尔比为 0.8 : 1），可以得到一种受热后不固化的线型酚醛树脂（Novolac）。其反应大致如下：

首先，酸催化加强甲醛向苯酚的进攻能力：

$$HCHO + H^+ \longrightarrow H-\overset{\overset{\displaystyle OH}{|}}{\underset{\underset{\displaystyle H}{|}}{C^+}}$$

在酸性条件下，苯酚羟基邻位上的氢较活泼，苯酚与甲醛加成得到羟甲基苯酚：

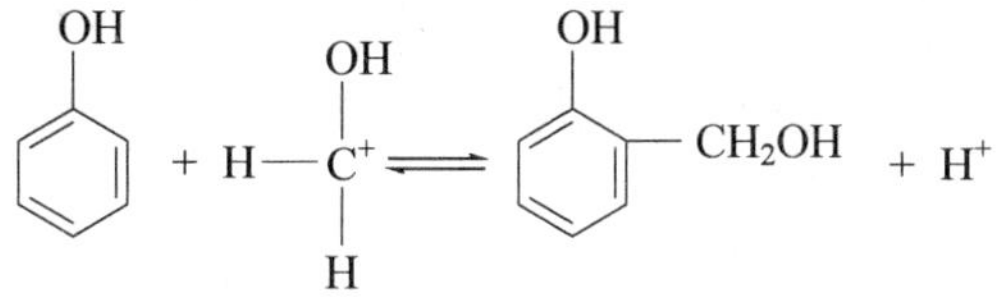

这种羟甲基苯酚的羟甲基在酸性条件下很活泼，能很快地与另一个苯酚分子上的邻、对位氢原子发生缩合脱水反应。酸催化作用下的缩合反应可认为是这样的：加成产物甲基苯酚上的羟甲基先在酸性条件下脱水生成阳离子，这个阳离子再与苯酚发生亲电取代反应。

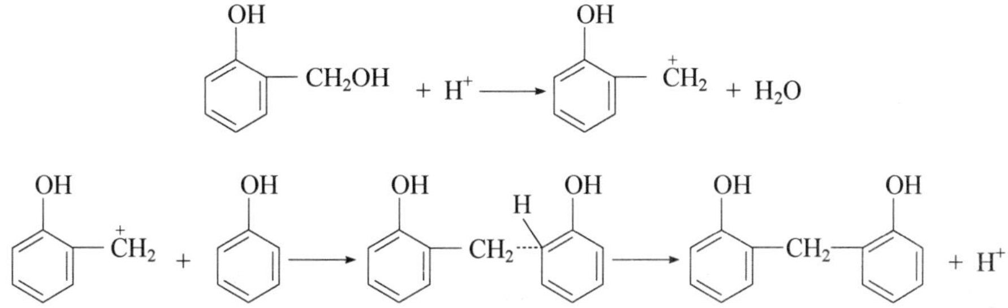

由于苯酚分子中的羟基不参加反应，因而树脂中的羟基数和原料苯酚的总羟基数相当接近。反应生成物为邻位或对位上的各种异构体的混合物，并仍可继续发生反应。但由于醛量不足，当甲醛消耗完后，可得到分子量为 300~1000 的树脂，其结构如下：

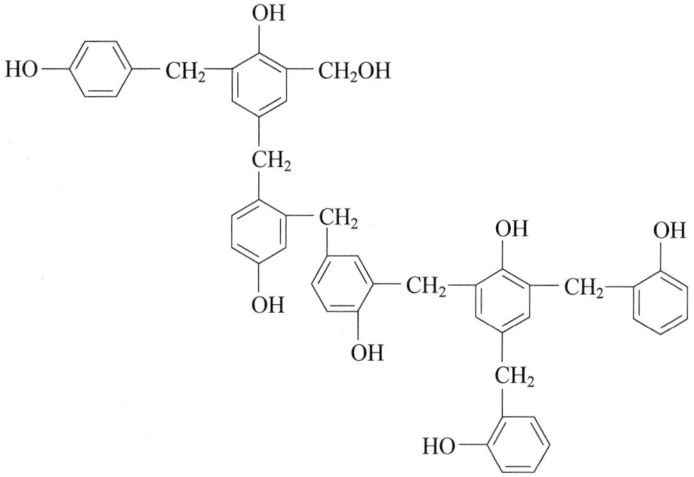

由于反应时控制甲醛的用量，不使其有多余的甲醛构成羟甲基，因此这种支链型混合物尽管反复加热，也不会转变为体型结构大分子，它能溶于丙酮、酒精及碱性溶液，也可为脆的固体。其黏稠状的液体树脂多用于制备低黏度酚醛环氧树脂，而硬脆的固体树脂则用于制备热塑性酚醛压塑粉。

在生产中先将原料加入反应釜中，搅拌均匀后加入催化剂（盐酸），使体系 pH 值为 1.6~2.3。这时即可向反应釜夹套内通入蒸汽（1~2atm）加热。约半小时使釜温升至 55~65℃，这时停止通蒸汽。由于反应放热，釜内温度会自行升高。当釜温为 96~98℃时，物料开始沸腾。这时应向夹套通冷水冷却、减慢甚至暂停搅拌，以防物料冲入冷凝器。待物料沸腾 1h 后取样测树脂密度，直到密度达到要求，表示缩聚已达终点。然后抽真空除去水分及未反应的残余原料，当树脂软化点符合要求时，即可停止抽真空，出料，冷却后粉碎。

（2）热固性酚醛树脂的合成　过量甲醛与苯酚的摩尔比为（1.1～1.5）∶1，在氨水、氢氧化钠或氢氧化钾的催化作用下（pH>7），就能生成热固性酚醛树脂，其反应可分为三个阶段，每个阶段都可以从树脂的外形及其溶解性来区别。

① 甲阶树脂（Resoles）　苯酚和甲醛反应形成简单的酚醇：

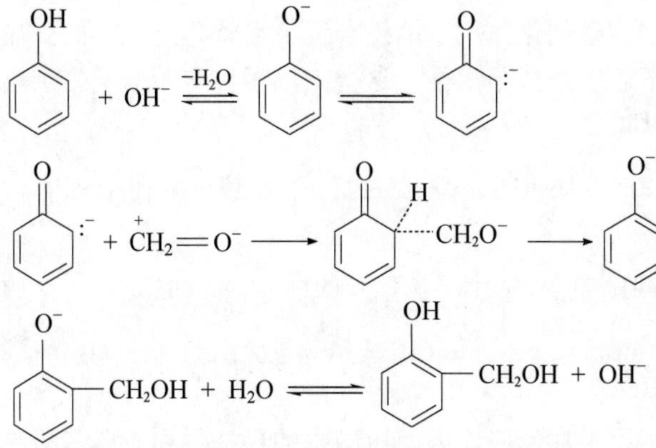

在碱性介质中酚醇或称羟甲基苯酚是稳定的，故其上的羟甲基与苯酚上活泼氢原子的反应速率小于甲醛与苯酚的加成反应速率，而生成二羟甲基或三羟甲基苯酚。

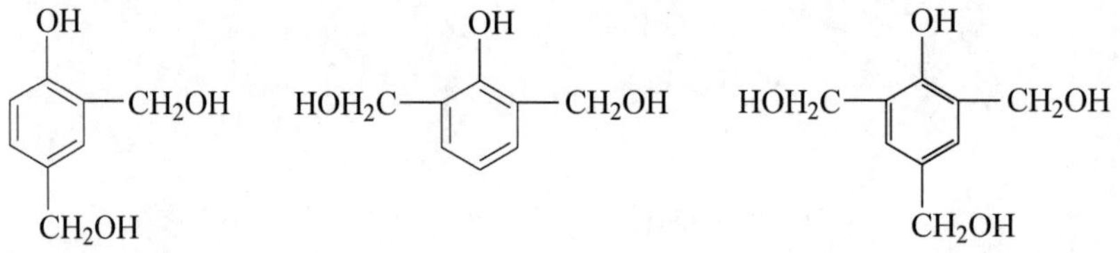

它们可生成二聚体或三聚体：

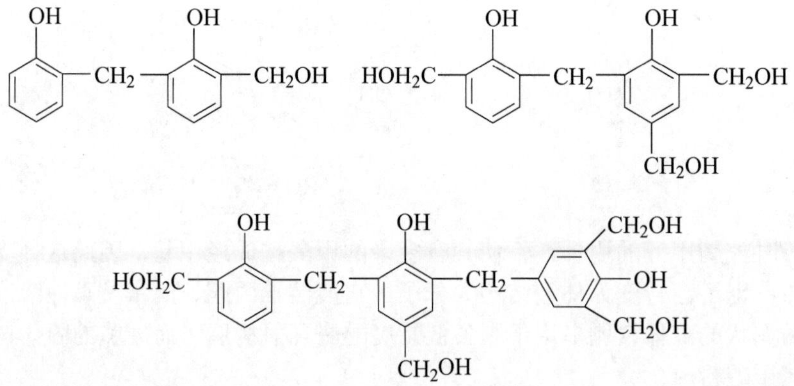

这些混合物可能是液体、半固体或固体，可溶于碱性水溶液、酒精及丙酮等溶剂，称为可溶可熔性酚醛树脂，又称甲阶（或 A 阶）酚醛树脂。其分子量在 300～700 之间，固体树脂用于制备热固性耐醛压塑粉，液体树脂则用于制备层压材料。

② 乙阶树脂　甲阶树脂在 100～130℃加热，进一步反应产生部分交联，即可转变为乙阶酚醛树脂（或 B 阶酚醛树脂），也称半熔酚醛树脂。它是固体，在丙酮中不能溶解只能溶

胀，热塑性较差。

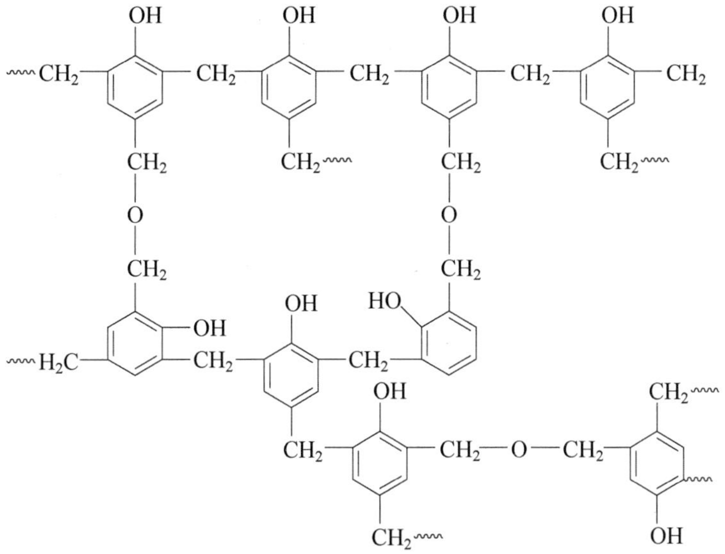

③ 丙阶树脂 继续加热乙阶树脂，生成了网状结构，这时候苯酚三个官能团位置已全部发生了作用，达到最理想的分子结构。这种树脂称为不溶不熔酚醛树脂，又称丙阶（或 C 阶）酚醛树脂。它完全硬化，失去热塑性，也不溶于（或溶胀）任何溶剂。

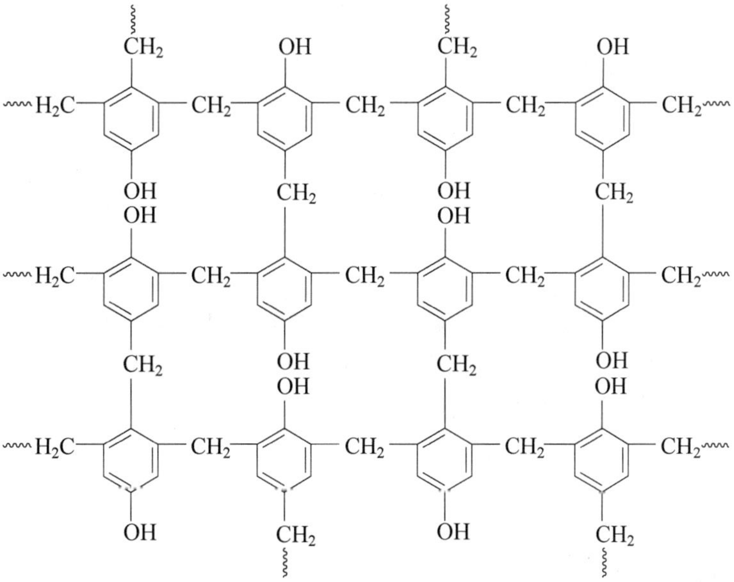

热固性酚醛树脂的生产与热塑性酚醛树脂的生产相类似，但在生产中必须掌握好反应程度，使所得产物处于甲阶，否则会影响产品质量。

（3）中等 pH 值催化剂存在下苯酚与甲醛的缩聚 在中性或弱酸性介质（pH = 4～7）中苯酚和甲醛的反应速率较慢，需要加热才能进行反应。若采用 Zn、Mg、Al 的碱式盐（如 ZnO）以及 Cu、Mn、Co、Ni 的氢氧化物作催化剂，使反应介质的 pH 值在 4～7 之间，苯酚与甲醛的摩尔比大于 1 时，可得到高邻位的酚醛清漆：

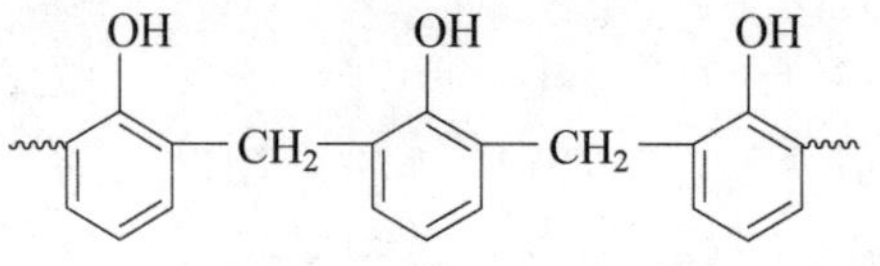

在金属原子催化剂的作用下，甲醛对苯酚的加成只发生在邻位上，对位则空着，在交联固化时空间位阻小。一旦甲醛加入过量时，就很快形成凝胶，其固化速度较快。

4.6.3 酚醛树脂的固化

（1）热塑性酚醛树脂的固化　由于在热塑性酚醛树脂大分子结构中没有能进一步缩合的羟甲基，不会因受热而产生交联。要得到三维体型交联结构，则需加入固化剂。多官能团的固化剂与树脂分子中苯酚上的活性点反应，形成体型结构。常用的固化剂有多聚甲醛、六亚甲基四胺，后者用量通常为树脂量的 10%~15%，成型温度 160℃左右。

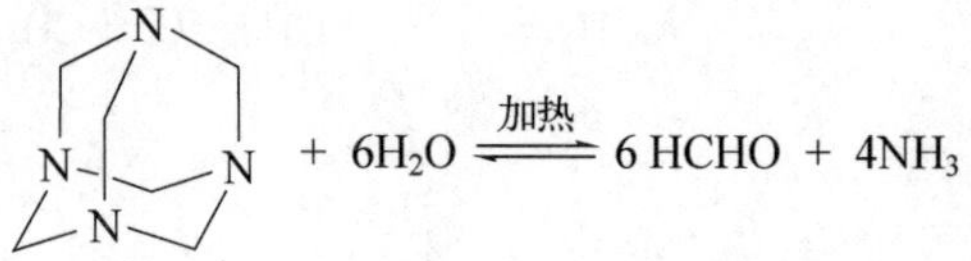

$$\text{（六亚甲基四胺）} + 6H_2O \underset{加热}{\rightleftharpoons} 6\,HCHO + 4NH_3$$

酚醛模塑粉是由占 40%~50%的热塑性酚醛树脂和填充剂、润滑剂、颜料以及固化剂混合，并在 110~120℃ 塑化、研磨配制而成。在六亚甲基四胺的作用下，树脂完成了由甲阶向乙阶的转变。在最后加工成型过程中，乙阶树脂向丙阶转化，最后生成网状结构的树脂。

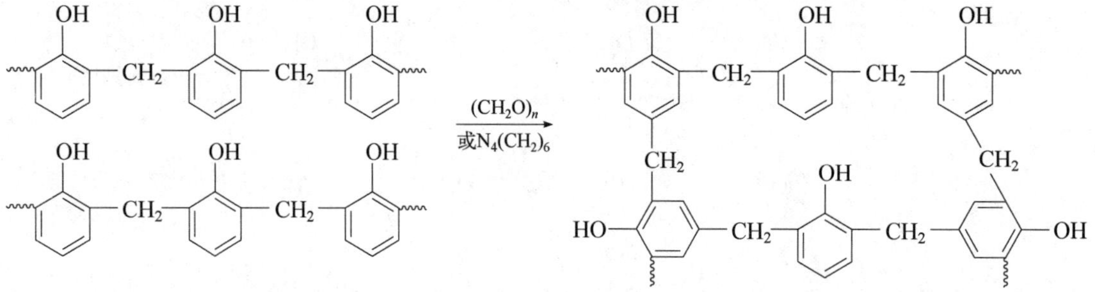

（2）热固性酚醛树脂的固化　由于原料配比中甲醛过量，因此无须加入固化剂。一般将甲阶树脂浸渍填料（纸、布等）再经烘焙，这时树脂转变为乙阶树脂。然后在压机中热压成型，树脂完成向丙阶的转化，生成网状结构树脂。

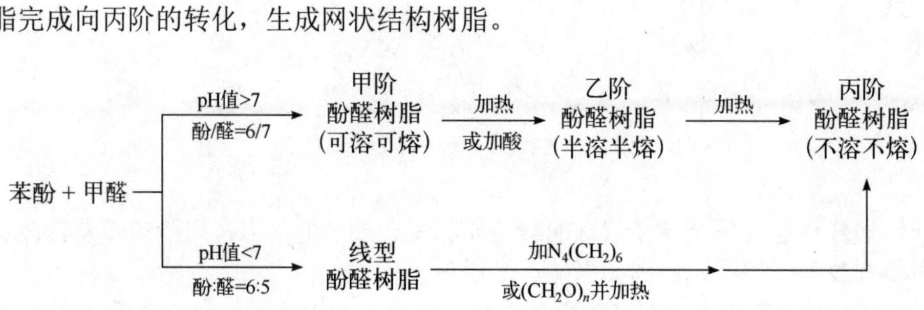

4.6.4 酚醛树脂的生产工艺

工业上生产热固性酚醛树脂可以采用纯度为 98%的工业级苯酚和 37%的甲醛水溶液，其中苯酚与甲醛的摩尔比控制在 1∶（2.0~3.0）。催化剂采用 40%的氢氧化钠水溶液或氨水，加入量以含量100%计算，约为苯酚和甲醛总量的1%~2%。

酚醛树脂主要采用间歇合成工艺。产品的形态因其用途的不同而有所不同。用来生产压塑粉时要求树脂为脆性固体；用来生成层压板，以及浸渍加工原材料或涂料时，则要求产品形态为液态，或其酒精溶液、水溶液及水分散液等。下面以生产碱法酚醛树脂压塑粉为例，阐述其合成工艺过程。

（1）缩聚工段　将来自苯酚储罐的液态苯酚和来自甲醛储罐的甲醛水溶液依次计量，加入反应釜。开动搅拌，取样测pH值，然后用氨水或氢氧化钠水溶液调节pH值至碱性，此时体系为均匀透明的水溶液体系。逐渐升温至85℃，然后根据反应的放热情况，将反应温度控制在80~95℃的范围内进行缩聚反应。该过程应注意控温，防止热效应明显、升温太快而导致体系凝胶化。通过每隔一定时间取样测定样品的热固化时间或滴落温度来控制缩聚程度，当缩聚程度达到A阶段，或达到预期的缩聚程度，降温停止缩聚反应。

缩聚工段开始时，体系为均匀一相，无色透明或浅黄色透明。因为体系中的甲醛及加热至70℃以上的苯酚均是水溶性的。但是，随着缩聚反应程度的加深，酚醛树脂分子量达到一定值时，酚醛树脂便从溶液中析出，使体系出现浑浊。当缩聚结束时，体系静置后会分为上下两层，上层为水相，下层为酚醛树脂相。因此酚醛树脂的后期分离工艺也可以采用静置、自然分层方法进行粗分离。

A阶段缩聚反应程度的控制，工业上一般采用测定样品的热固化时间来确定。热固化时间的测定就是将样品置于一定温度（150~200℃）的加热板上，测定其凝胶化的时间（90~130 s）。A阶段的缩聚程度也可以采用测定样品的滴落温度来控制。滴落温度的测定就是在滴落温度测试仪中，测定一定升温速率下第一滴样品滴落时的温度（90~130℃）。

酚醛树脂的合成必须在酸性或碱性催化剂存在下进行。当甲醛水溶液和纯苯酚以等体积混合时，所得溶液的pH值为3.0~3.1，这样的酚醛混合物即使加热沸腾，在数日内仍不会发生反应，若在上述混合物内加入酸使pH值小于3.0，或加入碱使pH值大于3.0时，则缩聚反应立即发生。因此，苯酚与甲醛的缩聚反应体系pH值直接影响缩聚反应的速率和反应历程。在缩聚反应前必须将体系pH值调节到预定值，并在缩聚过程中随时跟踪体系pH值变化，以确保缩聚反应的正常速率和实现产物的预期结构不变。

生产酚醛树脂采用不锈钢反应釜，容积因生产能力设计要求而定。合成碱法酚醛树脂时因需要控制体系不能出现凝胶化，所以反应釜容积较小，一般为2~10m³。

缩聚工段获得的酚醛树脂混合溶液含有缩聚程度较低或分子量较小的酚醛树脂、未反应的苯酚、大量的介质水等。研究表明，在碱性介质中，生成的一羟甲基苯酚很容易进一步与甲醛反应生成二羟甲基苯酚和三羟甲基苯酚，且生成的一羟甲基苯酚与苯酚缩合反应的速率较慢。因此，缩聚工段结束时，体系中游离甲醛含量较少，而游离的苯酚总有一定量的存在。

（2）真空缩聚及结束阶段　将缩聚到预定反应程度的酚醛树脂混合物在80~95℃，开启真空泵，进一步缩聚，同时抽除体系中大量的水及未反应的苯酚。根据物料黏度的变化，取样测定凝胶化时间。当凝胶化时间达到要求时，通冷却水降温至80℃，立即出料。

真空结束后，出料要快，防止出料过程中，酚醛树脂黏度增大太多，甚至凝固影响物料的流动性。放料方式有若干种方式。一般生产量较小时，将酚醛树脂熔体直接放入金属浅盘中吹冷风冷却、固化，然后破碎，包装。生产量较大时，可将酚醛树脂熔体直接打入带有保温装置的树脂接收罐，然后液态物料再经运动的冷却输送带吹冷风冷却、固化，然后破碎、包装。为了提高冷却效率和确保单位时间的物料输送量，一般酚醛树脂凝固后的物料厚度控制不大于 3 cm。

在抽真空过程中，缩聚反应程度仍在继续加深，酚醛树脂黏度逐渐增大，因此应及时观测物料黏度的变化，防止凝胶化。同时，在抽真空过程中，物料温度应控制在 100℃以下，防止缩聚速率过快而失去控制。缩聚及抽真空过程中，若出现升温过快，则应立即采取冷水降温措施，否则可能会出现釜内严重冲料，甚至引起爆炸事故。图 4-15 为碱法合成酚醛树脂的工艺流程。

为了便于进一步加工、应用，发展了一种所谓分散状态的酚醛树脂分类工艺。在碱法酚醛树脂的真空缩聚后期，当固含量浓缩至 50% 左右时，加入聚乙烯醇或阿拉伯胶作为保护胶，搅拌下使酚醛树脂形成直径为 20～80 μm 的颗粒，经过滤、干燥得到粉状树脂。

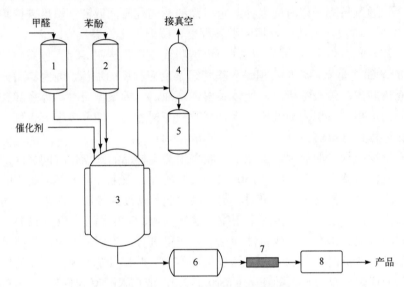

图 4-15   碱法合成酚醛树脂的工艺流程
1，2—计量槽；3—聚合釜；4—冷凝器；5—冷凝液储罐；6—树脂接收罐；7—冷却输送钢带；8—粉碎机

4.6.5   酚醛树脂压塑粉的制备

酚醛树脂压塑粉的
生产工艺

压塑粉是指以具有反应活性的低聚物为基本材料，添加粉状填料、着色剂、润滑剂、固化剂等组分，经浸渍、干燥、粉碎等工艺过程制得的供模压成型制造热固性塑料制品的粉状高分子材料。工业上重要的压塑粉有酚醛压塑粉、脲醛压塑粉（电玉粉）、三聚氰胺甲醛压塑粉等。

制造酚醛树脂压塑粉的工艺有湿法和干法两种。湿法是以热固性酚醛树脂溶液为基材，与各种填料等混合在湿态下进行生产。干法是以固体热塑性酚醛树脂为基材，加入固化剂、填料等在干态下进行生产。

4.6.6   酚醛树脂的安全生产

苯酚是酚醛树脂中的主要原料，毒性较大，具有腐蚀和刺激作用，可通过皮肤、黏膜的接触吸入或经口而侵入人体，它能使蛋白质变性。皮肤接触苯酚时，首先变为白色，继而变成红色并起皱，有强烈的灼烧感，较长时间接触会破坏皮肤组织，大量地接触能麻痹中枢神经系统而导致生命危险。空气中苯酚蒸气的最大允许浓度为 0.005mg/L。当皮肤受到伤害时，可先用酒精和大量水交替冲洗，再擦拭 3%丹宁溶液和樟脑油，侵害比较严重时应立即送医院治疗。

生产酚醛树脂所用的甲醛大多为 37%左右的水溶液，甲醛能刺激眼睛和呼吸道黏膜。当空气中有 0.00125mg/L 甲醛时，就能刺激视觉器官。甲醛在空气中的最大允许浓度为 0.003mg/L。为了安全和劳动保护，应加强车间排风系统和反应器及管道的密闭性。

酚醛树脂本身毒性很小，甚至可用来制食品罐内壁涂料。但模塑料用的酚醛树脂往往含游离酚较多，在使用时应注意安全。在反应后期提高真空度或用水洗等方法可降低游离酚含量。

在酚醛树脂的制造过程中产生大量的废水，其中包括水干燥时所得的冷凝液和澄清树脂分离出来的水。据统计，每生产 1t 热塑性酚醛树脂上层水液约 650kg。每生产 1t 热固性酚醛树脂产生废水约 900kg。废水中主要是酚、醛和醇等物质，其中酚类达 16～440g/L，醛类达 20～60g/L，醇类达 25～272g/L。含酚废水不经过处理任意排放，对人体、水质、鱼类以及农作物都会带来严重危害。长期饮用被酚污染的水会引起头晕、脱发、失眠，并能使人的神经、肝、肾受到严重破坏。水中遭受含酚废水污染后，水体氧的平衡将受到严重破坏。水中含酚量即使在 0.01mg/L 以下，在加过氯的水中也会导致氯酚恶臭，使水有可憎的气味，影响饮用。水体含酚 0.1～0.2mg/L 时在其中捕获的鱼肉有酚味，浓度高时，会引起鱼类大量死亡，对鱼类的毒性极限为 4～15mg/L。用未经处理的含酚大于 50～100mg/L 的废水直接灌溉农田，会使农作物枯死和减产。

目前常采用的集中回收和净化处理技术有生物氧化法、有机溶剂萃取法、化学沉淀法、化学氧化法、蒸气气提法、物理化学吸附法等。近年来又发展了大孔径吸附树脂和液膜分离法等新技术，它们既能从废水中回收酚，又能使废水净化达到排放标准。中国一些酚醛树脂及模塑料生产厂采用萃取、吸附、液膜分离等治理方法已取得比较成功的经验。中国工业污水二级排放标准为酚 <0.5mg/L，COD<100mg/L，pH=6～9。

4.7 环氧树脂的生产工艺

4.7.1 环氧树脂概述

环氧树脂（epoxy resin）是指大分子链上含有醚基而在两端含有环氧基团的一类聚合物，简称为 EP。由于其分子链中还含有很多环氧基、羟基等活性基团，在固化剂作用下，能交联为体型结构。环氧树脂按照组成可分为双酚 A 型、双酚 F 型、双酚 S 型及脂环型多种类型。其中最普通、使用最广泛的是以环氧氯丙烷和双酚 A 为原料合成的环氧树脂，通常称双酚 A 型环氧树脂。国内统一代号为 E，如 E-51[产品牌号 618，51 代表树脂的环氧值（每 100g 环氧树脂中含有的环氧基当量）]、E-44（6101）等，后面的数字越小，表示树脂的分子量越大。

环氧树脂固化前属于线型结构，具有热塑性中、低分子量的环氧树脂多用于黏合剂和涂料，用于塑料，必须加入固化剂，交联固化后形成网状结构才可以。高分子量的环氧树脂可以直接加工成塑料制品。环氧树脂优良的物理机械性能和电绝缘性能、与各种材料的粘接性能，以及其使用工艺的灵活性是其他热固性塑料所不具备的。因此它能制成涂料、复合材料、浇铸料、胶黏剂、模压材料和注射成型材料，在国民经济的各个领域中得到广泛的应用。

　　环氧树脂在涂料中的应用占较大的比例，它能制成各具特色、用途各异的品种。环氧树脂类涂料具有以下优点：耐化学品性优良，尤其是耐碱性；漆膜附着力强，特别是对金属；具有较好的耐热性和电绝缘性；漆膜保色性较好。但是双酚 A 型环氧树脂涂料的耐候性差，漆膜在户外易粉化失光又欠丰满，不宜作户外用涂料及高装饰性涂料之用。因此环氧树脂涂料主要用作防腐蚀漆、金属底漆、绝缘漆，但杂环及脂环族环氧树脂制成的涂料可以用于户外。环氧树脂具有独特的黏附力，配制的黏合剂对多种材料具有良好的粘接性能，常称"万能胶"。除了对聚烯烃等非极性塑料黏结性不好之外，对于各种金属材料如铝、铁、铜；非金属材料如玻璃、木材、混凝土等；以及热固性塑料如酚醛、氨基、不饱和聚酯等都有优良的粘接性能。

　　环氧树脂塑料由环氧树脂、固化剂、稀释剂、增塑剂、增韧剂、增强剂以及填料等组成。其性能取决于树脂的种类、交联程度、固化剂种类、填料的性能等。用 EP 制成的玻璃钢制品的力学性能很好，用于大型壳体，如游船、汽车车身、座椅、快餐桌、发动机罩、仪表盘、化工防腐管、防腐罐等。环氧塑料也可以制成注塑、压制、浇注和泡沫塑料制品，用于各种电子和电器元件的塑封、金属零配件的固定、中低温绝热材料、轻质高强夹心材料、防震包装材料、漂浮材料及飞机上吸音材料等。

　　环氧氯丙烷和双酚 A 是合成环氧树脂的主要原料。环氧氯丙烷主要通过丙烷的氧化氯化、甘油氯化法而得。双酚 A 主要由苯酚与丙酮在碱性介质中缩合而得。

4.7.2　环氧树脂的合成原理

环氧氯丙烷和双酚 A 在 NaOH 的存在下进行开环反应：

HO—〈〉—C(CH₃)₂—〈〉—OH + H₂C—CHCH₂Cl (O) → NaOH → HO—〈〉—C(CH₃)₂—〈〉—O—CH₂CHCH₂Cl(OH)

　　在 NaOH 的作用下，链端上的氯原子与羟基上的氢原子结合成 HCl 而脱除，闭合为新的环氧基。

HO—〈〉—C(CH₃)₂—〈〉—O—CH₂CHCH₂Cl(OH) + NaOH →

HO—〈〉—C(CH₃)₂—〈〉—O—CH₂CH—CH₂(O) + NaCl + H₂O

　　这样开环、闭环反应重复下去，得到环氧聚合物。

$$(n+1) \text{ HO} \bigoplus \begin{matrix} \text{CH}_3 \\ | \\ \text{C} \\ | \\ \text{CH}_3 \end{matrix} \bigoplus \text{O—CH}_2\text{CH—CH}_2 + (n+2) \text{ H}_2\text{C—CH—CH}_2\text{—Cl} + (n+2) \text{ NaOH} \longrightarrow$$

$$\text{H}_2\text{C—CHCH}_2 \Big[\text{O} \bigoplus \begin{matrix} \text{CH}_3 \\ | \\ \text{C} \\ | \\ \text{CH}_3 \end{matrix} \bigoplus \text{O—CH}_2\text{CHCH}_2 \Big]_n \text{O} \bigoplus \begin{matrix} \text{CH}_3 \\ | \\ \text{C} \\ | \\ \text{CH}_3 \end{matrix} \bigoplus \text{O—CH}_2\text{CH—CH}_2$$

$$+ (n+2)\text{NaCl} + (n+2)\text{H}_2\text{O}$$

环氧树脂工业品种较多，分子量一般在 300～7000 之间，分为低分子量、中等分子量及高分子量三类，软化点在 50℃以下为低分子量，100℃以上为高分子量，居中为中等分子量。生产中采用的配料比和 NaOH 的浓度都不同。

4.7.3 环氧树脂的生产工艺

（1）低分子量树脂的生产 双酚 A∶环氧氯丙烷∶NaOH=1∶2.75∶2.42（摩尔比）；NaOH浓度：30%；低分子量环氧树脂的生产工艺流程如图 4-16 所示。

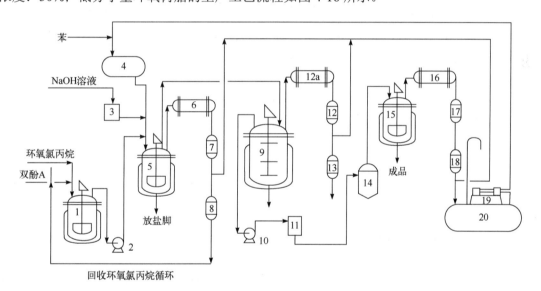

图 4-16 低分子量环氧树脂工艺流程
1—溶解釜；2,10—输送泵；3—计量槽；4—苯高位槽；5—聚合釜；6,12a,16—冷凝器；7,12,17—接收槽；8,13,18—中间储槽；9 回流脱水釜；11—过滤器；14—沉降槽；15—脱苯釜；19—蒸汽泵；20—苯储槽

依次将双酚 A 和环氧氯丙烷加入溶解槽中，加热搅拌使双酚 A 溶解，然后用齿轮泵送入聚合釜中，并将碱液由计量槽滴加到聚合釜内。升温至 50～55℃并保温，反应 4～6h 后，减压回收未反应的环氧氯丙烷，加苯使树脂溶解，同时滴加剩余的碱液，维持反应温度 65～70℃下 3～4h。反应结束后，冷却、静置使物料分层，再将树脂-苯溶液抽吸至回流脱水釜中，下层盐水用苯萃取抽吸一次后放掉。

在回流脱水釜中，利用苯-水共沸原理脱出物料中的水分，再冷却、静置、过滤，然后送至沉降槽中沉降，最后抽入脱苯釜中脱苯（先常压后减压），脱苯后从釜中放出产物环氧树脂。

（2）中等分子量环氧树脂的生产 双酚 A∶环氧氯丙烷∶NaOH=1∶1.473∶1.598（摩尔

比）；NaOH 浓度为 10%。

中等分子量环氧树脂的平均分子量为 500～1500。生产时，先将双酚 A 溶解于碱液中，再滴加环氧氯丙烷，维持反应温度为 85～95℃，保持 3～4h。反应产物的分子量取决于环氧氯丙烷的滴加速度，加料快，分子量低；加料慢，分子量高些。反应结束后，反应物静置澄清吸去上层碱液，再水洗数次，常压和减压脱水后即得成品树脂。

（3）高分子量环氧树脂生产方法　可以采用低分子量环氧树脂与双酚 A 进一步反应的方法制取。

4.7.4　环氧树脂的交联固化

双酚 A 环氧树脂本身很稳定，即使加热到 200℃也不变化。由于树脂中含有很多可以反应的活性基团（如环氧基、羟基），所以树脂均能在酸性或碱性固化剂的作用下固化。固化温度与使用固化剂种类和用量有关，从低温到高温均可。其固化过程一般不放出水或其他低分子，故作胶黏剂、层压制品或浇铸灌封的制品均不会有多孔性缺陷。由于把固化剂分子引进了环氧树脂中，所以最终的产物性能与固化剂有很大关系，它们直接影响了产物的热性能、电性能及化学稳定性等等。环氧树脂的固化剂种类繁多，随着科技进步及各应用领域的需求，新的固化剂还在不断涌现，在此选择几种常用的固化剂进行介绍。

（1）胺类固化剂　胺类固化剂有脂肪胺类、脂环族胺类和芳香族胺类。叔胺在树脂固化中仅起催化剂的作用，常用的有三乙胺、二甲基苄胺等。

胺类固化环氧树脂机理如下所示：

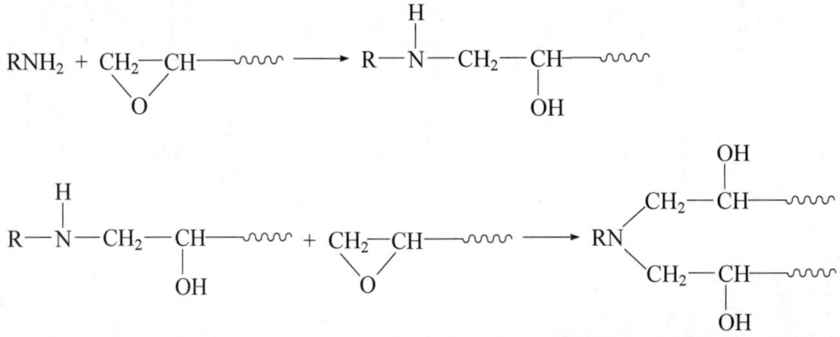

脂肪类胺类如乙二胺、己二胺、二乙烯三胺、三乙烯四胺、三乙胺、三乙醇胺等能在室温使树脂固化，且固化速度快，黏度低，使用方便。但固化放热给操作带来不便，且对操作人员健康不利。多余的胺残留在制品中会使树脂裂解，一般不适宜作结构胶黏剂的固化剂。用量一般为树脂质量的 8%～15%。为提高制品机械强度，固化后再在 100～140℃处理 4～6h。

芳香胺类固化剂分子中有苯环存在，故固化环氧制品热性能较好。主要品种有：①间苯二胺，用量为树脂质量的 14%～16%，一般采用分段加热从室温逐渐升至 150℃；②苯二甲胺，用量为树脂质量的 16%～20%，可常温固化；③4,4'-二氨基二苯砜，用量为树脂质量的 30%～35%，125～200℃固化。若加入 1%的促进剂（咪唑、甲基咪唑或三氟化硼乙胺），则 130℃下2h 即可固化；④4,4'-二氨基二苯甲烷，用量为树脂质量的 30%左右，165℃下 4～6h 固化。

（2）酸酐类固化剂　这类固化剂固化慢，固化温度高，且多为固体，加料及操作不便。但固化过程中放热缓和，且产品收缩小，由于有酯键的存在使产品韧性有所提高。一般可加入 1%～3%叔胺作催化剂，使酸酐开环与环氧反应产生单酯和二酯。

　　环氧树脂中的羟基和其他含羟基化合物都可使酸酐开环，水也可使酸酐开环，故空气湿度对酸酐固化是有影响的。

开环后的羧基发生如下反应：

与环氧基酯化

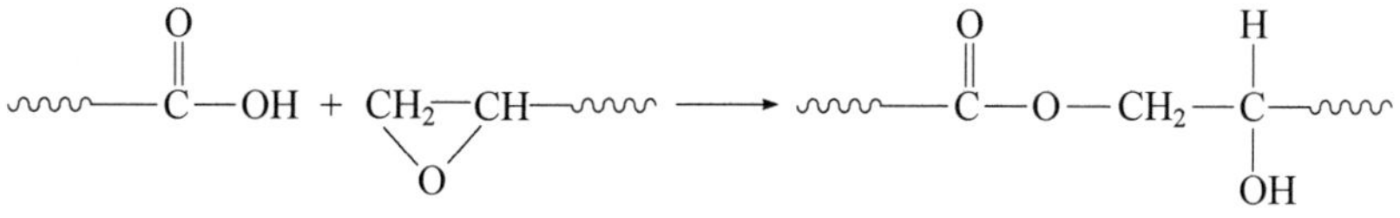

与羟基酯化

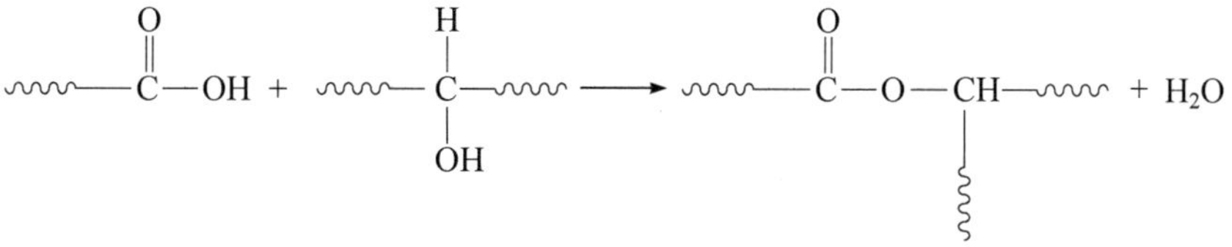

醚化

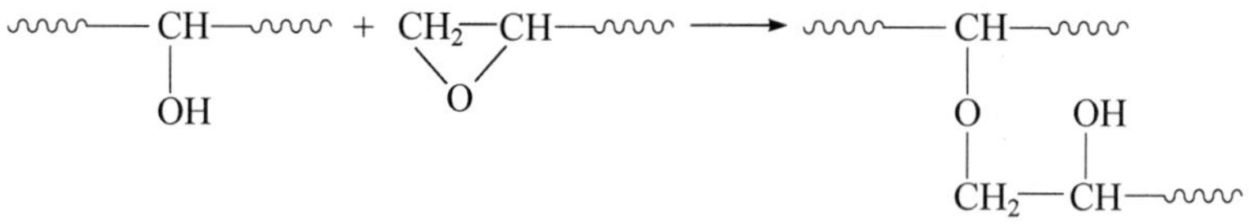

　　催化剂叔胺与酸酐形成一个离子对，环氧基插入时，羧基负离子打开环氧基，生成酯键，同时产生一个新的阴离子。这个阴离子又可与酸酐形成一个新的离子对，或是环氧基开环，进一步发生醚化反应，反应就如此继续下去。

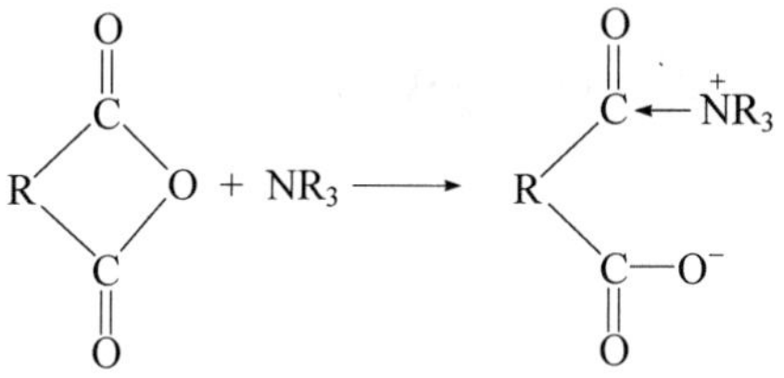

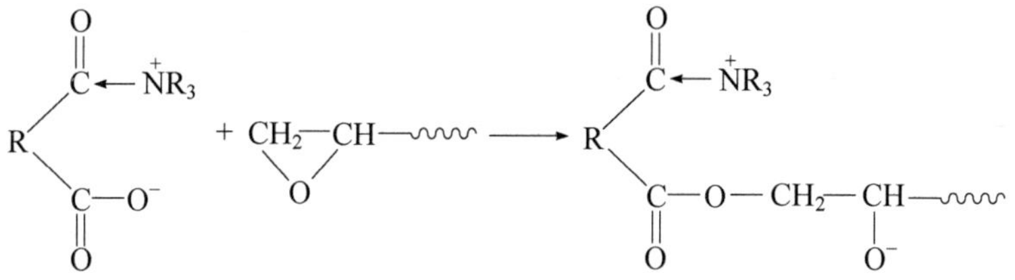

　　① 顺酐（马来酸酐）：用量为树脂质量的 30%～40%，160～200℃，2～4h 固化。

　　② 苯酐（邻苯二甲酸酐）：用量为树脂质量的 30%～45%。

　　③ 内次甲基四氢邻苯二甲酸酐：用量为树脂质量的 80%～93%。固化条件：80℃，3h；120℃，3h；200℃，4～5h。

　　④ 聚壬二酸酐：分子量为 2000～5000，用量为树脂质量的 20%～25%，100℃固化 12h。

　　⑤ 均苯四甲酸二酐：用量为树脂质量的 20%～25%。

　　⑥ 桐油酸酐树脂：由桐油和顺酐经双烯加成而得，可作固化剂和增韧剂，用量为树脂质量的 1～2 倍。固化条件：80℃，20h 或 100℃，5h。

（3）咪唑类固化剂　属中温固化剂，在室温下无挥发物，毒性低。在室温下有较长的使用期（数十小时不凝胶），操作方便，用于浇铸料、胶黏剂、复合材料等。

固化机理首先是氮原子上的活泼氢先和环氧基加成：

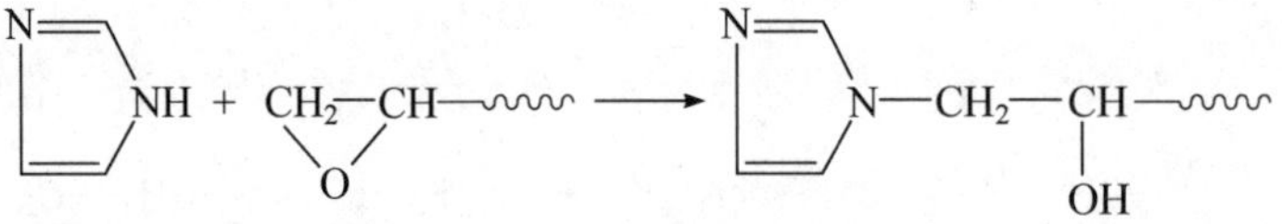

之后则主要是咪唑环上的叔氮原子催化环氧均聚反应。这个叔氮原子是给电子体，它进攻环氧基上正碳原子，形成正负离子对：

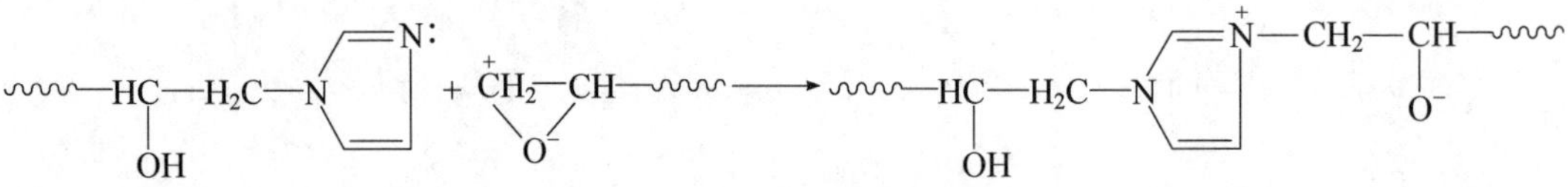

在链增长过程中，下一个环氧基插入活性中心，最后的交联物以醚键为主要结构形式。

典型的咪唑类固化剂有：

① 咪唑：用量一般为树脂质量的 3%～5%。

② 2-乙基-4-甲基咪唑：用量为树脂质量的 2%～5%。固化条件为：60～80℃，6～8h。

（4）树脂固化剂　采用树脂作固化剂也是利用树脂中存在的活性基团如氨基、羟基、羟甲基、羧基等与环氧树脂中的环氧基和羟基反应，达到交联的目的。如酚醛树脂、脲醛树脂、三聚氰胺甲醛树脂、低分子聚酰胺树脂、双马来酰亚胺中间体等等。

拓展阅读

环氧树脂制品中的添加剂

4.7.5　环氧树脂生产过程中的影响因素

（1）摩尔比的影响　表 4-12 列举了摩尔比对产品性能的影响，这主要因为过量的环氧氯丙烷起分子量调节剂的作用。

表 4-12　原料摩尔比对产品性能的影响

产品	环氧氯丙烷：双酚 A（摩尔比）		
	10：1	1.48：1	1.22：1
环氧当量	0.5	0.2	0.1
软化点/℃	9	69	98
平均分子量（沸点升高法）	370	900	1400
环氧基数/分子	1.85	（$n=2$）	1.44（$n \approx 3.7$）

（2）氢氧化钠的影响　对于低分子量树脂，由于环氧氯丙烷过量很多，所以水解消耗的 NaOH 较多，而只有中等分子量和高分子量树脂的生产中，NaOH 才接近理论值。

在浓碱介质中，环氧氯丙烷的活性大，脱氯化氢的作用比较迅速、安全，有利于低分子量树脂的生成，碱液一般分两次加入，可使环氧氯丙烷的回收率提高。这主要是由于过量的环氧氯丙烷易被水解的缘故。

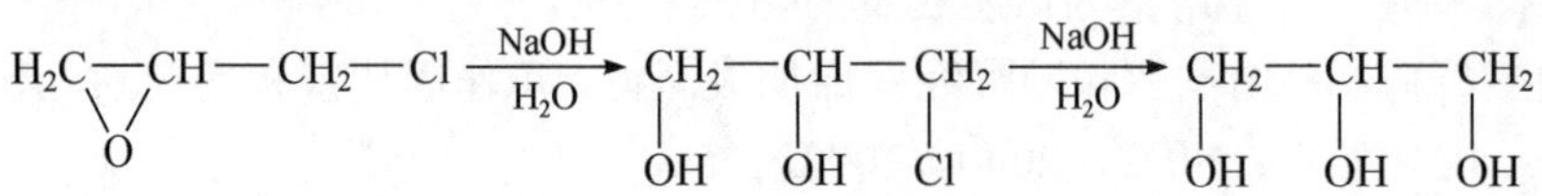

　　碱液分批加入，第一次主要起加成反应及部分闭环反应的作用。这时氯醇基的含量较高，过量的环氧氯丙烷水解的概率降低，当形成大分子链时就可立即回收环氧氯丙烷。这时由于体系黏度低，对其蒸出有利。第二次加碱的作用就是使氯醇基闭环，所以，与一次投碱相比，环氧氯丙烷的转化率高。

　　（3）反应温度　在碱性条件下 50℃就可反应，反应温度升高，有利于提高反应速率和产物分子量。

　　（4）加料顺序　先将双酚 A 溶于碱液中，然后加入环氧氯丙烷，可得分子量较大的树脂。将双酚 A 的碱液加入环氧氯丙烷中，可得中等分子量的树脂。先将双酚 A 溶于环氧氯丙烷，再滴加碱液，生成树脂的分子量最小。

本章小结

　　与自由基聚合工艺不同，缩聚反应是逐步进行的、在官能团之间的缩合反应，过程中有小分子副产物生成。按产物结构缩聚反应分为线型缩聚和体型缩聚。线型缩聚的关键是控制聚合物的分子量（或聚合度）；体型缩聚的关键是判断凝胶点，实际使用时通过加入固化剂或加热等方式进一步交联固化。本章的学习可参考如下思维导图。

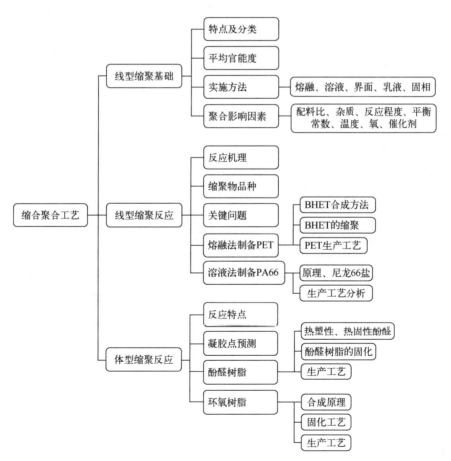

课堂讨论

（1）除了本章提到的聚酯和聚酰胺，你还了解哪些工程塑料？选一种介绍它的结构性能特点、应用领域、合成工艺以及发展趋势。

（2）试讨论缩聚反应制备尼龙可采用哪些实施方法？各有什么优缺点？

（3）调查缩合聚合工艺可制备哪些可降解塑料？生产工艺有哪些特殊要求？

（4）随着国家"限塑令"的升级以及人们环保意识的增强，塑料回收利用引起了广泛关注。在废弃塑料中，PET 塑料瓶是回收率最高的产品，再生 PET 也是最成熟的再生塑料产品。了解再生 PET 的技术及市场现状，并举出再生 PET 创新应用案例。

本章习题

1. 说明缩聚反应的实施方法，并说明各自的特点。

2. 试述一般熔融缩聚过程分几个工艺阶段，以及各阶段的聚合反应内容、反应条件、反应任务。讨论熔融缩聚中提高聚合产物分子量的工艺措施。

3. 简述影响缩合聚合生产工艺的主要因素。

4. 计算己二酸和己二胺以等摩尔比配料，求反应程度分别为 0.500、0.800、0.900、0.950、0.970、0.990、0.995、0.999 时的平均聚合度及平均分子量。

5. 对苯二甲酸和乙二醇以等摩尔比配料，在 280℃下进行缩聚反应，已知 K 为 4.9。若达到平衡时所得聚酯的平均聚合度为 20，试计算此时体系内残存副产物控制在多少以下？

6. 加多少苯甲酸于等摩尔比的己二酸和己二胺之中，能使产物的平均分子量为 20000？

7. PET 的生产路线有哪几种？试讨论其优缺点。

8. 试写出酯交换法合成 PET 有关的聚合反应方程式。

9. 工业上生产尼龙 66 的工艺分为哪几个工段？

10. 何为体型缩聚？体型缩聚有哪两个阶段？每个阶段有什么特点？

11. 什么是凝胶化现象和凝胶点？如何预测凝胶点？

12. 简要说明体型缩聚的应用特点。

13. 热固性酚醛树脂和热塑性酚醛树脂的主要区别是什么？

14. 环氧树脂的固化剂有哪几类？举例说明。

第**5**章 逐步加成聚合工艺

内容提要：

本章以聚氨酯的合成为例，介绍了逐步加成聚合工艺的理论及工业应用。重点讲解了聚氨酯合成过程中的原材料、异氰酸酯的反应以及合成工艺原理，详细介绍了聚氨酯泡沫材料、聚氨酯橡胶、聚氨酯纤维和聚氨酯胶黏剂的工业生产案例。

学习目标：

（1）掌握逐步加成聚合原理，以及与缩合聚合工艺的区别；
（2）熟悉聚氨酯合成中的主要原料，掌握一步法和两步法的合成工艺原理；
（3）了解聚氨酯泡沫、聚氨酯橡胶、聚氨酯纤维和聚氨酯胶黏剂的结构性能特点、聚合体系和生产工艺。

重点与难点：

（1）逐步加成聚合反应过程中，影响聚合过程及产物性能的关键因素；
（2）能够说出聚氨酯泡沫、聚氨酯橡胶、聚氨酯纤维和聚氨酯胶黏剂结构、性能及生产工艺的区别。

5.1 逐步加成聚合与聚氨酯合成理论

5.1.1 逐步加成聚合概述

逐步加成聚合（step addition polymerization）是指单体官能团之间通过相互加成而逐步形成聚合物的聚合过程。与缩聚反应相似，产物分子量随着聚合时间逐步增长，每步反应后都能得到稳定的中间加成产物，单体的等摩尔比是获得高分子量聚合物的必要条件，加入单官能团化合物（如一元醇或一元胺等）可控制聚合物分子量。但是，在逐步加成聚合过程中不产生低分子副产物，故生成聚合物的化学组成与所用单体的化学组成相同。典型的逐步加成聚合反应有以下几种类型：

（1）二异氰酸酯与二元醇合成线型聚氨酯的反应

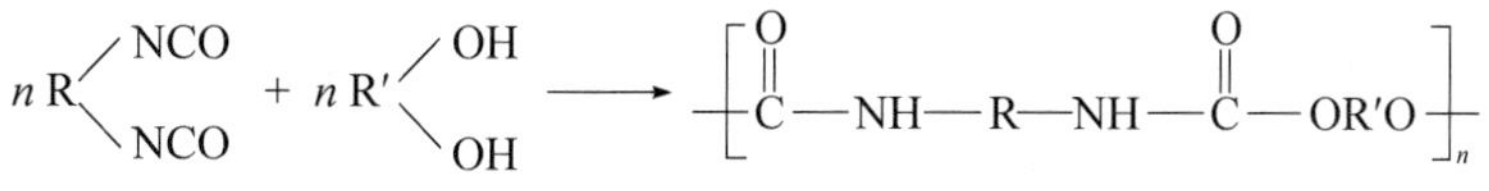

根据二元醇的结构，聚氨酯又分为聚醚型和聚酯型两大类。聚氨酯分子结构中含有强极性氨基甲酸酯基团，同时伴有氢键，因此聚合物具有高强度、高韧性和弹性，以及耐油、耐磨、耐低温等优点，广泛应用在塑料、橡胶、纤维、皮革、涂料、胶黏剂等领域。

（2）二异氰酸酯与二元胺制备聚脲的反应

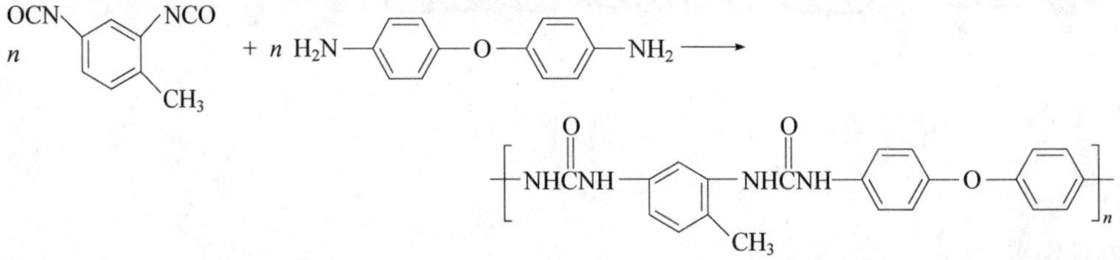

聚脲是由异氰酸酯与氨基化合物加成反应生成的一种弹性体材料。聚脲的最基本的特性就是防腐、防水、耐磨等。聚脲用途极为广泛，主要应用在混凝土防护、卡车耐磨衬里、钢结构防腐、屋面防水等。其中管道防腐也是聚脲技术进入最早、工程应用最大的领域。

喷涂聚脲弹性体（spray polyurea elastomer，SPUA）技术是近年来为适应环保需求而研制、开发的一种新型无溶剂、无污染的绿色施工技术，它是在反应注射成型（RIM）技术的基础上发展起来的，其主要原料是美国 Texaco/Huntsman 公司首先开发的端氨基聚氧化丙烯醚。由端氨基聚醚、液态胺扩链剂、颜料、填料以及助剂组成色浆（R 组分），另一组分则由异氰酸酯与低聚物二元醇或三元醇反应制得（A 组分）。两个组分通过喷枪进行喷涂或浇注聚脲弹性体。该工艺属快速反应喷涂体系，原料体系不含溶剂、固化速度快、工艺简单，可很方便地在立面、曲面上喷涂十几毫米厚的涂层而不流挂。SPUA 技术将新技术、新材料和新工艺结合起来，是一种新型的"万能"涂装技术，被誉为 20 世纪末期涂料、涂装技术领域最伟大的发现。

（3）双环氧化合物（二环氧化丁二烯、二甘油醚等）与双酚化物（双酚 A、双酚 F、对苯二酚等）制备环氧树脂的反应

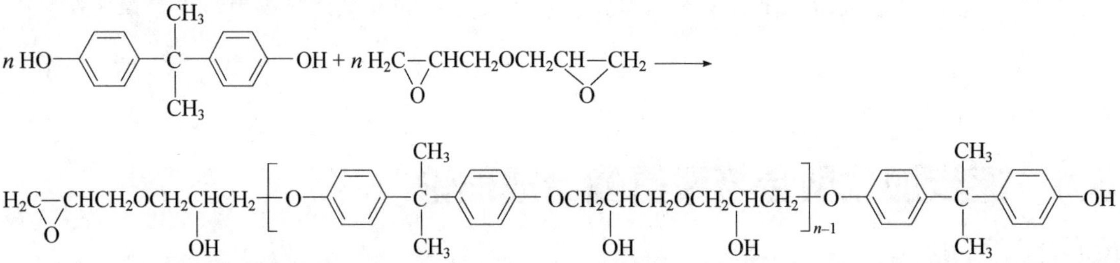

与以环氧氯丙烷为原料制备环氧树脂相比，加成聚合方法简化了脱 HCl 步骤，合成工艺更加简单，但原料成本显著增加。

（4）Diels-Alder 反应制备梯形聚合物　Diels-Alder 反应是双键间的逐步加成反应。1954年首次用此反应制出聚合物。所用单体为 2-乙烯基-1,3-丁二烯与苯醌，两者反应先生成一种中间产物，然后进一步自聚得到聚合物。

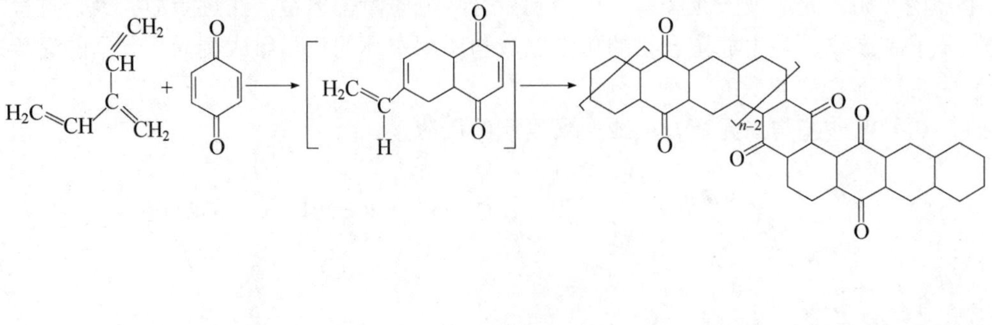

1, 2, 4, 5-四亚甲基环己烷和对苯醌，通过 Diels-Alder 反应也可以制得梯形聚合物：

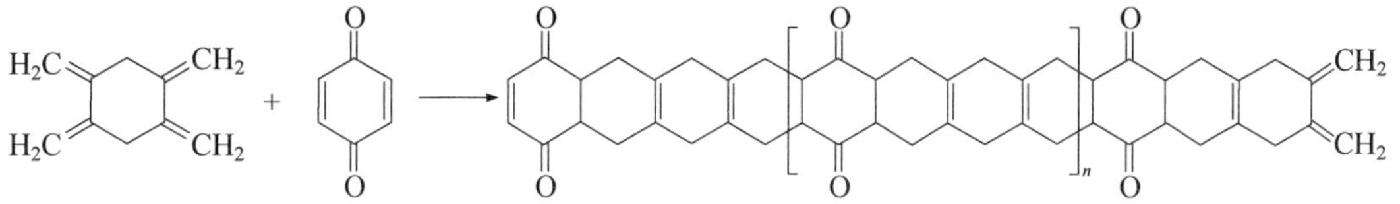

这两种梯形聚合物由两条独立的长碳链组成，两条长碳链之间依靠价键和原子桥连接，具有独特的耐高温与耐老化性能，在耐高温聚合物领域越来越受到人们的重视。但由于这些梯形聚合物制备及加工难度大，目前工业上尚未获得广泛应用。

（5）双烯烃与二硫醇的反应　制备聚硫橡胶，这种方法不如缩聚法制备聚硫橡胶普遍。聚硫橡胶对有机溶剂和油脂相当稳定，适宜制造电线电缆的耐油套管与绝缘层、化工设备与储槽的衬里等。

$$n\,CH_2 == CHRCH == CH_2 + n\,HS-R'-SH \longrightarrow +CH_2CH_2RCH_2CH_2-SR'S+_n$$

5.1.2　聚氨酯概述

在大分子主链中含有氨酯型重复结构单元的一类聚合物称为聚氨基甲酸酯，简称为聚氨酯（PU 或 PUR）。它是由多异氰酸酯与多羟基化合物通过逐步加成聚合反应而制得。一般而言，使用二异氰酸酯与二羟基化合物反应，可制得线型聚氨酯，而使用二异氰酸酯与三羟基或四羟基化合物反应，则制得体型产物。

1937 年，德国 I. G. Farben 公司（Bayer 公司的前身）合成了第一种聚氨酯热塑性塑料 Durthane U，几年后合成纤维贝纶 U（Perlon U）问世。

1940 年，I. G. Farben 公司的研究人员将三苯基甲烷-4, 4′, 4″-三异氰酸酯成功地用于金属与丁钠橡胶的粘接，在第二次世界大战中使用到坦克履带上，为聚氨酯胶黏剂工业奠定了基础。

1951 年，美国用干性油及其衍生物与甲苯二异氰酸酯反应制得油改性聚氨酯涂料，之后成功研究了双组分催化固化型聚氨酯涂料与单组分湿固化型涂料。

聚氨酯弹性纤维于 1958 年研究成功，1959 年 DuPont 公司开始生产聚醚型聚氨酯弹性纤维，牌号为 Lycra，这个牌号沿用至今。

1963 年，DuPont 公司成功研究了聚氨酯合成革，其外观与手感类似于天然皮革，牌号为 Corfam。1964 年日本仓敷人造丝公司也相继制成牌号为可乐丽娜（Clarino）的聚氨酯合成革。

20 世纪 60 年代中期各国相继研究成功聚氨酯铺面材料以及防水材料，从而使聚氨酯树脂在土木建筑工程中获得应用。

我国聚氨酯生产始于 60 年代初。21 世纪以来，我国聚氨酯的产销量持续快速增长，2019 年我国聚氨酯产量达 1366 万吨，占全球总产量比重 45%左右，聚氨酯产品消费量达 1185 万吨。我国目前已成为世界上最大的聚氨酯生产国，也是最大的聚氨酯市场之一。

聚氨酯制品主要包括以下几种：泡沫塑料、弹性体、纤维、合成革浆料、涂料、胶黏剂和密封胶等，其中泡沫塑料所占比重最大。软质聚氨酯主要是具有热塑性的线型结构，它比 PVC 发泡材料有更好的稳定性、耐化学性、回弹性和力学性能，具有更小的压缩变形性。隔热、隔音、抗震、防毒性能良好。因此用作包装、隔音、过滤材料。　硬质聚氨酯塑料质轻、隔音、绝热性能优越、耐化学药品，电性能好，易加工，吸水率低。它主要用于建筑、汽车、航空工业、保温隔热的结构材料。聚氨酯弹性体性能介于塑料和橡胶之间，耐油、耐磨、耐低温、耐老化、硬度高、有弹性。主要用于制鞋工业和医疗业。聚氨酯还可以制作黏合剂、涂料、合成革等。

5.1.3   合成聚氨酯的主要原材料

（1）异氰酸酯单体   常用的异氰酸酯单体有甲苯二异氰酸酯（TDI）、二苯基甲烷二异氰酸酯（MDI）、聚合 MDI（或称 PAPI）、六亚甲基二异氰酸酯（HDI）、异佛尔酮二异氰酸酯（IPDI）、1,5-萘二异氰酸酯（NDI）和苯二亚甲基二异氰酸酯（XDI）等。TDI 有 2,4-甲苯二异氰酸酯和 2,6-甲苯二异氰酸酯两种异构体，含有 100% 的 2,4-甲苯二异氰酸酯，简称 TDI-100，含有 80% 的 2,4-甲苯二异氰酸酯和 20% 的 2,6-甲苯二异氰酸酯的化合物，简称 TDI-80/20，含有 65% 的 2,4-甲苯二异氰酸酯和 35% 的 2,6-甲苯二异氰酸酯的化合物，简称 TDI-65/35。商业级的甲苯二异氰酸酯主要有以上三个品种，反应活性随着 2,4-异构体含量的增加而增加。甲苯二异氰酸酯的沸点为 251℃，但是容易挥发，具有较强的挥发毒性，使用时应加以注意。

MDI 常温下为白色或浅黄色固体。聚合 MDI 为棕褐色透明液体，聚合 MDI（或称 PAPI）的工业品实际上是 MDI 和聚合 MDI 的混合物。HDI 主要用于制泡沫塑料、合成纤维、涂料和固体弹性物等，由己二胺盐酸盐与光气作用而得。IPDI 是一种脂环族的二异氰酸酯。IPDI 为低黏度液体，低温储存不结晶。它是两种恒比例的立规异构体的混合物，大约是 75∶25 异构体的混合物，其中顺式异构体占多数。可混溶于酯、酮、醚、烃类。IPDI 是常用二异氰酸酯类产品中活性最小的品种之一，反应平稳，其两个异氰酸酯基具有相差约十倍的不同反应活性，有利于制备各种预聚体，而且其蒸气压较低，使用操作时更加安全。在塑料、胶黏剂、医药和香料等行业中应用广泛。

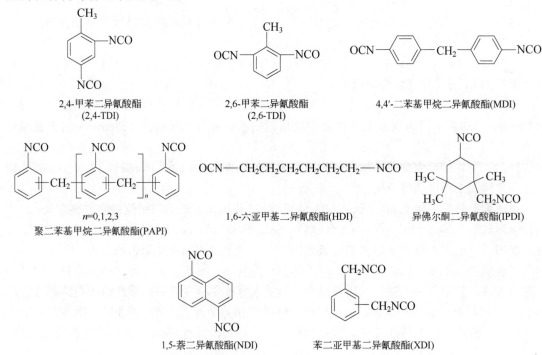

2,4-甲苯二异氰酸酯
(2,4-TDI)

2,6-甲苯二异氰酸酯
(2,6-TDI)

4,4'-二苯基甲烷二异氰酸酯(MDI)

n=0,1,2,3
聚二苯基甲烷二异氰酸酯(PAPI)

1,6-六亚甲基二异氰酸酯(HDI)

异佛尔酮二异氰酸酯(IPDI)

1,5-萘二异氰酸酯(NDI)

苯二亚甲基二异氰酸酯(XDI)

（2）多元醇化合物

① 聚醚多元醇　聚醚多元醇是指分子链上含有大量醚键的端羟基化合物，通常是以低分子量多元醇、多元胺或活泼氢的化合物为起始剂，与氧化烯烃在催化剂的作用下开环聚合而成。常用的有端羟基聚四氢呋喃、端羟基聚氧化丙烯醚、端羟基聚氧化乙烯醚等。工业上，采用阳离子聚合制备分子量 1000～3000 的端羟基聚四氢呋喃。环氧乙烷、环氧丙烷的阴离子开环聚合需要具有活性基团的物质作为起始剂，产物的结构与起始剂有关。如以 1,2-丙二醇为起始剂制备端羟基聚氧化丙烯醚的反应如下：

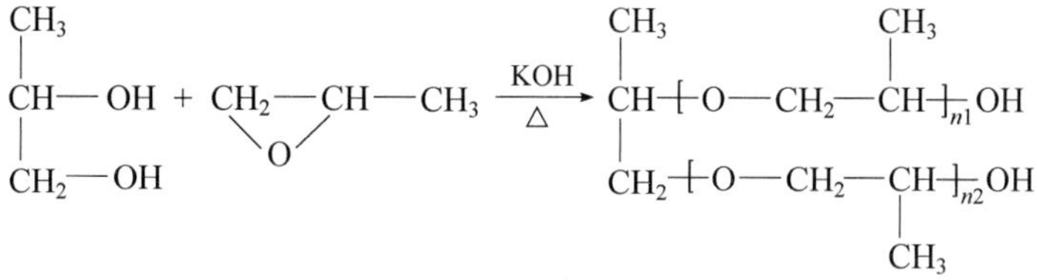

聚氧化丙烯醚

分别以丙三醇、乙二胺和木糖醇为起始剂，可以制备三羟基、四羟基和五羟基的聚氧化丙烯醚：

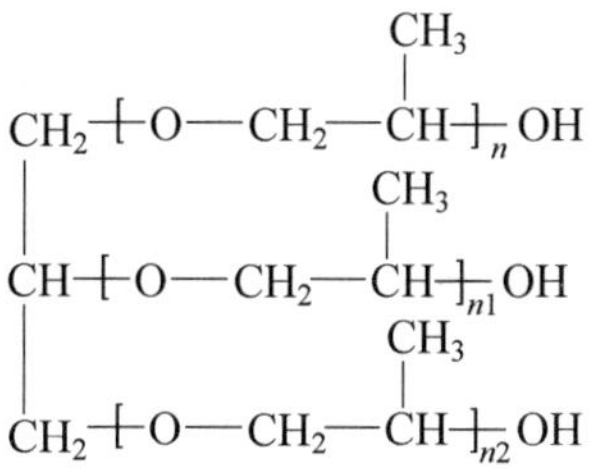

三羟基聚氧化丙烯醚 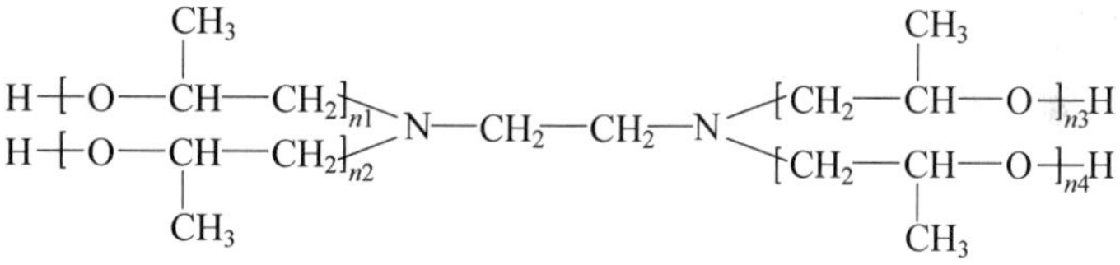　　　　　　　四羟基聚氧化丙烯醚

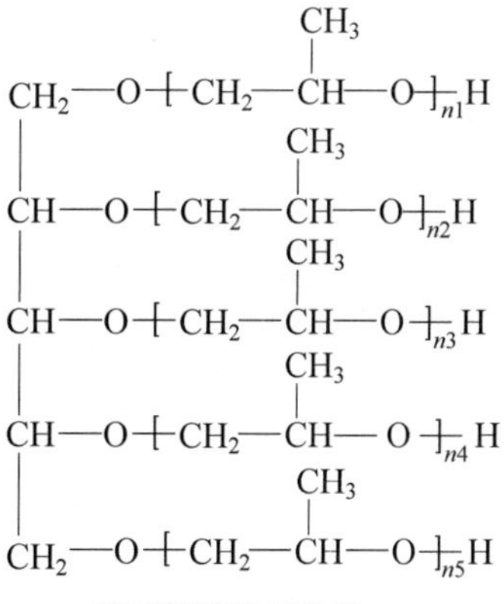

五羟基聚氧化丙烯醚

② 聚酯多元醇　根据终端产物聚氨酯的用途，有二官能度的聚酯二元醇和三官能度及以上的聚酯多元醇。聚酯二元醇由二元酸和过量二元醇经混缩聚反应制得，数均分子量一般在 1000～3000，室温下为液态或蜡状固体。聚酯多元醇采用二官能度及多官能度的羧酸及醇单体，经酯化缩聚而成。聚酯多元醇用于制造聚氨酯，可应用在泡沫塑料、（弹性）纤维、合成革、弹性体、涂料、黏合剂等工业领域。表 5-1 列出了几种聚酯多元醇的组成和用途。

表 5-1　常见聚酯多元醇的组成和用途

聚酯多元醇的组成	用途
己二酸，二元醇	软泡沫塑料、黏合剂、弹性体、纤维
己二酸，二、三元醇	软泡沫塑料、弹性体、合成革
己二酸，苯二甲酸，三元醇	硬泡沫塑料、涂料
己二酸，苯二甲酸，二、三元醇	硬泡沫塑料、软泡沫塑料、合成革
苯二甲酸，二、三元醇	涂料
己内酯，二元醇	软泡沫塑料、弹性体、合成革
己内酯，季戊四醇	硬泡沫塑料

　　聚醚多元醇是在石油化工工业基础上发展起来的，主要用于聚氨酯泡沫材料的生产领域。聚醚多元醇分子链上含有醚键，极性较弱，主链柔软，因此，制备的聚氨酯材料具有较好的耐低温、耐水解性能，材料质地柔软，回弹性好，但是机械强度和耐氧化温度性较差。聚酯多元醇是在煤化工工业基础上发展起来的，主要用于聚氨酯人造革、聚氨酯橡胶等领域。聚酯多元醇分子链上含有酯基，极性高于醚键，再者其分子中含有较多芳环结构。因此，制备的聚氨酯材料具有较好的耐高温、耐油、耐磨性，机械强度较高，但耐低温和耐水解性能欠缺。

　　（3）扩链剂　在聚氨酯橡胶与纤维的生产中，常使用一些含活泼氢的化合物（一般为双官能度的），使之与异氰酸酯端基预聚物反应，致使分子链扩展延长，并呈现硬链段。因此称此种化合物为扩链剂。

　　常用的醇类扩链剂有乙二醇、丁二醇、1,4-双（羟乙氧基）苯等。

　　常用的胺类扩链剂有肼（H₂N–NH₂）、联苯胺、二苯甲烷-4,4'-二胺等。

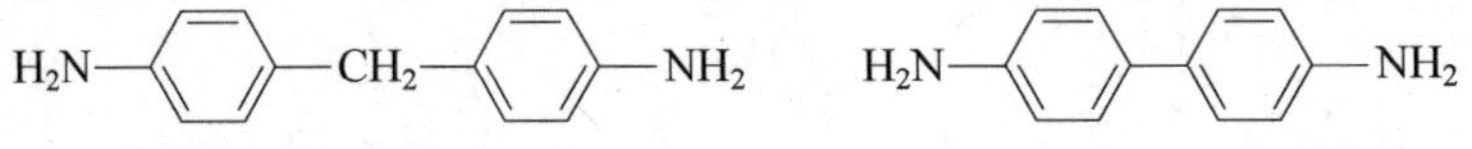

二苯甲烷-4,4'-二胺　　　　联苯胺

5.1.4　异氰酸酯的反应

5.1.4.1　异氰酸酯的反应活性

　　有机异氰酸酯化合物含有高度不饱和的异氰酸酯基团（NCO，结构式—N＝C＝O），因而化学性质非常活泼。一般认为，异氰酸酯基团的电荷分布如下，它是电子共振结构：

$$R-\overset{\ominus}{N}-\overset{\oplus}{C}=\overset{..}{O} \Longleftrightarrow R-\dot{N}=C=\overset{..}{O} \Longleftrightarrow R-\dot{N}=\overset{\oplus}{C}-\overset{..}{O}^{\ominus}$$

　　由于氧和氮原子上电子云密度较大，其电负性较大，NCO 基团的氧原子电负性最大，是亲核中心，可吸引含活性氢化合物分子上的氢原子而生成羟基，但不饱和碳原子上的羟基不稳定，重排为氨基甲酸酯（若反应物为醇）或脲（若反应物为胺）。碳原子电子云密度最低，呈较强的正电性，为亲电中心，易受到亲核试剂的进攻。异氰酸酯与活泼氢化合物的反应，就是由于活泼氢化合物分子中的亲核中心进攻 NCO 基的碳原子而引起的。反应机理如下：

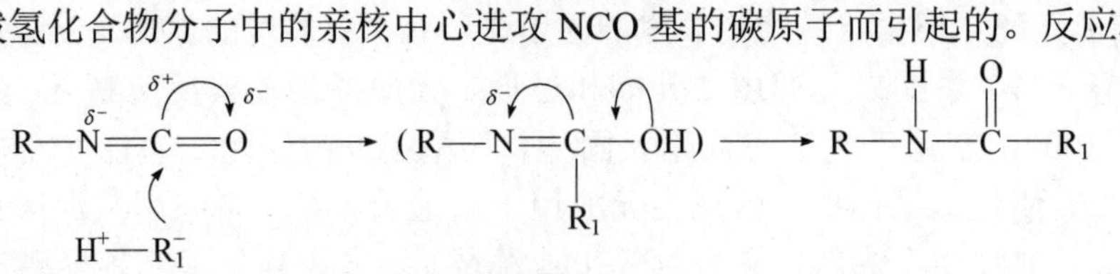

　　连接 NCO 基团的 R 基的电负性对异氰酸酯的反应活性影响较大，若 R 是吸电子基团，它能使 NCO 基团中 C 原子的电子云密度更低，正电性更强，因而更容易与亲核试剂（或亲

核中心）发生反应；若 R 为给电子基，它会削弱 NCO 基团中 C 原子的正电性，使其与活性氢化合物的反应活性降低。异氰酸酯的反应活性随 R 基团的性质有下列由大到小的顺序：

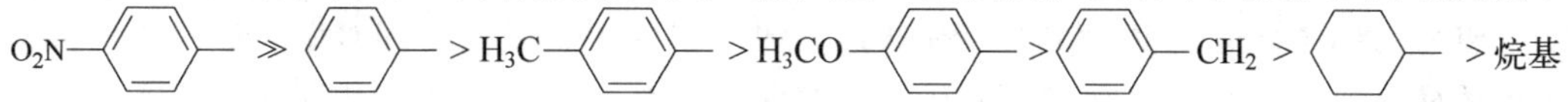

$$O_2N-\text{〇}-\ggg \text{〇}->H_3C-\text{〇}->H_3CO-\text{〇}->\text{〇}-CH_2>\text{〇}>\text{烷基}$$

　　芳香族二异氰酸酯中两个 NCO 基团之间相互发生诱导效应，促使反应活性增加。因为第一个 NCO 基团参加反应时，另一个 NCO 基团起吸电子取代基的作用，对于能产生共轭体系的芳香族二异氰酸酯，这种诱导效应则特别明显。

拓展阅读

二异氰酸酯的反应活性

5.1.4.2　异氰酸酯与活泼氢化合物之间的反应

　　由于异氰酸酯基团的高活泼性，它可以与许多含活性氢的物质反应。异氰酸酯基团与水、醇、酚、胺、酸等含活泼氢的化合物能发生加成反应，生成相应的产物。这类反应较容易发生，称为初级反应。它们的反应式如下，其中的 R 和 R′代表脂肪族或芳香族基团，而 Ar 则专指芳香族基团，如苯环等。

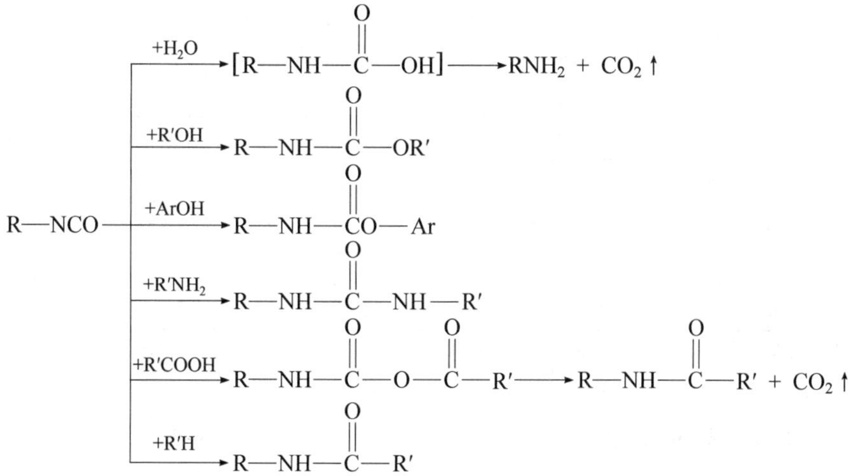

　　上述反应生成的产物氨基甲酸酯及脲等基团中仍含有活泼氢原子，可与过量的异氰酸酯进一步反应。这类反应活性相对较低，但在碱性及高温条件下仍可发生。发生这类反应后能形成支化及三维交联的结构，属于合成非线型聚氨酯材料的基本反应。它们的反应式如下：

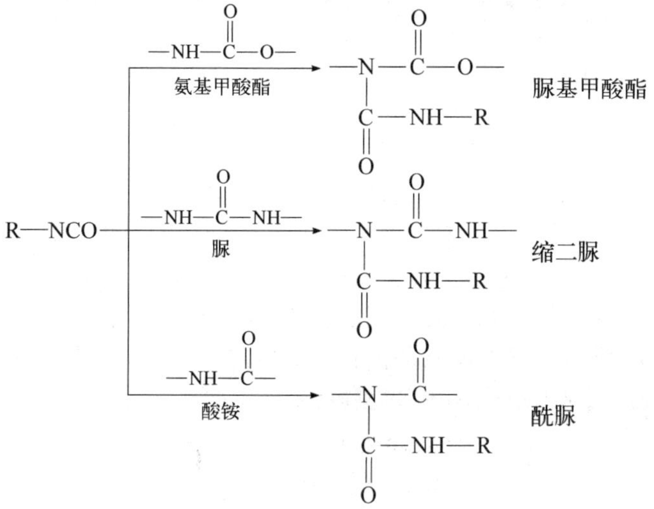

由亲核反应机理可知，在活性氢化合物的分子中，若亲核中心的电子云密度越大，其电负性越强，它与异氰酸酯的反应活性则越高，反应速率也越快；反之则活性低。即活泼氢化合物（ROH 或 RNH_2）的反应活性与 R 的性质有关，当 R 为吸电子取代基（电负性低），则氢原子转移困难，活泼氢化合物与 NCO 的反应较为困难；若 R 为供电子取代基，则能提高活泼氢化合物与 NCO 的反应活性。几种活性氢化合物与异氰酸酯反应活性大小顺序可排列如下：

脂肪族氨基＞芳香族氨基＞伯羟基＞水＞仲羟基＞酚羟基＞羧基＞取代脲＞酰胺＞氨基甲酸酯

有研究表明，在 80℃的二氧六环中将苯基异氰酸酯与含活性氢的化合物以摩尔比 1:1 反应，测定的相对反应速率分别为：苯氨基甲酸丁酯 1，丁酰苯胺 16，丁酸 26，二苯基脲 80，水 98，丁醇 460。可见，异氰酸酯与伯羟基的反应比与水、芳香族脲等快得多。

表 5-2 为几种二异氰酸酯在 100℃下的反应速率常数。芳香族二异氰酸酯的反应活性比脂肪族的大，取代基影响 NCO 的反应活性。

表 5-2　几种二异氰酸酯在 100℃下的反应速率常数　　单位：$\times 10^{-4} L/(mol \cdot s)$

二异氰酸酯种类	羟基	水	胺	脲	氨基甲酸酯
对苯基二异氰酸酯	36.0	7.8	17.0	13.0	1.8（130℃）
2,4-甲苯二异氰酸酯	21.0	5.8	36.0	2.2	0.7（130℃）
2,6-甲苯二异氰酸酯	7.4	4.2	6.9	6.3	—
1,5-萘二异氰酸酯	4.0	0.7	7.1	8.7	0.6
1,6-六亚甲基二异氰酸酯	8.3	0.5	2.4	1.1	2×10^{-5}（130℃）

注：羟基—聚己二酸乙二醇酯；脲—二苯脲；胺—3,3'-二氯联苯胺；氨基甲酸酯—对苯基氨基甲酸丁酯。

5.1.4.3　异氰酸酯的自聚反应

在适当催化剂作用下，异氰酸酯可发生自聚反应。异氰酸酯的自聚反应归纳起来有以下四种。芳香异氰酸酯在室温下可缓慢发生二聚反应生成脲啶二酮二聚体。二聚反应在叔胺及膦化合物存在下可催化反应加速。二聚反应生成的脲啶二酮二聚体在 150℃及以上的高温下会发生分解反应，释放出异氰酸酯单体。

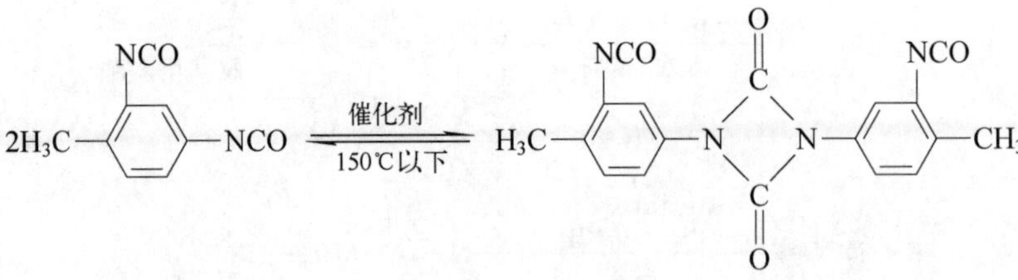

(2,4-TDI二聚体)

脂肪族和芳香族异氰酸酯在一定温度和催化剂的条件下可发生三聚反应，生成异氰脲酸酯三聚体。异氰酸酯基团三聚反应的催化剂有叔胺、碱金属、碱土金属化合物等。生成的异氰脲酸酯三聚体对热稳定，其中异氰脲酸酯六元环在 200℃稳定存在，分解温度为 350℃以上。

$$3R\text{—}NCO \xrightarrow{\text{催化剂}} \text{异氰脲酸酯}$$

异氰脲酸酯

异氰酸酯基团在一定条件下可发生线型缩聚反应生成数均分子量达 20 万以上的聚酰胺：

$$nR\text{—}NCO \longrightarrow \text{聚酰胺}$$

聚酰胺

此外，异氰酸酯基团在高温下或特定催化剂的条件下，可生成碳化二亚胺和二氧化碳。对于二异氰酸酯单体，可利用此反应来制备聚碳化二亚胺。

$$2R\text{—}NCO \xrightarrow[\text{或催化剂}]{\text{高温}} R\text{—}N{=}C{=}N\text{—}R + CO_2 \uparrow$$

碳化二亚胺

$$2n\,R\text{—}NCO \longrightarrow \left[R\text{—}N{=}C{=}N\text{—}R\right]_n + n\,CO_2 \uparrow$$

5.1.5　聚氨酯的合成工艺原理

合成聚氨酯的主要原材料是二异氰酸酯或多异氰酸酯和二元醇或多元醇。采用不同结构的原材料可以制备结构与性能各异的聚氨酯，用于不同的用途。然而，聚氨酯的合成工艺归纳起来可分为两类，即一步法和两步法。

（1）一步法合成原理　由异氰酸酯和醇类化合物直接进行逐步加成聚合反应合成聚氨酯的方法，称为一步法。如己二异氰酸酯和 1,4-丁二醇反应制备聚氨酯。该聚氨酯经纺丝制得的氨纶称为 Perlon U。

$$n\,OCN\text{—}(CH_2)_6\text{—}NCO + n\,HO(CH_2)_4OH \longrightarrow \left[\overset{O}{\underset{\|}{C}}\text{—}NH\text{—}(CH_2)_6\text{—}NH\text{—}\overset{O}{\underset{\|}{C}}\text{—}O\text{—}(CH_2)_4\text{—}O\right]_n$$

又如 2,4-甲苯二异氰酸酯和三羟基化合物反应制备交联型聚氨酯。这个反应相当于缩聚反应的 2、3 官能度体系，可以直接获得交联聚合物。

（2）二步法合成原理　二步法也称预聚体法，合成步骤分为两步。第一步先合成预聚体，将二元醇和过量二异氰酸酯反应，合成两端均为异氰酸酯基团的加成物，反应式如下：

$$2\,OCN\text{—}R\text{—}NCO + HOR'OH \longrightarrow OCN\text{—}R\text{—}NH\overset{O}{\underset{\|}{C}}\text{—}OR'O\text{—}\overset{O}{\underset{\|}{C}}HN\text{—}R\text{—}NCO$$

端基为—NCO 的预聚体

上述反应获得的加成产物，称为预聚体。反应物 HO—R'—OH 可以是小分子二元醇，也可以是分子量不同的聚醚二元醇、聚酯二元醇或端羟基聚烯烃树脂。因此，预聚体分子量的大小，取决于二元醇的分子量，通常为数百至数千。

第二步反应是预聚体进行的扩链反应和交联反应。预聚体通过扩链反应可以使分子链得以进一步延伸，制备更高分子量的聚氨酯。例如利用扩链反应制备氨纶和聚氨酯热塑性弹性体等。因此扩链反应就是指通过末端活性基团的反应使分子相互连接而增大分子量的过程，简称扩链。在聚氨酯的扩链反应过程中，常常将两端为活性异氰酸酯基团的预聚物和小分子扩链剂进行扩链反应制备高分子量的聚氨酯。常用的扩链剂有水、二元醇、二元酸、二元胺、羟基酸、氨基酸、氨基醇等。扩链反应式如下：

$$2\text{OCN}\sim\sim\sim\text{NCO} + \text{HOR'OH} \longrightarrow \text{OCN}\sim\sim\text{NHC}\!\!-\!\!\text{OR'O}\!\!-\!\!\text{C}\!\!-\!\!\text{NH}\sim\sim\text{NCO}$$

氨基甲酸酯

水作为扩链剂进行的扩链反应式如下：

$$2\text{OCN}\sim\sim\sim\text{NCO} + \text{H}_2\text{O} \longrightarrow \text{OCN}\sim\sim\text{NHCNH}\sim\sim\text{NCO} + \text{CO}_2\uparrow$$

取代脲

小分子二元胺作为扩链剂进行的扩链反应式如下：

$$2\text{OCN}\sim\sim\sim\text{NCO} + \text{H}_2\text{NR'NH}_2 \longrightarrow \text{OCN}\sim\sim\text{NHCNH}\!\!-\!\!\text{R'}\!\!-\!\!\text{NHCNH}\sim\sim\text{NCO}$$

取代脲   取代脲

预聚体通过交联反应可以形成三维网络结构。利用预聚体的交联反应可以制备聚氨酯橡胶、泡沫塑料、涂料和胶黏剂等。聚氨酯预聚体的交联反应非常复杂。可以采用多官能度的异氰酸酯单体和多官能度的多元醇、多元酸、多元胺等发生交联反应，也可以通过反应体系中过量异氰酸酯基团通过次级反应进行交联，还可以通过异氰酸酯基团的三聚反应进行交联。另外聚氨酯分子链上的极性基团如氨基甲酸酯、脲基等形成氢键进行物理交联，这些交联反应的原理示意如下。

多元醇与端基为异氰酸酯基团的交联反应：

$$3\text{OCN}\sim\sim\sim\text{NCO} + \text{HO}\!\!-\!\!\overset{\displaystyle \text{OH}}{\underset{}{|}}\!\!-\!\!\text{OH} \longrightarrow$$

氨基甲酸酯基

过量异氰酸酯与分子链上氨基甲酸酯、脲基或酰胺基团发生次级反应的交联反应：

$$\sim\text{NCO} + \sim\text{NH}\!\!-\!\!\text{C}\!\!-\!\!\text{O}\sim \xrightarrow{\Delta}$$

$$\sim\text{NCO} + \sim\text{NH}\!\!-\!\!\text{C}\!\!-\!\!\text{NH}\sim \xrightarrow{\Delta}$$

聚氨酯分子链上脲基形成的氢键物理交联：

5.2　聚氨酯泡沫材料的合成工艺

5.2.1　聚氨酯泡沫材料

由大量微细孔及聚氨酯树脂孔壁经络组成的聚氨酯材料称为聚氨酯泡沫材料，英文名称为 polyurethane foam 或 cellular polyurethane。聚氨酯泡沫材料于 1947 年首先在德国制备成功，它是聚氨酯材料用量最大的品种之一，所占份额超过 60%。

聚氨酯泡沫材料是由网络骨架和泡孔组成。在低密度聚氨酯硬泡产品中，作为聚合物骨架的聚氨酯树脂体积约占 5%～15%，泡孔体积约占 85%～95%。聚氨酯泡沫材料具有多孔性、密度低、比强度高等特点。在高倍电子显微镜下观察，聚氨酯泡沫材料的泡孔结构主要呈现为五边形构成的十二面体结构，如图 5-1 所示。泡孔结构的形成是发泡过程中受到聚氨酯网络骨架、发泡时发泡剂气体扩散等各种内力和外力综合作用的结果。

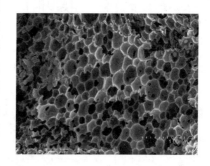

图 5-1　聚氨酯泡孔的电子显微照片

聚氨酯泡沫材料最大的特点是制品的性能可在很大的范围内调节。例如通过改变原料的化学组成与结构、各组分的配比、添加各种助剂、合成条件和发泡工艺方法能制备得到不同软硬程度、不同密度、不同性能的多品种聚氨酯泡沫材料。与其他泡沫材料相比，聚氨酯泡沫材料还具有无臭、透气（软泡）、高绝热性（硬泡）、泡孔均匀、耐老化、耐有机溶剂等性能，对金属、木材、玻璃、砖石、化学纤维等有很强的黏附性。因此，聚氨酯泡沫材料被广泛应用于各种保温隔热材料、隔声材料、缓冲吸震保护材料等。

聚氨酯泡沫材料有多种分类方法：依照聚氨酯泡沫材料的软硬程度分为聚氨酯软泡、硬泡和半硬泡三种；依照制备聚氨酯泡沫材料所用的多元醇化合物品种，分为聚酯型聚氨酯泡沫材料和聚醚型聚氨酯泡沫材料；依照制备聚氨酯泡沫材料所用的异氰酸酯原料品种，分为 TDI 型聚氨酯泡沫材料、MDI 型聚氨酯泡沫材料和 TDI/MDI 混合型聚氨酯泡沫材料。

5.2.2　聚氨酯泡沫的制备机理

（1）聚氨酯泡沫形成的化学反应机理　聚氨酯泡沫通过一系列的放热聚合反应，随聚合物分子量的增加，伴随着体系黏度和温度的迅速上升，反应生成的挥发性小分子或外加发泡剂气体来不及逸出而被包裹在体系中形成气泡。因此泡沫的形成是一个物理及化学反应同时发生的过程。

制备聚氨酯泡沫的原料多采用多官能度体系，经反应得到三维交联网络。主要发生的反应是形成氨基甲酸酯基团。由于形成氨基甲酸酯属放热反应，促使反应体系温度迅速增加。在这种情况下，可使发泡反应在很短的时间内完成，并且反应热为物理发泡剂（辅助发泡剂）的气化发泡提供了能量。

此外，当反应温度达 130℃以上时，异氰酸酯基团可与氨基甲酸酯、脲等基团进一步反应，分别形成脲基甲酸酯和缩二脲交联键。

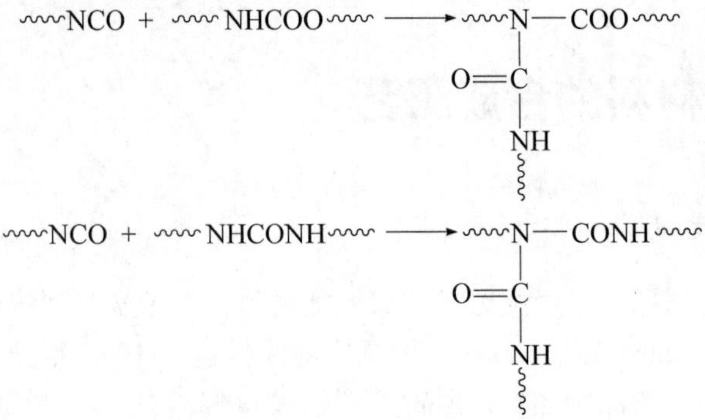

在一定的条件下，异氰酸酯基团还会发生三聚反应生成异氰脲酸酯六元杂环。

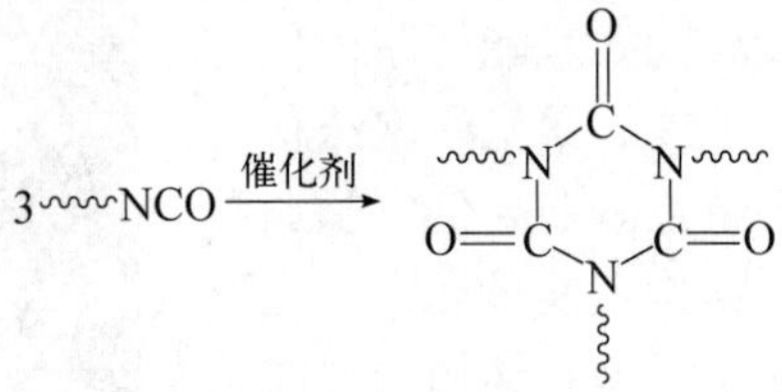

在有水存在的发泡体系中，多异氰酸酯与水的反应不仅是生成脲的交联反应或称凝胶反应，而且是重要的产气发泡反应：

$$\sim\!\!\sim\!\!\sim\!NCO + H_2O + OCN\!\sim\!\!\sim\!\!\sim \longrightarrow \sim\!\!\sim\!\!\sim\!NHCONH\!\sim\!\!\sim\!\!\sim + CO_2\uparrow$$

可见，发泡体系存在几种反应，但各种反应不是同步进行的，且各种反应之间存在竞争。一般来说，在反应初期脲的生成反应比氨基甲酸酯基团生成反应要快。发泡体系在形成氨基甲酸酯和脲基团的反应过程中，体系放热，出现第一次放热高峰。在聚异氰脲酸酯泡沫形成过程中，当氨基甲酸酯或脲形成反应使体系热量积累到一定程度时，体系温度升高，异氰酸酯基团发生三聚反应，发泡体系出现第二次放热高峰。

（2）聚氨酯泡沫开孔和闭孔的形成机理　发泡时，气泡内产生的气体压力逐步增加，若凝胶反应形成的泡孔壁膜强度不高，不能承受气泡内逐渐增加的气体压力时，便导致壁膜拉伸变形，直至气泡壁膜被拉破，气体从破裂处逸出，形成开孔的气泡。聚氨酯软泡多属于以开孔的气泡为主的软泡体系。对于硬泡体系，由于采用多官能度、低分子量的聚醚多元醇与多异氰酸酯反应，凝胶速度相对较快，在泡孔内气体形成最大压力时，气泡壁膜已有一定强度，不容易被气泡内气体挤破，从而形成以闭孔泡沫为主的材料。

由于硬泡体系多采用物理发泡剂，不易从封闭的泡孔中很快逸出，泡沫在熟化后泡孔壁膜具有较高的硬度和支撑力，因而不会在泡沫发泡后产生明显的收缩。而对于软泡和半硬泡则不然，由于泡沫孔壁的弹性好，若发泡过程形成闭孔，则由于气体的热胀冷缩特性会导致整个泡沫体在冷却过程发生明显的收缩。

聚氨酯泡沫材料是否具有理想的开孔或闭孔结构，主要取决于泡沫形成过程中的凝胶反应速率和气体膨胀速度是否平衡。而这一平衡可以通过调节配方中的叔胺催化剂以及泡沫稳定剂等助剂的种类和用量来实现。

5.2.3　聚合体系各组分及其作用

（1）多元醇化合物　制备聚氨酯泡沫材料的多元醇化合物就是指聚酯多元醇和聚醚多元醇。依照所制备泡沫材料的软硬程度选择相应分子量的多元醇化合物。制备聚氨酯软泡采用的端羟基聚醚或聚酯分子量较高，为2000～6000，软链段所占比例较高；制备聚氨酯硬泡采用的端羟基聚醚或聚酯分子量较低，为400～700，软链段所占比例较低；制备聚氨酯半硬泡采用的端羟基聚醚或聚酯分子量中等，为 700～2500，软链段所占比例适中。例如，硬泡配方的聚醚多元醇一般是高官能度、高羟值、低分子量级的聚氧化丙烯多元醇，行业中也称为"硬泡聚醚"，其羟值一般为350～650mg KOH/g，官能度一般在3～8。按聚醚起始剂的不同，可分为甘油聚醚、季戊四醇聚醚、木糖醇聚醚、蔗糖聚醚、胺类聚醚等。聚醚多元醇的官能度越高，制得的聚氨酯硬泡压缩强度越大，耐热氧化性、耐油性及尺寸稳定性越好，但发泡料的流动性较差。为了满足聚醚多元醇的官能度、羟值、黏度、成本等要求，可采用混合起始剂合成聚醚多元醇。聚醚多元醇在发泡料中主要用来和异氰酸酯单体反应，形成聚氨酯分子链的主体结构，赋予聚氨酯泡沫材料的特定性能。

（2）异氰酸酯　异氰酸酯是聚氨酯泡沫材料的基础材料。在制备聚氨酯硬泡材料的过程中主要用来和聚醚多元醇反应生成氨基甲酸酯基团，与水反应生成脲基，三聚生成异氰脲酸酯基团以及进一步发生交联反应生成脲基甲酸酯基缩二脲等。这些结构的极性很强，易结晶，可提高聚氨酯泡沫的硬度、抗拉强度和热性能。所用异氰酸酯有甲苯二异氰酸酯（TDI）、粗TDI 和多苯基多亚甲基多异氰酸酯（聚合 MDI 或 PAPI）。早期生产聚氨酯硬泡主要使用 TDI，但在使用过程中主要存在两大问题：一是 TDI 中异氰酸根含量高（48.3%），发泡反应放热太快，不利于聚氨酯硬泡生产过程的控制；二是 TDI 的蒸气压较大，在生产过程中挥发出的 TDI 蒸气对生产环境和操作人员造成的健康损害大。因此目前生产聚氨酯硬泡的异氰酸酯主要使用聚合 MDI。工业上聚合 MDI 原材料是二苯甲烷二异氰酸酯（纯 MDI）与多官能度的聚合 MDI 的混合物。纯 MDI 又有含量不同的 2, 4'-异构体及 4, 4'-异构体。聚合 MDI 的各种组分及其相对含量对其反应性能、原料黏度、官能度等指标有着极其重要的影响。随着官能度增加，聚合 MDI 的黏度也增大，发泡时物料流动性降低，泡沫熟化时间缩短，生成的硬质泡沫材料热稳定性较好，压缩强度也有所提高。聚合 MDI 中 4, 4'-结构纯 MDI 含量较高时，反应活性明显增大。聚合 MDI 工业品一般为棕色黏稠液态，25℃时的黏度大致为 100～1000mPa·s，密度为 1.22～1.25g/cm³，平均官能度在 2.5～3.0。

（3）发泡剂　用于聚氨酯硬泡的发泡剂主要有低沸点氟氯烃、戊烷类及水等。这些发泡剂因结构不同拥有不同的发泡特性，使用在不同的场合。

拓展阅读
工业级MDI产品

常用的低沸点氟氯烃发泡剂为氟氯甲烷（CFC）系列发泡剂。一氟三氯甲烷（CFC-11）沸点为24℃，具有难燃、易气化、气相热导率低、与多元醇原料相容性好、无腐蚀性、价格低、发泡工艺简单等特点。因此曾是聚氨酯泡沫材料最为理想的发泡剂。更易挥发的二氯二氟甲烷（CFC-12），沸点约为-30℃，曾少量用于沫状发泡工艺。但自人们发现CFC是一种破坏大气臭氧层的臭氧消耗物质（ODS）后，就被国际公约"蒙特利尔协议"禁止使用。欧、美、日等发达国家和地区1996年初之前已禁止使用CFC，发展中国家CFC取代工作也取得了较大进展。

一种改进的发泡剂是戊烷系列发泡剂。用于聚氨酯发泡剂的戊烷有三种异构体。其中环戊烷的气相热导率比正戊烷、异戊烷的低，是主要的烃类发泡剂。这类发泡剂不含氯元素，臭氧消耗潜值（ODP）为零，是一类对环境友好的发泡剂。但是戊烷类发泡剂具有一些固有的缺点，如戊烷具有易燃性，与空气的混合物在一定条件可产生爆炸，故必须增添一些安全设施，设备成本较高。环戊烷气相热导率比CFC高，制备的聚氨酯硬泡绝热性能稍低。戊烷对聚氨酯泡沫有一定程度的溶胀作用。戊烷在聚醚中溶解性差，与聚醚多元醇相容性较差。目前已研究开发出具有较好绝热性能、低密度的戊烷类发泡配方，在欧洲已成功用于冰箱及其他冷藏设施和建筑保温材料的聚氨酯硬泡的制造。

水是最廉价而环保的发泡剂。水用于聚氨酯发泡剂，其发泡机理是通过水与异氰酸酯反应产生的二氧化碳进行发泡。采用水为发泡剂可避免有机发泡剂对环境的影响，原材料成本低，水参与反应后形成脲基等强极性交联结构增加泡沫强度。但是采用水为发泡剂也有一些缺点，如聚氨酯硬泡的绝热性能较差，泡沫脆性大，尺寸稳定性差。此外，由于水参与反应会消耗更多的异氰酸酯，增加异氰酸酯原材料用量。因此，经过配方改进，全水发泡的聚氨酯硬泡可用于非绝热用途，如高密度结构泡沫（仿木材）、包装材料、填充材料等；以及少数绝热性能要求不高的场合，如喷涂绝热硬泡、金属饰面夹层泡沫板材、水加热器保温层等。

（4）泡沫稳定剂　聚氨酯发泡过程中由于各组分的相容性、发泡反应的热效应控制、固气界面张力等因素易出现泡孔不匀、闭孔率低等缺陷。因此在聚氨酯泡沫的配方体系必须添加一定量的泡沫稳定剂。用于聚氨酯硬泡配方的泡沫稳定剂一般是聚硅氧烷类聚醚，如非水解型聚二甲基硅氧烷与聚氧化乙烯的嵌段共聚物。它们也是一类表面活性剂，能有效改善配方各组分之间的互容性，调整和优化固气界面张力，有助于最终形成均匀细小的闭孔泡孔结构，提高泡孔的闭孔率。

（5）催化剂　用作聚氨酯发泡的催化剂以叔胺为主，在特殊场合可使用有机锡催化剂。常用的叔胺催化剂有 N,N'-二甲基环己胺、四甲基亚乙基二胺、四甲基丁二胺、N,N'-二甲基哌嗪、三亚乙基二胺、三乙醇胺和二甲基乙醇胺、二甲基苄胺、N-乙基吗啡啉、五甲基二亚乙基三胺等。有机锡催化剂主要有辛酸亚锡和二月桂酸二丁基锡等。

两种或两种以上催化剂复合使用时效果会更好。例如二甲基乙醇胺虽然催化活性较低，但它能有效中和聚合MDI中的微量酸性物质，保护碱性较弱而催化活性较强的催化剂（如三亚乙基二胺等）的催化活性不至于衰减。这样当原材料中的酸度发生微小波动时，通过采用复合催化剂可以控制发泡过程中的泡沫上升速度和泡沫凝固时间，维持发泡工艺的稳定性。采用复合催化剂还可以调节链增长速度与交联速度之间的平衡，控制好泡孔结构和泡沫强度。叔胺类催化剂也可以催化异氰酸酯三聚形成聚异氰脲酸酯硬泡，这种泡沫具有较好的机械强度和一定的阻燃性能。

（6）开孔剂　获得开孔聚氨酯泡沫塑料的方法：第一种是采用合适的催化剂，使得凝胶反应和发泡反应达到所需的平衡，在泡沫物料上升到最高点时泡孔的壁膜强度不足以把气泡封闭在内，气体破壁而出，形成开孔的泡沫结构；第二种是采用合适的聚醚多元醇原料，形成开孔泡沫；第三种是当催化剂和主原料不足以解决问题时，采用少量的开孔剂，使得水发泡形成的脲分散，以获得一定开孔率的泡沫塑料。

开孔剂是一类特殊的表面活性剂，一般含疏水性和亲水性链段或基团，它的作用是降低泡沫的表面张力，促使泡孔破裂，提高聚氨酯泡沫塑料的开孔率，改善因闭孔造成的软质、半硬质、硬质泡沫塑料制品收缩等问题。通常的聚氨酯硬泡由于交联密度高，发泡中泡孔壁膜强度大，一般是闭孔的泡孔结构，但添加开孔剂，可制造开孔硬质聚氨酯泡沫塑料，用于消音、过滤等用途。早期疏水性的液体石蜡、聚丁二烯、二甲基聚硅氧烷等可用作泡沫稳定剂和开孔剂，石蜡分散液、聚氧化乙烯也可用作开孔剂，目前多采用特殊化学组成的聚氧化丙烯-氧化乙烯共聚醚、聚氧化烯烃-聚硅氧烷共聚物等作为开孔剂。

5.2.4　聚氨酯泡沫材料的生产工艺

（1）一步法和两步法工艺　根据发泡过程的化学反应，聚氨酯泡沫材料的制备可分为一步法和两步法工艺，其中一步法的采用最为普遍，其工艺流程如图 5-2 所示。优点是物料黏度小，输送容易；利用反应的放出热量对产品进行熟化；工艺简单，设备投资少；易于操作管理。多用于生产低密度模塑制品。

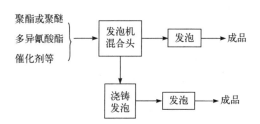

图 5-2　一步法生产聚氨酯泡沫塑料工艺流程

一步法工艺是指将多元醇化合物、异氰酸酯单体、其他各组分，按一定比例配制，将各组分调和均匀，然后进行发泡成型，得到一定厚度的泡沫预制品，再进一步固化反应完全，使其机械性能等达到要求，制得泡沫材料制品。20 世纪 60 年代以后，由于新型有机硅泡沫稳定剂及催化剂的开发成功，所有发泡原料可混合在一起产生稳定的发泡体系。因此，目前主要采用一步法。在硬泡、半硬泡及高回弹模塑泡沫的生产中，为了使用方便，将多元醇及助剂预混合配成一个组分，多异氰酸酯作为一个组分，经计量后混合、发泡。

两步法，也称预聚法工艺，是指事先合成一定分子量和黏度的聚氨酯，再通过制备发泡工艺制备聚氨酯泡沫材料。其目的是使发泡过程稳定，获得性能满足要求的泡沫材料。两步法还可细分为预聚法和半预聚法。预聚法是指先使聚酯或聚醚与过量异氰酸酯反应生成端异氰酸酯的预聚物，然后与其他助剂混合发泡。而半预聚法是指将部分聚酯或聚醚与过量的部分异氰酸酯反应生成端异氰酸酯预聚物，然后将预聚物、剩下的异氰酸酯及聚酯或聚醚、助剂混合发泡。两步法的工艺流程如图 5-3 所示。

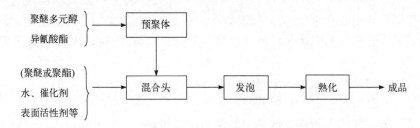

图 5-3   两步法生产聚氨酯泡沫塑料工艺流程

两步法较一步法的优点有：反应过程容易控制，异氰酸酯逸出造成的公害程度较小。两步法较一步法的缺点有：设备投资大，生产周期长，存在预聚物黏度大带来的传热传质等问题。

（2）连续法及间歇法工艺   依照聚氨酯泡沫材料的生产方式，分为连续法和间歇法工艺。聚氨酯泡沫材料可采用机械发泡设备连续化生产。例如在软泡生产中，目前主要采用自动化程度较高的大型生产装置，如水平连续发泡机、垂直发泡机，用于生产连续的大体积方形或圆形泡沫。连续发泡的软泡切割成块状，称为块状泡沫，可再根据需要切割成各种形状的泡沫制品。软泡和硬泡都可制得块状泡沫，但是用于块状的聚氨酯泡沫材料一般还是以软质泡沫为主。用于建筑材料、保温板材的硬质聚氨酯泡沫层压板，国外多采用连续发泡生产工艺，喷涂聚氨酯泡沫也可归于连续发泡工艺。而在模具中发泡直接制得发泡制品，包括在大箱体内发泡制得的硬质、半硬质及软质块泡，采用的生产工艺属间歇工艺。模塑泡沫一般采用间歇法生产，直接在模具中发泡制得所需形状的泡沫制件，需生产特殊几何形状的泡沫制品时多采用这种工艺。高回弹泡沫、微孔聚氨酯泡沫制品（如鞋底、汽车方向盘）、大部分半硬质泡沫制品、自结皮软泡及 RIM 制品，一般采用模塑工艺生产。有的间歇法工艺无需模具，直接浇注，如硬泡层压板材、冰箱、冰柜、热水器隔热层等。

（3）发泡成型工艺   根据产品形状、用途及操作方式，分为手工发泡工艺和机械发泡工艺两种。其中机械发泡工艺又分为块状、模塑、喷涂、注射等发泡成型工艺。机械发泡的原理和手工发泡的相似，差别在于手工发泡时将各种原料依次加入容器中，搅拌混合。而机械发泡则由计量泵按配方比例连续将原料输入发泡机的混合室里快速混合。发泡料的混合必须在较短的时间内混合均匀，因此提高混合效率是需要重视的因素。手工浇注发泡时，搅拌器应有足够的功率和转速。发泡料混合得均匀，获得的泡沫孔细而均匀，质量好。若是发泡料混合不匀，则获得的泡孔粗而不均匀，甚至在局部范围内出现物料组成分布不均，不能实现配方设计应有的泡沫性能。

5.3   聚氨酯橡胶的合成工艺

5.3.1   聚氨酯橡胶

聚氨酯橡胶（polyurethane rubber）是一类在分子链中含有较多的氨基甲酸酯（—NHCOO—）特性基团的弹性聚合物材料，也称为氨酯橡胶（urethane rubber）或聚氨酯弹性体（polyurethane elastomer）。它们通常由多异氰酸酯和低聚物多元醇以及多元醇或芳香族二胺等制备。聚氨酯橡胶也称为聚氨酯热塑性弹性体，既有热塑性又有弹性，它可以看作是介于橡胶与塑料之间的一种高分子材料，该材料除具有弹性外还具有耐磨性、耐油性及耐高低温性能。由于橡胶分子中没有不饱和双键，所以还具有良好的耐老化性能。因此，它是一种特种橡胶。在聚氨酯橡胶大分子中不仅含氨基甲酸酯基，还含有取代脲基、酯基、异氰酸酯基等极性基团，还含有醚基、苯核等基团，同时还存在着聚酯链段和聚醚链段。各种基团的相对含量以及在大分子链中的分布情况对聚氨酯橡胶的物理性能有很大的影响。

尽管聚氨酯橡胶的种类很多，它们可以具有不同的化学结构，但可以把它们看作是柔性结构链段和刚性结构链段所构成的嵌段共聚物，如图 5-4 所示。刚性结构链段主要是苯环和其他极性基团，柔性结构链段就是聚酯链段和聚醚链段。通过改变聚酯和聚醚的种类以及它们的分子量使柔性结构链段的柔性程度发生改变；而通过改变二异氰酸酯和扩链剂的种类使刚性结构链段的刚性程度发生改变。

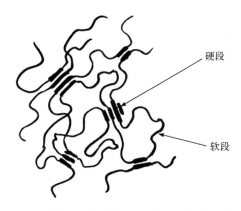

图 5-4　聚氨酯弹性体软段与硬段结构示意图

柔性结构链段的柔性程度增加，可使聚合物的软化点和玻璃化温度下降，弹性增大，但是其硬度和机械强度降低；反之，刚性结构链段的刚性程度增大，可使聚合物的软化点和玻璃化温度上升，弹性下降，但是其硬度和机械强度提高。调节这两种性质相反链段的组成，就能使由柔性结构链段和刚性结构链段所构成的嵌段共聚物亦即没有任何化学交联的线型聚氨酯呈现良好的弹性行为。因为这时刚性结构链段之间的相互作用起着类似交联的作用，使大分子链相互联系在一起，起到物理交联的作用。

除上述物理交联以外，在加工过程中还会出现化学交联。化学交联的方法既可以采用加入交联剂或扩链剂（甘油、三羟甲基丙烷和 4,4′-二氨基二苯甲烷等）的方法，也可以采用加热的方法，使大分子链中未反应的 NCO 与主链中的氨基甲酸酯基和取代脲基发生次级反应而交联。一般来讲，少量的交联可以提高聚氨酯橡胶的耐化学性能和耐油性并能降低永久变形，但过多的交联会使聚氨酯橡胶失去热塑性。

聚氨酯橡胶的品种繁多，若按低聚物多元醇原料分，聚氨酯橡胶可分为聚酯型、聚醚型、聚烯烃型、聚碳酸酯型等，聚醚型中根据具体品种又可分为聚四氢呋喃型、聚氧化丙烯型等；根据所用二异氰酸酯的不同，可分为脂肪族和芳香族弹性体，又细分为 TDI 型、MDI 型、IPDI 型、NDI 型等类型。常规聚氨酯橡胶以聚酯型/聚醚型、TDI 型/MDI 型为主。扩链剂主要有二元醇和二元胺。二元胺扩链得到的聚氨酯严格地讲是聚氨酯-脲。

从制造工艺分，传统上把聚氨酯弹性体分为浇注型、热塑性、混炼型三大类，都可采用预聚法和一步法合成。但一些革新工艺制备的制品产量已超过某些传统类型，如反应注射成型（RIM）工艺生产实心及微孔聚氨酯弹性体。

聚氨酯橡胶具有优异的耐磨性，其耐磨性能是所有橡胶中最高的。实验室测定结果表明，聚氨酯橡胶的耐磨性是天然橡胶的 3～5 倍，实际应用中往往高达 10 倍左右。聚氨酯橡胶有着良好的缓冲减震性。室温下、UR 减震元件能吸收 10%～20%震动能量，震动频率越高，能量吸收越大。此外，聚氨酯橡胶的耐油性和耐药品性良好，与非极性矿物油的亲和性较小，在燃料油（如煤油、汽油）和机械油（如液压油、机油、润滑油等）中几乎不受侵蚀。缺点是在醇、酯、酮类及芳烃中的溶胀性较大。

聚氨酯橡胶的主要应用有塑胶跑道、耐油辊筒、传送带、齿轮、耐油密封件、防尘密封件、衬里和保护层、电子元件和印刷电路的灌封材料、防震橡胶、汽车保险杆、方向盘及汽车外围部件等。同时在人体器官和医疗卫生器具方面也有广泛的用途。

5.3.2 聚合体系各组分及其作用

聚氨酯橡胶用的原料主要是三大类，即低聚物多元醇、多异氰酸酯和扩链剂（交联剂）。除此之外，有时为了提高反应速率，改善加工性能及制品性能，还需加入某些配合剂。

（1）低聚物多元醇 聚氨酯用的低聚物多元醇平均官能度较低，通常为 2 或 2～3，分子量为 400～6000，但常用的为 1000～2000。主要品类有聚酯多元醇、聚醚多元醇、聚 ε-己内酯二醇、聚丁二烯多元醇、聚碳酸酯多元醇和聚合物多元醇等。它们在合成聚氨酯树脂中起着非常重要的作用。一般可通过改变多元醇化合物的种类、分子量、官能度与分子结构等调节聚氨酯的物理化学性能。

（2）多异氰酸酯 多异氰酸酯品种也不少，产量最大的有 MDI 及其聚合物 PAPI 和 TDI。TDI 产品中 T-80 占绝大部分，主要用于软质泡沫塑料，约占软质泡沫塑料产量的 31.5%，其次是聚氨酯涂料、胶黏剂和弹性体，T-100 产量主要是用于生产聚氨酯预聚体及聚氨酯橡胶。

（3）扩链剂与交联剂 扩链剂与交联剂是具有不同化学作用的助剂，在聚氨酯橡胶的合成中，扩链剂参与化学反应，使聚合物分子增长、延伸；交联剂参加化学反应，不仅使聚合物分子增长、延伸，同时还能在聚合物链中产生支化，产生一定的网状结构，进行交联反应，一般扩链剂多为二元醇或二元胺类化合物。二元以上醇类和胺类化合物则具有扩链和交联的双重功能。聚氨酯橡胶制备中所需的扩链剂和交联剂都有一定的要求，特别要求含水量低于0.1%，若达不到该指标都要进行处理。

一般使用的二元胺类扩链剂都是芳香族的，最常用的是 3, 3′-二氯-4, 4′-二苯基甲烷二胺（商品名为 MOCA）。MOCA 是聚氨酯弹性体的扩链剂和交联剂，特别是对于浇注型聚氨酯弹性体一般都用它，在 MOCA 的结构中氨基邻位苯环上的氯原子取代基，使氨基电子云密度增加，降低了氨基与异氰酸酯的反应速率，从而延长了釜中寿命，这对于浇注聚氨酯弹性体制品是极其重要的。加工浇注制品时，通常将 MOCA 的用量控制在理论用量的 90%左右，其目的就是要使加工的制品具有相当的交联密度，以改善制品的压缩永久变形和耐溶胀等性能。

（4）脱模剂与着色剂 脱模剂是生产聚氨酯橡胶制品时必要的操作助剂。聚氨酯是强极性高分子材料，它与金属和极性高分子材料的黏结力很强，不用脱模剂，制品很难从模具中脱出。常用的脱模剂共有四种：第一类是硅橡胶、硅脂，用甲苯、二氯甲烷、三氯甲烷、汽油等溶剂溶配成溶液，涂擦或喷涂在模具中。硅油也可做脱模剂，不过在热压硫化时不够理想。第二类是水做溶剂的新产品。第三类是常压下用的脱模剂，像液体石蜡、真空泵油、凡士林等。第四类脱模剂是内脱模剂。

着色剂赋予聚氨酯橡胶制品五颜六色、美观大方的外观。着色剂有两种，有机染料和无机颜料。有机染料大部分用于热塑性聚氨酯制品中，装饰美化注射件和挤出件。橡胶制品的着色一般有两种方式：一种是将颜料等助剂和低聚物多元醇研磨成色浆母液，然后将适量的色浆母液与低聚物多元醇搅拌混合均匀，再经加热真空脱水后与异氰酸酯组分反应生产制品，如热塑性聚氨酯色粒料和彩色铺装材料；另一种方法是将颜料等助剂和低聚物多元醇或增塑剂等研磨成色浆或色膏，经加热真空脱水，封装备用。使用时，将少许色浆加入预聚物中，搅拌均匀后再与扩链交联剂反应浇注成制品。此法主要用于 MOCA 硫化体系，色浆中颜料含量约占 10%～30%，制品中色浆的添加量一般在 0.1%以下。

5.3.3　聚氨酯橡胶的合成工艺路线

聚氨酯橡胶的反应过程如下：多元醇与二异氰酸酯反应，制成低分子量的预聚体；经扩链反应，生成高分子量聚合物；然后添加适当的交联剂，生成聚氨酯弹性体。其工艺流程如图 5-5。

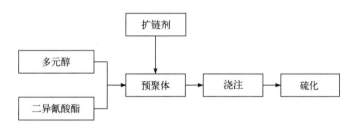

图 5-5　聚氨酯弹性体的生产工艺流程

聚氨酯橡胶通常分为密炼型、浇铸型和热塑性三类。

（1）密炼型聚氨酯橡胶的生产工艺　密炼型聚氨酯橡胶的生产首先要制取端基为羟基的预聚物（二异氰酸酯与过量的端羟基化合物反应），然后再与扩链剂、二异氰酸酯等一起加入混炼机，经混炼后高温固化即制得密炼型聚氨酯橡胶。密炼型聚氨酯橡胶的制备可以利用通常的橡胶加工设备，添加炭黑等填充剂也很容易，但加工工艺较困难，所以很少采用。

（2）浇铸型聚氨酯橡胶的生产工艺　浇铸型聚氨酯橡胶的生产是将端基为异氰酸酯基的预聚物与扩链剂混合，把液体状混合物注入模型中经加热固化即可。浇铸型聚氨酯橡胶的生产特别适宜形状复杂的制品的生产和大型制品的生产。采用的二异氰酸酯为 TDI 或 MDI，聚酯为聚己二酸乙二醇酯，聚醚为端羟基聚四氢呋喃，扩链剂为丁二醇、芳香族二醇和二胺等。

在进行浇铸时除了可以采用模具浇铸外，还可以采用离心浇铸法、旋转成型法等工艺，也可以加入发泡剂制成泡沫橡胶。浇铸成型适用于工业车辆的轮胎、轴承衬里及密封材料的黏合。

（3）聚氨酯热塑性弹性体的生产工艺　聚氨酯热塑性弹性体分为两类，一类为完全无化学交联的可溶性热塑性弹性体，一类为轻度交联的但仍保持热塑性的弹性体。聚氨酯热塑性弹性体的生产一般采用预聚法，即先将端羟基聚酯或聚醚与过量的二异氰酸酯（常用的是TDI）反应，制得含有异氰酸酯端基的预聚物，然后，按预聚物中游离的异氰酸酯端基的含量加入等物质的量的扩链剂（如乙二醇或丁二醇）进行扩链反应，最终得到具有高软化点的线型聚氨酯嵌段共聚物。它们可以按热塑性塑料的加工方法进行加工。例如，先将二异氰酸酯与端羟聚醚或聚酯按摩尔比 1∶1 反应，然后，再与 5mol 的扩链剂反应得到高分子量的聚氨酯热塑性橡胶。一般说来，二异氰酸酯与端羟聚醚或聚酯的摩尔比为（2～6）∶1，能得到在工业上有应用价值的聚氨酯热塑性弹性体。聚氨酯热塑性弹性体主要用于密封填充材料、电线电缆等绝缘材料、油箱及鞋跟等许多方面。

5.3.4　浇铸型聚氨酯橡胶的生产工艺

聚氨酯橡胶的制备一般采用两种工艺路线：预聚法和一步法。浇铸型聚氨酯弹性体（简称CPU）是聚氨酯弹性体中应用最广、产量最大的一种；进行浇注和灌注成型，可灌制各种复杂模具的制品。浇铸型聚氨酯橡胶多采用二步法（预聚体法），少部分采用一步法（如低模量产物）。

（1）一步法预聚体的合成　聚氨酯浇注胶（CPUR）一步法合成是将聚合物二元醇、二异氰酸酯和扩链剂放在一起，经充分混合后浇入模具中加热固化，待尺寸稳定后进行后硫化，后硫化温度条件为 100℃下 3～24h。

一步法合成 CPUR 一般物性不佳，只有在聚合物多元醇类的羟值＞2 时，或多异氰酸酯的—NCO 数＞2 时，用一步法合成最合适，如软泡塑料和硬泡塑料等，采用一步法。聚合物多元醇及多异氰酸酯的羟基数都等于 2 的原料，最好采用预聚合物合成 CPUR。

（2）二步法预聚体的合成　制作较大的聚氨酯制品时，单纯用多异氰酸酯和聚合物多元醇一步法反应，要放出大量的热，使制品内部受热老化，同时分解放出低分子物，使制品内部形成泡沫，制品变成废品。所以特大件浇注型聚氨酯制品不能用一步法进行生产。由预聚体预聚法合成聚氨酯浇注胶制品，生产过程中操作平稳，没有过热现象。所以本产品采用二步法（预聚法）合成。二步法的工艺流程如图 5-6 所示。

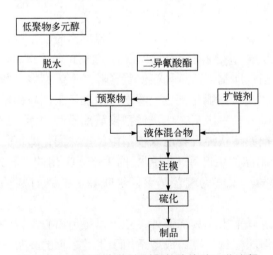

图 5-6　二步法制备浇注型聚氨酯橡胶工艺流程

将聚合物二元醇和二异氰酸酯制成预聚体放在一起充分混合，经真空脱泡后注入模具固化，硫化得产品。

首先将聚酯在 130℃下减压脱水，将脱水的聚酯原料（60℃时）加入盛有配合量 TDI-100 反应容器内，在充分搅拌的情况下合成预聚体。合成反应是放热的，应注意控制反应温度在 75～82℃范围内，反应 2h 即可。然后将合成的预聚体置于 75℃真空干燥箱内，并且抽真空脱气 2h 后备用。然后将预聚体加热到 100℃，并抽真空（真空度−0.095MPa）脱气泡，称取交联剂 MOCA，用电炉加热 115℃熔化，模具涂上适宜的脱模剂预热（100℃），脱气后的预聚体和熔化后的 MOCA 混合，混合温度 100℃，并搅拌均匀，将搅拌均匀后的混合物再次抽真空脱气泡，将搅拌均匀脱完气泡的混合物，快速浇注到已经预热的模具中，待混合物不流动或不粘手（凝胶状）时，合上模具，置于硫化机中进行模压硫化（硫化条件：硫化温度 120～130℃；对于大而厚的弹性体，硫化时间在 60min 以上，对于小而薄的弹性体，硫化时间在 20min），后硫化处理，将模压硫化后的制品放在 90～95℃（特殊情况下可在 100℃）烘箱内继续硫化 10h，然后在室温放置 7～10 天完成熟化，最后制得成品。

拓展阅读

聚氨酯橡胶生产
工艺的影响因素

5.4　聚氨酯纤维的合成工艺

5.4.1　聚氨酯纤维

聚氨酯纤维，简称氨纶，1962 年开始工业化。它是由多元醇聚酯或聚醚与多异氰酸酯反应先合成端基为异氰酸酯的线型结构的预聚体，然后该预聚体和含有活泼氢的双官能团化合物如二元胺或二元醇进行扩链而制得氨纶。多元醇可用聚酯二元醇和聚醚二元醇。常用的聚酯二元醇有聚己二酸己二醇酯、聚己二酸丙二醇酯、聚己二酸丁二醇酯、聚己二酸戊二醇酯、聚己内酯等。常用的聚醚二元醇有聚四氢呋喃二元醇、聚乙二醇、聚丙二醇等。常用的二异氰酸酯有甲苯二异氰酸酯（TDI）和二苯基甲烷-4, 4′-二异氰酸酯（MDI）等。

$$HO\text{\large$\sim\!\!\sim\!\!\sim$}OH + 2OCN\text{—}R\text{—}NCO$$

聚酯或聚醚二醇　　　二异氰酸酯

$$\underset{\overset{\displaystyle\|}{O}}{OCN\text{—}R\text{—}NHC}\text{—}O\text{\large$\sim\!\!\sim$}\underset{\overset{\displaystyle\|}{O}}{OCNH}\text{—}NCO + (k\text{-}2)NCO\text{—}R\text{—}NCO$$

预聚体

$$(k\text{-}1)H\text{—}R'\text{—}H$$
扩链剂

$$\text{\large$\sim\!\!\sim$}\!\Big[\!\big(NHCO\text{\large$\sim\!\!\sim$}OCNH\text{—}R\big)\!\!-\!\!\big(\underset{\overset{\displaystyle\|}{O}}{NHCO}\text{—}R'\text{—}\underset{\overset{\displaystyle\|}{O}}{OCNH}\big)\!\Big]_{k\text{-}1}$$

|◄——软链段——►|◄——硬链段——►|

氨纶是一种结构上由非结晶性、低熔点的软链段与高结晶性、高熔点的硬链段所构成的嵌段共聚物。软链段一般是分子量为 500～5000 的聚醚或聚酯分子链，硬链段一般是熔点为 200℃以上的高结晶性链段，主要含有氨基甲酸酯、酰胺及脲基团等，其中软链段含量为 60%左右。软链段在常温下处于高弹态，在应力作用下很容易发生形变，从而赋予氨纶容易被拉

长的特征。硬链段含有多种极性基团，具有结晶结构，并能产生大分子链间的横向交联。在应力作用下，这种硬链段基本上不发生形变，从而有效防止分子链之间的滑移，为软链段的大幅度伸长和回弹提供了必要的结点条件，使得氨纶具有稳定的弹性和力学强度。氨纶的高弹回复性就是源于这种特有的软、硬链段结构。图 5-7 为聚氨酯弹性纤维软链段和硬链段结构。

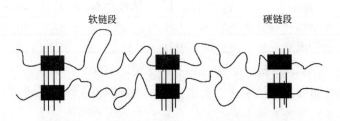

软链段　　　　　　　　硬链段

图 5-7　聚氨酯弹性纤维软链段和硬链段结构

为了获得较好的弹性，氨纶结构中软链段的熔点和玻璃化温度应尽可能地低，而同时希望硬链段具有立体高度有序的结构，易形成氢键，分子的规则堆砌能力强。聚四氢呋喃的玻璃化温度为−60～−30℃，聚己二酸二醇酯的玻璃化温度为−40～−25℃，因此以聚四氢呋喃为软链段的氨纶的弹性明显优于聚己二酸二醇酯。硬链段的结构可通过采用对称的 MDI 和烷基二胺实现，例如含偶数个碳原子的烷基二胺能产生易于结晶的高熔点硬链段。

氨纶是一种高弹性纤维，它的伸长率大于 400%，最高可达 800%，伸长 300%时的弹性回复率达 95%以上。氨纶的高弹性能是其他纤维所不能比拟的。氨纶与很多染料的亲和性好，可染成各种漂亮的颜色。氨纶色坚牢度好、手感柔软、防蛀、防霉、不泛黄，有较好的耐化学药品、耐油、耐汗水等优良特性。但有些品种耐热碱性较差，如聚酯型弹性纤维在热碱中会发生分解。氯酸钠等漂白剂会使纤维变黄，强度下降。

氨纶是一种高档次的织物原材料，广泛用于生产运动服、游泳衣、紧身衣等服装类产品；生产短、中、高筒袜及手套类产品；生产汽车、飞机上使用的安全带、花边饰带类产品；生产护膝、护腕、弹性绷带等医疗保健用品等。

随着国内氨纶市场的开发和发展，氨纶的应用领域不断扩大，已从过去的针织用扩大到机织用，从过去单一的服装内用，扩大到包装、医药等领域。随着人们生活水平的不断提高，氨纶产品的舒适性越来越受到人们的喜爱，氨纶的需求量迅速增加，氨纶市场的发展空间十分广阔。

5.4.2　氨纶的合成工艺路线

根据氨纶链结构中软链段的不同分为聚酯型与聚醚型氨纶两大类，相应的合成工艺路线有聚酯型和聚醚型两种。

（1）聚酯型氨纶合成工艺路线　　以二元醇和二元酸反应制备聚酯二元醇，然后与过量芳香族二异氰酸酯反应合成具有异氰酸酯端基的预聚物，再与二元胺或二元醇扩链制得氨纶。例如一种被称为维里茵（Vyrene）的氨纶的制备方法就是先采用己二酸、乙二醇、丙二醇经缩聚反应制成分子量为 1900 左右的聚酯二元醇，然后与过量的 MDI 反应制成预聚体，最后加入适量二甲基甲酰胺作为溶剂，制成纺丝液。纺丝液通过喷丝头挤出细流，并让细流经过由 5%乙二胺与 0.5%非离子表面活性剂组成的凝固浴进行所需要的反应。在凝固浴中，细流与乙二胺作用，使细流外层形成脲基结构的固体聚合物，而内层仍为未固化的预聚体芯子所构成的长丝。从凝固浴中出来的长丝经卷取后再浸没在水槽中，在 55～66℃，压力为 55～69Pa 的条件下浸渍 2～3h。在浸渍过程中水能渗透进长丝的内层，与丝芯中的预聚体反应生成脲基而放出二氧化碳，从而使挤出的细流完全固化成长丝。该丝的伸长率可达 600%～700%。聚己内酯氨纶的制备方法是采用分子量为 1250 的聚己内酯二元醇与过量 MDI 反应制成含 NCO 的预聚体，然后用二甲基甲酰胺配制成纺丝液。在该纺丝液中添加 1,2-丙二胺，调节纺丝液黏度达 1800Pa·s 时，在 180℃的热空气流中进行干法纺丝，制得氨纶的伸长率为 460%。聚己内酯氨纶的耐水解性能比聚己二酸酯氨纶好，断裂强度也高，是氨纶的新品种。

（2）聚醚型氨纶合成工艺路线　以聚醚二元醇、MDI、二胺为原料合成的大分子链中含有醚键软链段和氨基甲酸酯及脲基硬链段的嵌段共聚物作为可纺丝的聚醚型聚氨酯。聚醚型氨纶的耐水解、抗微生物的性能比聚酯型氨纶优良，因此在织物上应用较为理想。例如早在 20 世纪 50 年代美国杜邦公司开发生产了 LYCRA 氨纶。它是用四氢呋喃经开环聚合制得分子量为 1000 左右的聚四氢呋喃二元醇，与 MDI 反应制得端基为异氰酸酯的预聚体，添加溶剂二甲基甲酰胺与少量水配制成固含量为 28% 的纺丝液，然后采用干法纺丝制得氨纶，其伸长率可达 660%。研究表明，在纺丝液中添加 5% 的二氧化钛和胺类稳定剂，可以提高 LYCRA 氨纶所制织物的耐氧、耐热、耐紫外线老化等性能。20 世纪 60 年代中期，我国成功试制了一种聚醚型氨纶。它是由聚四氢呋喃二元醇、间苯二胺、MDI 先合成的聚氨酯嵌段聚合物，然后采用特定交联剂在四氯化碳溶液中进行非均相交联，再用二甲基甲酰胺配制成固含量为 36% 的纺丝液，以弱酸调节 pH 值为 6.4～6.7，纺丝液经过滤、脱泡后在 80℃热水中湿法纺丝。此法获得的氨纶伸长率可达 640%～680%，在耐水解、抗微生物、染色性以及纺丝工艺、力学强度等性能方面优于美国产的 LYCRA 氨纶。

5.4.3　氨纶制备工艺过程

下面以一种聚醚型氨纶为例说明聚合工艺过程。表 5-3 列出了聚醚型氨纶制备的典型配方。

表 5-3　聚醚型氨纶制备的典型配方

聚合体系	原料名称	用量/kg
单体	MDI	50
	聚四氢呋喃二元醇	180
扩链剂	间苯二胺	10
溶剂	二甲基甲酰胺	800
指示剂	正丁胺-孔雀石绿	适量
终止剂	二乙胺	适量
pH 调节剂	乙酸酐	适量
抗氧剂	2,6-二丁基对甲酚	适量
光稳定剂	氢化二苯甲酮	适量
防老剂	二烷基酯取代的氨基脲	适量
色度调节剂	TiO$_2$ 或 ZnO	适量

（1）聚氨酯预聚体的合成工艺　将分子量为 2000 的聚四氢呋喃二醇投入预聚反应釜中，加热真空脱水；然后用冷水冷却至 30℃ 左右时加入 MDI，不断搅拌使 MDI 溶解，发生预聚反应，维持温度在 55～60℃，反应 45min 左右即得聚氨酯预聚体。

聚四氢呋喃二醇在和 MDI 反应之前先采取真空脱水工艺控制聚四氢呋喃二醇中的含水量。因为聚四氢呋喃二醇在储存、运输和使用的过程中易吸收空气中的水分，使其含水量超标，因此必须采取相应方法除去超标的水分。一般情况下要求参加预聚反应的聚四氢呋喃二醇的含水量必须控制在 0.03% 以下。水的存在会严重影响到聚氨酯预聚体的质量。在预聚体的反应体系中，水会发生以下两种副作用：第一，水与异氰酸酯基反应生成脲基使预聚物的黏度增大，流动性差，难以与扩链剂混合均匀，最终影响制品的力学性能；第二，以生成的脲基为支化点进一步与异氰酸酯基反应，形成缩二脲支链或交联而使预聚物的稳定性下降，甚至发生凝胶。而且少量水的存在就会有明显的不良影响。经计算 18 g 水就能消耗 250 g 的 MDI，产生 22.4L 的二氧化碳。因此少量水分的存在还会破坏物料间的配比平衡，产生的二氧化碳影响纤维的结构和性能。预聚体反应体系中的水分来源主要是聚四氢呋喃二醇中所含的水、反应釜内部空气中的潮气、加料过程中引入的潮气等。采用加热和抽真空的工艺可以有效除去反应体系中的水分，实践证明，采用此工艺方法可以使反应体系中的水分降低至反应要求。

加入 MDI 之前物料温度要冷却至 30℃ 左右。这是由于聚四氢呋喃二醇和 MDI 的反应是放热的。物料的温度偏高会加快反应速率，热效应明显，物料温度上升明显，易发生 MDI 二聚及三聚等副反应，当反应温度更高时，生成氨基甲酸酯基会进一步与未反应的异氰酸酯基团反应生成脲基甲酸酯基，促使物料体系黏度增大，出现不同程度的交联，同时使聚氨酯预聚体的活性异氰酸酯基团含量低于理论预计值。预聚温度之所以要设定在 55～60℃ 就是为了防止不必要的副反应发生，同时又希望获得一定的反应速率和反应混合物熔融黏度。

（2）预聚体的扩链反应工艺　将上述制备的聚氨酯预聚体浆液转移到扩链反应釜中，用 DMF 将预聚体稀释至浓度为 50%，然后升温至 70℃，分批加入扩链剂间苯二胺进行扩链反应，控制好物料黏度和温度。用正丁胺-孔雀石绿控制体系中的游离异氰酸根含量，待异氰酸根值达到要求，且物料液具有良好的成丝性后，冷却反应液至 50℃，加入终止剂二乙胺终止扩链反应；再加入 DMF 调节固含量为 36%，最后用乙酸酐调节其 pH 值为 6.4～6.7，反应混合液转移至纺丝液调制罐。

间苯二胺是一种白色针状结晶粉末，熔点为 65℃，扩链反应的温度设定在 70℃，便于其能够很好地熔化，进行扩链反应。由于间苯二胺与异氰酸酯基团之间的扩链反应速率极快，放热效应明显，为控制扩链反应速率、物料温度及黏度，获得分子量及其分布符合要求的聚合物浆液，防止出现凝胶，间苯二胺必须分批加入。若间苯二胺添加速度过快，由于氨基和异氰酸酯基团的反应活性较高，反应速率高，易造成局部的预聚物迅速扩链，分子量分布宽，聚合物浆液不适于纺丝。因此可将间苯二胺扩链剂用二甲基甲酰胺调配成溶液，然后逐步滴加，这样可以平稳控制扩链反应的均匀性。但是增加了扩链剂溶液的配制工艺和设备，增加了操作步骤，同时也增加了空气水分引入的机会。

在扩链反应结束，加入二乙胺终止扩链反应。二元胺的加入使得扩链反应得以终止，是控制聚合物分子量及其分布的有效办法。

聚合反应结束后需要调节混合浆液的 pH 值。一般情况下，用乙酸酐调节使其 pH 值在

6.4～6.7，呈微酸性。有利于染色，同时避免浆液在储存过程中降解。

（3）氨纶用聚氨酯纺丝液的配制工艺　在纺丝液调制罐中，进一步用二甲基甲酰胺调节纺丝液的固含量为 25%～35%，黏度为 14～80Pa·s，然后依次加入抗氧剂 2,6-二丁基对甲酚、光稳定剂氢化二苯甲酮、防老剂二烷基酯取代的氨基脲、色度调节剂 TiO$_2$ 或 ZnO，搅拌均匀，再经过滤、脱泡除气得到黏度均匀的纺丝液。

（4）纺丝工艺　目前用于氨纶纺丝的工艺方法有溶液干法纺丝、溶液湿法纺丝、熔融纺丝和化学纺丝等四种。其中溶液干法纺丝发展最早，目前世界上干法纺丝产量较大，约占氨纶总产品的 80%。干法纺丝工艺路线及技术成熟，氨纶产品性能优良。

经纺丝后制得的初生纤维，表面具有黏性，可采用不同的方法处理，以前采用水和滑石粉，现在采用石蜡和硅油。可采用低黏度石蜡/低聚合度的聚乙烯类油剂、聚二甲基硅氧烷油剂以及含聚氧化烯烃改性的聚硅氧烷油剂等。另外还可用硬脂酸金属盐，如硬脂酸镁为基的润滑剂。

5.5　聚氨酯胶黏剂的生产工艺

5.5.1　聚氨酯胶黏剂

聚氨酯胶黏剂是指在分子链中含有氨基甲酸酯基团（—NHCOO—）或异氰酸酯基（—NCO）的胶黏剂。由于性能优越，聚氨酯胶黏剂在工业和民用许多领域得到广泛应用。聚氨酯胶黏剂品种繁多，广义上聚氨酯胶黏剂包括密封胶、黏合剂等类型。

按照聚氨酯胶黏剂的化学性能，可将其分为反应型和非反应型，单组分溶剂挥发型、热塑性聚氨酯热熔胶型属于非反应性胶黏剂，而湿固化、单组分热固化、双组分型、辐射固化型等属于反应性的胶黏剂。按固化机理可分为单组分溶剂挥发型、单组分湿固化型、双组分反应型、热熔型、光固化型等。按包装形式可分为单组分、双组分甚至多组分。按是否含（有机）溶剂可以分为无溶剂液体胶黏剂、热熔胶、溶剂型胶黏剂、水性胶黏剂等类型。

双组分溶剂型聚氨酯胶黏剂包括所谓的通用型聚氨酯胶黏剂以及用量最大的复合薄膜用聚氨酯胶黏剂，是重要的聚氨酯胶黏剂类别，用途很广且用量很大。通常由主胶和固化剂两个组分构成。这种胶黏剂具有性能可调节、粘接强度大、使用范围广等优点，已经成为聚氨酯胶黏剂中品种最多、产量最大的产品。但溶剂型胶黏剂有挥发性有机物（VOC）挥发，对环境有污染。无溶剂和水性化是发展趋势，但也不能完全替代。

聚氨酯胶黏剂具有聚氨酯的独特性能，其性能优点归纳如下。

（1）聚氨酯胶黏剂原料选择余地大，配方多，品种多，性能变化范围大。调节聚氨酯树脂的配方可制成不同软硬程度的胶黏剂。其胶层从柔性到刚性可任意调节，从而满足不同材料的粘接，应用广泛。

（2）聚氨酯胶黏剂固化物具有良好的耐水、耐油、耐溶剂、耐化学药品、耐臭氧以及耐细菌等性能，并且柔韧性好，耐低温和超低温、耐磨、耐挠曲、耐弯折疲劳。

（3）有些品种的聚氨酯胶黏剂可室温固化，有些胶黏剂需加热固化，以获得更好的性能。

（4）含氨酯基、酯基、醚基、脲基等极性基团，胶黏剂黏附力强，适合多种基材，如泡沫塑料、木材、皮革、织物、纸张、陶瓷等多孔材料和金属、玻璃、橡胶、塑料等表面光洁的材料。有些品种含活泼的 NCO 基团，可以与基材表面活泼氢基团反应，产生牢固的化学粘接。

聚氨酯胶黏剂的缺点有：某些产品价格较高；聚酯型聚氨酯胶黏剂在高温、高湿下易水解而降低粘接强度；除特殊品种外，普遍不耐 100℃ 以上高温；含 NCO 的胶黏剂组分对潮气敏感，需密封储存。

5.5.2　单组分溶剂挥发型聚氨酯胶黏剂

单组分挥发型聚氨酯胶黏剂是一种储存稳定的非反应性聚氨酯胶黏剂。这种单组分聚氨酯胶黏剂在溶剂挥发后，胶黏剂呈固态，产生较高的粘接强度。这类胶黏剂一般是高黏度、低固含量、高初黏性。单组分溶剂挥发型聚氨酯胶黏剂，一般以具有结晶性能的聚酯二醇和刚性较好的 MDI 为主要原料。制得的聚氨酯是线型的端羟基高分子量结晶性聚氨酯，是热塑性聚氨酯。这种结晶性聚氨酯可在溶剂挥发后很快结晶，产生较满意的初黏强度。

聚酯型聚氨酯中存在酯基、氨基甲酸酯基等多种极性基团和多亚甲基等非极性基团，所以这种单组分胶对大多数材料表面都有较强的黏附力，而且分子间能形成氢键，具有较大的内聚力。如对金属、橡胶、塑料、木材、织物、玻璃等有良好的粘接性。它主要用于制鞋行业多孔性材料如皮革、帆布、鞋底的粘接。

为了提高溶剂挥发型单组分聚氨酯胶黏剂固化后的耐热性，可通过分子设计提高聚氨酯的玻璃化温度，制得一定分子量的聚氨酯也是改进胶黏剂的初期和最终粘接强度的有效途径之一，分子量范围一般在 5 万～10 万为宜。

单组分溶剂型聚氨酯胶的制备。用于制备单组分溶剂挥发型聚氨酯胶黏剂的结晶性聚酯二醇，有聚己二酸系列聚酯以及聚癸二酸系列聚酯，如聚己二酸-1,4-丁二醇酯二醇（PBA）、聚己二酸-1,4-丁二醇-1,6-己二醇酯二醇（PBHA）、聚己二酸-1,6-己二醇酯二醇（PBHA）、聚癸二酸-1,4-丁二醇酯二醇（PBS），还有聚己二醇碳酸酯二醇（PHC）、聚己内酯二醇（PCL）。聚酯二醇的分子量以 2000～4000 范围为宜，酸值宜低于 0.5mgKOH/g。

二异氰酸酯原料，一般采用二苯基甲烷-4,4′-二异氰酸酯（MDI），脂肪族二异氰酸酯如 HDI、IPDI 也可用于制备特殊的不黄变胶黏剂。溶剂型单组分聚氨酯胶黏剂可有本体法和溶液法两种主要的生产方法。

（1）本体法合成聚氨酯　本体法工艺和生产热塑性聚氨酯（TPU）相同，粘接型热塑性聚氨酯一般属于聚酯型聚氨酯，TPU 胶粒的软化点比制品用 TPU 的要低，并且支化交联度非常低，基本上是线型的，溶解性能好。本体法生产粘接型 TPU 胶粒的工艺分间歇法和连续法两种。

间歇本体法工艺：将计量聚酯二醇和小分子二醇扩链剂加入反应釜中，真空脱水后，冷却到 80℃ 左右，快速加入预热至液态的 MDI 并搅拌，反应数分钟，待物料已混合均匀，但黏度没有明显增加前，将反应混合物迅速倒入涂覆聚四氟乙烯的金属盘中，在 100～130℃ 熟化 2～4h，裁切成条后在塑料破碎机中破碎，即得到白色至浅黄色的聚氨酯胶粒。

间歇法生产效率低，产品质量不稳定，不适合大规模工业化生产。小批量制备的热塑性聚氨酯，一般需将得到的胶粒进行均匀化处理。

连续本体法工艺：连续合成 TPU 工艺基本上采用一步法投料，是将原料的计量、输送、混合、反应以及熔融 TPU 的造粒等工序以流水作业线形式连续进行的聚合工艺。工业上大批量生产 TPU，一般采用机械自动计量混合设备，具有计量准确、混合均匀、批间重复性好、稳定性好、TPU 加工性能好等优点，缺点是设备投资高。

将脱过水的聚酯二醇或聚醚二醇、二醇类扩链剂和二异氰酸酯从储槽中经计量泵抽出后，送入混合头，物料在混合头中经剧烈混合，停留很短时间后送出。可通过熔融加工方法或浇注加工方法制备粒料。一般可分为双螺杆连续反应工艺和传送床连续化生产工艺。

双螺杆连续反应工艺流程为：将经预脱水的低聚物二醇和二醇扩链剂以及熔化保温的 MDI，分别用计量泵准确计量，并输送入高速混合器混合，混合物料进入 100℃左右的双螺杆反应器中，在一定的螺杆转速下，连续反应和移动，经双螺杆反应器的不同分段温度区反应一定时间后，由机头挤出胶条，并牵引进入水槽冷却。造粒冷却后的胶条经造粒机切粒，胶粒在 100~110℃的烘箱中干燥，冷却后，即可包装，或者通过熔融态滴粒来造粒。

固体聚氨酯胶粒，可以出售给用户配制胶黏剂，也可溶解后出售。溶解胶粒的溶剂有甲乙酮、乙酸乙酯、甲苯等，可按一定比例配制。胶粒的溶剂有甲乙酮、乙酸乙酯、甲苯等，可按一定比例配制。

（2）溶液法合成聚氨酯胶黏剂　单组分溶剂型聚氨酯胶黏剂可采用溶液聚合法合成，得到的聚氨酯是带少量羟基的热塑性聚氨酯弹性体的溶液。在有机溶剂中加入聚酯二醇及二异氰酸酯，采用溶液聚合方法生产聚氨酯胶黏剂，优点是反应平稳、缓慢、易控制，均匀性好，能获得线型聚氨酯。缺点是对溶剂纯度要求高，否则可产生副反应；胶膜强度和聚氨酯分子量通常没有本体聚合法高。

溶液聚合法有一步法和分步法。可把所有原料一起加入反应容器中，在一定温度下进行反应；也可以先由聚酯二醇和二异氰酸酯合成聚氨酯预聚体，再加二醇扩链剂扩链，待黏度增加后再分步加入溶剂。直到反应体系的黏度和固含量达到规定值，降温、出料。

5.5.3　双组分聚氨酯胶黏剂

双组分聚氨酯胶黏剂是聚氨酯胶黏剂中最重要的一个大类，用途广，用量大。通常由甲、乙两个组分（或者称为 A 组分和 B 组分，主剂和固化剂）组成，分开包装，使用前按一定比例配制即可。甲组分（主剂）可以为羟基组分，乙组分（固化剂）可以为含游离异氰酸酯基团的组分。也有的主剂为端基 NCO 的聚氨酯预聚体，固化剂为低分子量多元醇或多元胺。甲组分和乙组分按一定比例混合，固化后得到弹性、韧性、耐热、耐低温和耐介质性能良好的聚氨酯树脂。

双组分聚氨酯胶黏剂的类别，可以根据有无溶剂来分，包括溶剂型双组分聚氨酯胶黏剂、无溶剂聚氨酯胶黏剂以及水性双组分聚氨酯胶黏剂。从应用方面分，品种也很多，例如通用型聚氨酯胶黏剂、复合薄膜用双组分聚氨酯胶黏剂、双组分鞋用聚氨酯胶黏剂、双组分聚氨酯密封胶、聚氨酯灌封胶、聚氨酯结构胶等。

（1）双组分聚氨酯胶黏剂的组成　聚氨酯胶黏剂通常由 A、B 两组分构成，A 组分为端羟基化合物，B 组分为二异氰酸酯，使用时将两组分按一定比例调配。聚酯树脂（A 组分）有很多种类，参见表 5-4。二异氰酸酯（B 组分）亦有很多，参见表 5-5。

表 5-4　聚氨酯胶黏剂中常用的聚酯树脂（A 组分）　　　　　单位：mol

A 组分编号	己二酸	邻苯二甲酸酯	三羟甲基丙烷	1,4-丁二醇	1,3-丁二醇
A-1	1.5	1.5	4.0	0	0
A-2	2.5	0.5	4.1	0	0
A-3	3.0	0	4.2	0	0
A-4	3.0	0	2.0	3.0	0
A-5	3.0	0	1.0	0	3.0

表 5-5　聚氨酯胶黏剂中常用的二异氰酸酯（B 组分）

B 组分编号	异氰酸酯名称
B-1	甲苯-2,4-二异氰酸酯
B-2	甲苯-2,4-二异氰酸酯（65%），甲苯-2,6-二异氰酸酯（35%）
B-3	甲苯-2,4-二异氰酸酯（80%），甲苯-2,6-二异氰酸酯（20%）
B-4	二聚甲苯二异氰酸酯
B-5	六亚甲基二异氰酸酯
B-6	六亚甲基二异氰酸酯和己三醇 3∶1 加成物
B-7	甲苯-2,4-二异氰酸酯和己三醇 3∶1 加成物
B-8	三苯基甲烷三异氰酸酯

（2）聚氨酯胶黏剂的制备　制备聚氨酯胶黏剂时可根据使用要求将一定量的 A 组分和 B 组分混合调匀而成。常见的几种聚氨酯胶黏剂的配方、固化条件和用途参见表 5-6。

表 5-6　聚氨酯胶黏剂的配方、固化条件和用途

编号	组分	配方（质量比）	使用寿命/h	固化条件	用途
1	A-3（70%的乙酸乙酯溶液） B-6（75%的乙酸乙酯溶液）	40∶100	8～10	室温 24h 三乙胺作固化剂	木材/胶合板； 木材/金属
2	A-3（75%的乙酸乙酯溶液） B-7	40∶100	1～5	室温 10h 脲作固化剂	木材/胶合板； 木材/金属
3	A-2（70%的乙酸乙酯溶液） B-2	200∶100	6	室温 10h 或 170℃/ 1h	金属、陶瓷、塑料
4	A-5（80%的乙酸乙酯溶液） B-2	300∶100		室温 24h 或（90～170℃）/ 2h	金属、陶瓷、塑料 金属/塑料
5	A-2 B-5	200∶50		室温	金属、玻璃

本章小结

逐步加成聚合反应与缩聚反应的相同点是大分子链逐步增长，不同的是前者反应中没有小分子副产物析出，聚合物化学组成与单体化学组成相同。逐步加成聚合工艺主要用于聚氨酯的生产，采用不同结构的原材料可以制备结构与性能各异的聚氨酯，用于不同的用途。合成工艺主要有一步法和两步法。本章的学习可参考如下思维导图。

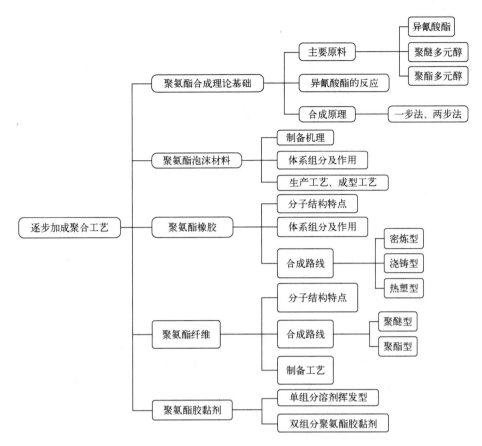

课堂讨论

（1）聚氨酯材料在各行各业有广泛的应用，阐述聚氨酯分子结构、性能及应用之间的关系。

（2）水性聚氨酯是以水代替有机溶剂作为分散介质的新型聚氨酯体系，有着环保无污染、安全可靠、机械性能优良、相容性好、易于改性等优点。分析水性聚氨酯的结构特点、制备方法及应用领域。

本章习题

1. 逐步聚合的反应有哪些？举例说明。
2. 简述聚氨酯材料的结构、性能特点及应用领域。
3. 聚氨酯生产中，常用的扩链剂有哪些？
4. 试比较 MDI、2, 4-TDI、2, 6-TDI、HDI 的反应活性，并分析原因。
5. 聚醚多元醇和聚酯多元醇有哪些区别？
6. 简述聚氨酯树脂制备的一步法和两步法工艺。
7. 简述聚氨酯泡沫的制备机理。
8. 聚氨酯橡胶分为哪几类？各自采用何种工艺路线？
9. 简述氨纶的结构与性能。
10. 阐述聚醚型聚氨酯纤维的合成工艺过程，分析其合成过程中的关键工艺因素。

第6章 其他聚合工艺

内容提要：

本章从聚合特点、聚合体系、聚合机理、影响因素和应用案例等方面分别介绍了阴离子聚合工艺、阳离子聚合工艺和配位聚合工艺的理论及工业应用。本章介绍了四个应用案例，包括阴离子嵌段共聚合制备 SBS 热塑性弹性体、阳离子开环聚合制备聚甲醛、配位聚合制备高密度聚乙烯和配位聚合制备立构规整聚丙烯。

学习目标：

（1）了解阴离子聚合反应机理和影响因素，理解 SBS 弹性体的合成原理和工艺流程。
（2）了解阳离子聚合反应机理和影响因素，理解聚甲醛树脂的合成原理和工艺流程。
（3）了解配位聚合反应机理，熟悉高密度聚乙烯和立构规整聚丙烯的生产工艺。

重点与难点：

（1）离子和配位聚合工艺中，影响产品分子量及其分布的主要影响因素，如何通过工艺控制；
（2）理解活性聚合的概念及应用。

6.1 阴离子聚合工艺

6.1.1 阴离子聚合的特点

阴离子聚合（anionic polymerization）是借助阴离子引发剂使单体形成阴离子引发中心（阴离子活性种），通过连锁反应机理进行链增长，形成的增长链端基带有负电荷的聚合反应。它不仅在高分子科学中占有重要的地位，而且也是合成高分子工业中生产橡胶、热塑性弹性体及合成树脂的一种重要方法。

阴离子聚合和自由基聚合反应同属连锁聚合反应，故也可以划分为链引发、链增长、链转移和链终止四个基元反应等。但是，由于引发活性中心是阴离子而不是自由基，所以阴离子聚合具有许多独特的性质。首先，溶剂能影响引发剂及活性种的缔合状态，从而影响引发速率和链增长速率。在不同的溶剂中，阴离子增长活性中心能够以不同性质的活性种存在，因而同一聚合体系中，可能有多种不同类型的活性中心同时增长。这对于聚合反应的温度、聚合物的分子量和其微观结构都具有极大的影响。其次，在许多阴离子型反应体系中，不存在自发的终止反应，需要额外添加终止剂来终止聚合反应，因此也被称为"活性聚合"。其活性聚合反应具有以下特点：

① 合成聚合物的平均分子量可以从简单的化学计量来控制；

② 可制得非常窄的分子量分布的聚合物；

③ 通过把不同的单体依次加入活性聚合物链中，可以合成真正的嵌段共聚物；

④ 用适当的试剂进行选择性终止，可以合成具有功能端基的聚合物。

阴离子聚合提供了一种合成控制分子结构的最为精巧有效的方法。它可以用于合成特定的嵌段共聚物、支化聚合物和末端带有官能团的聚合物，并同时使所有这些聚合物可控制地获得所设定的分子结构、分子量和分子量分布，从而控制产物的性能。但是，从实施的角度来看，实现阴离子聚合反应是有条件的，任何可能破坏催化剂、影响离子对形态的因素，对聚合反应和产物结构都有严重的影响。如阴离子聚合对水分含量极为敏感。因此不能采用以水为反应介质的悬浮聚合和乳液聚合生产方法进行生产。工业上，阴离子聚合可以采用无反应介质的本体聚合方法，或有反应介质存在的溶液聚合方法，包括淤浆法和溶液法。单体和反应介质中水的含量也应严格地控制在允许的范围之内。对于像醇、酸等其他带有活泼氢和 O_2、CO_2 一类能破坏催化剂使之失去活性的杂质，其含量也应该严格控制在 $10\sim15mg/kg$ 以下。

早在 20 世纪 20 年代，德国和苏联就利用金属钠为催化剂聚合生产聚丁二烯橡胶，然而在 1956 年 Szwarc 提出"活性聚合物"的概念并确定了阴离子聚合的机理之后，阴离子聚合才取得了突破性的进展。目前人们已经较好地掌握了阴离子聚合的工业生产技术，并由阴离子型方法生产出很多产品。其中最具有商业重要性的产品有三嵌段热塑性弹性体，如苯乙烯-丁二烯-苯乙烯（SBS）和苯乙烯-异戊二烯-苯乙烯（SIS）、低顺式聚丁二烯橡胶（LCBR）、中乙烯基聚丁二烯橡胶（MVBR）、高乙烯基聚丁二烯橡胶（HVBR）、溶聚丁苯橡胶（SSBR）、K 树脂等。

6.1.2 阴离子聚合体系

（1）单体 能够进行阴离子聚合的单体是那些分子中负电荷能够在较大范围内离域而使负离子稳定化的单体。适用于阴离子聚合的单体很多，如表 6-1 所示，主要可以分为三种类型：

① 带有氰基、硝基和羧基类吸电子取代基的乙烯基类单体。

② 具有共轭双键的二烯烃类，如苯乙烯、丁二烯、异戊二烯等。

③ 环状杂原子化合物，其负电荷能离域至电负性大于碳的原子上，如环氧化合物、环硫化合物、环酯、环酰胺、环状硅氧烷等。

表 6-1 离子型聚合反应的单体

阴离子聚合反应的单体	阴、阳离子聚合反应的单体	阳离子聚合反应的单体
$CH_2=CHCN^{①}$	$CH_2=CHC_6H_5^{①}$	$CH_2=C(CH_3)_2$
$CH_2=C(CH_3)CN^{①}$	$CH_2=C(CH_3)C_6H_5^{①}$	$CH_2=CHCH_3$
$CH_2=C(CN)_2^{①}$	$CH_2=CH—CH=CH_2^{①}$	$CH_2=CHCH(CH_3)_2$

续表

阴离子聚合反应的单体	阴、阳离子聚合反应的单体	阳离子聚合反应的单体
$CH_2=CHCONH_2$①	$CH_2=C(CH_3)—CH=CH_2$①	$CH_2=CHOR$
$CH_2=C(CH_3)CONH_2$	$CH_2=O$	$CH_2=C(CH_3)OR$
$CH_2=CHCOOR$①	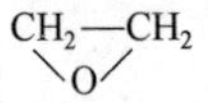	$CH_2=C(OR)_2$
$CH_2=C(CH_3)COOR$①	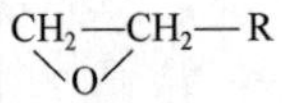	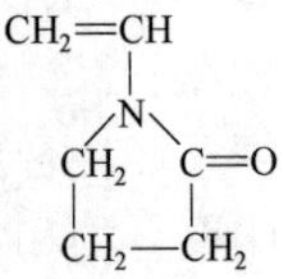
$CH_2=C(COOR)_2$①		
$CH_2=C(CN)COOR$①	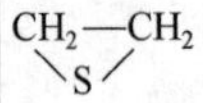	
$CH_2=CHNO_2$①		
$CH_2=C(CH_3)NO_2$①	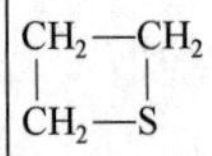	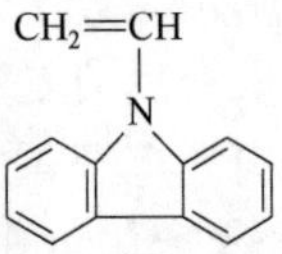
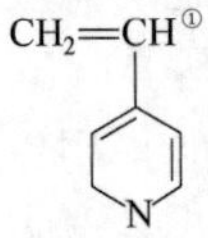	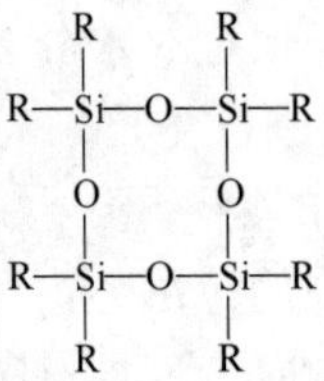	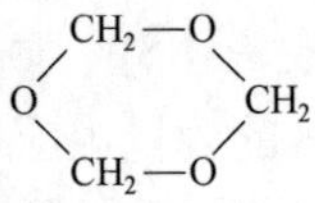

① 这些单体也能进行自由基聚合反应。

（2）引发剂　阴离子聚合所用的引发剂为“亲核试剂”，种类很多。引发能力取决于引发剂的碱性强弱，还取决于引发剂与单体的匹配情况，如表 6-2 所示。一般是碱性越强，其引发能力越大。

表 6-2　阴离子聚合的单体与引发剂的反应活性匹配

引发能力	引发剂	匹配关系	单体结构	反应能力
			$CH_2=C(CH_3)—C_6H_5$	
大	K, KR	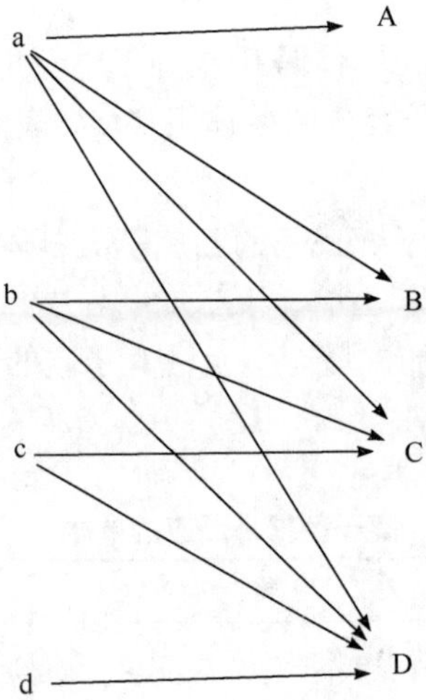		小
	Na, NaR		$CH_2=CH—C_6H_5$	
	Li, LiR		$CH_2=C(CH_3)CH=CH_2$	
			$CH_2=CHCH=CH_2$	
	RMgX			
	t-ROLi		$CH_2=C(CH_3)COOCH_3$	
	ROK		$CH_2=CHCOOCH_3$	
	RONa		$CH_2=C-CN$	
	ROLi		$CH_2=C(CH_3)CN$	
	吡啶		$CH_2=CHNO_2$	
	NR_3		$CH_2=C(COOC_2H_5)_2$	
小	ROR		$CH_2=C(CN)COOC_2H_5$	大
	H_2O		$CH_2=C(CN)_2$	

    表 6-2 中 a 组的碱金属及其烷基化合物碱性最强，引发能力极强，它可以引发各种单体进行阴离子聚合。b 组是中强性碱，它不能引发 A 组极性最弱的单体，只能引发极性较强的 B、C、D 组单体进行阴离子聚合。c 组是比 d 组还弱的碱。d 组是最弱的碱，它只能引发反应能力最强的 D 组单体进行阴离子聚合。

    这些引发剂的引发方式有两种。一种是引发剂的负离子（如 NH_2^-、R^-）直接与单体分子进行加成引发，形成碳阴离子活性中心：

$$R^- A^+ + CH_2{=}CH\underset{X}{|} \longrightarrow RCH_2{-}\overset{H}{\underset{X}{C^-}}A^+$$

    这一类的引发剂主要包括无机碱（如 NaOH、KOH、KNH_2 等）、有机碱（如 R_3N、R_3P 等）、有机碱及碱土金属（如 RNa、RLi、RONa 和 RMgX 等），它们可以通过释放出负离子对单体进行加成而产生引发反应。

    另一种是碱金属把外层电子直接或间接转移给单体，形成自由基型阴离子：

$$e + CH_2{=}CH\underset{X}{|} \longrightarrow {\cdot}CH_2{-}\overset{H}{\underset{X}{C^-}}$$

    这一类的引发剂主要包括碱金属（如 Li、Na、K、Rb 和 Cs）、碱金属-碱土金属多环芳烃复合物（如萘钠等）。它们通过电子转移与单体形成负离子产生引发作用。

    （3）溶剂　阴离子聚合一般情况下需要溶剂，溶剂的作用主要有排出聚合热和提供必要的反应介质两方面。阴离子聚合体系一般采用非极性的烃类（烷烃和芳烃）溶剂如正己烷、环己烷、苯、甲苯等，也常采用极性溶剂如四氢呋喃、二氧六环和醚等。质子溶剂如水、醇、酸、胺则不能作为阴离子聚合的溶剂，因为它们易与活性中心负离子作用，造成链终止。

    在采用烃类化合物做溶剂时，为了增加反应速率，常常加入少量含氧、硫、氮等原子的极性有机物作为添加剂。这些物质都是给电子能力较大的化合物，如四缩乙二醇二甲醚、四甲基乙二胺、四氢呋喃、乙醚或络合能力极强的冠醚等，促进紧密离子对分开形成松离子对，从而促进反应速率的增长。

    （4）终止剂　阴离子聚合活性链带有相同电荷，由于静电排斥作用而不能发生偶合终止和歧化终止。一般会外加质子性物质来终止聚合反应，常用的终止剂有水、醇、酸等。有时为了获得链末端带有羧基、羟基、异氰酸根等官能团的聚合物，也可以加入 CO_2、O_2、环氧乙烷、异氰酸酯等物质作为终止剂。

6.1.3　阴离子聚合反应机理

    以正丁基锂为引发剂，苯乙烯为单体，四氢呋喃为溶剂，甲醇为终止剂，其聚合机理如下：

链引发

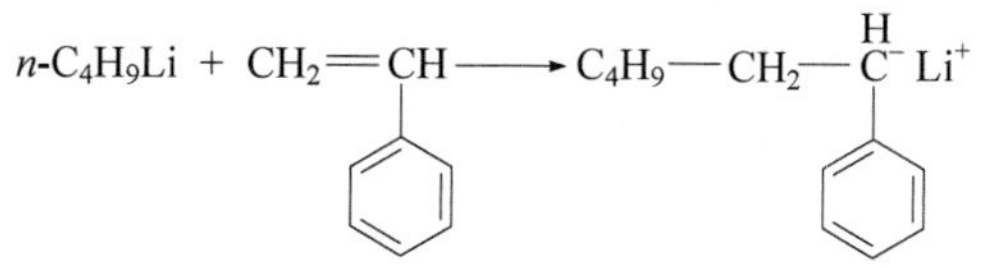

链增长

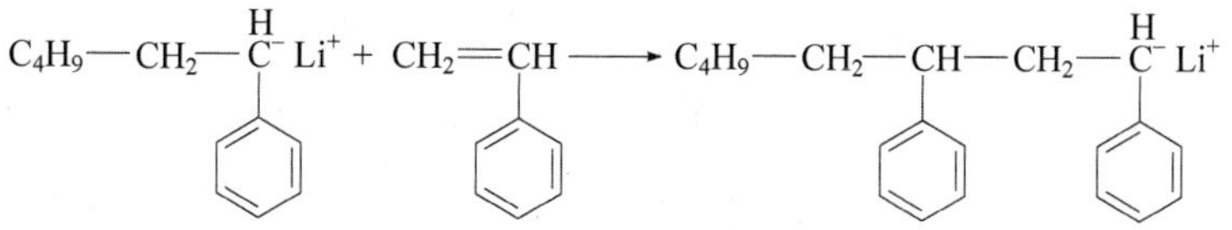

$$\sim\!\!\sim\!\!CH_2-\overset{\displaystyle H}{\underset{\displaystyle |}{C^-}}Li^+ + CH_2=\overset{\displaystyle H}{\underset{\displaystyle |}{C}} \longrightarrow \sim\!\!\sim\!\!CH_2-\overset{\displaystyle H}{\underset{\displaystyle |}{CH}}-CH_2-\overset{\displaystyle H}{\underset{\displaystyle |}{C^-}}Li^+$$

链终止

$$\sim\!\!\sim\!\!CH_2-\overset{\displaystyle H}{\underset{\displaystyle |}{C^-}}Li^+ + CH_3OH \longrightarrow \sim\!\!\sim\!\!CH_2-CH_2 + LiOCH_3$$

链引发反应分为金属有机化合物引发和电子转移引发两种类型。金属有机化合物主要有碱金属氨基化合物（如 KNH_2、$NaNH_2$ 等）和碱金属或碱土金属烷基化合物（如 RLi、RMgX 等）。烷基化合物中使用最多的是正丁基锂（n-C_4H_9Li），其特点是引发剂能溶于烃类溶剂之中，引发速率较快，形成单阴离子活性中心；C—Li 键的性质取决于溶剂的性质，在非极性溶剂中属于极性共价键，在极性溶剂中属于离子键。锂、钠、钾等碱金属可以通过直接或间接方式进行电子转移引发，典型的有萘钠引发剂。

链增长反应是单体插入到离子对中间进行的。因此，离子对的存在形式对聚合速率、产物聚合度及立构规整性都有很大影响。而离子对的存在形式取决于反离子（A^-）的性质、反应温度和溶剂性质。如果反离子的结合能力强，则容易形成紧密型离子对。溶剂一般采用非质子性溶剂，如苯、二氧六环、四氢呋喃、二甲基甲酰胺等，并且，溶剂的极性越强，越容易形成自由离子，聚合速率也越快。但不能使用如水、醇、酸等质子溶剂，因为它们会终止反应的进行。虽然阴离子聚合的速率常数与自由基聚合速率常数基本相等，但由于阴离子的浓度[M^-]值（$10^{-3}\sim10^{-2}$mol/L）却比自由基浓度[$M\cdot$]值（$10^{-9}\sim10^{-7}$mol/L）大得多，所以阴离子的聚合速率比自由基聚合速率大 $10^4\sim10^7$ 倍。

拓展阅读

阴离子聚合

阴离子聚合通常需要外加质子性物质进行链终止反应，或有目的地加入某些物质进行链终止反应而获得链端带有羧基、羟基、异氰酸根等官能团的聚合物。

6.1.4 阴离子嵌段共聚合制备 SBS 热塑性弹性体

6.1.4.1 SBS 热塑性弹性体

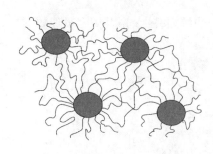

图 6-1　SBS 三嵌段结构

SBS 是以苯乙烯、丁二烯为单体的三嵌段共聚物，由室温下处于高弹态的丁二烯链段和室温下处于玻璃态的苯乙烯链段构成，如图 6-1 所示。这种结构在受到外力拉伸时，丁二烯柔性链段将沿外力方向大幅度伸长，而苯乙烯链段作为物理交联点限制其伸长，并将在撤销外力时使伸长的丁二烯链段恢复原状。

SBS 热塑性弹性体兼有塑料和橡胶的特性，被称为"第三代合成橡胶"。与丁苯橡胶相似，SBS 可以和水、弱酸、碱等接触，具有优良的拉伸强度、表面摩擦系数大、低温性能好、电性能优良、加工性能好等特性，成为消费量最大的热塑性弹性体。

SBS 主要用于橡胶制品、树脂改性剂、黏合剂和沥青改性剂四大领域。在橡胶制品方面，SBS 模压制品主要用于制鞋（鞋底）工业，挤出制品主要用于胶管和胶带；作为树脂改性剂，少量 SBS 分别与聚丙烯、聚乙烯、聚苯乙烯共混可明显改善制品的低温性能和冲击强度；SBS 作为黏合剂具有高固体物质含量、快干、耐低温的特点；SBS 作为建筑沥青和道路沥青的改性剂可明显改进沥青的耐候性和耐负载性能。

SBS 牌号按分子链结构形态可分为线型和星型两大类，从使用角度又分为充油型和非充油型。根据其应用领域的不同，按分子量大小、苯乙烯含量和乙烯基含量的多少以及苯乙烯和丁二烯链段之间是否有过渡的无规段，又可分成众多牌号。一般通用 SBS 牌号的苯乙烯质量分数为 30%~45%，分子量为 10 万~30 万。在制鞋领域由于所要求的拉伸强度不高，同时为了降低成本，一般选用苯乙烯质量分数为 40% 的星型和线型充油牌号。在沥青改性领域，为提高沥青软化点，改善其低温屈挠性和高温流动性，同时考虑其在沥青中的相容性，一般采用苯乙烯质量分数为 30% 的高分子量的星型牌号。在塑料改性方面，为提高相容性，一般选用高苯乙烯含量和与塑料分子量相匹配的牌号。在黏合剂方面，热熔型和压敏型黏合剂所需牌号有所不同，一般压敏型黏合剂选用苯乙烯含量低、分子量相对高的线型牌号。

6.1.4.2　SBS 的合成原理

目前工业上 SBS 主要采用阴离子机理合成。线型嵌段 SBS 采用丁基锂引发，经三步链增长，最后加终止剂完成聚合过程。首先，丁基锂引发苯乙烯生成苯乙烯基阴离子，一经产生的阴离子活性中心迅速与苯乙烯分子发生链增长反应，形成分子量不断增加的、可进一步引发链增长的阴离子活性大分子。当加入第二种单体丁二烯后，继续链增长，形成聚苯乙烯-聚丁二烯基阴离子，接着再引发并聚合第三步加入的苯乙烯，形成聚苯乙烯-聚丁二烯-聚苯乙烯基三嵌段聚合物阴离子，最后加入水终止反应，得到目标产物的 SBS。第一步聚合反应因生成的碳阴离子与苯环共轭，溶液颜色呈金黄色或橙红色，第二步加丁二烯后，颜色基本消失，第三步再加苯乙烯时，聚合物溶液又恢复金黄色或橙红色，加入水终止后聚合物溶液颜色再次消失。三步嵌段共聚反应如下：

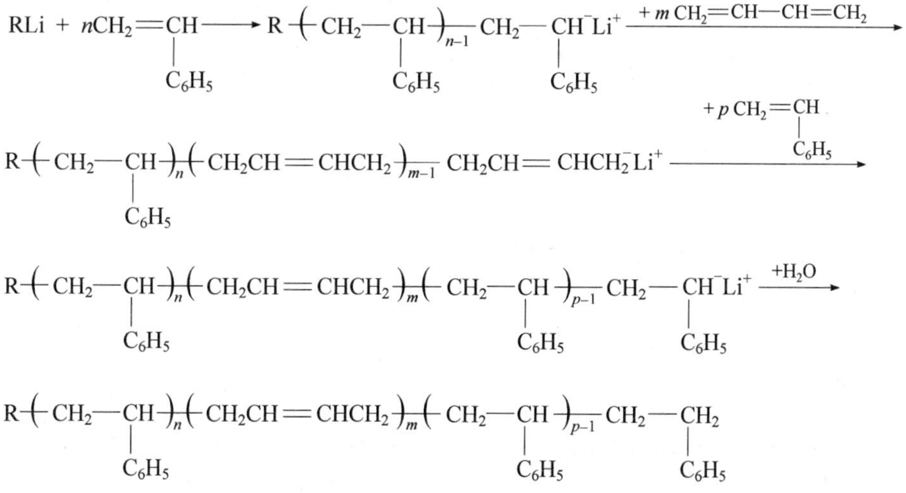

SBS 是苯乙烯和丁二烯通过无终止阴离子聚合机理合成的热塑性弹性体，合成路线主要有三种，即单锂（R-Li）为引发剂的单体顺序加料法、偶合法、双锂（Li-R-Li）引发法。

　　单体顺序加料法是把苯乙烯、丁二烯、苯乙烯在三个反应阶段顺序加到反应器中，过程中只需引发剂，不用偶合剂。顺序加料法的优点是：引发剂用量少，每千克聚合物所用引发剂量仅为偶合法的一半；避免使用价格昂贵的偶合剂；二嵌段物的浓度低；可根据需要调节各嵌段的分子量大小。

　　偶合法是先用引发剂引发苯乙烯单体，再与丁二烯共聚形成二嵌段共聚物，加偶合剂偶合得到产物。采用不同偶合剂，可得到结构为线型或星型的不同产物。偶合法优点是：偶合迅速省时；杂质对偶合过程影响较小；多官能团的偶合剂可制备加工性能及抗冷流形变性能的星型聚合物。但偶合法生产的产品往往存在二嵌段（SB）含量高（5%～10%）、产品耐老化性能相对不足的局限性。偶合法的合成反应如下：

$$
2SB\!-\!Li + COCl_2 \longrightarrow SB\!-\!\overset{\displaystyle O}{\overset{\displaystyle \|}{C}}\!-\!BS + 2LiCl
$$
$$
\underset{BS}{}
$$

$$
4SB\!-\!Li + SiCl_4 \longrightarrow SB\!-\!\overset{\displaystyle BS}{\underset{\displaystyle BS}{Si}}\!-\!BS + 4LiCl
$$

　　对于双锂（Li-R-Li）引发法，国外 Dow、Dexco、Polymer、Buna、Phillips 公司和国内中石油公司等相继进行了此项工艺的开发，1990 年已有 Vector 等牌号面世。双锂引发法可以减少聚合过程中的第三步加料工艺，产品不含或仅含微量二嵌段物，均聚物含量很少，产品的耐老化性能得到根本性改善，且可在原有单锂 SBS 生产装置上实施此生产工艺，能有效地降低引发剂的成本，因此是一个值得推广的制备 SBS 的工艺方法。但双锂引发剂在非极性溶剂中溶解度很低，热稳定性差，一定程度上限制了双锂引发剂的使用范围。双锂引发法的合成反应原理如下。

　　引发：

$$
2CH_2\!=\!CHCH\!=\!CH_2 + Li\!-\!R\!-\!Li \longrightarrow
$$
$$
Li^{+-}CH_2CH\!=\!CHCH_2\!-\!R\!-\!CH_2CH\!=\!CHCH_2^-Li^+
$$

第一次增长：

$$
Li^{+-}CH_2CH\!=\!CHCH_2\!-\!R\!-\!CH_2CH\!=\!CHCH_2^-Li^+ \xrightarrow{CH_2=CHCH=CH_2}
$$
$$
Li^{+-}(CH_2CH\!=\!CHCH_2)_m\!R\!\left(CH_2CH\!=\!CHCH_2\right)_n^-Li^+
$$

交叉引发：

$$
Li^{+-}(CH_2CH\!=\!CHCH_2)_m\!R\!\left(CH_2CH\!=\!CHCH_2\right)_n^-Li^+ \longrightarrow
$$

$$
Li^{+-}CHCH_2\!\left(CH_2CH\!=\!CHCH_2\right)_m\!R\!\left(CH_2CH\!=\!CHCH_2\right)_n\!CH_2\overset{-}{C}HLi^+
$$

第二次增长：

$$
Li^{+-}CHCH_2\!\left(CH_2CH\!=\!CHCH_2\right)_m\!R\!\left(CH_2CH\!=\!CHCH_2\right)_n\!CH_2\overset{-}{C}HLi^+ \longrightarrow
$$

$$Li^{+-}(CHCH_2)_q(CH_2CH=CHCH_2)_m R(CH_2CH=CHCH_2)_n(CH_2CH)_p^- Li^+$$

6.1.4.3　聚合体系各组分及其作用

（1）单体　苯乙烯和丁二烯是合成 SBS 的单体，其中苯乙烯标准状态下是一种无色、有特殊香味的有毒液体，能溶于汽油、乙醇和乙醚等有机溶剂，丁二烯是一种有特殊气味的无色气体，有麻醉性，特别刺激黏膜，易液化。

（2）引发剂　合成 SBS 使用的引发剂为丁基锂。丁基锂引发剂能溶于烃类溶剂之中，引发速率较快，形成单阴离子活性中心，C—Li 键的性质取决于溶剂的性质，在非极性溶剂中属于极性共价键，在极性溶剂中属于离子键。丁基锂对眼睛、皮肤、黏膜和呼吸道有强烈的刺激作用，吸入后可引起支气管痉挛、炎症等疾病，化学反应活性很高，与空气接触会着火，燃烧产物为一氧化碳、二氧化碳、氧化锂。若不慎泄漏应迅速撤离泄漏污染区人员，并进行隔离，切断电源，用沙土等惰性材料吸收，并转移到收集器内，回收或处理掉。在丁基锂工作场所严禁吸烟，工作过程中应戴橡胶手套。

（3）溶剂　合成 SBS 使用的溶剂为环己烷。环己烷为无色液体，有类似汽油的气味，易燃，与空气能形成爆炸性混合物，爆炸极限为 1.3%～8.3%，沸点为 80.7℃。

（4）其他　水为反应终止剂，在阴离子聚合反应过程中，活性高分子（即聚合物阴离子）与质子受体作用终止反应，当质子受体是水时则优先终止反应而得到饱和烃端基的聚合物。当多嵌段活性聚合物体系遇到水分子等质子受体时，由于阴离子被质子化，这种终止反应使体系中一定数量的活性高分子迅速失活，终止聚合链的增长，分子不能再增大，新的单体不能再加上去，生成一定数量的单一单体聚合物。

粗氮气先经硅胶器干燥，再与氢气按比例混合后进入反应器，在催化剂的作用下，在常温下，氢气与氮气中的氧反应脱除氧，再进入 4A 分子筛干燥器，进一步干燥。精制氮气可达到氧气含量<10mg/kg，水<20mg/kg。

填充油一般选用环烷油，旨在降低 SBS 熔体黏度，改善加工性能，调节 SBS 的硬度和模量。但用量过多会降低产品的拉伸强度、耐磨性。

表 6-3 为工业上合成 SBS 弹性体的典型配方，所设计的配方旨在合成一种线型结构的 SBS 弹性体聚合物，分子量在 10 万左右。

表 6-3　合成 SBS 的典型配方

聚合体系	原料名称	用量
单体	苯乙烯 丁二烯	S：B=4：6（摩尔比） 总量（质量分数）15%
引发剂	丁基锂	微量
溶剂	环己烷	（质量分数）85%
填充油	环烷油	适量
终止剂	水	适量

6.1.4.4 SBS 聚合工艺过程

线型 SBS 采用三步法间断聚合方法合成。一段聚合在聚合釜内进行，先加入环己烷溶剂，并预热到 60～70℃，加入已事先控温在 0～10℃ 的苯乙烯，当釜温调至 50～60℃，加入引发剂，维持在 60～70℃ 反应 30min 左右，一段聚合结束；当釜温调至 50～60℃，缓慢加入丁二烯，温度控制在 90～105℃，反应 15～30min，二段聚合结束；调节温度控制在 80～100℃，持续 2～5min 后加入苯乙烯进行三段聚合反应，同时补充适量的溶剂。三段聚合的转化率均控制在 99% 以上，总的聚合时间约 2h。聚合转化率达到要求时，加入终止剂，终止反应，出料获得 SBS 的胶液。图 6-2 为 SBS 聚合过程的工艺流程。

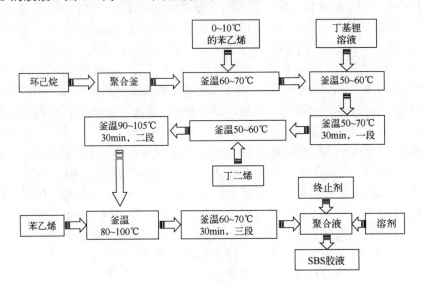

图 6-2　SBS 聚合过程的工艺流程

聚合温度对各段单体聚合的转化率有着明显的影响。研究表明，第一段聚合在 40℃ 聚合，反应时间在 90min 以上，转化率仅 95% 左右，当引发温度升至 60℃，则 20min 可达 99% 以上；第二段聚合在引发温度为 60℃ 时，1h 转化率约 99%，若在 70℃ 反应，则 30min 转化率可达 99%；第三段聚合在引发温度为 60℃ 时，40min 转化率达 99%，在 70℃ 时，20min 转化率可达 99% 以上。

三段转化率均控制在 99% 以上，因此无需设置未反应单体的回收、循环使用流程。苯乙烯增长阴离子因碳负离子与苯环共轭，呈现出金黄色或橙红色的特征颜色；当第二步加丁二烯后，颜色基本消失；第三步再加苯乙烯时，聚合溶液又呈金黄色或橙红色；加入水终止后聚合物溶液颜色消失。

增长阴离子为 Lewis 碱，聚合活性与其碱度有关（pK_a），pK_a 值大的可以引发 pK_a 小的单体，反之则不行。苯乙烯与丁二烯的 pK_a 值相当，因此可不受加料顺序的限制。研究表明，苯乙烯阴离子引发丁二烯的活性要高于丁二烯阴离子引发苯乙烯，因此第二次加苯乙烯的釜温 80～100℃ 高于第一段釜温 60～70℃。

聚合结束得到的 SBS 胶液含有大量的溶剂环己烷，必须回收利用。将胶液用泵送入闪蒸器，经脱除溶剂浓缩后的胶液用泵送至后处理工段，闪蒸得到的溶剂送至溶剂回收工段。

利用 SBS 不溶于水的原理，通过热水、水蒸气及搅拌作用，将溶解在溶剂环己烷中的 SBS

共聚物成块状析出，在经过挤压脱水、膨胀干燥、切粒等工艺得到 SBS 粒料产品。

6.2　阳离子聚合工艺

6.2.1　阳离子聚合特点

阳离子聚合（cationic polymerization）是借助阳离子引发剂使单体形成阳离子引发中心（阳离子活性种），引发单体聚合形成的增长链端基带有正电荷的聚合反应。由于阳离子具有很高的活性，极快的反应速率，同时也对微量的助催化剂和杂质非常敏感，极易发生各种副反应。为获得高分子量的聚合物，不得不使反应在溶剂中进行，用溶剂化效应来调节聚合反应过程；或在较低的温度（如-100℃）下反应，以减少各种副反应和异构化反应的发生。

目前，采用阳离子聚合并大规模工业化生产的产品有丁基橡胶和聚异丁烯、聚甲醛和氯化聚醚等。由于阳离子聚合容易形成低聚物，近年来也常利用这一特点生产某些性能特殊、对结构规整性要求不高的低聚物。

6.2.2　阳离子聚合体系

（1）单体　阳离子聚合的单体具有这样的特性：单体必须是亲核性的，易与质子（阳离子）相结合而被引发。但被引发的阳离子自身却比较稳定，不易发生各种副反应失去活性而易与亲核性强的自身单体加成。也即单体易于被阳离子引发，并持续增长，不易终止。显然这些特性与单体分子本身的化学结构有关。由于阳离子聚合反应的活性中心是一个正离子，所以单体必须是亲核性的电子给予体。如：①双键上带有强供电子取代基的α-烯烃；②具有共轭效应基团的单体；③含氧、氮杂原子的不饱和化合物或环状化合物（甲醛、四氢呋喃、乙烯基醚、环戊二烯）等。从数量上看，可以进行阳离子聚合的单体达三百多种，但已工业化的只有异丁烯、乙烯基醚、环醚、甲醛、异戊二烯等少数几种。

阳离子聚合中常见的是碳正离子，碳正离子（carbocation）是带 p 空轨道的碳原子，属于高能中间体，具有很高的活性，这是阳离子聚合可以在极低温度下就能完成聚合的原因之一。

碳正离子的稳定性与结构有关，稳定顺序为：叔碳正离子>仲碳正离子>伯碳正离子。其相应的烯烃单体活性顺序与之相反。即：

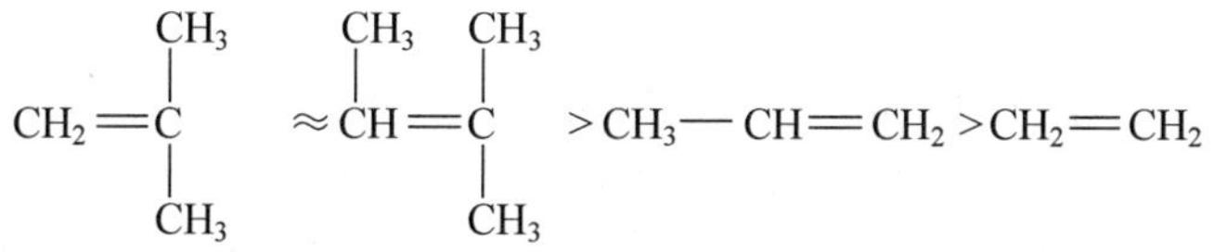

$$
\begin{matrix}
& CH_3 & & CH_3 & CH_3 & & & & & \\
CH_2{=}\!\!\!\!&C & \approx CH{=}\!\!\!\!&C & & > CH_3{-}CH{=}CH_2 & > CH_2{=}CH_2 \\
& CH_3 & & & CH_3 & & & & &
\end{matrix}
$$

碳正离子的主要化学性质如下：

① 碳正离子的溶剂效应：溶剂的极性直接影响到离子对结合状态，进而影响增长链的活性。极性强的溶剂有利于碳正离子的形成和稳定。

② 碳正离子的重排：由于碳正离子有很高的能量，通过重排达到热力学上最稳定的状态是必然的趋势，因此碳正离子在聚合中的重排是阳离子聚合中一种常见的现象。以 3-甲基-1-

丁烯的聚合为例：

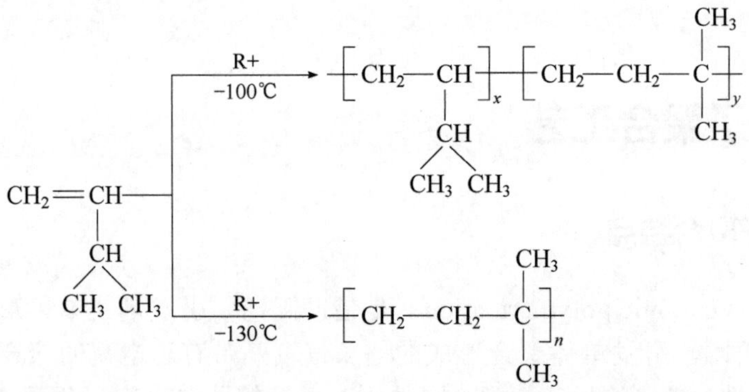

③ 碳正离子负离子的结合：在阳离子聚合中，增长的碳正离子可以和反离子（阴离子）相互结合，从而使链增长终止。这种结合能力不仅取决于碳正离子的活性，更主要的还取决于反离子的性质。一般情况下，反离子的亲核性越强，越容易与碳正离子结合，也就越容易造成链终止，甚至使聚合失败。其他强亲核性杂质也是如此。因此，必须纯化反应体系。

（2）引发剂　阳离子聚合所用的引发剂为"亲电试剂"，它们是通过提供氢质子 H^+ 或碳正离子与单体作用完成链引发的。主要有以下几种类型，见表 6-4。

表 6-4　阳离子聚合的引发剂

类型	化合物	特点
含氢酸	$HClO_4$、H_2SO_4、H_3PO_4、HCl、HBr、CCl_3COOH	反离子亲核力强，一般只形成低聚物
Lewis 酸	BR_3、$AlCl_3$、$SbCl_5$ 较强 $FeCl_3$、$SnCl_4$、$TiCl_4$ 中强 $BiCl_3$、$ZnCl_2$ 较弱	需要加入助引发剂才能引发单体
其他物质	I_2、Cu^{2+}等阳离子型化合物 $AlRCl_2$等金属有机化合物 RBF_4等阳离子盐	只能引发活性较大单体

① 含氢酸　含氢酸电离产生的 H^+ 与单体进行亲电加成反应形成引发活性中心——单体离子对。其反应过程如下：

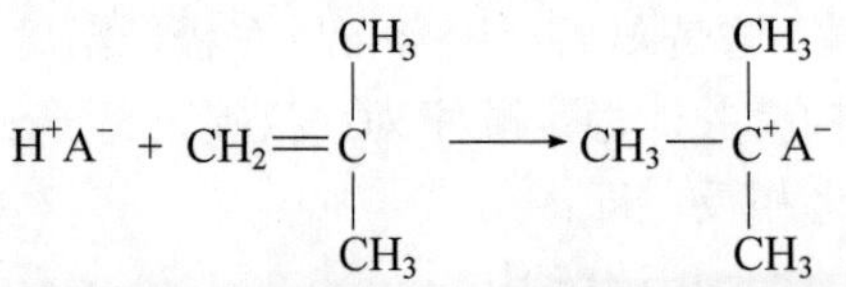

含氢酸的引发活性取决于它提供质子的能力和反离子（阴离子）的稳定性。要求反离子（A^-）不能有太强的亲核性，否则会与碳正离子作用形成稳定共价键而使碳正离子失去活性。因此，氢卤酸不宜使用，而高氯酸、硫酸和磷酸由于反离子的亲核性也较强，所以只能使烯烃单体聚合成低聚物，用作柴油、润滑油或涂料等。

② Lewis 酸　Lewis 酸是 Friedel-Crafts 催化剂中的各种金属卤化物，是电子接受体。但一般不能单独使用，引发时需要加入水、醇、醚、氢卤酸、卤代烷等极性物质。在阳离子聚合中将这些物质称为助引发剂。引发前金属卤化物先与助引发剂进行反应形成不稳定配合物（有效引发剂），再分解成质子 H^+ 或碳正离子，然后与单体分子作用形成单体离子对。表 6-5

中列举了某些 Lewis 酸与助引发剂的作用过程。

表 6-5　某些 Lewis 酸与助引发剂的作用过程

引发剂		助引发剂		有效引发剂		阴离子分解物		阴离子引发中心
BF_3	+	HOH	$\longrightarrow$	$H^+[BF_3OH]^-$	$\rightleftharpoons$	$(BF_3OH)^-$	+	H^+
BF_3	+	HOR	$\longrightarrow$	$H^+[BF_3OR]^-$	$\rightleftharpoons$	$(BF_3OR)^-$	+	H^+
BF_3	+	ROR	$\longrightarrow$	$R^+[BF_3OR]^-$	$\rightleftharpoons$	$(BF_3OR)^-$	+	R^+
$TiCl_4$	+	HX	$\longrightarrow$	$H^+[TiCl_4X]^-$	$\rightleftharpoons$	$(TiCl_4X)^-$	+	H^+
$SnCl_4$	+	ROR'	$\longrightarrow$	$R^+[SnCl_4OR']^-$	$\rightleftharpoons$	$(SnCl_4OR')^-$	+	R^+

以异丁烯为单体，水为助引发剂，其引发过程为：

$$BF_3 + HOH \rightleftharpoons H^+[BF_3OH]^-$$

引发剂-助引发剂的聚合活性与其析出质子的能力有关。如上边的例子中，采用不同的 Lewis 酸-水配合物的效果不同。用 $BF_3\text{-}H_2O$ 时，$[H^+]$ 高，反应太快，且 $(BF_3OH)^-$ 碱性较弱，不易与活性链作用而终止，所以产物分子量可达百万。而用 $SnCl_3\text{-}H_2O$ 时，生成的 $[H^+]$ 低，反应慢，产率低，聚合物分子量也小。故工业上常用 $AlCl_3\text{-}H_2O$ 引发体系。

③ 稳定的有机正离子盐类　某些有机正离子的结晶盐类，如 $PH_3C^+SbF_6^-$、$C_7H_7^+SbF_6^-$、$Et_4N^+SbCl_6^-$ 及 $n\text{-}C_4H_9EtN^+SbCl_6^-$ 中，其碳正离子犹如无机盐中的金属离子那样，原已存在于这些有机正离子盐中。缺电子的碳与烯烃或芳香基团与具有未共享的电子对（O、N、S）的原子共轭，使正电荷分散在较大的区域内，碳正离子的稳定性提高。但由于这种碳正离子的活性过小，只能引发较活泼的单体，如大多数芳香族类、N-乙烯基咔唑与乙烯基醚类等。用这种有机正离子盐类引发时，在极性非亲核溶剂中，碳正离子可以离解出来，直接用来引发单体聚合，免去了生成 R^+ 的反应和许多副反应。所以利用该催化体系可以简化增长动力学和阳离子聚合反应过程中其他过程的研究。此外，碘、二价铜阳离子、氯化烷基铝在不同的配合条件下也可以作阳离子聚合的催化剂。

（3）溶剂　阳离子聚合常用的溶剂有卤代烷（如四氯化碳、氯仿和二氯乙烷）、烃类化合物（如甲苯和己烷）及硝基化合物、硝基甲烷和硝基苯。

在阳离子聚合体系中，活性中心能够以紧密离子对、松散离子对和被溶剂隔开的自由离子对而存在。反应介质通过改变自由离子对和离子对的相对浓度和离子对存在的形式，给聚合反应带来很大的影响。

某些容易和阳离子活性增长中心发生副反应的溶剂不适宜用于阳离子聚合。如芳香烃能够和增长阳离子发生亲电取代反应，不是阳离子聚合的理想溶剂。而极性溶剂如水、醚、酮、乙酸乙酯和二甲基甲酰胺等容易和增长阳离子发生反应，起到抑制反应的作用。

6.2.3 阳离子聚合反应机理

阳离子聚合反应的机理也是由链引发、链增长和链终止等基元反应组成。以异丁烯为单体，水为共引发剂，其聚合机理如下。

（1）链引发

$$BF_3 + HOH \rightleftharpoons H^+(BF_3OH)^-$$

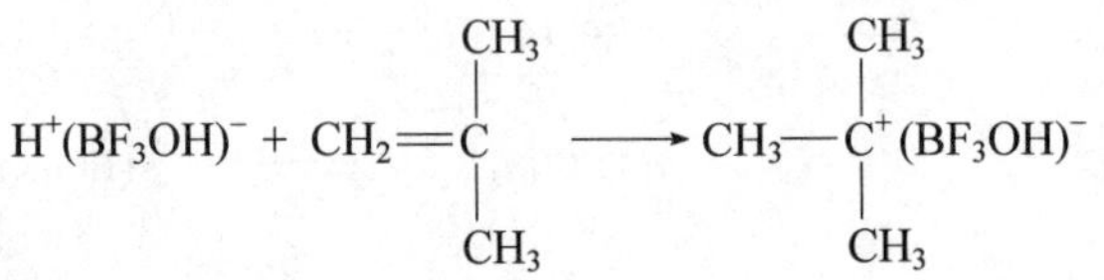

由于阳离子聚合链引发的活化能（E_i=8.4～21kJ/mol）比自由基聚合链引发活化能低得多，因此阳离子聚合的链引发速率很快。

（2）链增长 在引发阶段产生的单体活性阳离子，通过单体分子的连续加成而不断增长，每步增长都是单体分子插入到碳正离子与反离子之间来进行的。

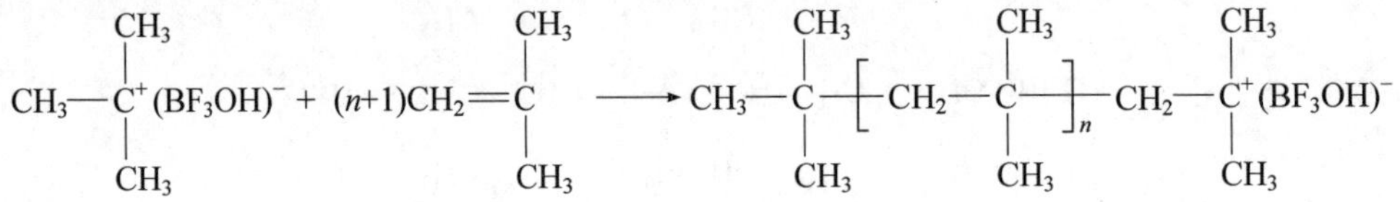

或简写成：

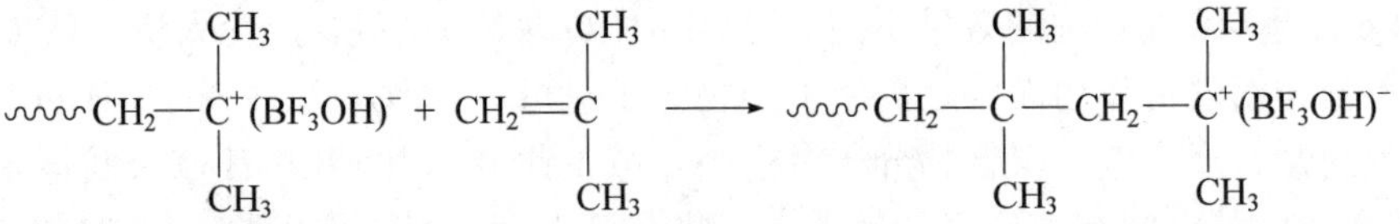

拓展阅读

阳离子聚合的
终止反应及
影响因素

在增长反应过程中，同样存在着反离子的影响，聚合速率和增长链的结构取决于离子对的形式，而离子对的存在形式又依赖于反离子的性质、溶剂的种类和聚合温度。并且对很多单体还会出现结构单元的重排，如前介绍的情况。

（3）链终止 有很多种反应能够导致阳离子聚合反应中生长链的终止。但是，终止反应是否发生动力学链的终止是一个重要的差别。

6.2.4 阳离子开环聚合制备聚甲醛

6.2.4.1 聚甲醛树脂

聚甲醛树脂（acetal resins），又称聚氧化亚甲基（polyoxymethylenes）、聚缩醛（polyacetals），是指分子主链中含有—CH_2O—重复链节的一类聚合物，是一种重要的热塑性工程塑料。聚甲醛树脂有均聚物和共聚物两种，均聚物的分子链全由—CH_2O—重复链节构成，共聚物的分子链中除含有大量—CH_2O—重复链节外，还含有少量共聚单体链节。聚甲醛分子链几乎无分枝，也无侧基，碳原子上只带氢原子，结构规整性高，结晶度高，碳氧键的键长较短，内聚能密度高，分子链聚集紧密，这使聚甲醛树脂具有优异的刚性和力学强度。

聚甲醛是结晶性聚合物，结晶度通常为 60%～77%。商品聚甲醛的数均分子量为 2 万～9 万。聚甲醛树脂的性能随树脂种类（均聚物还是共聚物）、分子量和填充剂种类的不同而有所不同。一般来说，均聚甲醛的力学性能优于共聚甲醛，而共聚甲醛的热稳定性和耐化学品性又优于均聚甲醛；分子量高的聚甲醛树脂，冲击韧性明显优于分子量低的聚甲醛树脂；添加填充剂、改性剂可改进某些使用性能。

聚甲醛树脂具有均衡的力学强度、刚性和韧性，而且它们自润滑性好，摩擦系数低，适于制作与金属和其他塑料接触的机械零部件。此外，聚甲醛树脂的抗蠕变性好，在很宽的使用条件下，其弯曲压缩和拉伸蠕变都较低，耐疲劳性好，可经受反复的应力负荷而不破裂。而且即使在水和一些溶剂中仍有很高的抗疲劳性，不会出现变形。长期空气中热稳定性研究表明，均聚甲醛在 60℃下连续使用 5 年，其拉伸强度仍超过 55MPa，而在 82℃下连续使用 2 年，其拉伸强度只有 15MPa，共聚甲醛的热老化研究亦有类似的结果，说明聚甲醛树脂的热稳定性仍不够令人满意。聚甲醛树脂耐热水性好，共聚甲醛在 82℃热水中浸泡 1 年其力学性能基本不变。聚甲醛树脂的耐化学品性优良，耐有机溶剂性极好，但受强无机酸的攻击会迅速引起降解。聚甲醛树脂对碱性物质相当稳定，但酯化封端的均聚甲醛遇碱会水解脱下酸端基，接着发生甲醛链的顺序脱落。聚甲醛树脂在–40～50℃的使用温度范围内，其介电常数和介电损耗角正切变化极小。用作电器时，长期使用温度上限为 105℃，通常在–50℃仍能保持相当好的力学强度和电性能。它可代替有色金属作为工程结构材料广泛用于国民经济各领域，特别是电子电气工业、汽车工业、水暖五金等工业领域。

6.2.4.2 聚甲醛树脂的合成原理

甲醛分子中含有不饱和羰基，可以通过阴、阳离子聚合机理合成聚甲醛。例如，采用无水甲醛为单体，采用阴离子聚合机理合成得到高分子量聚甲醛，此法对单体甲醛纯度的要求非常苛刻；利用三聚甲醛为单体，采用阳离子聚合机理合成得到聚甲醛，由于三聚甲醛价廉易得，易于精制，目前工业上大规模生产多采用此法；采用甲醛水溶液或醇溶液进行线型缩聚也能制得聚甲醛，但此法生产周期长，不能共聚，工业上没有采用。以三聚甲醛为单体的聚合路线，可以采用气相聚合、固相聚合、本体聚合和溶液聚合等方法，工业上多采用后两种方法。

以三氟化硼为主引发剂引发三聚甲醛合成聚甲醛的反应包括链引发、链增长、链转移等基元反应，机理表示如下。

链引发：

$$BF_3O(C_4H_9)_2 + H_2O \longrightarrow H^+BF_3OH^- + O(C_4H_9)_2$$

$H^+BF_3OH^-$ +
O
O
O
H—O+
O
O
+ BF_3OH^-
$HOCH_2OCH_2O\overset{+}{C}H_2 \cdot BF_3OH^-$

链增长：

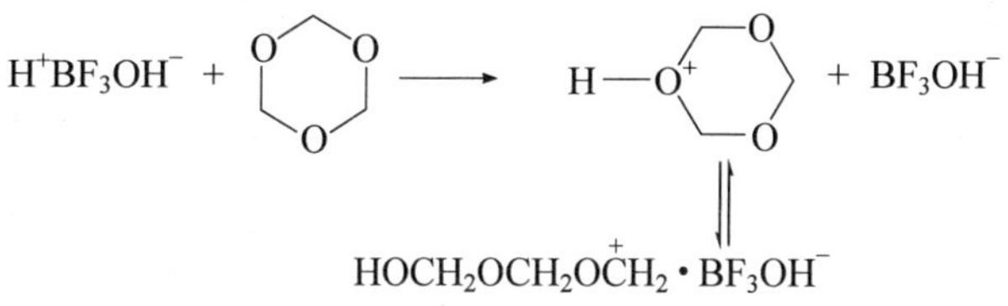

$R—O—CH_2O\overset{+}{C}H_2 \cdot BF_3OH^- + n$
O
O
O
$R—O—CH_2O(CH_2O)_{3n}\overset{+}{C}H_2 \cdot BF_3OH^-$

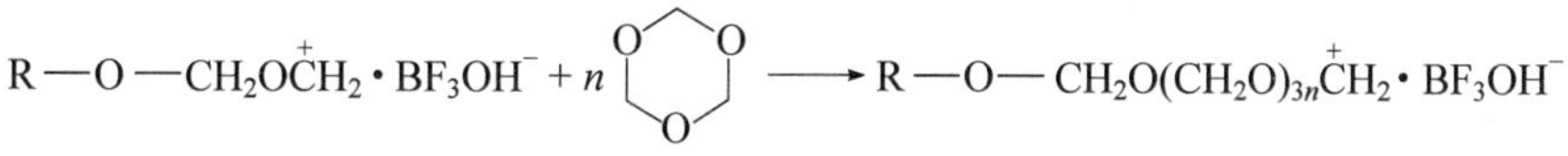

链转移：

$$R-O-\overset{+}{C}H_2+CH_3OCH_2OCH_3 \longrightarrow R-O-CH_2OCH_3+CH_3\overset{+}{O}CH_2$$

$$R-O-CH_2-O-\overset{+}{C}H_2+\overset{CH_2-CH_2-O-R'}{\underset{CH_2-O-CH_2-CH_2-O-R''}{O}} \Longrightarrow R-O-CH_2-O-CH_2-\overset{CH_2-CH_2-O-R'}{\underset{CH_2-O-CH_2-CH_2-O-R''}{O}} \longrightarrow$$

$$R-O-CH_2-O-CH_2-O-CH_2-CH_2-O-R'+\overset{+}{C}H_2-O-CH_2-CH_2-O-R''$$

聚甲醛大分子两端含有对热不稳定的半缩醛（—OCH$_2$OH）结构，100℃以上开始解聚，甲醛分子逐个脱去，单体得率可达 100%，反应式如下：

$$\sim\!\!\sim\!\!\sim CH_2OCH_2OCH_2OH \overset{\triangle}{\longrightarrow} \sim\!\!\sim\!\!\sim CH_2OCH_2OH + CH_2O\uparrow$$

为了获得有应用价值的聚甲醛，必须解决其对热不稳定的问题。方法有封端法和共聚法两种。其中封端法有酯化和醚化封端法。酯化封端法就是采用酸酐等物质与聚甲醛端基的羟基发生酯化反应，破坏对热不稳定的半缩醛结构，达到阻隔解聚的目的。常用的酸酐主要有酯酸酐，其他脂肪族或芳香族的酸酐也可以，可以根据需要选用。酯酸酐封端的反应式如下：

$$HOCH_2\!\!\left[\!OCH_2\!\right]_n\!\!OCH_2OH + (CH_3CO)_2O \longrightarrow CH_3COOCH_2\!\!\left[\!OCH_2\!\right]_n\!\!OCH_2OCOCH_3 + H_2O$$

醚化封端法是指外加醚化剂与聚甲醛的端羟基发生醚化反应，破坏对热不稳定的半缩醛结构，达到阻隔解聚的目的。醚化产物比上述的乙酰化物更耐热和耐碱，但收率低，醚化时产生有害的卤化氢气体。常用的醚化剂有卤代烃、环氧氯丙烷等。采用三苯基氯代甲烷醚化封端的反应式如下：

$$HOCH_2\!\!\left[\!OCH_2\!\right]_n\!\!OCH_2OH + (C_6H_5)_3CCl \longrightarrow (C_6H_5)_3C-OCH_2\!\!\left[\!OCH_2\!\right]_n\!\!OCH_2O-C(C_6H_5)_3 + HCl$$

共聚法就是指采用第二单体与甲醛共聚，在大分子链上引入对热稳定的链节，达到阻隔聚甲醛持续解聚的目的。常用的共聚单体有环状缩醛（二氧五环等）、环氧烷烃、环硫烷烃、乙烯基单体（苯乙烯等）、内酯（β-丙内酯）等。从共聚单体的精制、共聚反应能力、工艺控制、产物结构与性能等方面综合考虑，二氧五环最为适合。

6.2.4.3　聚甲醛聚合体系各组分及其作用

（1）单体　三聚甲醛是合成聚甲醛的主单体，也称三氧六环，是甲醛的三聚体。工业上采用甲醛水溶液，在浓硫酸、110℃下反应得到，经结晶提纯后作为聚合的单体。

二氧五环，也称 1,3-二氧杂环戊烷，是合成聚甲醛的第二单体，主要作用是阻隔聚甲醛的解聚，提高其热稳定性。它是由多聚甲醛与乙二醇在浓硫酸存在下反应，然后经盐析、干燥、精馏制得。

（2）引发体系　三氟化硼是三聚甲醛阳离子聚合的主引发剂，用作阳离子聚合引发剂时，事先配制成三氟化硼的乙醚溶液。三氟化硼在乙醚中形成络合物，结构式如下：

$$\begin{array}{c} F \\ | \\ F-B-\textbf{:}O \overset{\displaystyle C_2H_5}{\underset{\displaystyle C_2H_5}{\diagdown}} \\ | \\ F \end{array}$$

三氟化硼乙醚络合物

商品级三氟化硼乙醚溶液，其中三氟化硼占 47%，乙醚占 53%，常态下为无色至淡黄色透明液体，有刺激性气味，在 2～8℃下密封储存。

（3）溶剂　三聚甲醛的阳离子聚合，一般采用溶剂汽油（沸点 60～90℃）、石油醚（沸点 40～80℃）、环己烷（沸点 81℃）、正己烷（沸点 69℃）为溶剂，要求溶剂能溶解单体和引发剂，而不能溶解聚合物，促使生成的聚合物成为细小颗粒，便于聚合工艺操作。采用的溶剂沸点要略高于聚合温度，防止聚合温度（沸点 65～70℃）下溶剂剧烈沸腾。

此外，采用溶剂法聚合结束时，必须人为加入终止剂，使引发剂失效而终止聚合。常用的终止剂有有机胺、氨水、水、碳酸钠水溶液、低级醇等。

6.2.4.4　聚甲醛聚合工艺过程

在聚合釜中依次加入溶剂、三聚甲醛、二氧五环，升温至 70℃，使三聚甲醛溶解。降温至 65℃时，加入引发剂三氟化硼乙醚溶液，聚合立刻开始。

用冷却水维持釜内聚合温度在 65～70℃，进行平稳正常的聚合约 2h，加入含 3% 氨的甲醇终止聚合。单体转化率约 80%，产物混合物为聚甲醛的浆料体系。

得到的粗制共聚甲醛需要进行稳定化处理。将粗制的聚甲醛浆料混合体系，转入后处理釜，用 4% 的氨水，在 146～147℃下处理数小时，使聚甲醛稳定化。

未反应三聚甲醛、溶剂等液体组分，进入共沸塔、结晶器，进一步分离、提纯未反应的单体和溶剂，循环利用。最后得到的聚甲醛产品为白色细粉状固体。图 6-3 为溶剂法生产聚甲醛的合成工艺流程。

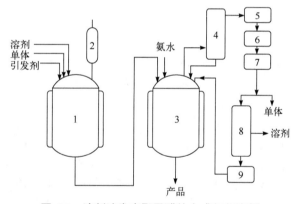

图 6-3　溶剂法生产聚甲醛的合成工艺流程
1—聚合釜；2—冷凝器；3—后处理釜；4—共沸塔；5—冷凝器；6—结晶器；7—离心机；8—油水分离器；9—水槽

6.2.4.5　后处理过程

聚甲醛大分子两端含有对热不稳定的半缩醛（—OCH$_2$OH）结构，即使采用二氧五环等共聚单体共聚后，在大分子链端依然会存在少量不稳定的半缩醛结构，必须经过后处理，除去对热不稳定的结构，获得对热稳定的聚甲醛。经过后处理的聚甲醛的热稳定性可以从 100℃提高到 230℃左右。基本原理如下：

$$\sim\!\!\sim\!\!\sim[OCH_2]_n\!-\!OCH_2CH_2\!-\![OCH_2]_m\!-\!OH \xrightarrow{\text{后处理}}$$

不稳定部分

$$\sim\!\!\sim\!\!\sim[OCH_2]_n\!-\!OCH_2CH_2\!-\!OH + m\ HCHO$$

稳定部分

　　后处理的方法有熔融法、氨水法和氨醇法三种。熔融法，也称排气熔融法，就是指将共聚甲醛在防老剂、稳定剂存在的条件下，加热至熔融状态，使大分子链端的不稳定结构除去。常用的防老剂有2,6-二叔丁基苯酚，防止共聚物氧化。常用的稳定剂有双氰胺，主要用以吸收释放的甲醛。熔融法适用于本体聚合制备共聚甲醛的工艺。熔融法的后处理温度在熔点到240℃之间，同时采用适当真空度进行排气，分解出的甲醛被排走，处理时间很短，一般不到10min。熔融法所用设备为辊磨、单螺杆或双螺杆排气挤出机。排气熔融后处理可以直接得到商品聚甲醛粒子。

　　溶液聚合方法制备共聚甲醛的后处理工艺，一般采用氨水法或氨醇法。氨水法是指将2%～4%的氨水与共聚甲醛在热压釜中加热至137～147℃处理数小时，使不稳定结构分解除去。氨醇法是指将共聚甲醛在含有少量氨的乙醇水溶液加热溶解后，在160℃处理15～30min，使不稳定结构分解除去。若在水解后处理时加入水溶性有机溶剂，如乙醇、异丙醇等，可以使共聚物完全溶解成为溶液，可以缩短后处理时间。后处理结束，再加入过量的水，降低温度的同时，共聚甲醛从溶液中析出。

　　共聚甲醛的后处理是在中性至碱性的条件下除去了大分子链结构中的对热不稳定结构部分，因此获得的共聚甲醛是耐热、耐碱的，但是对酸，特别是强酸，依然存在不稳定性。

6.3　配位聚合工艺

6.3.1　配位聚合及其特点

　　配位聚合（coordinate polymerization）是用 Ziegler-Natta 催化剂使烯烃（如乙烯、丙烯、丁烯等）和二烯烃（如丁二烯和异戊二烯等）合成具有各种规整性链结构的聚合物。烯烃单体的碳-碳双键与引发剂活性中心的过渡元素原子的空轨道配位，然后发生移位使单体插入金属-碳键之间进行链增长，最后生成具有规整结构的大分子。配位聚合又称为定向聚合。

　　配位聚合是由 K. Ziegler 和 G. Natta 等人通过研制出 Ziegler-Natta 催化剂而逐步发展起来的一类重要聚合反应。现已经成为生产立构规整性聚α-烯烃、聚双烯的重要聚合反应，如聚乙烯、聚丙烯、聚苯乙烯、顺丁橡胶、乙丙橡胶等。配位聚合具有几个显著的特点：①采用 Ziegler-Natta 型催化剂，它是由Ⅳ～Ⅷ族过渡金属卤化物与Ⅰ～Ⅲ族金属有机化合物所组成的络合催化剂；②自由基聚合和离子聚合是单体分子与活性链末端发生加成反应，而配位聚合中单体分子是插入催化剂活性中心与增长链之间，聚合机理属于配位聚合；③聚合物的链节排列具有立构规整性或定向性；④聚合的单体局限于α-烯烃和二烯烃；⑤配位聚合用的溶剂有严格的要求，不宜使用含有活泼氢的、极性大的含氧氮化合物的溶剂。

6.3.2　配位聚合体系

　　（1）催化剂　配位聚合采用 Ziegler-Natta 型催化剂，是指由Ⅳ～Ⅷ族过渡金属卤化物与Ⅰ～Ⅲ族金属有机化合物所组成的络合催化剂。其通式可写为：

$$M_{IV\sim VIII}X + M_{I\sim III}R$$

　　式中，M 代表金属；$M_{IV\sim VIII}$为Ⅳ～Ⅷ族如 Ti、V、Cr、Mn、Fe、Ni、Zr、Mo、W 等金属；

$M_{1\sim III}$ 为 I ～ III 族如 Al、Be 等金属；X 表示卤素如 Cl；R 为烷基。

$M_{IV\sim VIII}X$ 为主催化剂，如 $TiCl_4$；$M_{1\sim III}R$ 为助催化剂，如 $Al(C_2H_5)_3$。助催化剂的主要作用是还原过渡金属并使其烷基化形成活性中心。此外还可以加入含氧、含氮等有机化合物如醚、酯、醇及脂肪族、芳香族胺类等作为添加剂，以便提高 Ziegler-Natta 催化剂的活性和定向性。

Ziegler-Natta 催化剂有很多种，只要改变其中的一种组分，就可以得到适用于某一特定单体的专门催化剂。典型的 Ziegler 催化剂是 $TiCl_4$–$Al(C_2H_5)_3$[或 $Al(i–C_4H_9)_3$]。$TiCl_4$ 是液体，当 $TiCl_4$ 在庚烷或甲苯溶液中于–78℃下与等物质的量 $Al(i–C_4H_9)_3$ 反应时，得到暗红色的可溶性配合物溶液，该溶液于–78℃就可以使乙烯很快聚合，但对丙烯的聚合活性很低。典型的 Natta 引发剂是 $TiCl_3$–$Al(C_2H_5)_3$。$TiCl_3$ 是固体结晶，在庚烷中加入 $Al(C_2H_5)_3$ 反应，甚至在通入丙烯聚合时始终为非均相，这种非均相引发剂对丙烯聚合有高活性，对丁二烯聚合也有活性。Ziegler-Natta 催化剂的发展方向是高效催化剂，多数采用负载型的高效载体催化剂，具有效率高、多功能等特点。

（2）单体　采用 Ziegler-Natta 引发剂可以使许多单体进行聚合，如非极性的乙烯、丙烯、1-丁烯、4-甲基-1-戊烯、乙烯基环己烷、苯乙烯、共轭双烯烃、炔烃、环烯烃等。又如极性单体的乙酸乙烯酯、氯乙烯、丙烯酸酯和甲基丙烯酸甲酯等。大多数含氧、氮等给电子基团和极性大的含卤素的单体不适于配位聚合。因这些极性基团能与催化剂配位，干扰破坏链增长反应。

（3）溶剂　配位聚合中，对溶剂也有要求，只宜选用脂肪烃、芳香烃类的溶剂。而对含有活泼氢的、极性大的含氧、氮化合物的溶剂都不宜使用。

配位聚合对原料纯度要求很高，如单体、溶剂的水分含量一般不超过 10mg/kg，而惰性气体如氮均要用 γ-氧化铝、分子筛等进行处理，以便除去氮中水分、氧等有害成分。

6.3.3　定向聚合机理

Ziegler-Natta 催化剂聚合反应的链增长的机理是先由烯烃或二烯烃单体的 C=C 双键与配位催化剂中活性中心的过渡元素，如 Ti、V、Cr、Ni 等中空的 d 轨道进行配位，然后进一步产生位移，使链节增长，如此相继进行而形成高分子。配位聚合反应的活性中心既不是带单电子的自由基，也不是带正或负电荷的离子，而是催化剂中含有烷基的过渡元素的空的轨道。单体能在空的 d 轨道上配位而被活化，随后烷基及双键上的π电子对发生移位而进行增长，所以叫作配位聚合。

关于 Ziegler-Natta 催化剂引发α-烯烃的定向聚合机理的解释众说纷纭，提出了很多解释机理，主要分为两种观点：一种是主张双金属活性中心结构；另一种主张单金属活性中心结构。如图 6-4 所示。

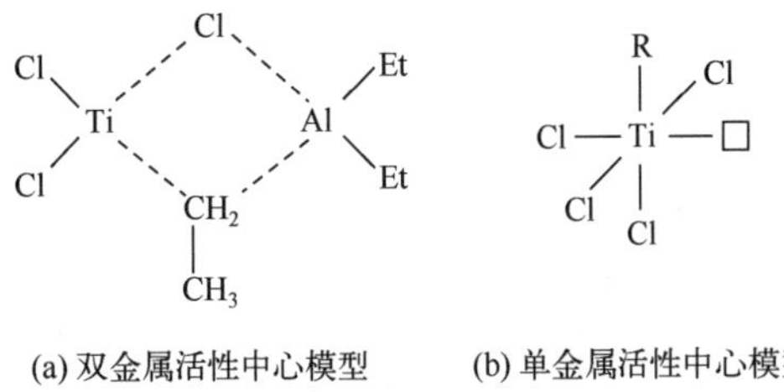

(a) 双金属活性中心模型　　(b) 单金属活性中心模型

图 6-4　双金属活性中心模型和单金属活性中心模型

（1）双金属活性中心机理　该机理是由 Patat-Sinn 和 Natta 分别于 1958 年和 1960 年提出的。其配位聚合机理的核心是认为增长中心是具有 Ti···C···Al 碳桥电子三中心键的络合物。首先，离子半径小（如 Mg、Al）、正电性较强的有机金属化合物在 TiCl₃ 表面上进行化学吸附，形成如图 6-4 所示的缺电子桥形双金属配合物是聚合的活性中心。聚合时，单体首先插入钛原子和烃基相连的位置上，这时 Ti—C 键打开，单体的 π 键即与钛原子新生成的空 d 轨道配位，生成 π 配位化合物，后者经环状配位过渡状态又变成一种新的活性中心。就这样，配位、移位交替进行，每一个过程可插入一个单体，最终可得到聚丙烯。其聚合过程如下：

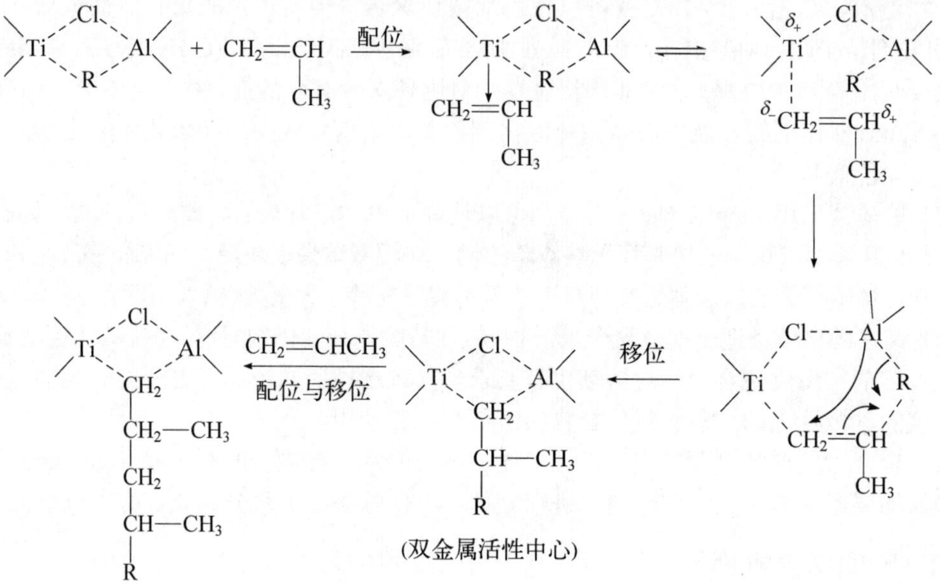

（双金属活性中心）

（2）单金属活性中心机理　该机理是由 Cossee-Arlma 等人提出的，其主要机理如下。

对于 α（γ, δ）TiCl₃-AlR₃ 引发体系，活性中心是以 Ti³⁺ 为中心（如图 6-4 所示），周围有一个烷基、一个空位和四个氯的正八面体配位体。活性中心的形成是 AlR₃ 在带五个 Cl⁻ 配位体的 Ti³⁺ 空位处与 Ti 配位，Ti 上的 Cl₅ 与 AlR₃ 上的 R 发生烷基卤素交换反应，结果使 Ti 发生烷基化，并再生出一个空位。即 AlR₃ 只是起到使 Ti 烷基化的作用。定向吸附在 TiCl₃ 表面上的单体（如丙烯），在空位处与 Ti 发生配位，形成四元环过渡状态，然后，R 基和单体发生重排，结果使单体在 Ti—C 键间插入增长，同时空位改变位置。其聚合过程如下：

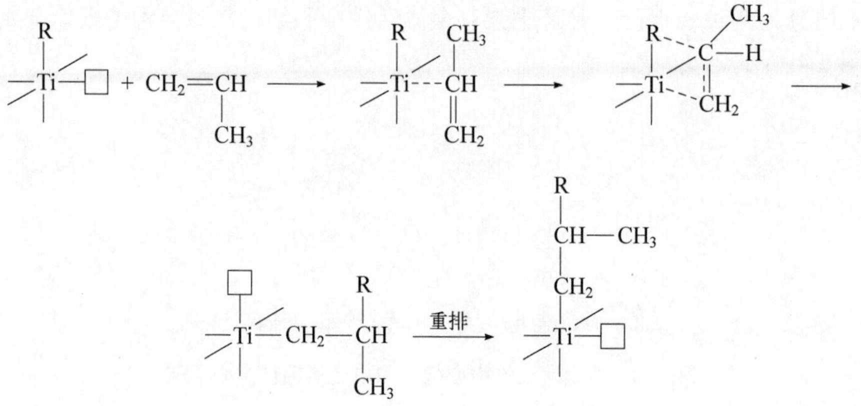

6.3.4　配位聚合制备高密度聚乙烯

6.3.4.1　高密度聚乙烯

高密度聚乙烯（HDPE）是一种非极性的热塑性树脂，具有较高的密度和结晶度，结晶度为 80%～90%，均聚物的密度为 0.960～0.970g/cm³。采用配位聚合机理合成，产物为乙烯均聚物或有少量单体的共聚物，分子链上没有支链，分子链排布规整，重均分子量范围是 4 万～30 万。

高密度聚乙烯无毒、无味、无臭，熔点为 130℃，使用温度可达 100℃，具有良好的耐热性和耐寒性。化学稳定性好，在室温条件下，不溶于任何有机溶剂，耐酸、碱和各种盐类的腐蚀；在较高的温度下，高密度聚乙烯能溶于脂肪烃、芳香烃和卤代烃等，在 80～90℃以上能溶于苯，在 100℃以上可溶于甲苯、三氯乙烯、四氢萘、十氢萘、石油醚、矿物油和石蜡中。具有较高的刚性和韧性，机械强度好，介电性能、耐环境应力开裂性亦较好；薄膜对水蒸气和空气的渗透性小、吸水性低。

高密度聚乙烯的主要用途有：用于挤出包装薄膜、绳索、编织网、渔网、水管，注塑较低档日用品及外壳、非承载荷构件、胶箱、周转箱，挤出吹塑容器、中空制品、瓶子；用于中空成型制品和吹膜制品如食品包装袋、杂品购物袋、化肥内衬薄膜等。

高密度聚乙烯的合成工艺有淤浆法和气相法，也有少数用溶液法生产。淤浆法反应器一般为搅拌釜或是一种更常用的大型环形反应器，在其中料浆可以循环搅拌。当单体和引发剂一接触，就会形成聚乙烯颗粒，除去稀释剂后，聚乙烯颗粒或粉粒干燥后，加入添加剂，就生产出粒料。带有双螺杆挤出机的大型反应器的现代化生产线可以大幅度地提高生产效率。新的引发剂开发为改进新等级高密度聚乙烯的性能作出贡献。两种最常用的引发剂种类是菲利浦（Phillips）的铬氧化物为基础的引发剂和钛化合物-烷基铝引发剂。Phillips 引发剂生产的产品有中宽度分子量分布；钛-烷基铝引发剂生产的产品分子量分布窄。

6.3.4.2　聚合体系

（1）单体　乙烯为生产聚乙烯的主单体，无色气体，沸点为-103.9℃，爆炸极限范围（体积分数）是 2.7%～36.0%，不溶于水，微溶于乙醇、酮、苯，溶于脂肪烃、醚、四氯化碳等有机溶剂。共聚单体常用 1-丁烯、1-己烯或 1-辛烯等。

（2）引发剂　代表性的引发体系有 Ziegler-Natta 引发剂(TiCl₄+R₃Al) 和 Phillips 引发剂(CrO₃/SiO₂)。引发剂经历了以下的改进历程。采用 TiCl₄ 和 Al(C₂H₅)₂Cl 引发剂，产率为 2～3kg/g Ti；CrO₃ 载于 SiO₂-Al₂O₃ 载体上，产率为 5～50kg/g Cr；MoO₃ 载于活性 γ-Al₂O₃ 载体上，产率为 5～50kg/g Cr；20 世纪 70 年代，比利时索尔雅（Solvay）公司将特制的 CrO₃ 载于特制的脱水硅胶或 MgO 或 MgCl₂ 等载体上制得索尔雅引发剂，产率为 300～600kg/g Cr，引发活性高，引发剂残留 2～3mg/kg，对产品性能无不良影响，无需将残留引发剂分离，目前工业上主要采用此引发剂。

（3）溶剂　溶液法及淤浆法工艺需要用到溶剂。常用的溶剂主要是脂肪烃，如异丁烷、己烷、庚烷、环己烷、溶剂汽油等。乙烯单体能溶于上述溶剂，但是产物在常温下则不能溶解，必须升高至一定温度时才能溶解。因此，淤浆法可以采用较低的聚合温度，而溶液法必须采取较高的聚合温度，以确保产物能溶解在溶剂中形成均相。溶剂必须进行精制以脱除水分和有害杂质。常用净化剂有活性炭、硅胶、活性氧化铝、分子筛等。

（4）其他组分　其他组分有分子量调节剂氢气，用于聚合结束时破坏引发剂和吸收重金属的螯合剂，防止聚合、加工、使用过程中老化的抗氧剂，根据需要添加的阻燃剂、抗静电剂、少量填料等。

聚合前聚合体系的各组分原料必须经过纯化处理达到一定标准才能使用。聚合反应系统也要用不活泼气体（如氮气）处理除去空气及水分。否则由于某些杂质含量过高会造成不聚合。

6.3.4.3　高密度聚乙烯聚合工艺

（1）气相法合成高密度聚乙烯工艺　气相本体法合成工艺流程主要包括进料、聚合、未反应单体循环利用、聚合物后处理等工序。

引发剂事先配制成溶液或悬浮液储存在引发剂加料罐中备用，接到进料指令时，引发剂将连续不断地、通过专门的引发剂加料罐、定量地进入反应器。同时，经精制、压缩所需压力的单体和分子量调节剂氢气进入反应器。连续进入的单体很快被引发剂表面吸附进行聚合反应。

连续进入的物料于2～3MPa、70～110℃条件下聚合。用压缩机进行气流循环，从反应器底部连续进入大量的冷惰性气体使反应器底部的聚合物固体流态化（似沸腾状态），一则依靠冷的惰性气体和乙烯带走反应热，二则便于气流输送固体物料，循环的气流经冷却器后再进入反应器。反应生成的聚乙烯颗粒经减压阀流出。

聚合采用沸腾床反应器，未反应的乙烯单体经过沸腾床反应器上部的膨胀段时流速降低，使聚乙烯粒子大部分沉降。未反应乙烯经反应器顶部流出，经循环冷凝器冷却，压缩机压缩至一定压力，进入反应器底部。未反应乙烯得到循环回收利用。

颗粒状流态聚合物产物从反应器下部，通过减压控制阀流进产品室，经树脂脱气后，冷却，制得粒状高密度聚乙烯产品。图6-5为气相法合成高密度聚乙烯工艺流程。

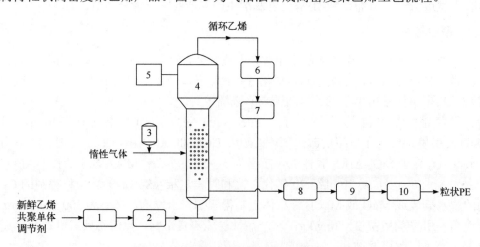

图6-5　气相法合成高密度聚乙烯工艺流程

1—精制器；2,6—压缩机；3—引发剂加料罐；4—沸腾床反应器；5—气体分析器；7,10—冷却器；8—产品室；9—脱气器

（2）淤浆法合成高密度聚乙烯工艺　淤浆法工艺与气相本体法工艺相比，在聚合体系中增加溶剂，因此在工序上多了溶剂的回收利用，同时工艺条件也要相应变化。聚合工艺过程包括进料、聚合、未反应单体回收利用、溶剂回收利用、聚合物分离与后处理等工序。

　　以三乙基铝-四氯化钛的引发剂为例，事先配制好溶液或悬浮分散液，在管路中加入。新鲜乙烯、回收乙烯和共聚单体经干燥与精制后，溶于异丁烷等脂肪烃溶剂中，然后进入反应器。淤浆法工业上采用双环反应器，工作原理如图 6-6 所示。反应器管径为 760mm，总长为 137m。为防止聚合物在管中沉降堵塞，管上装有循环泵强制循环，物料流速的线速度为 6m/s。管外装有夹套冷却，利用反应器较大的长径比和冷却面积排出反应热。该聚合反应器适用于淤浆法、溶液法、液相本体法聚合等。

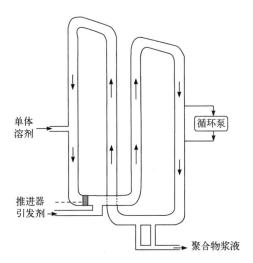

图 6-6　双环聚合反应器的工作原理

　　聚合条件为 0.5～3MPa、70～110℃。在反应器中单体与引发剂接触迅速发生反应，生成的聚乙烯颗粒悬浮于介质中，并逐渐沉降增浓，当聚合物含量达 50%～60% 时，物料进入闪蒸槽，闪蒸除去异丁烷溶剂和未反应单体，溶剂及单体经精制、干燥后循环利用。聚合物经干燥、添加助剂、造粒，制得高密度聚乙烯产品。图 6-7 为淤浆法合成高密度聚乙烯的工艺流程。

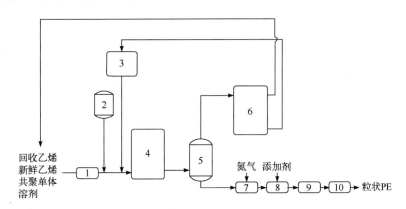

图 6-7　淤浆法合成高密度聚乙烯工艺流程

1,6—精制器；2—引发剂加料罐；3—溶剂干燥器；4—双环反应器；5—闪蒸槽；7—干燥器；8—混合器；9—挤出机；10—造粒机

　　（3）溶液法合成高密度聚乙烯工艺　　溶液法与淤浆法工艺相比，虽然都有溶剂组分，但是淤浆法生成的聚合物不溶于溶剂，而溶液法生成的聚合物溶于溶剂，聚合体系为均相体系（引发剂除外）。由于聚合结束形成的是聚合物的均相溶液，且黏度很高，因此需要在较高的

温度下进行聚合。聚合工艺过程包括进料、聚合、未反应单体回收利用、溶剂回收利用、聚合物分离与后处理等工序。

聚合条件为2～4MPa、150～250℃。乙烯及共聚单体精制后溶于环己烷中，加压、加热至反应温度，与相同温度的引发剂溶液一起进入一级反应器。聚乙烯溶液由一级反应器到管式反应器，聚合至聚合物含量达10%，连续出料。管式反应器出口处注入螯合剂络合未反应的引发剂，并加热使引发剂失活，进一步除去残存引发剂。热的聚乙烯溶液经闪蒸槽闪蒸除去溶剂和未反应单体。熔融聚乙烯挤出，造粒。图6-8为溶液法合成高密度聚乙烯的工艺流程。

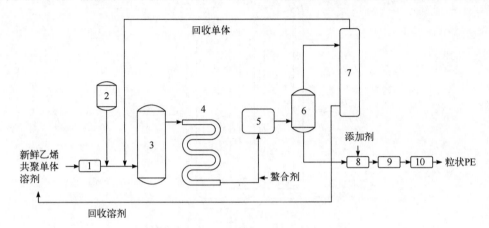

图 6-8 溶液法合成高密度聚乙烯工艺流程

1—精制器；2—引发剂加料罐；3——级反应器；4—管式反应器；5—残留引发剂脱除器；6—闪蒸槽；7—蒸馏塔；
8—混合器；9—挤出机；10—造粒机

6.3.5 配位聚合制备立构规整聚丙烯

6.3.5.1 立构规整聚丙烯

聚丙烯（PP）是仅次于聚乙烯和聚氯乙烯的第三大品种合成树脂。聚丙烯分子链上的单体单元含有不对称碳原子，所以根据甲基在空间结构的排列不同，有等规聚丙烯、间规聚丙烯和无规聚丙烯三种立体异构体。单体单元全部头尾相连且构型相同的异构体为等规聚丙烯；单体单元全部头尾相连且构型严格交替排列的异构体为间规聚丙烯；单体单元无规律任意排列的异构体为无规聚丙烯。工业生产的都是等规聚丙烯，要求等规聚丙烯含量在95%以上，间规聚丙烯及无规聚丙烯无实际应用价值。表6-6列出了聚丙烯三种异构体的物性数据。

表 6-6 聚丙烯三种异构体的物性数据

项目	等规聚丙烯	间规聚丙烯	无规聚丙烯
等规度/%	95%	92%	5
密度/（g/cm³）	0.92	0.91	0.85
结晶度/%	90%	50～70	无定形
熔点/℃	176	148～150	75
在正庚烷中溶解情况	不溶	微溶	溶解

等规聚丙烯和间规聚丙烯由于分子构型规整，它们都可以结晶，结晶聚丙烯具有α、γ、拟六方等4种晶型。α晶型属单斜晶系，是最为常见、热稳定性最好、力学性能最好的晶

型；β 晶型属六方晶系，抗冲击性能好，但制品表面多孔或粗糙；γ 晶型属三斜晶系；拟六方晶型为不稳定结构，主要用于拉伸单丝和扁丝制品。

聚丙烯与聚乙烯相似，是非极性聚合物，力学性能好，无毒，相对密度低，具有优良的耐酸、碱以及耐极性化学物质腐蚀的性质，耐热，容易加工成型，原料易得，价格低廉，已成为五大通用合成树脂中增长速度最快、新品开发最为活跃的品种。但聚丙烯可以在高温下溶于高沸点脂肪烃和芳烃，可被浓硫酸和硝酸等氧化剂作用。聚丙烯分子所含的叔氢原子易被氧气氧化，而导致链断裂，制品性能脆化。此外，温度、光和机械应力也可促进聚丙烯氧化，因此必须加入稳定剂。

聚丙烯采用低压定向配位聚合机理合成得到。工业上，生产聚丙烯的工艺路线有淤浆法、液相本体法和气相本体法。淤浆法是将丙烯溶解在己烷、庚烷或溶剂汽油中进行聚合，反应器为连续搅拌釜式反应器、间歇搅拌釜式反应器或环管反应器。液相本体法是以液体丙烯为稀释剂的溶液聚合法，聚合后，闪蒸未聚合的丙烯即得到产品，反应器为液体釜式反应器或环管反应器。气相本体法是利用丙烯气流强烈的搅拌增大丙烯分子与引发剂接触，生成的一部分聚丙烯作为引发剂载体，在反应器内形成流化床。

6.3.5.2　聚合体系

（1）单体　丙烯主要来源于石油裂解的乙烯装置和炼油厂的炼厂气，沸点为–47.7℃，临界温度为 92℃，临界压力 4.6MPa，蒸气压为 0.98MPa（20℃）。原材料丙烯一般含有的杂质有水、甲醇、氨、氢、甲烷、乙烷、丙烷、丁烷、乙烯、丙炔、丙二烯、丁二烯、异丁烯、1-丁烯、氧、氮、硫及硫化物、CO、CO_2 等。活泼氢化合物会破坏引发剂，氢及烷烃能调节分子量，烯烃参与共聚，因此丙烯要纯化至纯度高于 99.6%。

为了改进聚丙烯的一些性能，工业上常常用少量烯类共聚单体进行共聚改性，常用的共聚单体有乙烯、1-丁烯等。例如采用 2%～6%的乙烯共聚改进聚丙烯的透明性，并降低其熔点。这些单体原料，其纯度也要求达到聚合级，一般>99.9%。

（2）稀释剂　液相本体法以液态丙烯单体自身为稀释剂，而淤浆聚合法则需要外加稀释剂。稀释剂的作用就是使丙烯单体溶解在其中，然后与悬浮在稀释剂中的引发剂颗粒作用而聚合，同时将聚合热传导至冷却介质。

常用的稀释剂是一些饱和烃类如碳原子数为 4～12 的烷烃、芳烃等，以 C_6～C_8 饱和烃为主。例如国外技术采用庚烷较多，我国用铂重整抽余油较多。稀释剂要求含有的醇、碳基化合物、水合硫化物等极性杂质含量应低于 10^{-6}；芳香族化合物含量（体积分数）低于 0.1%～0.5%，取决于所用引发剂的活性。稀释剂用量一般为生产的聚丙烯量的 2 倍。可用紫外光谱、红外光谱、折射率等参数监测稀释剂的质量。甲苯作为稀释剂能除去 $AlCl_3$，反应速率初期高，下降快，分子量分布窄，有毒，成本高；己烷、庚烷、辛烷、汽油作为稀释剂，反应速率初期低，下降慢，分布宽，毒性小。

稀释剂要求杂质含量少；丙烯在其中溶解度大，分散引发剂好；无毒；有萃取无规物的作用，使产品等规度提高到 95%～97%；与甲醇的沸点（64.9℃）相差大，易分离；成本低，对聚丙烯无规物无膨润作用。

（3）引发剂　目前所有生产高等规度聚丙烯的装置都采用非均相 Ziegler-Natta 引发体系。它是由固态的过渡金属卤化物，通常是 $TiCl_3$ 和烷基铝化物如二乙基氯化铝组成。此引发体系自 1957 年开始应用于工业生产以来，已经过四个发展阶段，即第一代、第二代、第三代引发体系及引发剂后发展时代，其发展阶段与工艺特点见表 6-7。

表 6-7   Ziegler-Natta 引发丙烯聚合发展阶段及工艺特点

引发体系	引发剂效果			工艺特点
	聚丙烯（kg）/引发剂（g）	聚丙烯（kg）/Ti（g）	立构规整度/%	
第一代 TiCl$_3$-AlEt$_2$Cl	0.8~1.2	3~5	88~93	脱挥工序 脱无规聚合物工序
第二代 TiCl$_3$-AlEt$_2$Cl-Lewis 碱	3~5	12~20	92~97	脱挥工序 免脱无规聚合物工序
第三代 TiCl$_4$-AlEt$_3$-MgCl$_2$ 载体	5~20	300~800	≥98	免脱挥工序 免脱无规聚合物工序
引发剂后发展时代 超高活性引发剂	—	600~2000	≥98	免脱挥工序 免脱无规聚合物工序

目前认为聚合活性中心在载体上的结构是三维立体结构，它能够被增长的聚合物颗粒所膨胀。膨胀后的结构，其接受单体的活性和聚合活性均无变化。当单体分子到达引发剂颗粒后，它开始在最易接受它的活性位置上聚合。聚合物分子开始链增长，它不仅在表面的活性位置上增长，还在结晶颗粒的内部增长。引发剂颗粒内部的链增长使引发剂颗粒逐渐膨胀。因此，引发剂颗粒的机械强度必须与聚合反应的活性相适应。如果聚合活性太高，则反应不能控制，聚合物增长链产生的机械力会使引发剂颗粒破碎为细小粉末。如果引发剂颗粒的机械强度过高，则聚合活性降低，因为内部活性中心缺乏聚合物增长的空间。只有当载体引发剂的聚合活性与载体引发剂颗粒的强度能够很好平衡时，随着聚合反应的进行，引发剂颗粒膨胀增大，不会破碎，聚合活性不降低。要达到上述要求，高效引发剂应满足一些要求：具有很高的表面积；高孔隙率，具有大量的裂纹均匀分布于颗粒内外；机械强度能够抵抗聚合过程中由于内部聚合物增长链产生的机械应力，又不影响聚合物链的增长，保持均匀分散在由于聚合进行而增大膨胀的聚合物中；活性中心均匀分布；单体可自由进入引发剂颗粒的最内层。

（4）分子量调节剂   高纯度氢气用来调节聚丙烯的分子量，即调节产品的熔融指数，其中应当不含有极性化合物和不饱和化合物。用量（体积分数）为丙烯量的 0.05%~1%，其反应为：

$$\text{Cat} \sim\!\!\sim + H_2 \longrightarrow \text{Cat}\!-\!H + H\sim\!\!\sim$$

6.3.5.3   聚合工艺过程

（1）淤浆法工艺   工业上，早期聚丙烯的生产采用淤浆法工艺，工艺过程包括单体、溶剂等原料的精制，引发剂的制备，聚合，未反应单体及溶剂的循环利用，残留引发剂清除，聚合物分离及后处理等工序。聚丙烯淤浆聚合法的后处理与溶剂回收流程长，是世界各国聚丙烯厂家竞争的关键技术。表 6-8 列出了传统的淤浆法原料配方。

表 6-8   淤浆法生产聚丙烯的传统配方

原料名称	规格	作用	用量
丙烯	纯度> 99.6%	单体	25%
己烷	含水量< 25μg/mL	溶剂或稀释剂	75%
三氯化钛		主引发剂	0.024%~0.032%
二乙基氯化铝		助引发剂	0.64%
氢气		分子量调节剂	100~200 μL/L
异丙醇	0.1%~0.5% HCl	终止剂	2%~20%

经精制、干燥、压缩的丙烯通入聚合釜，同时经精制、干燥的溶剂己烷、分子量调节剂氢气，也加入至聚合釜，引发剂制备己烷的悬浮分散液加入聚合釜。在聚合釜中，单体分子遇到引发剂便迅速发生聚合反应，生成的聚丙烯不溶于己烷而呈淤浆状。聚合条件为 50～70℃、0.5～1MPa，引发剂在反应釜内的停留时间为 1.3～3h，采用第一和第二聚合釜两釜串联、连续操作。反应釜为附设搅拌装置的釜式压力反应器，容积为 10～30m³，最大者 100m³。反应后浆液浓度（质量分数）一般低于 42%。

由聚合反应釜流出的物料进入压力较低的闪蒸釜，脱除未反应的丙烯和易挥发物。丙烯经冷却、冷冻为液态后，经分馏塔顶回收纯丙烯，经循环压缩机回到聚合釜循环使用。

脱除丙烯后的浆液流入分解槽，加 2%～20%的醇，如异丙醇、乙醇、丙醇、丁醇等，加入的低分子醇能与引发剂形成络合物，使引发剂失去活性而终止聚合反应，进一步水洗，将形成的络合物、醇等水溶性物质转入水相，静置除去大部分水溶液，与聚丙烯浆液分离。残留引发剂的存在会影响聚合物的色泽、电性能和染色性能，为了提高清除引发剂残留的效率，终止剂中常采用强酸性或强碱性介质，例如加入含有 0.1%～0.5%HCl 的异丙醇作为终止剂。经以上工艺处理后的聚丙烯含有 $10^{-6}～3×10^{-5}$ Ti、$10^{-6}～4×10^{-5}$ Al 和 $2×10^{-5}～4×10^{-5}$ Cl 的残渣。

将除去单体、引发剂的浆液，经离心分离得到聚丙烯滤饼，其中约含 50%的溶剂以及少量溶解于其中的无规聚丙烯。经溶剂洗涤后除去无规聚丙烯，无规聚丙烯在塔底呈黏稠溶液。如果采用高沸点溶剂可先经水蒸气蒸馏，使溶剂与水蒸气蒸出，聚丙烯则悬浮于水相中，离心分离得到聚丙烯滤饼（含水）。如采用低沸点溶剂则采用不含水分和氧气的惰性气体氮气，在闭路循环干燥系统中进行干燥，以防止产生爆炸性混合气体。经离心分离得到的稀释剂必须精制提纯后循环使用。

聚丙烯滤饼（含水）经离心机除去水分后，经气流干燥、沸腾干燥器，除去残余水分，经混炼装置，与配剂混合，加入抗氧化剂等必需的添加剂后经混炼、挤出、造粒得粒状聚丙烯商品。图 6-9 为淤浆法生产聚丙烯工艺流程。

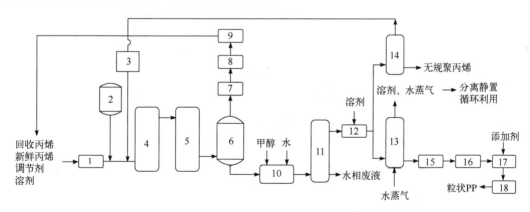

图 6-9 淤浆法生产聚丙烯工艺流程

1—精制器；2—引发剂加料罐；3—溶剂精制器；4—第一聚合釜；5—第二聚合釜；6—闪蒸槽；7—冷却器；8—蒸馏塔；9—压缩机；10—分解槽；11—静置器；12,15—离心机；13—汽提塔；14—闪蒸塔；16—干燥机；17—挤出机；18—造粒机

（2）液相本体法工艺 采用间歇式单釜操作工艺，在一定压力下丙烯液化为液体，作为稀释剂，聚合法工艺流程简单，原料适应性强、投资少、见效快、产品满足中低档客户需求。由于多采用高活性引发剂，因此免去脱挥工序。

经精制、干燥、压缩的丙烯及分子量调节剂氢气通入聚合釜，同时将主引发剂三氯化钛固体粉末、助引发剂二乙基氯化铝液体，按一定比例加入聚合釜。加料完毕，夹套热水加热，聚合反应迅速发生，生成的聚丙烯颗粒悬浮在液态丙烯中。聚合条件为 75℃、3.5MPa。随着反应进行，液相中聚丙烯颗粒越来越多，液相丙烯越来越少，当液相丙烯消失时，即所谓的"干锅"状态，聚合结束，聚合时间为 3～6h。此时，釜内主要是产物聚丙烯和未反应的气态丙烯。反应釜内置搅拌，聚合热主要靠夹套冷却，为提高冷却效果，用冷冻食盐水或液氨冷却，也可采用附加回流冷凝器。丙烯液相本体聚合时，50%～60%的聚合热借丙烯气化、冷凝移去，因此采用附加回流冷凝器。

未反应的气态丙烯，经冷却水冷却后，循环利用。颗粒聚丙烯经通入空气去活，再用氮气置换吸附的少量丙烯，制得聚丙烯粉料产品。图 6-10 为丙烯液相本体聚合工艺流程。

（3）气相本体法工艺　气相本体法工艺就是指气态丙烯与悬浮引发剂颗粒发生聚合制备聚丙烯的工艺过程。采用流化床（沸腾床）工艺，选用高活性引发剂，免去后续脱挥工序。

经精制、干燥、压缩的丙烯及分子量调节剂氢气通入沸腾床反应器，同时将引发剂各组分，按一定比例加入反应器。加料完毕，加热至聚合温度，聚合反应迅速发生。聚合条件为温度<88℃、压力< 4MPa。沸腾床反应器直径上大下小，能避免生成的粉状聚丙烯被带出反应器。生成的聚丙烯粉末，随气流上升至反应器分配板的出口处流出，制得粉状聚丙烯产品。图 6-11 为丙烯气相本体聚合工艺流程。

拓展阅读

聚丙烯聚合工艺的
影响因素

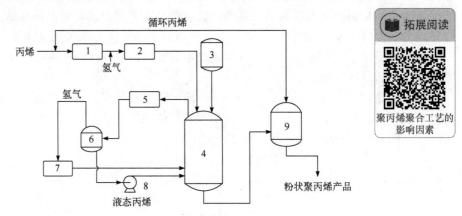

图 6-10　丙烯液相本体聚合工艺流程
1—精制器；2,7—压缩机；3—引发剂加料罐；4—聚合釜；5—冷凝器；6—分离器；8—泵；9—闪蒸器

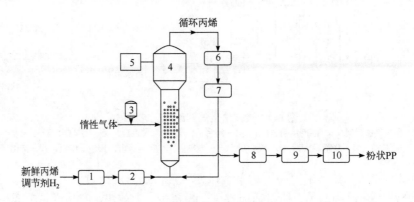

图 6-11　丙烯气相本体聚合工艺流程
1—精制器；2,6—压缩机；3—引发剂加料罐；4—沸腾床反应器；5—气体分析器；7,10—冷却器；8—产品室；9—脱气器

本章小结

　　离子和配位聚合属于连锁聚合反应，离子聚合是单体分子与活性链末端（阳离子或阴离子）发生加成反应，而配位聚合中单体分子是插入催化剂活性中心与增长链之间。阴离子聚合通常需要额外添加终止剂来终止聚合反应，因此也被称为"活性聚合"；阳离子聚合体系的活性中心是碳正离子，单体具有亲核性，聚合反应机理也包括链引发、链增长、链转移和链终止。配位聚合使用 Ziegler-Natta 催化剂使烯烃和二烯烃合成具有各种规整性链结构的聚合物。本章的学习可参考如下思维导图。

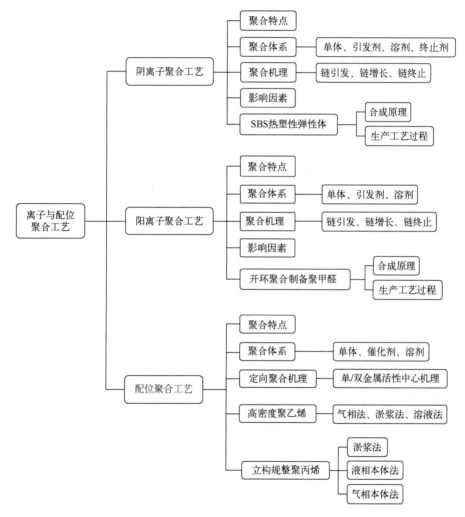

课堂讨论

　　（1）工业上采用阴离子开环聚合工艺生产有机硅橡胶，简述有机硅橡胶的聚合体系、制备工艺。

　　（2）简述 SBS 国内外生产技术概况及发展趋势。

　　（3）目前我国聚甲醛中低端产能过剩、中高端产能供应不足的问题仍较突出。创新生产工艺，解决"卡脖子"技术是从业人员的使命担当。请调查国内聚甲醛生产的相关技术，思考在哪些地方可以创新发展？

本章习题

1. 哪些单体能进行阴离子聚合，举例说明。
2. 写出以正丁基锂为催化剂引发苯乙烯的聚合机理。
3. 溶剂、温度、反离子对阴离子聚合有何影响？
4. SBS 的合成有哪些路线，各自有什么优缺点？
5. 溶剂对阳离子聚合有怎样的影响？如何合理地选择阳离子聚合的溶剂？
6. 聚甲醛为何对热不稳定？如何采用化学合成的方法加以解决？
7. 什么是配位聚合？配位聚合有哪些特点？
8. Ziegler-Natta 引发剂由哪些组分构成？
9. 简述高密度聚乙烯的结构与性能。
10. 分析聚合温度、压力、时间对丙烯聚合的影响。

6

第**7**章 聚合反应工程基础

内容提要：

本章将高分子化学课程中的聚合反应放在工业化放大的背景下讲述，分别介绍了研究聚合反应工业化放大所需要理解的聚合热力学、流体力学、传热与传质和化学反应动力学等课程的基本概念与描述方法，并在此基础上，讨论了聚合反应器设计与研究所要遵循的原理。

学习目标：

（1）理解聚合热力学、流体力学、传热与传质、化学反应动力学和反应器原理等课程在聚合反应工业化放大中的作用；

（2）理解聚合反应平衡、反应热与相平衡的基本概念；

（3）理解各种流体的分类以及高分子流体所表现出的特性；

（4）理解传热与传质的不同方式以及强化方法；

（5）理解传动、传热和传质（三传）的统一性；

（6）理解反应动力学简单与复杂反应的数学建模与参数求取方法；

（7）理解复杂反应中的转化率、选择性和收率的概念以及影响因素；

（8）理解理想反应器的描述方式及相互间的转化；

（9）理解理想反应器及其组合对描述实际反应的作用和方法；

（10）理解返混、停留时间分布、操作热稳定性概念。

重点与难点：

（1）理解三传一反在聚合反应工程中的地位和作用；

（2）反应动力学的数学建模；

（3）理想反应器与反应动力学组合的数学建模；

（4）理想反应器及其组合的停留时间分布数学建模。

7.1 聚合反应工程简介

化学学科的研究主要是在原子和分子层面研究物质的组成、性质、结构与变化规律，从而推动新物质的创造。当一种新的物质被发现具有使用价值及商品意义时，就往往需要大规模的生产。不同于实验室规模的化学研究，在大规模生产中涉及的"三传一反"，即传动、传质、传热与反应问题，已经远远超越了实验室规模化学的研究范畴，而是进入了化学工程的领域。化学反应工程是化学工程的一个分支，它是专门以工业规模的反应过程作为主要研究对象的学科，涵盖了工业反应技术的开发、工业反应过程的优化和工业反应器设计等方向。

化学反应工程的历史并不久远，在前期零星研究的工作基础上，于 1957 年第一届欧洲化学反应工程讨论会上正式确立化学反应工程作为一个独立学科。促成该学科建立的背景是二战后化学工业的规模化发展，特别是石油化学工业的蓬勃发展，工业生产日益趋于装置大型化和连续化以降低生产成本；这种装置大型化与连续化需求，对化学反应过程的开发和反应器的优化设计提出了迫切要求，在化工热力学、反应动力学、传递过程理论以及化工单元操作等知识体系的基础上，化学反应工程以传统的实验研究方法和大量使用数学模型计算方法为工具，对无机化工、有机化工、生物化工、材料化工、医药、冶金及轻工等许多工业部门的反应过程产生了影响。而其中的聚合反应工程，正是化学反应工程学科在聚合反应制备聚合物过程中的应用，它可以有效地将实验室小试规模的研究成果，通过系统的工程理论研究，放大到工业生产规模，并得到相应的商品。

回顾聚合反应工程的历史，1944 年英国人 Denbigh 最早将聚合反应与工艺统一考虑，在他的工作中，根据混合尺度，聚合工艺被分为均相与非均相；他的这种思路在当时是开创性的，对后继的聚合物反应工程的进一步发展有很大的启发作用。到了 20 世纪 50 年代，齐格勒与纳塔等科学家针对催化聚合丙烯工艺中的聚合热问题，通过聚合反应工程的观点妥善解决，同时期的一些大宗聚合物的生产工艺开发也多受益于聚合反应工程概念的应用。20 世纪 70 年代至今，聚合反应工程进入了功能材料的开发领域，在光电、液晶、复合材料、生物基材料等领域屡现身影。

聚合反应相对于小分子反应而言，具有反应机理多样、动力学关系复杂、重现性差、微量杂质影响大等特点。聚合过程中，除转化率外，还需要考虑聚合度、聚合度分布、共聚物组成、共聚物组成分布、共聚物链中的序列结构、聚合物链结构及聚合物性能等。而且，多数聚合体系黏度很高，有的还是多相体系，其流动、混合、传质、传热和低分子体系有很大不同，因此，反应器的结构需要作一些专门的考虑。

很多高校和研究所在实验室小试中做了大量详尽的高分子化学反应研究，这当然是高分子材料制造中的关键所在，但到目前为止，除了非技术原因之外，大量高分子化学的研究成果并不能马上进入生产阶段实现商品化，以尼龙为例，Carothers 很早就发现了尼龙，1934 年正式公布了尼龙的聚合方法专利，但为了将尼龙进行工业聚合生产，杜邦公司花费了五年的时间，才解决了大量的工程问题，并于 1939 年开始正式生产，可见聚合物产品商业化之艰难和放大技术商业推动力之巨大。

从实验室小试规模的实验数据到工厂生产规模的工艺与设备的设计过程，称为放大过程。在聚合反应工程概念尚不十分清晰的时代，甚至今天的一些公司与科研机构，还是采用实验室小试规模，到中试规模，再到生产规模的逐步放大方法来确认一个最终工艺，每一次的放大，往往都会伴随有该规模上的配方重新调整确认，几乎可以说是采用一个更大的反应器在做配方开发实验，此种放大方法花费很多的人力、物力、经费和时间。很多实验室技术的商品化目标，往往在如此的放大过程中不胜其烦而最终功亏一篑。

聚合反应工程的观念，是希望尽可能地不依靠逐级放大实验，而更多地依靠使用数学模型计算和实验室规模关键数据的测量就可以做到放大。这种观念，是化学工程及其分支化学反应工程观念的自然继承，其有效性已经在各相关工业放大中得到了验证。聚合反应工程技术，可促进高分子化学研究成果更快转化为工业产品。

聚合反应工程继承了化学反应工程的特点，是多个学科的结合：在庞大而复杂的工业反应过程中既有化学反应，又有传递过程，传递过程本身虽然并不改变化学反应规律，但它改变了反应器内各处的温度和浓度等反应条件，从而影响到最后的反应结果。比如，在实验室规模的聚合反应中，玻璃釜中的搅拌较少受到搅拌功率与搅拌桨材质的困扰，可以很好地保证滴加的原料在很短的时间内被均匀地分散到整个反应体系，温度的均匀性与快速升降也不是很困难，比较容易达到反应要求。而对于一个大型的工业反应器，搅拌桨转速与材质就必须根据具体的反应体系作出选择与调整，转速或材质强度不够，就可能造成质量不达标和搅拌桨断裂的事故，而转速与材质强度过高，又会造成不必要的浪费；同时，温度的均匀性与快速升降能力更是难以得到保证。这些问题的考虑与解决，需要化学工程和机械工程学科的知识融合才能完成。

聚合反应工程以工业规模反应器中的聚合问题为研究目标，以化学反应动力学和传递现象为基础，通过建立数学模型、反应器的设计和放大、聚合过程开发和工程分析、优化工艺条件、聚合过程总优化等步骤，实现一个聚合反应的规模放大。

本教材前面的章节较详细地描述了聚合物制备的自由基聚合工艺、缩合聚合工艺、逐步加成工艺等内容，本章将着重介绍聚合反应工程涉及的一些基本理论，包括：①聚合热力学；②流体力学；③传热与传质；④化学反应动力学；⑤化学反应器基础。希望通过这些基础理论的学习和理解，可以更全面和更深入地看待一个聚合反应和它的放大过程。

7.2　聚合热力学

在目前的聚合反应工程教材中，鲜有谈及聚合热力学的相关内容，而在实际的聚合反应放大实施工作中，不了解聚合反应热力学几乎是不可能的。

聚合反应体系中，单体转化率存在热力学平衡，比如残留在聚合物中的单体，可能是由于单体-聚合物热力学平衡的结果，也可能是引发剂量、催化剂量和反应时间不足的结果，后者是由聚合反应动力学决定的，而前者则是由聚合反应热力学决定的；如果这种残留单体的存在是由热力学平衡引起的，通过增加引发剂和延长反应时间，也不能达到降低残留单体浓度的效果。

同时，聚合反应过程中，始终伴随有或大或小的放热现象，在实验室小试过程中，由于总量较少，即便遇到有些强放热反应体系，也可以采取很多手段将强放热移除，并获得较满意的结果；而当想要大规模生产时，聚合热的因素如果不去充分考虑，按照小试配方直接放大，一旦强放热的移除无法及时实现，轻则发生冲釜，重则可能发生爆炸等事故。

聚合反应过程有时还伴有热力学相平衡问题，当液相反应区中的组成由于相平衡因素发生改变的时候，该液相反应区中的组成将不同于投料组成，此时得到的聚合物组成或序列分布会发生变化，因此热力学相平衡因素对于聚合反应也有一定的影响。

7.2.1 聚合反应热力学平衡

按照热力学定义，将聚合反应体系在温度为 T 时的 Gibbs 自由能定义为：

$$G = H - TS \tag{7-1}$$

式中，H 是体系的焓；S 是体系的熵。

任何聚合反应的自由能变化可表示为：

$$\Delta G = G_{聚合物} - G_{单体} = \left(H_{聚合物} - H_{单体}\right) - T\left(S_{聚合物} - S_{单体}\right) = \Delta H_{\mathrm{p}} - T\Delta S_{\mathrm{p}} \tag{7-2}$$

式中，ΔH_{p} 和 ΔS_{p} 分别是每个单体单元的焓变和熵变，当聚合物链很长时，它们分别和聚合热 ΔH 与聚合熵变 ΔS 相同。

当聚合物的自由能比初始单体的自由能低时，聚合反应可以自发进行，此时 ΔG 为负；而当 ΔG 为正时，聚合物的自由能比初始单体的自由能高，聚合反应不能自发进行；当体系的 $\Delta G = 0$，此时的聚合反应处于热力学平衡状态，由式（7-2）可知，其对应的温度称临界温度 T_{c}，$T_{\mathrm{c}} = \Delta H / \Delta S$，在理想状态下，$\Delta S = \Delta S^{\ominus} + R\ln[\mathrm{M}]$，则有：

$$T_{\mathrm{c}} = \Delta H / \left(\Delta S^{\ominus} + R\ln[\mathrm{M}]\right) \tag{7-3}$$

式中，$\Delta S^{\ominus}$ 是单体浓度为单位量时，在标准态下聚合反应的熵变；$[\mathrm{M}]$ 为单体浓度，可见当有溶剂存在时，改变单体浓度可使 T_{c} 发生变化；规定平衡单体浓度 $[\mathrm{M}]_{\mathrm{e}} = 1\mathrm{mol/L}$ 时的平衡温度为聚合上限温度。

根据式（7-2）中的 ΔH 和 ΔS 的正负，聚合反应存在下述四种可能性：

（1）常见的加成聚合反应为放热反应，ΔH 和 ΔS 通常均为负值，此时，当温度 $T > T_{\mathrm{c}}$ 时，$\Delta G > 0$，表明温度升高超过了 T_{c} 后，反应就不能生成聚合物。

（2）如果聚合反应是吸热的，$\Delta H > 0$，而且 $\Delta S > 0$，则存在下限温度 T_{c}，低于此温度时，聚合物不能生成，比较特殊的如硫的开环聚合反应表现出聚合下限温度现象。

（3）当 $\Delta H > 0$，且 $\Delta S < 0$ 时，ΔG 总是为正值，此时，聚合物在任何温度下都不能生成。

（4）当 $\Delta H < 0$，且 $\Delta S > 0$ 时，ΔG 总是为负值，此时，聚合物在任何温度下都能生成。

当反应越接近于临界温度 T_{c} 时，相对应的自由能差 ΔG 就越接近于零，也就意味着反应的热力学推动力越小，如在加成聚合反应中，在略低于上限温度 T_{c} 时，只能生成低分子量的低聚物。而当温度高于上限温度时，聚合反应变成了聚合物降解为单体的降解反应。

以典型的 α-甲基苯乙烯聚合为例，在含萘钠或烷基锂的苯溶液中聚合，表现出来的现象是：低温时，聚合物生成多一些，温度升高时，却会解聚出更多的单体，温度反复冷却至-70℃和加热到+40℃，体系黏度反复增减，聚合和解聚可逆地进行。该反应的热力学数据为：

$$-\Delta H = 35.1\mathrm{kJ/mol}$$

$$-\Delta S = 103.8\mathrm{J/(mol \cdot K)}$$

当温度范围为 25～100℃时，$-T\Delta S = 31～39\mathrm{kJ/mol}$，该数值和焓变相当接近，亦即 $\Delta H \approx T\Delta S$，或者 $\Delta G = \Delta H - T\Delta S \approx 0$，因此 α-甲基苯乙烯在很宽的温度范围内，单体和聚合物处于接近平衡状态，这就客观地解释了上面的现象。

根据原理，上限温度可以从聚合物的生成速度对温度 T 作图来估

拓展阅读

常见本体
均聚的上限温度

7

计，当接近上限温度时，聚合速率急剧下降，因此，将速率外推到零，即可得到所求的上限温度。同理，从另一个方向接近 T_c 的吸热反应下限温度，也可以用这种方法测定。

7.2.2　聚合热

7.2.2.1　聚合热的来源

表征聚合热的焓变 $\Delta H = \Delta E - P\Delta V$，在体积变化 ΔV 可以忽略不计时，聚合热就是内能 ΔE 的变化。对于聚合反应体系，其内能的变化主要有三种方式：断裂重键、共振、空间张力。

（1）断裂重键　聚合反应通常是在打开 C＝C 双键的同时，生成 C—C 单键，即从一个高键能的 π 键转化为一个低键能的 σ 键，体系的总键能下降，其中的能量差得以释放，此即为理论上的聚合热。因此，烯类单体的聚合热约为 84kJ/mol，这是单体中一个 C＝C 键的平均键能（约 610kJ/mol）和对应的两个 C—C 单键的键能和（约 694kJ/mol）的差值。

（2）共振　增加离域作用或共振稳定作用将降低分子的内能，聚合物由于离域作用往往比较稳定，而单体则并非如此，因此共振时焓变 ΔH 将更倾向于负值，从而增加自由能负差，表现为单体/聚合物的反应平衡将向有利于聚合物生成的方向进行。

（3）空间张力　聚合物结构产生的位阻效应，使得一些基团在聚合物链上比在单体中处于更加拥挤的环境，这种空间张力的存在，势必提高聚合物的内能 E_p，并降低 ΔE 的负值，使聚合热降低。

7.2.2.2　影响聚合热的因素

一般烯类单体焓变的范围：$-\Delta H = 50 \sim 155$kJ/mol，其影响因素主要有：

（1）取代基的位阻效应降低聚合热　比如乙烯的聚合热为 95kJ/mol，异丁烯、甲基丙烯酸甲酯则分别为 51.5kJ/mol 和 56.5kJ/mol。

（2）共轭效应降低聚合热　比如乙烯的聚合热在 95kJ/mol，丁二烯、异戊二烯则分别为 72.8kJ/mol 和 74.5kJ/mol。

（3）电负性强的取代基升高聚合热　比如乙烯的聚合热在 95kJ/mol，氯乙烯、四氟乙烯则分别为 95.8kJ/mol 和 154.8kJ/mol。

聚合热可用不同方法进行实验测定，经典的实验方法有燃烧法，直接反应量热法和热力学平衡技术等，对熟悉的体系，更多的可以采用高效快速的估算加安全系数的方法。估算方法很多，其中的基团贡献法可以根据单体的化学结构进行估算，这对于不需要热力学级精确的放大研究，往往已经可以提供足够的精度。

拓展阅读

常用单体的
聚合热

由单体的聚合热数据，就可以估算聚合体系的放热量，并根据比热容值，可以估算聚合体系的温升，也可以为如何控制聚合反应的温度提供依据。

7.2.3　聚合反应系统的相平衡

聚合反应过程中，根据反应条件和场所，分为均相反应体系和非均相反应体系，某些聚合反应即使在均相体系，依然存在物料在反应场所和非反应场所之间的分配。此时，原料配方设计中的单体、引发剂、聚合物与溶剂（水也是一种溶剂）进料组成，会和实际的汽-液或液-液反应场所中的实际组成不同，进而影响到反应的进行和最终结果；要理解在实际的聚合反应过程的这种差异，并避免这种差异的影响，就需要对聚合体系进行相平衡研究。

目前，聚合体系的相平衡研究涉及实验测定和模型模拟两种方法，两者互为补充和指导。

7.2.3.1 相平衡数据测量方法

以汽液相平衡为例，测定相平衡数据的方法有很多种，通常都是通过一定的方法测量一些参数之后，再通过简单计算获得聚合体系的汽液组成；比如最简单的有蒸汽压法、重量法及色谱法，其中的色谱法能够直接精确测定气相和液相中的组成，操作也相对简便，因此，使用较为普遍。图 7-1 为色谱法的典型实验测定装置，该装置可通过一系列阀门控制气相与液相的样品收集，然后通过气相色谱精确得到汽液相样品的组成，再通过计算得到体系的相平衡数据。

图 7-2 测得的乙烯-聚乙烯聚合反应体系后的三维相平衡图，可为乙烯的聚合工艺条件优化提供相平衡理论依据。

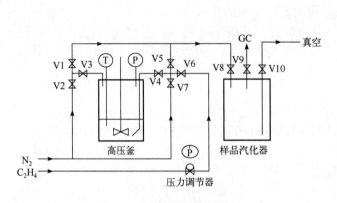

图 7-1   典型相平衡测试装置

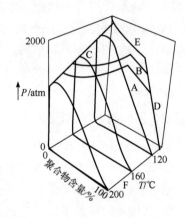

图 7-2   乙烯-聚乙烯三维相平衡图

A—等温线；B—等压线；C—临界轨迹；D—纯聚合物的熔点-压力；E—熔点-稀释剂；F—纯聚合物的蒸气压-温度

7.2.3.2 相平衡数据的数学模型法

相平衡数据的测试是一个十分复杂的工作，尤其在聚合物相关的测试中，平衡时间会很长。同时，相平衡测试针对的是特定的物系，其结果没有广泛的代表性，而采用半经验-半机理的数学模型法则弥补了相平衡数据实验测定的不足。其中较早的有 Flory-Huggins 方法，其后又出现 UNIFAC-FV 和 GCLF-EOS 等方法。这些模型方法对聚合物体系进行模拟时，仍然需要相关实验数据支撑，否则便难以展开研究，或者预测误差较大。针对这个缺点，目前开发得比较成功的是 PC-SAFT 状态方程。

PC-SAFT 状态方程通过调节聚合物的二元相互作用参数，可以对单体、溶剂或者聚合物进行热力学性质的模拟。在大多数聚合体系中，调节共聚物中的特定相互作用二元参数，以及 PC-SAFT 模型的其他参数，都与共聚物的组成无关。因此，PC-SAFT 状态方程可以模拟压力、温度和共聚物组成在较大范围条件下对应体系的相平衡行为。图 7-3 是聚苯乙烯-环己烷-二氧化碳的高温高压相图。

在一般应用中，常将聚合物视为惰性，因此，可以更方便地讨论单体组成在汽-液相或液-液相中的相平衡分配。

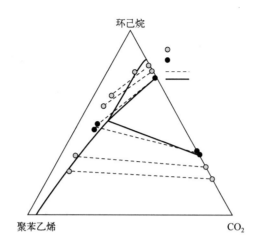

图 7-3 T=170℃和 P=101 bar 下聚苯乙烯-环己烷-二氧化碳的三元图

7.3 流体力学基础

聚合反应过程中处理的物料，大多数是流体（气体、液体或熔体）或者包含固体的流体，如乳液聚合等非均相体系。在工业生产中，这些流体在反应器内的流动规律会受到反应器形状和尺寸影响，又因流体速度和物性不同而有较大差异。学习和理解流体力学的基本概念，将有助于更好地理解反应器中的浓度、温度分布的原因与调控措施。

7.3.1 流体的黏性

流体与固体不同，固体本身具有保持一定形状的能力。为使固体变形，必须施加一定的力。流体则不能保持一定的形状，处于静止状态的流体不能抵抗剪切力，但当变形速度增大时，流体则呈现出一定的抵抗力（内摩擦力）。而运动一旦停止，这种抵抗力便快速消失。流体受到剪切力作用时，其抵抗变形的能力称为流体的黏性。头际流体都有一定的黏性，在特定条件下，黏性可被忽略的流体称为理想流体。各种流体的黏性相差很大，常见的空气和水，黏性很小，而蜂蜜、甘油的黏性则很大，分子量较大的聚合物的黏性就更大。研究和考察流体运动的规律，黏性是一个十分重要的属性，它既是传递动量的动力，又是抵抗运动发生的因素，其对流体的流动影响是双重的。

如图 7-4 所示，当下层的板保持静止，上层的板在作用力 F 的推动下以速度 u 向 x 方向移动时，两板

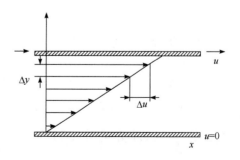

图 7-4 平面附近黏性流体运动

之间的流体行为发生如下现象：紧靠下层板面的一层流体将不作相对于板面的宏观运动，这种现象称为无滑移现象；而在板面的法线 y 方向，距离下层板面不同高度的流体层具有不同的移动速度，且随 y 方向距离的增大而逐渐增大。流体在做这种宏观运动的同时，它的分子还在不停地进行着随机的热运动。当相邻流体层以不同速度运动时，分子热运动会引起两流体层之间的动量交换。

这种动量交换，使得较高速度的流体层会带动相邻的较低速度流体层加速，而较低速度流体层又会对相邻的较高速度流体层进行减速，彼此形成了动量传递。按照动量定理，相邻的不同速度流体层之间必然存在着一个平行于该面的作用力，称为剪切应力 τ。由于不同速度层分子间的动量传递以及分子间的相互作用力产生内摩擦，流体的黏性正是这种流体微观分子运动内摩擦的宏观表现。

流体层之间的速度变化可以用速度梯度 $\dfrac{du}{dy}$ 表示，它是单位距离上速度的变化量。多数流体在作平行直线运动时，相邻流体层之间的剪切应力 τ 与该处速度梯度存在线性关系，见式（7-4）：

$$\tau = \mu \frac{du}{dy} \tag{7-4}$$

速度梯度 $\dfrac{du}{dy}$ 可以理解为剪切速率，此时的 μ 为流体的黏度，系剪切应力和剪切速率之比，即：

$$\mu = \frac{\tau}{\dfrac{du}{dy}} \tag{7-5}$$

此时的黏度 μ，单位为 $N/(s \cdot m^2)$，更多地表示为 $Pa \cdot S$，在常用的厘米-克-秒（CGS）制中，力的单位为 dyn，于是黏度的单位成为 $dyn \cdot s/cm^2$，并以法国科学家泊肃叶（Poiseuille）的姓氏命名为泊，其百分之一，即日常用到的厘泊（cP）；常见的液体黏度为：水的黏度=1cP；植物油的黏度=500cP；马达油的黏度=2500cP；蜂蜜的黏度=10000cP；糖浆的黏度=100000cP。

很多工程应用计算中，常常引入密度项，因此定义：

$$v = \frac{\mu}{\rho} \tag{7-6}$$

式中，v 称作运动黏度，它的单位是 m^2/s，在常用的 CGS 制中，单位为 cm^2/s，亦即斯托克（St），与运动黏度对应的式（7-5）中的黏度 μ，则称为动力黏度。

黏度的大小与温度有关，低密度气体的黏度随温度上升而增大，液体的黏度随温度上升而降低。实际操作中利用这一特性，常温下难以搅拌的聚合物或聚合物溶液等，加热到一定温度时，可以轻松进行搅拌；同时，各类黏度的测试，也必须注意并消除温度控制不稳定对黏度测试结果的影响；压力对流体黏度的影响一般可以忽略，除非在压力极高的特殊环境下。

流体黏度是各类流体流动规律分析和计算中不可缺少的重要数据。常见流体的黏度可以从相关物性手册中查找，也有大量关联式可供计算预测。

7.3.2　牛顿流体与非牛顿流体

按照公式（7-4），对于给定的流体，以 τ 对 $\dfrac{du}{dy}$ 作图，可以得到通过原点的直线，该直线的斜率就是给定温度、压力下该流体的黏度。对气体及低分子量液体，τ 与 $\dfrac{\mathrm{d}u}{\mathrm{d}y}$ 成正比，黏度 μ 为常数，这类流体称为牛顿流体。而很多流体，如一些聚合物溶液等，并不遵循这一规律，这些流体通常称为非牛顿流体。图 7-5 为牛顿流体和多种非牛顿流体的剪切应力与剪切速率的关系，以及相对应的流体类型。此时，剪切应力与剪切速度的关系可修正为式（7-7）：

$$\tau = \tau_0 + \mu\left(\frac{\mathrm{d}u}{\mathrm{d}y}\right)^n \tag{7-7}$$

当 $\tau_0 = 0$ 和 $n=1$ 时，式（7-7）等同于式（7-4），即牛顿流体表达式，其他情况则适用于各种非牛顿流体。

图 7-5 中的 a、b、c、d 分别为：

a. 牛顿流体，$n=1$，比如气体、水、酒、醋、低浓度牛乳、油等；

b. 假塑性流体，$n<1$，剪切稀化，比如蛋黄酱、血液、番茄酱、果酱、高分子溶液等；

c. 胀塑性流体，$n>1$，剪切增稠，比如淀粉溶液、蜂蜜、湿沙等；

d. 宾汉塑性流体，当 $\dfrac{\mathrm{d}u}{\mathrm{d}y}=0$ 时，τ_0 为初始屈服应力，

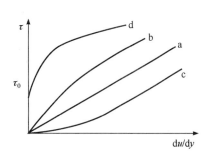

图 7-5　不同类型流体剪切力与剪切速率的关系

比如干酪、巧克力浆、肥皂、纸浆、泥浆等。

可见，黏度作为剪切应力与剪切速率的比值，在非牛顿流体时并不是常数，不再是纯粹的物性，它将随流动状态下的剪切速率而变化，这是非牛顿流体的一个重要特征。此时，剪切应力与剪切速率的比值 η 称为表观黏度。

图 7-5 中的牛顿与非牛顿流体在一个剪切速率下，只会出现一个黏度或表观黏度，亦即这个（表观）黏度不会随时间的改变而改变；而另外有两类非牛顿流体，在恒定剪切速率下，表观黏度是随着时间而发生变化的，时间越久，表观黏度越小，称为触变性流体，反之，则称为震凝性流体。图 7-6 为表观黏度随时间降低的触变性流体蛋黄酱的测试结果。保持剪切速率不变，延长测试时间，直到应力达到恒定值，可得到平衡曲线；反复循环剪切，可得到滞后环，图 7-7 为两种流体的滞后环示意图。

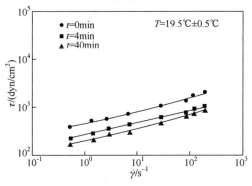

图 7-6　触变流体测试

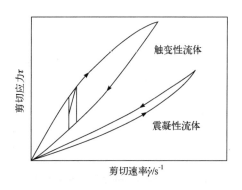

图 7-7　触变性流体与震凝性流体滞后环

产生这种异常现象的原因与流体结构变化有关。触变性与假塑性流体之间的差别在于结构破坏所需时间，对假塑性流体，这种破坏所需时间很短，难以检测；对触变性流体，结构破坏经历较长时间，可以检测。某些聚合物溶液、油漆等就是触变性流体。

相应的，震凝性流体与触变性流体相反，流体的剪切应力和表观黏度会随时间的延长而增加，某些溶胶、石膏悬浮液等就是震凝性流体。

以上涉及的非牛顿流体，均为黏性流体，此外尚有黏弹性流体，它介于黏性流体和弹性固体之间，同时表现出黏性和弹性，在不超过屈服强度的条件下，剪切应力除去以后，其变形能部分的复原，如面粉团、沥青、凝固汽油、冻凝胶等均为此种流体。图 7-8 总结了各种流体之间的关系，其中触变性流体、震凝性流体、黏弹性流体不适用于公式（7-7）。

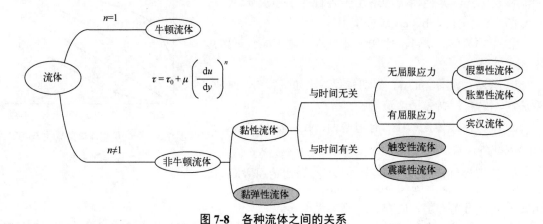

图 7-8　各种流体之间的关系

7.3.3　流体的流动状态

英国科学家雷诺于 1883 年首先通过实验观察了流动状态。雷诺实验装置原理如图 7-9 所示，水从维持恒定液面的水箱，通过具有一定长度的玻璃管，经调节阀门排出，在排水玻璃管管道进口的中心处引入有色液体作为示踪剂。

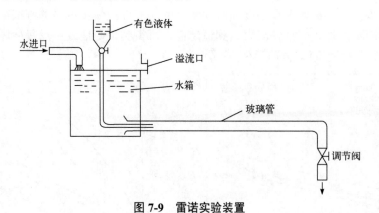

图 7-9　雷诺实验装置

在管径一定和水的黏度一定的条件下，当管内水流流速比较低时，有色液体不与周围水流相混合，而是以直线条或几乎是直线条方式随同水流流向出口，此有色直线条一直向下延伸，称为层流（又称滞流）状态，见图 7-10（a）。

随着水的流速增高，有色直线条在排水管道入口附近，虽仍呈直线，但经过一段距离以后（速度越高，这一段距离越短），有色直线条发生波动，进而断裂并分散，随后扩散到整个管截面，有色液体和周围清水互相混合。表明流体质点不再按直线运动，层流运动的规则状态遭到破坏，此时称为湍流（又称紊流）状态，见图 7-10（b）。流速继续增高，这种混合程度随之加剧。

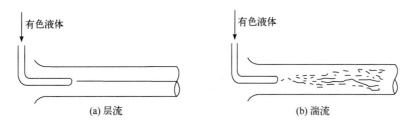

图 7-10　雷诺实验中的层流与湍流

层流时，通过管道内空间各处的各流体质点具有相同且确定的速度，如果流体通过管道的流量不随时间变化，那么管内各点的速度也将不随时间变化。湍流时则不同，通过管道内空间各处的流体质点速度，具有一定的随机性，即使通过管道的流体流量不随时间变化，管内各点的流体速度却以较高的频率发生各个方向的脉动。

速度脉动是湍流流动的基本特征，它可以在各个方向上发生。以管内流动为例，层流时，管内各处只有轴向速度；湍流时，由于脉动而出现径向速度。每一瞬时出现的径向速度，是正负交替发生的，因而在径向上没有净的流动，径向脉动速度对时间的平均值必为零。当然也存在着其他方向的脉动，正是由于速度脉动，导致雷诺实验中有色直线条的断裂和分散。

不同的流动状态具有不同的运动规律，实际过程中需要对流动状态进行判别。对于流体在管道内的流动，影响流动状态的相关物理量是：流体在管内的平均流速 U、管道的几何特征长度 L、直径 d 以及流体的密度 ρ 和黏度 μ。若管道足够长，流动状态将不随管长变化，此时由 U、d、ρ 和 μ 四个物理量可以决定流动的状态。

雷诺采用各种流体，在不同管径的管道内进行了大量实验后发现：当某种流体在一定管径的管道中流动时，存在一个临界速度 U_{cr}，当流速小于此速度时，流动状态为层流；大于此速度，流动过渡为湍流。临界速度与流体的黏度、密度和管径有关，即

$$U_{cr} = f(\rho, \ \mu, \ d)$$

应用量纲分析法，并对其进行无量纲化处理，雷诺得到了如下关系式：

$$Re = \frac{Ud\rho}{\mu} = \frac{Ud}{\nu} \tag{7-8}$$

Re 称为雷诺数，它综合反映了流体属性、几何特征和流动速度对流体流动特性的影响，并可用 Re 的大小来判别管道内流体运动的状态。

通过大量的实验，考察了雷诺数与进行试验时条件相关性，如进入管道时流体的起始状态，管壁的粗糙度和周围环境有无振动等，工程上普遍认为 $Re \leqslant 2000$，流动类型为层流；$Re \geqslant 4000$，流动类型为湍流；$2000 < Re < 4000$，为过渡流，过渡流并不是一个独立的流型，而是层流与湍流的结合，既有可能是层流又有可能是湍流。

雷诺数是判别流动特性的重要参数。根据 Re 数的物理意义可知，在低 Re 数下，$Re < 1$，

惯性力对流动影响很小，流动问题的研究可以获得很大的简化，称为 Stokes 流。近几十年来，理论与应用均有重大发展，该领域称为"微水动力学"（microhydrodynamics），重点研究微米量级的颗粒、液滴或气泡的运动，这对流体的输送、混合甚至化学反应都有重要意义。

高 Re 数下，流体大尺寸、低黏度、高速运动时，惯性力起控制作用，黏性力影响仅限于固体附近，这就是著名的边界层近似。依据 Re 数高低，寻求流体运动的不同规律、流体流型的差异，对考察聚合反应设备中的流动状况、聚合反应器的设计、优化和放大具有直接的指导意义。

7.3.4　高分子流体

聚合物制备过程中涉及的高分子流体有别于日常熟悉的小分子流体，其特点有：

① 分子量高，熔体与浓溶液的黏度随分子量的升高而快速增大；

② 一种由组成与结构相同，但分子量不同的同系高分子组成的混合物；

③ 平衡时，可以表现为许多不同的构象；而流动时，由于分子的拉伸与取向化，可以引起流动特性的变化，并大大改变构象的分布；

④ 在高分子熔体或浓溶液中，分子链能形成瞬间的具有许多结点的缠绕网状结构。在不同的流动情况下，结点数可能随时间变化。

高分子流体的分子量及其分布，对于流变特性的影响很大，既影响黏度，也影响聚合物开始出现非牛顿特性时的剪切速率值，宽分布的聚合物在更低剪切速率下出现非牛顿流动行为，因此也对应了在低速下出现高黏度的情况，而窄分布的同样分子量聚合物则在高剪切速率下表现出高黏度。

聚合反应工程中需要处理的流体，基本是从一开始的单体、溶剂、水等小分子牛顿流体开始，随着聚合反应的进行，连续转化为最终的非牛顿流体。在反应过程中常见的流体行为有：

（1）剪切稀化　流体黏度随剪切速率增高而降低的现象，称为"剪切稀化"，它对应着式（7-7）中 $n<1$ 的情况。剪切稀化流体属于假塑性流体，大多数的高分子溶液或熔体都表现出剪切稀化，剪切稀化流体的黏度变化很大，不能应用牛顿流体的管流公式计算压降和流量的对应关系，管式反应器或挤出机设计时都需要考虑这个问题，而在釜式反应器中，剪切稀化会造成只有搅拌桨周围的局部地区得到充分的混合，而离开搅拌桨扫过的范围，釜内的流体就因为黏度恢复而无法充分混合，甚至整个釜内流体除搅拌桨扫过的区域在流动而其他区域停滞不动，完全没有搅拌混合效果，加快搅拌速度，剪切稀化更为明显，更没有起到整个反应釜内期望的搅拌混合效果。此时，必须在搅拌桨的桨形选择上作适当调整。

（2）爬杆　搅拌时，流体沿着搅拌轴攀援而上的现象，称为"爬杆"，亦称 Weissenberg 效应，如图 7-11。搅拌速度越快、黏度越高，爬杆越明显。

图 7-11 中内圆柱和外圆筒是垂直同轴的，内圆柱以等角速度旋转，A、B 两处设置测压点，两测压点位于同一水平位置。排除液面影响等因素，压力测定的结果表明：对于左侧的牛顿流体，B 处的压力由于离心力的缘故大于 A 处；而在非牛顿流体的高分子溶液中，A 处的压力则大于 B 处。这表明高分子流体中存在"法向应力"。这种应力是由流体的弹性性质造成的，显然，在设计混合设备时应注意这种现象存在的可能性，如处理不当的话，会造成反应物"爬杆"，甚至成坨跟随搅拌桨同步转动，毫无混合效果。

（3）挤出胀大　高分子流体从大容器经圆管挤出，一离开管口，挤出物就会自动胀大，挤出物直径大于管径，而具有相同黏度的牛顿流体自圆管射出时，其射流直径小于管径，即发生了收缩，这种现象目前还缺乏足够明确而又可靠的解释。有一种说法是，认为流体有"记忆效应"。设想流体从储存器进入管内，就像从矮胖的圆柱形逐渐挤压成细长的圆柱形，如果流体微元在管中经历的路程不太长，那么一经脱离孔口，就试图恢复到它原来的形状，因此产生胀大效应。这种机理意味着，随着出口管的加长，挤出物直径和管径之比将逐渐趋近于1。相关实验也表明，此直径比确实随着管道的加长而减少，但当 L/D（长度/直径）趋向无穷时，其极限值并不等于1，而是大于1，这就需要用其他机理来说明这种残剩胀大，即还有另外一些因素需要考虑。挤出物直径增大与聚合物特性有关，还依赖于操作条件，如温度和流速等。在聚合物出料且直接纺丝等对直径有要求的场合，就需要考虑模口的长径比。

（4）边界滑移　大量的实验研究表明，牛顿流体相对于固体边界表面的速度为零，亦即无滑移。尽管依据微通道中摩擦阻力减小的事实，对无滑移条件有过质疑，但因这类现象发生在分子尺度的距离上，一般对流体运动的宏观行为影响不大，因而对牛顿流体的壁面滑移问题并不引起关注。而对于高分子流体，发现了聚合物溶液层流具有异常的流动强化，几何尺寸上相同的不锈钢口模和黄铜口模有不同的流量输出等现象，实际流量大于理论上流量-压降关系的计算值，更通过壁面有色标记实验，证明了某些高分子流体在壁面有滑移现象，滑移速度与剪切应力成正比，壁面材料及粗糙度亦影响滑移程度。滑移现象的理论研究提出了三种解释：聚合物链不能黏附在固体表面；聚合物链与吸附在壁面的链解缠，于是在"吸附刷"上滑移；壁面形成润滑层，在应力诱导下转变成低黏度的中间相。图 7-12 系层流状态下管道内的流速分布曲线，根据曲线以左所包覆的面积，即可见边界滑移对于流量增加的贡献。

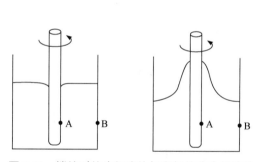

图 7-11　搅拌时的牛顿流体与爬杆的非牛顿流体

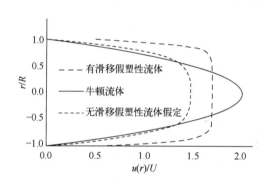

图 7-12　某些高分子流体边界滑移示意图

7.3.5　高分子流体流动的描述

高分子溶液和熔体的一个重要特征是具有非牛顿性，其黏度随剪切速率发生显著变化。高剪切速率下的黏度比低剪切速率下有时要相差几个数量级，黏度甚至可以减小到零剪切黏度的 1/100 甚至 1/1000。描述此种非牛顿流体，建立本构方程是解决其流动问题的关键一步。若从理论上建立，无论是借助于连续介质理论还是分子理论都比较复杂，因此一般仍利用经验方法。

参照牛顿流体方程的形式，引入表观处理方法：

$$\tau = \eta \frac{\mathrm{d}u}{\mathrm{d}y} = \eta \dot{\gamma} \tag{7-9}$$

式中，η 为表观黏度。

非牛顿流体由于缺乏统一的黏性定律表达式，不同的非牛顿流体常需采用不同的模型。聚合物常见的假塑性流体的流动曲线，即剪切应力与剪切速率之间的关系如图 7-13 所示，大致可分为三个部分。

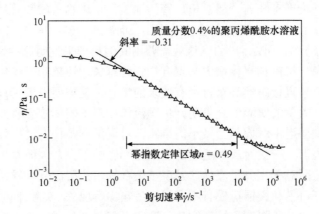

图 7-13   假塑性流体黏度与剪切速率的关系

（1）在很低剪切速率下的线性部分

$$\lim_{\dot\gamma \to 0} \frac{\tau}{\dot\gamma} = \eta_0 \qquad (7\text{-}10)$$

式中，η_0 为零剪切黏度。

（2）在很高剪切速率下也为线性部分

$$\lim_{\dot\gamma \to \infty} \frac{\tau}{\dot\gamma} = \eta_\infty \qquad (7\text{-}11)$$

式中，η_∞ 为无限剪切黏度。

（3）上述两个极端的中间部分是非线性的，黏度从 η_0 到 η_∞，随剪切速率的增加而减小。这种变化常用幂律形式表示

$$\tau = m \left(\frac{\mathrm{d}u}{\mathrm{d}y} \right)^{n-1} \frac{\mathrm{d}u}{\mathrm{d}y} = \eta \frac{\mathrm{d}u}{\mathrm{d}y} \qquad (7\text{-}12)$$

式中的黏度 η 于是成了 (m, n) 双参数的幂函数，也称为幂律模型。当 n 越接近 1，流体也就越接近于牛顿流体。

聚合物溶液或熔体的黏度随剪切速率而变化，有不同的理论解释。其中，按照分子缠结理论，在静止的聚合物中，大分子链为无规线团，彼此缠结，对流动产生很大的阻力，表现出较大的黏度。当在流动中受到较大剪切作用时，卷曲缠结的分子结构被拉直取向，缠结点减少。图 7-14 表示了聚合物流体中的分子链、液滴和非圆形填料的取向，其中高分子解缠结取向是慢速过程，需要一定时间，在低剪切速率下，随机的分子布朗运动比取向速率大，因此，高分子的流动行为和牛顿流体一样；在高剪切速率下，高分子链来不及取向，剪切速率的增大不会显著影响取向的程度，因而流体再次表现出具有不变的黏度。只有在中间剪切速率下，解缠结取向速率和剪切速率数量级匹配，此时，剪切速率的变化，意味着解缠结取向

速率的不同匹配，或解缠结取向程度的不同，于是，表观黏度成为剪切速率的函数。从整体看，剪切速率、取向速率、分子布朗运动速率相互之间的快慢组合，或者各自的特征时间的匹配，造成了表观黏度在不同剪切速率下的不同表现，展现了主要矛盾和次要矛盾的转化。

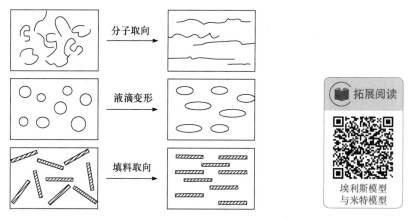

图 7-14　流体取向示意图

图 7-14 所示的聚合物流体中的分子链、液滴和非圆形填料的取向，可以用不同的模型进行模拟，如埃利斯模型与米特模型。

高分子流体的表观黏度的影响因素有：

（1）平均分子量　影响零剪切黏度，当平均分子量低于临界分子量时，溶液为牛顿型；在临界分子量以上时则转变为非牛顿型，且多数为假塑性流体，分子量越大，链的柔性越大，则假塑性程度也越高，当平均分子量较大时，黏度增大，而且较早地转变为非牛顿型。

（2）分子量分布　平均分子量相近而分子量分布较宽的流体较早地出现非牛顿型的转变，分子量分布越宽，偏离牛顿型流动也越远。

（3）温度影响　温度对高分子流体的黏度影响很大，黏度与温度的关系大致服从 Arrhenius 方程，对于柔性链聚合物，由于链段运动容易，温度对黏度影响程度小，对于刚性链聚合物，温度对黏度的影响程度就较大。另外，温度对流体的流动特性也有影响，常温下是牛顿流体，在低温下就有可能转变为非牛顿流体。

（4）浓度影响　聚合物溶液的浓度增大，溶液的黏度也随之增大。低浓度时，黏度增加缓慢，随着浓度增加，黏度迅速增加。浓度（质量分数）超过 10% 以后，浓度增加 10%，溶液的零剪切黏度可增大 10～100 倍。浓度也会改变流体的流动特性，其存在某一临界浓度 C_c，当溶液浓度小于临界浓度时，流体为牛顿流体；当溶液浓度大于临界浓度时，转变为非牛顿流体。

（5）压力影响　压力主要影响流体的自由体积，当压力 P 增大时，自由体积减小，分子链相互作用增强，引起黏度的增加。压力对黏度的影响并不显著，如加压到 1000atm 规模时，黏度仅比常压增大一倍，故常可忽略。

在以上描述了黏度的基础上，即可进一步讨论流动问题。对半径为 R 的管道中的流体流动，可由

$$\dot{\gamma} = -\frac{du}{dr} = f(\tau)$$

得到流速分布通式

$$u(r) = \int_r^R f(\tau)\mathrm{d}\tau \tag{7-13}$$

和流体流量通式

$$Q = \frac{\pi R^3}{\tau_R^3}\int_0^\tau \tau^2 f(\tau)\mathrm{d}\tau \tag{7-14}$$

式（7-14）具体的推导可见参考书。对于非牛顿流体层流流动的描述可基于以下假定：

① 流体处于恒温稳态层流流动；

② 径向速度仅是半径的函数；

③ 流体在管壁处无滑移现象；

④ 流体是不可压缩的。

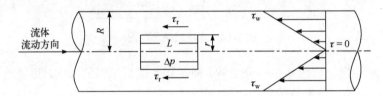

图 7-15　管道内的流体流动模型

根据以上假定，可建立流动模型如图 7-15 所示，此时 $\tau = -\frac{r\Delta p}{2L}$，$\Delta p$ 为长度 L 上的压降，r 为离开管轴的径向距离，同时由 $\tau = m\left(\frac{du}{dr}\right)^n$，代入式（7-13）和式（7-14），可分别得到：

非牛顿流体的速度分布：

$$u = \left(\frac{n}{n+1}\right)\left(-\frac{\Delta p}{2Lm}\right)^{\frac{1}{n}} R^{\frac{n+1}{n}}\left[1-\left(\frac{r}{R}\right)^{\frac{n+1}{n}}\right] \tag{7-15}$$

非牛顿流体的体积流量：

$$Q = \frac{n\pi R^3}{3n+1}\left(-\frac{R\Delta p}{2Lm}\right)^{\frac{1}{n}} \tag{7-16}$$

式（7-15）与式（7-16）中 R 为管道内径。

由式（7-15）可见，当 $r=0$ 时，速度最大，此时有：

$$u_{max} = \left(\frac{n}{n+1}\right)\left(-\frac{\Delta p}{2Lm}\right)^{\frac{1}{n}} R^{\frac{n+1}{n}} \tag{7-17}$$

又由式（7-16），可得平均流速 U

$$U = \frac{Q}{\pi R^2} = \frac{nR}{3n+1}\left(-\frac{R\Delta p}{2Lm}\right)^{\frac{1}{n}} = \left(\frac{n}{3n+1}\right)\left(-\frac{\Delta p}{2Lm}\right)^{\frac{1}{n}} R^{\frac{n+1}{n}} \tag{7-18}$$

将流速和最高流速或者和平均流速相比，即可得到相对的流速分布，即有

$$\frac{u}{u_{\max}} = \left[1 - \left(\frac{r}{R}\right)^{\frac{n+1}{n}}\right] \tag{7-19}$$

$$\frac{u}{U} = \left(\frac{3n+1}{n+1}\right)\left[1 - \left(\frac{r}{R}\right)^{\frac{n+1}{n}}\right] \tag{7-20}$$

根据式（7-20）作图，得到不同 n 时管道内非牛顿流体的流速分布图 7-16。可见：

① 当 $n=1$ 时，为牛顿流体的流速分布；

② 当 $n<1$ 时，为剪切稀化的假塑性流体，速度分布曲线比牛顿流体的抛物线分布平坦；

③ 当 $n>1$ 时，为剪切增稠的胀塑性流体，速度分布曲线比牛顿流体的抛物线分布更尖锐。

将式（7-19）与式（7-20）相除，可得到

$$\frac{U}{u_{\max}} = \frac{n+1}{3n+1} \tag{7-21}$$

上式为非牛顿流体平均速度与最高速度之比，见图 7-17。

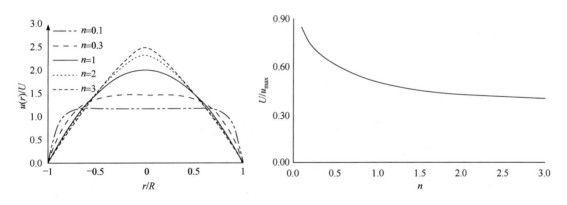

图 7-16　管道内非牛顿流体的流速分布　　图 7-17　非牛顿流体平均速度与最高速度之比

由此可见：

① $n=1$ 的牛顿流体，平均流速是最高流速的一半；

② $n<1$ 的剪切稀化的假塑性流体，平均流速更接近于最高流速，而且随着 n 的变化，两者之比有较大的变化。

③ $n>1$ 的剪切增稠的胀塑性流体的平均流速与最高流速之比随 n 的变化相对较小，在 n 趋向无穷大时，以 1/3 为极限。

通过上述对于高分子非牛顿流体的描述，可见牛顿流体与非牛顿流体的区别与联系。非

牛顿流体在流速分布与流量上与牛顿流体有着区别，在使用牛顿流体进行估算时会有偏差，甚至可以很大。

7.4　传热与传质基础

7.4.1　传热基础

热量传递简称传热，热力学第二定律指出：凡是有温度差存在的地方就必然有热量传递，故在几乎所有的反应过程中，都会涉及热量传递问题。聚合反应与传热的关系尤为密切，很多聚合相关过程和单元操作都需要进行加热或冷却，聚合反应的结果受到传热过程造成的温度变化影响很大。

根据传热机理的不同，热量传递有三种基本方式：热传导、对流传热和辐射传热。通常根据具体情况，热量传递可以以其中一种方式进行，也可以以两种或三种方式同时进行。

7.4.1.1　热传导

热量依靠物体内部粒子的微观运动而不依靠宏观混合运动从物体中的高温区向低温区移动的过程称为热传导，简称导热。描述导热现象的物理定律为傅里叶定律（Fourier's law），其数学表达式为

$$\frac{q}{A} = -k\frac{\partial T}{\partial n} \qquad (7\text{-}22)$$

如仅仅在一维状态下，上式可转变为

$$\frac{q}{A} = -k\frac{\mathrm{d}T}{\mathrm{d}y} \qquad (7\text{-}23)$$

上两式中　　q——导热速率；

A——与导热方向垂直的传热面（等温面）面积；

k——物质的热导率；

$\frac{\partial T}{\partial n}, \frac{\mathrm{d}T}{\mathrm{d}n}$——多维和一维下的温度梯度。

上面两式中的负号表示导热遵循热力学第二定律，即热通量$\frac{q}{A}$的方向与温度梯度$\frac{\mathrm{d}T}{\mathrm{d}y}$的方向相反，亦即热量向温度降低的方向传递。式中的比例常数k为热导率。热导率在数值上等于单位温度梯度下的热通量。因此，热导率k表征了物质导热能力的大小，是物质的物理性质之一。不同种类物质的热导率数值差别很大。对于同一物质，k主要是温度的函数，压力对于大多数物质的热导率影响很小，仅在很高或很低的压力下气体的热导率才与压力有关。

导热现象在固体、液体和气体中都可以发生，但它们的导热机理有所不同。

7

拓展阅读

气-液-固导热
机理的差异

7.4.1.2　对流传热

对流传热是由流体的宏观运动造成，是流体各部分之间物料质点发生相对位移、冷热流体相互混合所引起的热量传递过程。对流传热可以由强制对流引起，亦可以由自然对流引起。前者是将外力（泵或搅拌器）施加于流体上，从而促使流体微团发生运动，实现传热；后者则是由于流体内部存在温度差而形成流体的密度差，从而使流体微团与其附近流体之间产生上下方向的循环运动，实现传热。对流传热只能发生在有流体流动的场合，而且由于流体中的分子同时在进行着不规则的热运动，因而对流传热必然伴随着热传导现象。在聚合反应中经常遇到的对流传热过程，除流体冷热部分之间混合传热外，主要有热能由流体传到固体壁面或由固体壁面传入周围流体两种。

反应器通过固体壁面向流体的对流传热速率，可由牛顿冷却定律表述，即

$$\frac{q}{A} = -h\Delta T \qquad (7-24)$$

式中　q ——对流传热速率；

A ——与传热方向垂直的传热面的面积；

ΔT ——固体壁面与流体主体之间的温度差；

h ——对流传热系数，或称膜系数。

存在相变的冷凝传热和沸腾传热的机理与强制对流、自然对流有所不同，但通常将其归入对流传热范围。由于冷凝传热和沸腾传热过程伴随有相态的变化，在汽液两相界面处产生剧烈的扰动，故其对流传热系数要比没有相变时高得多。需要注意的是：当温度升高到汽化核心数大量增加，以致大量气泡在加热面汇合形成一层蒸气膜时，热量必须通过此蒸汽膜才能传递到液体主流中去。由于蒸汽的热导率小，所以传热系数突然下降，这种沸腾现象称为膜状沸腾。

7.4.1.3　辐射传热

由于温度差而产生的通过电磁波在空间的传热过程称为辐射传热，简称热辐射。辐射传热的机理与导热和对流传热不同，后两者需在介质中进行，而热辐射无需任何介质，只要物体的热力学温度高于绝对零度，它就可以辐射能量，这种能量以电磁波的形式向空间传播。具有能量的这部分电磁波（处于一定波长范围内）称为热辐射线。当热辐射线投射到较低温度的物体表面时，将部分地被吸收而转变为热能，从而起到加热的效果。

描述热辐射的基本定律是斯蒂芬（Stefan）-玻耳兹曼（Boltzmann）定律：理想辐射体（黑体）向外发射能量的速率与物体热力学温度的 4 次方成正比。即

$$\frac{q}{A} = \sigma_0 T^4 \qquad (7-25)$$

式中　q ——黑体的发射速率；

σ_0 ——黑体的辐射常数，称为斯蒂芬-玻耳兹曼常数，其值为 $5.67 \times 10^{-8} \, \text{W}/(\text{m}^2 \cdot \text{K}^4)$；

T ——黑体表面的热力学温度；

A ——黑体的表面积。

两无限大黑体间的辐射传热速率为：

$$\frac{q}{A} = \sigma_0 \left(T_1^4 - T_2^4 \right) \qquad (7-26)$$

式中，T_1、T_2 分别为黑体 1 和黑体 2 表面的热力学温度。

在工程实际中，大多数常见的固体材料均视为灰体。所谓灰体是指能够以相等的吸收率吸收所有波长辐射能的物体。两个灰体之间的辐射传热不能直接应用式（7-26），而需对该式进行必要的修正，因为灰体表面的发射能力较绝对黑体为小，故需要引入发射能力校正系数；又由于两灰体的表面并非无穷大，一个表面所发出的辐射能可能有一部分不能到达另一表面，故需要引入几何因素（角系数）校正，于是有：

$$\frac{q}{A} = F_e F_G \sigma_0 \left(T_1^4 - T_2^4\right) \tag{7-27}$$

式中　q——两灰体表面之间的辐射传热速率；

$\quad\quad F_e$——表征灰体黑度影响的校正因数；

$\quad\quad F_G$——几何因数或角系数；

校正系数 F_e、F_G 的计算可参考有关辐射传热的文献，亦可由有关的手册查得。

由式（7-27）可知，任何物体只要其温度在绝对零度以上，都能发射辐射能，但相较于导热与对流，仅当物体间的温度差较大时，辐射传热才能成为主要的传热方式。

7.4.2　搅拌釜内的传热过程与强化

传热是聚合反应过程控制的关键问题，聚合反应通常是放热反应，甚至是剧烈放热反应，

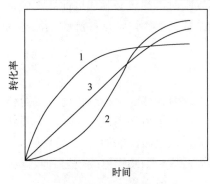

图 7-18　转化率-时间曲线
1—减速型；2—加速型；3—匀速型

聚合物的分子量及其分布对温度十分敏感。传热速率与放热速率相等，才能使聚合反应温度恒定，其中放热速率等于聚合反应速率与单体聚合热的乘积。

聚合反应速率在聚合过程中通常随反应进程而变化，它受到温度、引发剂种类、引发剂浓度及单体浓度的影响，大致有减速、匀速和加速三种类型。其转化率-时间关系曲线如图 7-18。

聚合反应速率的三种类型：

① 减速型：如缩聚反应，其聚合速率随单体浓度降低而降低。

② 加速型：自由基聚合在高转化阶段有凝胶效应，出现自动加速现象。此时放热会大大增加，最高放热速率可以达到平均放热速率的 2～3 倍。

③ 匀速型：通过逐渐分批加入单体或引发剂使聚合速率保持均衡。

聚合热可参见 7.2 节，聚合过程放热量是聚合反应速率与聚合热的乘积，因此计算传热面积的时候，要注意聚合放热在上述类型 1 和 2 中的不均匀性，以保证能够在最大放热时仍然正常操作。除考虑聚合反应放热外，有时搅拌产生的热量也不能忽视，在高黏度情况下搅拌产生的热量有时可达整个放热量的 30%～40%。

需要注意的是，最大的传热速率需求有时可能不在反应阶段，比如在自由基聚合过程中，为使聚合物分子量均匀，要求体系尽快达到指定聚合温度，升温阶段的传热量可能是最大的；

又比如丙烯酸酯共聚时，常有要求在 30min 内从室温升温到 90℃，以避免不同时长加热升温引起的反应结果不同，对于小反应器，相对的热负荷并不苛刻，但对于工业大型反应器，这个传热速率要求就很高，需要在反应器设计时作相应考虑。

拓展阅读

釜式反应器
的传热方式

聚合工业中常见的搅拌聚合釜用传热方式有夹套传热、内冷件传热、回流冷凝器传热和体外循环冷却器传热四种，它们有着各自的特点。

7.4.1 节描述了传热的方式以及传热速率的三大影响因素：传热系数、温度梯度和传热面积，对于搅拌釜体系，温度梯度就是釜内流体与热载体的温差 ΔT，如果忽略气相传热，传热面积就接近于釜壁液位以下面积，而总传热系数可以分解为釜壁到夹套各个层面传热系数的组合，则有：

$$Q = KA\Delta T = KA(T_r - T_j) \tag{7-28}$$

式中，K 为总传热系数，表征总热阻，T_r 和 T_j 分别为反应器内和夹套内的温度。已经定型的搅拌釜，传热面积已定，温差是要靠加热时的热源和降温时的制冷等实现的，因此，更值得关注的是如何提高总传热系数 K。

总传热系数的大小与釜内物料性质、搅拌条件、夹套内热媒介流动状况和温度、釜壁材质和粘釜物及水垢的沉积有关。其定量关系可由下列热阻方程表示：

$$\frac{1}{K} = \frac{1}{a_r} + \frac{1}{a_j} + \sum \frac{\delta_i}{\lambda_i} \tag{7-29}$$

式中，a_r、a_j 分别代表釜内壁和釜外壁传热膜系数；$\sum \frac{\delta_i}{\lambda_i}$ 为釜壁各层固体导热部分的总热阻，其中 δ_i 为某 i 层厚度，λ_i 为该 i 层热导率，釜壁各层可以看作由黏附物层、钢层（碳钢层、不锈钢层或搪瓷层等）、夹套内水垢或油垢等部分组成。通过热阻层分析，可以找出主要热阻所在，为提高传热总系数指出方向：

（1）提高搅拌效果。釜内壁滞流层越薄，热阻就越小，在反应初期的低黏度体系，搅拌效果较好，热阻 $\frac{1}{a_r}$ 不构成热阻的主要部分。但随着物料黏度增加，釜内壁滞流层厚度增加，热阻 $\frac{1}{a_r}$ 数值迅速增加，在总传热阻力中占比增加。当黏度增加到某一程度时，$\frac{1}{a_r}$ 会构成热阻的主要部分。例如生产疏松型聚氯乙烯时，在聚合后期，由于树脂表面疏松吸收较多水分，体系内的自由流体减小，黏度增加导致总传热系数剧降；本体聚合及溶液聚合在聚合后期也因体系的黏度剧增，导致聚合釜的总传热系数下降。

（2）聚合釜以夹套加热或冷却时，釜外壁热阻 $\frac{1}{a_j}$ 数值随夹套内媒介的流动状况而定。如果媒介处于自然流类似层流状况，它的热阻 $\frac{1}{a_j}$ 可比激烈湍流状态时高出 10 倍。因此，可采用在夹套内安装导流挡板或扰流喷嘴多点切向进料等方法，提高传热膜系数 a_j，从而降低该热阻。

（3）釜壁黏附物和夹套内的水垢油垢的热导率很小，对传热影响很大，可大大降低聚合釜总传热系数。为了降低这部分固体导热部分热阻，应当尽量减少粘釜物，及时进行洗釜，改善夹套水或油的质量,以减小水垢油垢的沉积。

(4)釜壁一般都需要耐反应物腐蚀,常见的为304甚至316不锈钢材质,而不锈钢的热导率不如碳钢,因此,可以在不影响使用的前提下,采用不锈钢和碳钢复合的方式增加传热系数。

7.4.3 传质基础

在讨论动量传递(流体力学)及热量传递现象时,系统内只有单个组分或虽有多个组分,但各组分之间不存在浓度梯度的情况。当体系中的某组分存在浓度梯度时,将发生该组分由高浓度区向低浓度区的转移,此过程即为质量传递,简称传质。质量传递与动量传递、热量传递一起构成了化学工程最基本的三种传递过程,简称"三传"。与热量传递中的导热和对流传热相对应,质量传递的方式亦可大致分为分子传质和对流传质两类。

7.4.3.1 分子传质

分子传质又称为分子扩散,一般简称为扩散,它是由于分子的无规则热运动产生的物质传递现象。分子传质在气相、液相和固相中均能发生。

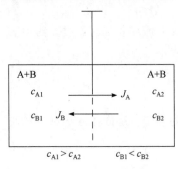

图7-19 分子扩散现象

如图7-19所示,用一块隔板将容器分为左右两室,两室中分别充入温度及压力相同而浓度不同的A和B两种气体。假设在左室中组分A的浓度高于右室,组分B的浓度低于右室,当隔板抽出后,由于气体分子的无规则热运动,左室中的A、B分子会扩散入右室,同时右室中的A、B分子亦会扩散入左室。左右两室交换的分子数虽相等,但因左室A的浓度高于右室,在同一时间内A分子进入右室较多而返回左室较少,同理B分子进入左室较多而返回右室较少。其净结果必然是物质A自左向右传递,而物质B自右向左传递,即两种物质各自沿其浓度降低的方向传递。

上述扩散过程将一直进行到整个容器中A、B两种物质的浓度完全均匀为止,此时,扩散仍在进行,只是左、右两方向物质的扩散通量相等,系统处于扩散的动态平衡之中,亦即,通过任一截面物质A、B的净扩散通量为零。

描述分子扩散的通量或速率的基本定律为费克第一定律(Fick's first law)。对于由组分A和组分B组成的混合物,如不考虑主体流动的影响,根据费克第一定律,由摩尔浓度梯度引起的扩散通量可表示为:

$$J_A = -D_{AB}\frac{dc_A}{dx} \tag{7-30}$$

式中 J_A——组分A的扩散摩尔通量(即单位时间内组分A通过与扩散方向相垂直的单位面积的量);

$\dfrac{dc_A}{dx}$——组分A在扩散方向的摩尔浓度梯度;

D_{AB}——组分A在组分B中的扩散系数。

式(7-30)表示在总摩尔浓度不变的情况下,由于组分A的摩尔浓度梯度$\dfrac{dc_A}{dx}$引起的分传质通量,负号表明扩散方向与梯度方向相反,即分子扩散朝着浓度降低的方向进行。分子扩散系数仅是分子种类、温度与压力的函数。

费克第一定律只适用于分子无规则热运动引起的扩散过程，若在扩散的同时伴有混合物的主体流动，则物质实际传递的通量除分子扩散通量外，还应考虑由于主体流动形成的通量，即：组分的总传质通量 = 分子扩散通量 + 主体流动通量。

7.4.3.2　对流传质

对流传质是指运动流体与固体表面之间或两个有限互溶的运动流体相际之间的质量传递过程。对流传质的速率不仅与质量传递的特性因素（如扩散系数）有关，而且与动量传递的动力学因素（如流速）等密切相关。描述对流传质的基本方程，可采用下式表述：

$$N_A = k_C \Delta c_A \qquad\qquad (7\text{-}31)$$

式中　N_A——对流传质的摩尔通量；

　　　Δc_A——组分 A 在界面处的浓度与流体主体浓度之差；

　　　k_C——对流传质系数。

该式既适用于流体为层流运动的情况，也适用于流体为湍流运动的情况，在两种情况下 k_C 的数值不同。k_C 与界面的几何形状、流体的物性、流型以及浓度差等因素有关，其中流型的影响最为显著。

由上述可知，在流体介质中，由于分子的不规则运动，在存在温度差的情况下会发生导热，而在存在组分浓度差的情况下则会发生分子传质。在运动的流体主体与界面之间，如有温度差存在，就会发生对流传热，同样在有组分的浓度差存在的情况下则会发生对流传质；可见热量传递与质量传递之间有许多类似之处，在分析和处理这两类问题时也常采用类比的方法。但是，这两类传递过程也存在许多不同之处。例如在静止流体中的导热与分子扩散不同：前者是热量由高温区向低温度区流动，此时在热流方向上仅存在热的流动，而不存在流体的速度问题；而在分子扩散过程中，由于流体内的一种或数种组分的分子由高浓度区向低浓度区转移，各组分的分子扩散速率不同，从而出现各组分的运动速度以及整个混合物的宏观运动速度的情况，并产生主体流动等现象。

7.4.3.3　传动、传热和传质的统一性

传动中的黏性定律、传热中的傅里叶定律和传质中的费克定律，都是分子运动引起的传递现象的数学描述。

牛顿黏性定律可引入密度，改写如下：

$$\tau = -\mu \frac{du}{dy} = -\frac{\mu}{\rho} \times \frac{d(\rho u)}{dy} = -v \frac{d(\rho u)}{dy} \qquad\qquad (7\text{-}32)$$

τ 的量纲为 $[(MLT^{-2})L^{-2}] = [(MLT^{-1})(L^{-2}T^{-1})]$，此为单位面积 $[L^2]$ 单位时间 $[T]$ 的动量 $[ML/T]$，即动量通量。

v 的量纲为 $[(ML^{-1}T^{-1})L^3M^{-1}] = [L^2T^{-1}]$，此为动量扩散系数。

$\frac{d(\rho u)}{dy}$ 的量纲为 $[(MLT^{-1}L^{-3})L^{-1}]$，该量纲圆括号内为动量浓度，整体为动量浓度梯度。

于是传动的牛顿黏性定律为：

$$(动量)通量 = \left[-(动量)通量系数\right] \times (动量)通量梯度$$

对于传热的傅里叶定律，引入密度和热容，可作如下改写：

$$\frac{q}{A} = -k\frac{dT}{dx} = -\frac{k}{\rho C_p} \times \frac{d(\rho C_p T)}{dx} \tag{7-33}$$

$\frac{q}{A}$ 的量纲为 $[(ML^2T^{-2})L^{-2}T^{-1}] = [(ML^2T^{-2})(L^{-2}T^{-1})]$，此为单位面积单位时间的热量，即热量通量；

$\frac{k}{\rho C_p}$ 的量纲为 $[(MLT^{-3}\theta^{-1})(ML^{-3})^{-1}(L^2T^{-2}\theta^{-1})^{-1}] = [L^2T^{-1}]$，此为热量扩散系数；

$\frac{d(\rho C_p T)}{dx}$ 的量纲为 $[(ML^{-3})(L^2T^{-2}\theta^{-1})\theta L^{-1}] = [(ML^2T^{-2}L^{-3})L^{-1}]$，该量纲圆括号内为热量浓度，整体为热量通量梯度。

于是有传热的傅里叶定律为：

(热量)通量=[-(热量)通量系数]×(热量)通量梯度

对于传质的费克定律：

$$J_A = -D_{AB}\frac{dc_A}{dx} \tag{7-34}$$

J_A 的量纲为 $[NL^{-2}T^{-1}]$，此为单位面积单位时间的物质的量，即物质的量的通量；

D_{AB} 的量纲为 $[L^{-2}T^{-1}]$，此为物质的量的扩散系数；

$\frac{dc_A}{dx}$ 的量纲为 $[(NL^{-3})L^{-1}]$，该量纲圆括号内为物质的量浓度，整体为物质的量通量梯度。

则有传质的费克定律为：

(质量)通量=[-(质量)通量系数]×(质量)通量梯度

由此可见，分子动量、热量和质量传递过程的规律存在着明显相似性：

① 动量、热量和质量传递通量均等于各自量的扩散系数与各自量浓度梯度乘积的负值，三种分子传递过程可用一个普遍表达式来表述，即

通量=[(-扩散系数)]×浓度梯度

② 动量、热量和质量扩散系数具有相同的量纲 $[L^2T^{-1}]$。

以上分子运动的三种传递可以用统一方程进行描述，即便是加上各自的主体流动项和随时间的非稳态变化项，这三类传递过程在数学物理方法中，仍可由统一的输运方程（transport equation）予以描述，由此可见三传在数学本质上的一致性。

7.4.4   搅拌釜内的传质过程

聚合反应搅拌釜内物料的传质过程，可分为有化学反应和没有化学反应两大类。没有化学反应的传质仅是物理过程，如气-液、液-液、液-固间的扩散、溶解和溶胀；有化学反应时的传质对化学反应的结果有影响。在常见的均相低分子反应中，搅拌效果良好，传质速率远大于反应速率，整个反应釜中的反应结果为反应动力学控制。而在聚合反应中，随着搅拌釜中的黏度逐渐升高，扩散条件越来越差，如果反应速率远大于物理的扩散过程，则扩散过程

的速率将对反应的总速率起控制作用，此时的聚合反应速率表现为传递过程特性，而与聚合反应动力学特性无关，改变传递的因素，比如不同的搅拌速度，可以使反应速率发生改变；传质速率和聚合反应速率差不多时，两种过程都会影响实际反应速率，同时还会影响聚合产品的分子量、分子量分布和聚合物组成等；极端情况下，在反应速率与传递速率的临界区操作，会因为操作和放大过程的误差，使得反应出现动力学控制与传递控制的转变，使反应结果变得不稳定。

在乳液聚合和悬浮聚合时，由浓度差推动扩散，而传质面积由液滴的直径控制，当搅拌达到一定的速度后，液滴直径已经无法随搅拌速度继续提高而降低，继续提高搅拌速度导致提高能耗以外，并不能改善扩散，因此会观察不到扩散对聚合反应的影响而误认为已经是反应动力学控制，但如果采用超声波等手段，将液滴粒径进一步降低，则得到不同的反应动力学结果。

在伴有相际传质的聚合反应中，传质阻力主要导致反应物或反应产物在体系中产生浓度差，特别是当装置大型化后影响更为显著。这种传质阻力对链引发反应、链终止反应影响很小，但对聚合物的分子量有显著影响。不管用膜理论还是用非稳态模型解释，传质对聚合物分子量的影响都是降低聚合物的分子量。如按照膜理论，传质阻力主要存在于两相界面，界面的存在常常使得单体浓度随界面距离而急剧下降，从而造成分子量下降和分子量分布变宽。

如非设计本意，由于传质控制造成的聚合物分子量分布变宽以及较多低聚物的生成，将会影响聚合物的力学性能。为了降低传质控制效果，在聚合物生产过程中应注意增加传质面积和提高界面传质系数，使传质速率远高于聚合反应速率，液膜上的单体反应量在总反应量中所占比例很小，并且液膜上与液相本体的单体浓度差别不大，整个聚合反应在接近于均一的单体浓度下进行，如此可以提高聚合反应总速率，从而改变上述低分子量和宽分子量分布的状况。

7.5　化学反应动力学基础

化学反应动力学是研究各种因素对化学反应速率影响的学科，它是微观化学随机变化规律的统计表述，传统上属于物理化学的范畴，着重研究的是反应机理，并力图根据基元反应速率，尤其是通过理论计算，来预测整个反应的动力学规律。在化学反应工程的研究中，也大量用到化学反应动力学，主要是通过实验测定，来确定反应物系中各组分组成和温度与反应速率之间的关系，以满足反应过程开发和反应器设计的需要。在液相反应中，常以浓度表征组成，而在（高压）气相反应中，则常以逸度表征组成。纯反应动力学不涉及传质与传热过程问题，或者说，传质与传热速率要远远大于反应的速率；而当反应的速率接近甚至小于相内或相际传质与传热速率时，此时的反应动力学为表观反应动力学。实际反应过程很难与传质传热过程分离，因此，在实际过程研究反应动力学时，需要说明反应环境、反应条件，通常采用表观反应动力学的处理方式。

7.5.1 化学反应的分类

化学反应的分类方法有多种，主要有按反应的化学特性和反应条件进行分类，详见表 7-1。

表 7-1 化学反应的分类

（一）按反应的化学特性分类	
反应机理	① 单一反应；② 复杂反应（平行反应、连串反应、连串-平行反应、集总反应）
反应的可逆性	① 可逆反应；② 不可逆反应
反应分子数	① 单分子反应；② 双分子反应；③ 多分子反应
反应级数	① 一级反应；② 二级反应；③ 三级反应；④ 零级反应；⑤分数级反应
反应热效应	① 放热反应；② 吸热反应
（二）按反应过程进行的条件分类	
均相反应	① 气相反应；② 液相反应
非均相反应	① 液-液相反应；② 气-液相反应；③ 液-固相反应；④ 气-固相反应；⑤ 固-固相反应；⑥ 气-液-固三相反应
温度	① 等温反应；② 绝热反应；③ 非绝热变温反应
压力	① 常压反应；② 加压反应；③ 减压反应
操作方法	① 间歇过程；② 连续过程（平推流、全混流、中间型）；③半间歇过程
	① 定态过程；② 非定态过程
流动模型	① 理想流动模型（平推流、全混流）；② 非理想流动模型

按表 7-1 的分类，不管是按反应的化学特性还是按反应条件进行的分类，基本上都能找到具体的代表性反应。而聚合反应基本都是复杂反应，往往倾向于按反应进行条件分类，例如均相的溶液聚合、本体聚合与非均相的乳液聚合、悬浮聚合等。

7.5.2 化学计量学与复杂反应的收率和选择性

7.5.2.1 化学计量式

化学计量是研究化学反应系统中反应物和产物组成变化关系的数学表达式。化学计量学的基础是化学计量式，化学计量式与化学反应方程式不同，后者表示反应的方向，而前者表示参加反应的各组分的数量关系，所以采用等号代替化学反应方程式中表示反应方向的箭头，习惯上规定化学计量式等号左边的组分为反应物，等号右边的组分为产物。

化学计量式的通式经常可表示为以下三种形式：

$$v_1 A_1 + v_2 A_2 + \cdots = \cdots + v_{n-1} A_{n-1} + v_n A_n \tag{7-35}$$

$$-v_1 A_1 - v_2 A_2 - \cdots + v_{n-1} A_{n-1} + v_n A_n = \cdots + v_{n-1} A_{n-1} + v_n A_n \tag{7-36}$$

$$\sum_{i=1}^{n} v_i A_i = 0 (i = 1, 2, \cdots, n) \tag{7-37}$$

式中，A_i 为 i 组分；v_i 为 i 组分的化学计量数。

如果反应系统中存在 m 个反应，则第 j 个反应的化学计量式的通式可写成：

$$v_{1j} A_1 + v_{2j} A_2 + \cdots = \cdots + v_{(n-1)j} A_{n-1} + v_{nj} A_n \tag{7-38}$$

$$\sum_{i=1}^{n} v_{ij} A_i = 0 (j = 1, 2, \cdots, m) \tag{7-39}$$

式中，v_{ij} 为 i 组分第 j 个反应的化学计量数。

7.5.2.2　反应进度

对于反应

$$v_A A + v_B B \Longleftrightarrow v_L L + v_M M$$

各组分初态物质的量（mol）分别为 n_{A0}、n_{B0} 及 n_{L0}、n_{M0}；反应开始后某一状态反应物质的量（mol）分别为 n_A、n_B 及 n_L、n_M。由化学计量关系可知：

$$-\frac{n_A - n_{A0}}{v_A} = -\frac{n_B - n_{B0}}{v_B} = \frac{n_L - n_{L0}}{v_L} = \frac{n_M - n_{M0}}{v_M} = \xi \tag{7-40}$$

式中，反应物的 $n_A - n_{A0}$ 为负值，而产物的 $n_M - n_{M0}$ 为正值；ξ 称为反应进度，初态时，反应进度 $\xi = 0$。反应进度 ξ 与 n_i 具有相同的单位，即 mol。由于 ξ 的定义与化学计量数 v_i 有关，使用时必须表明具体的反应计量式。式（7-40）亦可写成：

$$\pm(n_i - n_{i0}) = \pm \Delta n_i = v_i \Delta \xi \tag{7-41}$$

当组分 i 为反应物时，$\pm(n_i - n_{i0})$ 取负号；当组分 i 为产物时，$\pm(n_i - n_{i0})$ 取正号。

由此可见，知道反应进度即可知道所有反应物及产物的反应量（mol）。

7.5.2.3　转化率

反应物 A 的反应量 $(-\Delta n_A)$ 与其初态量 n_{A0} 之比称为转化率（conversion rate），用符号 x_A 表示，即

$$x_A = \frac{n_{A0} - n_A}{n_{A0}} = -\frac{\Delta n_A}{n_{A0}} \tag{7-42}$$

工业反应过程的原料中各反应组分之间往往不符合化学计量数关系，通常选择不过量的反应物计算转化率，这样的组分称为关键组分。

7.5.2.4　复杂反应的收率及选择性

对于单一反应，反应物的转化率即产物的生成率，对于复杂反应则不然。复杂反应按其中各个反应间的相互关系的不同，主要可分为同时反应、平行反应、连串反应和平行-连串反应。一般将生成所需要的主要产物的反应，或某一产物的反应速率较快而产量也较多的反应称为主反应，其他反应则称为副反应。

反应体系中同时进行两个或两个以上的，反应物与产物又都不相同的反应，称为同时反应。此时，各反应彼此遵循自己的反应动力学，在各自的组分浓度与温度下反应，各个反应之间没有竞争或平衡关系。

$$A \xrightarrow{k_1} L, \quad B \xrightarrow{k_2} M$$

在聚合反应中，将两种或多种单体在同一反应器中按各自聚合和交联历程进行反应，形成同步互穿网络，这时的几个聚合反应即为同时反应。

一种反应物同时形成多种产物，称为平行反应，如下所示：

$$A \begin{cases} \longrightarrow L(目的产物) \\ \longrightarrow M(副产物) \end{cases}$$

如 1,3-丁二烯的聚合中，同时出现顺式-1,4-聚丁二烯、反式-1,4-聚丁二烯，以及 1,2-聚丁二烯，该聚合反应即为平行反应。

如果反应先形成某种中间产物，中间产物又继续反应形成最终产物，则称为连串反应：

$$A \rightarrow L \rightarrow M$$

对于复杂反应，除了反应物的转化率概念外，还必须有目的产物的收率（yield）概念，收率以 Y 表示，其定义如下：

$$Y = \frac{生成目的产物所消耗的关键组分的量(mol)}{进入反应系统的关键组分的量(mol)} \qquad (7\text{-}43)$$

如 v_A 和 v_L 分别表示关键反应物 A 及目的产物 L 的化学计量数，则收率又可表示为：

$$Y = \frac{v_A}{v_L} \times \frac{目的产物L生成的量(mol)}{进入反应系统的关键组分A的量(mol)} \qquad (7\text{-}44)$$

为了表达已反应的关键组分有多少生成目的产物，也常用选择性（selectivity）的概念，选择性用 S 表示，其定义如下：

$$S = \frac{生成目的产物所消耗的关键组分的量(mol)}{已转化的关键组分的量(mol)} \qquad (7\text{-}45)$$

结合式（7-43）、式（7-44）及式（7-45），可得

$$Y = Sx \qquad (7\text{-}46)$$

亦即，在原料的某转化率 x 下，又在有多少原料反应生成目标产物的选择性 S 下，得到了目标产物的收率 Y。

复杂反应系统中，组分 i 在各个有关反应中有各自的反应进度，它的总反应量等于在各个有关反应中所作贡献的代数和。

聚合反应虽然复杂，但处理时仍然借鉴小分子反应的模式，将化学计量式列出来的，即便是反应机理并不十分的明确，由于假定每一步连锁或逐步都是简单重复，配合链转移或终止等反应，通常也可以相对简单地建立模型，并通过参数的确立，得到聚合反应的表观反应动力学。

7.5.3　化学反应动力学

化学反应涉及均相与非均相，其中，均相化学反应动力学主要研究均相系统化学反应的速率以及各种不同因素对化学反应速率的影响，均相反应动力学也是研究非均相反应动力学的基础，均相反应动力学研究中，应保持非宏观传递过程控制，反过来，研究宏观传递过程控制的表观化学反应动力学，又对认识传递过程对化学反应过程的影响有着重要意义。

7.5.3.1　反应速率

反应动力学中的化学反应速率定义为单位时间内，单位反应混合物体积中，反应物的反应量或产物的生成量。反应速率又多指某一瞬间的"瞬时反应速率"，其表达式为：

$$r_i = \pm \frac{1}{[单位反应区]} \times \frac{[反应物或生成物物质的量变化]}{[单位时间]} = \pm \frac{1}{V} \times \frac{dn_i}{dt} \qquad (7-47)$$

式中，"–"号表示反应物的消耗速率；"+"号表示产物的生成速率；r_i 为组分 i 的反应速率；n_i 为组分 i 的物质的量；V 为反应体积。

对于间歇系统的反应速率，其定义为单位反应时间内单位反应混合物体积中反应物 A 的反应量，即：

$$(r_A)_V = -\frac{1}{V} \times \frac{dn_A}{dt} \qquad (7-48)$$

拓展阅读

不同反应场所
反应速率的
表示方法

式中，体积 V 为反应场所的体积，在等容条件下，体积恒定，比如间歇液相反应时，混合物体积的变化可以忽略，即可作等容处理。此时，常以单位时间内反应物或产物的浓度变化表示反应速率，即

$$(r_i)_V = \pm \frac{1}{V} \times \frac{dc_i}{dt} \qquad (7-49)$$

式中，组分 i 为反应物时取负值；组分 i 为产物时取正值。

而对连续系统的化学反应速率，其定义为单位反应体积 dV_R 中，某一反应物或产物的摩尔流量的变化，即

$$(r_i)_V = \pm \frac{dN_i}{dV_R} \qquad (7-50)$$

引入转化率 $N_i = N_{i0}(1-x_i)$ 和接触时间 $\tau = \dfrac{V_R}{v_0}$，式（7-50）即为

$$(r_i)_V = \pm \frac{dN_i}{dV_R} = \pm \frac{dN_{i0}(1-x_i)}{dv_0\tau} = \pm \frac{N_{i0}}{v_0} \times \frac{d(-x_i)}{d\tau} = \pm c_{i0}\frac{d(-x_i)}{d\tau} \qquad (7-51)$$

拓展阅读

关联组分的
反应速率

式中，v_0 为进入连续系统的体积流量；N_{i0} 为进入连续系统的组分 i 的摩尔流量；x_i 为组分 i 的反应转化率；c_{i0} 为进入连续系统的初始浓度。

式（7-50）与式（7-51）均未涉及具体的反应条件，只和方便测量的反应体系的浓度及转化率相关，因此，根据不同时间测定的浓度及转化率关系对时间作图进行数据处理，再根据切线斜率，即可得到该种条件下不同时间的反应速率。

7.5.3.2 反应动力学方程

如果仅仅停留在以上通过测定不同时间的浓度或转化率变化来得到反应速率，还只是停留在实验测试反应速率数据这一步，如果将这些实验测试数据与容易测定的一些参数进行关联，即得到所谓的反应动力学方程或速率方程，就能更好地理解反应动力学。

反应的速率方程通常是将反应速率和温度、浓度、分压等相关联，常用的有以下两种函数形式：

幂函数型

$$-r_A = kc_A^a c_B^b \qquad (7-52)$$

双曲函数型

$$-r_A = \frac{k_A p_A}{1 + k_A p_A + k_B p_B} \qquad (7\text{-}53)$$

这两种形式都是将浓度（或压力）因素与温度因素的影响进行变量分离，其中的双曲函数型对数据的拟合效果更好，但幂函数型能更直观方便地理解温度与浓度对反应的影响，因此，双曲函数型模型常用于表面催化体系的反应动力学，而在一般的反应描述中，更多地采用幂函数模型。当然，无论是双曲函数型还是幂函数型，都只是实验数据的拟合方程，与实际反应机理有一定的差别。

对于反应：

$$v_A A + v_B B \Longrightarrow v_L L + v_M M$$

这一不可逆反应，采用幂函数型模型，则其反应速率方程可表示为：

$$-r_A = k c_A^a c_B^b \qquad (7\text{-}54)$$

式中，c_A 和 c_B 为反应物浓度；a 为 A 组分的反应级数，b 为 B 组分的反应级数，$a+b$ 为整个反应的总反应级数；k 为反应速率常数。

式（7-54）中的 k 为反应速率常数，k 的表示方式与反应场所有关，如体积反应速率常数 k_v、表面反应速率常数 k_s、质量反应速率常数 k_w 等，通常 k 仅是温度 T 的函数，k 与反应温度的关系遵循 Arrhenius 公式，即：

$$k = k_0 \exp\left(-\frac{E_a}{RT}\right) \qquad (7\text{-}55)$$

式中，E_a 为反应活化能；R 为通用气体常数；T 为热力学温度；k_0 为指前因子。

指前因子 k_0 由反应物系的本质所决定，在反应速率方程和 Arrhenius 公式形式中，k_0 似乎与温度与浓度无关，这只是一种简化处理。根据碰撞理论，指前因子与分子碰撞频率有关，即与反应碰撞截面、平均速率以及单位体积中分子数量有关；因此，严格来说指前因子还是与浓度有关；由于分子运动平均速度与温度有关，所以指前因子其实也与温度有关，指前因子并不是一个常数。但这种与温度浓度无关的简化处理，可以应用于一般的反应工程用反应动力学，一则是其所造成的偏差并不大，二则这种偏差可以被拟合到非机理反应的其他参数中去，而简化带来的处理便利则是明显的，在积分时，指前因子可作为独立于温度与浓度的常量处理。

式（7-55）中的 E_a 称为活化能，活化能是指分子从常态转变为容易发生化学反应的活化状态所需要的能量，也是反应物自由状态下的势能与活化分子的势能之差。对基元反应，E_a 可以赋予较明确的物理意义。按照反应碰撞理论，分子反应的必要条件是它们必须碰撞，虽然分子彼此碰撞的频率很高，但并不是所有的碰撞都是有效的，只有达到一定能量的分子碰撞后才能起作用，E_a 表征了反应分子发生有效碰撞的能量要求。而对非基元反应，E_a 实际上是组成该总反应的各种基元反应活化能的特定组合。图 7-25 显示了吸热与放热反应的活化能。

化学反应速率与其活化能的大小密切相关，活化能越低，反应速率越快；活化能越高，反应越不易进行，参见图 7-20。从 Arrhenius 公式看，活化能是温度项的系数，它是反应速率对反应温度敏感程度的一种度量，活化能越大，表明反应速率对温度变化越敏感，即温度的变化会使反应速率发生较大的变化。

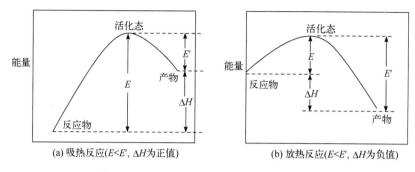

拓展阅读

反应级数与
化学计量
系数的区别

图 7-20　吸热反应和放热反应的能量示意图

式（7-54）中的反应级数表示反应速率对各组分浓度的敏感程度，a 和 b 的值越大，则组分 A 和 B 的浓度对反应速率的影响也越大，当 a 或 b 等于 0 时，表明对应组分的浓度对反应速率没有影响。反应级数 a 和 b 的值凭借实验获得，它既与反应机理无直接关系，也不等于各组分的计量系数。只有当化学反应为基元反应时，反应级数与化学计量系数才会相等。

拓展阅读

可逆反应动力
学速率方程

7.5.3.3　简单反应

对于不可逆简单反应的速率方程，若反应只沿一个方向进行，

$$v_A A + v_B B \longrightarrow v_S S$$

则速率方程为：

$$-r_A = -\frac{dc_A}{dt} = k c_A^a c_B^b \tag{7-56}$$

当级数 a 和 b 确定后，可对该微分方程进行解析解或数值解求解。表 7-2 为等温恒容状态下的不可逆反应速率方程及其积分式（以整级数为例）。

表 7-2　等温恒容状态下的不可逆反应速率方程及其积分式

反应	速率方程	速率方程积分式
A→产物 （0 级）	$-r_A = -\dfrac{dc_A}{dt} = k$	$kt = c_{A0} - c_A$
A→产物 （1 级）	$-r_A = -\dfrac{dc_A}{dt} = kc_A$	$kt = \ln\left(\dfrac{c_{A0}}{c_A}\right) = \ln\left(\dfrac{1}{1-x_A}\right)$
A→产物 （2 级） A+B →产物 （2 级） $(c_{A0}=c_{B0})$	$-r_A = -\dfrac{dc_A}{dt} = kc_A^2$	$kt = \dfrac{1}{c_A} - \dfrac{1}{c_{A0}} = \dfrac{1}{c_{A0}}\left(\dfrac{x_A}{1-x_A}\right)$
A+B →产物（2 级） $(c_{A0} \neq c_{B0})$	$-r_A = -\dfrac{dc_A}{dt} = kc_A c_B$	$kt = \dfrac{1}{c_{B0}-c_{A0}} \ln \dfrac{c_B c_{A0}}{c_A c_{B0}} = \dfrac{1}{c_{B0}-c_{A0}} \ln \dfrac{1-x_B}{1-x_A}$

反应	速率方程	速率方程积分式
$2A+B \rightarrow$ 产物（3 级） $(c_{A0} = c_{B0})$	$-r_A = -\dfrac{dc_A}{dt} = kc_A^2 c_B$	$kt = \dfrac{2}{c_{A0} - 2c_{B0}}\left(\dfrac{1}{c_{A0}} - \dfrac{1}{c_A}\right)$ $\quad + \dfrac{2}{(c_{A0} - 2c_{B0})^2}\ln\dfrac{c_A c_{B0}}{c_B c_{A0}}$
$A+B+D \rightarrow$ 产物（3 级） $(c_{A0} = c_{B0})$	$-r_A = -\dfrac{dc_A}{dt} = kc_A c_B c_D$	$kt = \dfrac{1}{(c_{A0} - c_{B0})(c_{A0} - c_{D0})}\ln\dfrac{c_{A0}}{c_A}$ $\quad + \dfrac{1}{(c_{B0} - c_{D0})(c_{B0} - c_{A0})}\ln\dfrac{c_{B0}}{c_B}$ $\quad + \dfrac{1}{(c_{D0} - c_{A0})(c_{D0} - c_{B0})}\ln\dfrac{c_{D0}}{c_D}$

7.5.3.4 复杂反应

以上为简单不可逆反应，对于复杂反应，其处理原则相类似，均是通过物料衡算建立各个组分之间量的关系得到反应速率方程后求解。以下分别对平行反应、连串反应和平行连串反应进行分析，为简便起见，均讨论等温等容一级反应情况。

（1）不可逆平行反应　当反应物 A 同时生成产物 P 和 S，反应模式如下：

$$A \begin{array}{c} \nearrow^{k_1} P \\ \searrow_{k_2} S \end{array}$$

设平行进行的两个反应具有相同的反应级数，有如下两个计量方程表示该平行反应：

$$v_{A,1}A = v_P P \qquad （主反应）$$

$$v_{A,2}A = v_S S \qquad （副反应）$$

假定主、副反应均为一级不可逆反应，则有

$$r_P = \frac{dc_P}{dt} = k_1 c_A \tag{7-57}$$

$$r_S = \frac{dc_S}{dt} = k_2 c_A \tag{7-58}$$

$$r_A = -\frac{dc_A}{dt} = k_1 c_A + k_2 c_A \tag{7-59}$$

由式（7-57）和式（7-58）可得：

$$\frac{dc_P}{dc_S} = \frac{k_1}{k_2} \tag{7-60}$$

积分可得

$$\frac{c_P - c_{P0}}{c_S - c_{S0}} = \frac{k_1}{k_2} \tag{7-61}$$

对式（7-59）进行积分处理，可得到：

$$c_A = c_{A0} \exp[-(k_1 + k_2)t] \qquad (7\text{-}62)$$

式（7-61）和式（7-62）中的下标 0 表示初始状态，由于不同时间的浓度与初始浓度均为可测，所以该两式可联立求解得反应速率常数 k_1 和 k_2。

将式（7-62）代入式（7-57）和式（7-58），可分别得到：

$$c_P = \frac{k_1}{k_1 + k_2} c_{A0} \{1 - \exp[-(k_1 + k_2)t]\} \qquad (7\text{-}63)$$

$$c_S = \frac{k_2}{k_1 + k_2} c_{A0} \{1 - \exp[-(k_1 + k_2)t]\} \qquad (7\text{-}64)$$

由式（7-62）、式（7-63）和式（7-64），可计算得到一级平行不可逆反应不同时间的组分浓度随时间的关系图，如图 7-21。

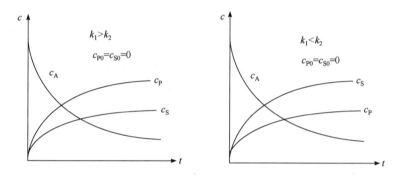

图 7-21　一级不可逆平行反应浓度分布图

可见平行反应的产物 P 和产物 S 的生成，取决于对应的反应速率常数，反应速率常数大的，反应产物量更多。

（2）不可逆连串反应　如反应物 A 转化得到产物 P 后，产物 P 继续转化为产物 S，则为连串反应：

$$A \xrightarrow{k_1} P \xrightarrow{k_2} S$$

各反应组分的速率方程分别为：

$$-r_A = -\frac{dc_A}{dt} = k_1 c_A \qquad (7\text{-}65)$$

$$r_P = \frac{dc_P}{dt} = k_1 c_A - k_2 c_P \qquad (7\text{-}66)$$

$$r_S = \frac{dc_S}{dt} = k_2 c_P \qquad (7\text{-}67)$$

由式（7-65）可积分得到 c_A，代入式（7-66）求解一阶线性微分方程得 c_P，再通过物料衡算，得 c_S，于是有：

$$c_P = \frac{k_1}{k_2 - k_1} c_{A0} [\exp(-k_1 t) - \exp(-k_2 t)] \quad (k_1 \neq k_2) \qquad (7\text{-}68)$$

$$c_P = c_{A0} kt \exp(-kt) \quad (k_1 = k_2 = k) \qquad (7\text{-}69)$$

$$c_S = c_{A0}\left\{1 + \frac{1}{k_2 - k_1}\left[k_1 \exp(-k_2 t) - k_2 \exp(-k_1 t)\right]\right\} \quad (k_1 \neq k_2) \tag{7-70}$$

$$c_S = c_{A0}\left[1 - (1 + kt)\exp(-kt)\right] \quad (k_1 = k_2 = k) \tag{7-71}$$

图 7-22 为一级连串反应各浓度随反应时间分布图。容易理解，当发生连串反应时，不同的反应速率常数可以在不同的反应时间内产生不同的主副产物比例。

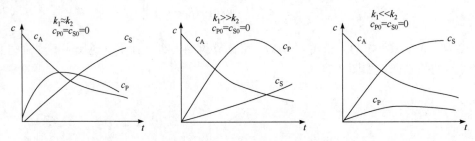

图 7-22　一级连串反应浓度分布图

7.5.3.5　温度与浓度对复杂反应的影响

对于简单反应，一般只考虑转化率问题，反应温度与浓度决定了达到某转化率的速度；而复杂反应中，存在与目标产物相竞争的副反应，除了一般反应的转化率概念外，还需要强调目的产物的收率概念和获得目的产物的选择性概念。

（1）温度对平行反应的影响

$$A \underset{k_2}{\overset{k_1}{\longrightarrow}} \begin{array}{l} P\,(目的产物) \\ S \end{array}$$

以上述平行反应为例，由式（7-63）可得目的产物 P 的瞬时收率：

$$Y_P = \frac{\text{生成目的产物所消耗的关键组分的量}}{\text{进入反应系统的关键组分的量}} = \frac{c_P}{c_{A0}} = \frac{k_1}{k_1 + k_2}\left\{1 - \exp\left[-(k_1 + k_2)t\right]\right\} \tag{7-72}$$

目的产物 P 的瞬时选择性：

$$S_P = \frac{\text{生成目的产物所消耗的关键组分的量}}{\text{已转化的关键组分的量}} = \frac{c_P}{c_{A0} - c_A} = \frac{1}{1 + \dfrac{k_2}{k_1}} = \frac{1}{1 + \dfrac{k_{20}}{k_{10}}\exp\left(\dfrac{E_1 - E_2}{RT}\right)} \tag{7-73}$$

分析式（7-73），当 $E_1 > E_2$，即主反应活化能大于副反应活化能时，$E_1 - E_2 > 0$，则温度 T 上升时，$\exp\left(\dfrac{E_1 - E_2}{RT}\right)$ 下降，因此选择性 S_P 上升，即反应更多地朝目标产物 P 方向进行。

而 $Y_P = \dfrac{k_1}{k_1 + k_2}\left\{1 - \exp\left[-(k_1 + k_2)t\right]\right\}$，即 $Y_P = S_P\left\{1 - \exp\left[-(k_1 + k_2)t\right]\right\}$，则温度 T 上升，选择性 S_P 上升，反应速率常数 k_1 和 k_2 均上升，于是 $\left\{1 - \exp\left[-(k_1 + k_2)t\right]\right\}$ 也上升，则收率 Y_P 也上升。

同理，当 $E_1 < E_2$，即主反应活化能小于副反应活化能时，$E_1 - E_2 < 0$，则温度 T 上升时，$\exp\left(\dfrac{E_1 - E_2}{RT}\right)$ 上升，因此选择性 S_P 下降，即反应更多地朝副产物 S 方向进行，$Y_P = S_P$

$\left\{1-\exp\left[-(k_1+k_2)t\right]\right\}$，则温度 T 上升，选择性 S_P 下降，反应速率常数 k_1 和 k_2 均上升，于是 $\left\{1-\exp\left[-(k_1+k_2)t\right]\right\}$ 也上升，一升一降，收率 Y_P 将随温度上升出现极值。

当 $E_1=E_2$，即主反应活化能等于副反应活化能时，$E_1-E_2=0$，选择性 S_P 中的温度项恒等于 1，即选择性与温度升降无关，为恒值。而 $Y_\mathrm{P}=S_\mathrm{P}\left\{1-\exp\left[-(k_1+k_2)t\right]\right\}$，则温度 T 上升，选择性 S_P 不变，反应速率常数 k_1 和 k_2 均上升，于是 $\left\{1-\exp\left[-(k_1+k_2)t\right]\right\}$ 也上升，于是收率 Y_P 仍随温度上升而上升。

（2）温度对连串反应的影响

$$A \xrightarrow{k_1} P \xrightarrow{k_2} S$$

以上述连串反应为例，若 P 为目的产物，则有：

$$\frac{k_1}{k_2}=\frac{A_{10}}{A_{20}}\exp\left(\frac{E_{\mathrm{a}2}-E_{\mathrm{a}1}}{RT}\right) \tag{7-74}$$

反应温度升高时，转化率 X 都是升高，此时：

当 $E_{\mathrm{a}1}>E_{\mathrm{a}2}$，$T$ 升高，$\dfrac{k_1}{k_2}$ 升高，瞬时选择性 S_P 升高，收率 $Y=Sx$ 也升高；

当 $E_{\mathrm{a}1}<E_{\mathrm{a}2}$，$T$ 升高，$\dfrac{k_1}{k_2}$ 下降，瞬时选择性 S_P 下降，收率 $Y=Sx$ 出现极值；

当 $E_{\mathrm{a}1}=E_{\mathrm{a}2}$，$T$ 升高，$\dfrac{k_1}{k_2}$ 不变，瞬时选择性 S_P 不变，收率 $Y=Sx$ 也升高。

若 S 为目的产物，则 P 只是中间产物，此时，升高温度以提升转化率，即可尽快地得到最终目的产物。但如希望控制反应过程中的收率行为，仍然可以同理分析如下，此时：

$$\frac{k_1}{k_2}=\frac{A_{10}}{A_{20}}\exp\left(\frac{E_{\mathrm{a}2}-E_{\mathrm{a}1}}{RT}\right)$$

温度升高，转化率 x 总是升高，此时：

当 $E_{\mathrm{a}1}>E_{\mathrm{a}2}$，$T$ 升高，$\dfrac{k_1}{k_2}$ 升高，瞬时选择性 S_S 下降，收率 $Y=Sx$ 出现极值；

当 $E_{\mathrm{a}1}<E_{\mathrm{a}2}$，$T$ 升高，$\dfrac{k_1}{k_2}$ 下降，瞬时选择性 S_S 升高，收率 $Y=Sx$ 也升高；

当 $E_{\mathrm{a}1}=E_{\mathrm{a}2}$，$T$ 升高，$\dfrac{k_1}{k_2}$ 不变，瞬时选择性 S_S 不变，收率 $Y=Sx$ 也升高。

因此，温度对复杂反应的影响可归纳为：对选择性而言，无论是平行反应还是连串反应，选择性的高低取决于主、副反应活化能的相对大小，升高温度有利于提高高活化能反应的选择性，降低温度有利于提高低活化能反应的选择性，当活化能相等时，则选择性与温度无关。由于温度升高会提高不可逆反应的转化率，因此收率 $Y=Sx$ 通过转化率和选择性的乘积，一般可出现随温度升高而升高和随温度升高出现极值的现象，当然也有可能出现选择性和转化率的升降抵消而保持收率不变的情况。

（3）浓度对复杂反应的影响　如平行反应的动力学方程为：

$$r_\mathrm{P}=k_1 c_\mathrm{A}^{\alpha} \quad \text{和} \quad r_\mathrm{S}=k_2 c_\mathrm{A}^{\beta}$$

其对应的选择性为：

$$S_P = \frac{r_P}{r_P + r_S} = \frac{k_1 c_A^\alpha}{k_1 c_A^\alpha + k_2 c_A^\beta} = \frac{1}{1 + \frac{k_2}{k_1} c_A^{\beta-\alpha}} \qquad (7\text{-}75)$$

可见当温度 T 不变时，$\dfrac{k_2}{k_1}$ 不变，则

$\alpha = \beta$ 时，S_P 与浓度无关；

$\alpha > \beta$ 时，如浓度 c_A 上升，目的产物 P 的选择性 S_P 上升，反应适合在高浓度下进行；

$\alpha < \beta$ 时，如浓度 c_A 下降，目的产物 P 的选择性 S_P 上升，反应适合在低浓度下进行。

而对于上述一级不可逆连串反应，由图 7-22 可见，c_A 不断下降，c_S 不断上升，c_P 出现极值，因此，k_1 和 k_2 的相对大小决定了 c_P 和 c_S 的相对大小，如果 P 是目标产物，其中必存在一个最佳反应时间 t_{opt}，此时的 $\dfrac{dc_P}{dt} = 0$，由式（7-68）和式（7-69）可得：

$$t_{opt} = \frac{\ln(k_1/k_2)}{k_1 - k_2} \quad (k_1 \neq k_2) \qquad (7\text{-}76)$$

$$t_{opt} = \frac{1}{k} \quad (k_1 = k_2 = k) \qquad (7\text{-}77)$$

此时对应的 c_P 为最大值，此时的反应时间 t_{opt} 可作为实际的工程参考。

（4）化学反应动力学方程的建立方法　如前面所述，化学反应动力学方程需要建立的是化学反应速率与温度及浓度的关系式，实际过程可分为动力学数据的测定与动力学方程的建立两个步骤，其中动力学数据的测定通常步骤如下：

第一步，保持温度不变，找出反应物浓度的变化与反应速率的关系；

第二步，保持浓度不变，改变温度，找出反应速率随温度变化的规律。

以上两个步骤涉及温度与浓度的测定，温度的测定方法不作赘述，浓度和相应的转化率测定可间接地通过测定反应过程中的黏度、折射率或介电常数的变化、绝热反应系统中测定反应放热量变化等，来推算反应进程，并求出转化率或浓度，或直接利用紫外/红外光谱测定单体特征吸收谱线强弱的变化，用化学方法测定如不饱和单体的含量变化等来求算转化率或浓度。最为原始简单而又比较可靠的方法是在反应进行到一定时间取出一定量的反应物，设法终止其继续反应，并测定反应物的固含量或组成，进行浓度与转化率计算。

以上动力学数据测试完毕后，可按传统的积分法或微分法进行数据处理，建立反应动力学方程。

① 积分法　积分法先推测一个动力学方程式的形式，经过积分运算后，得到浓度 c 与时间 t 曲线，如果将实验所测得的浓度与时间曲线与前者对比并吻合，则表明推测的动力学方程式能够描述实际反应，否则应另推测一动力学方程式再试。实际上利用积分法求取动力学方程式的过程是一个试差过程，一般在某反应级数为整数时使用，当级数为分数时，试差困难，故此法不具有普遍意义，相对来说还是使用微分法比较方便。

② 微分法　本法是直接将实验所得的浓度-时间数据作图得出 c-t 曲线，在相应浓度值位置求曲线的斜率，此斜率即该浓度下的反应速率，将不同浓度下的反应速率对假设的动力学方程式在该浓度的值作图，若得一通过原点的直线，即表明假定的机理与实验数据相符合，否则需重新假定一动力学方程式加以检验。此直线斜率即为 $-r_A = kf(c_A)$ 中的 k，再由不同温

度下测得的数据得到不同温度对应的 $k(T)$，由此 $k(T)$ 与温度 T 的关系，可得到阿伦尼乌斯方程中的两个参数，指前因子与活化能。

以上两个方法为传统的动力学测试方法，仅作原理讲解，在计算机数值拟合技术非常发达的今日，基本已经无需如此繁复推断。一般可直接将实验测得的浓度与时间数据输入软件，并指定一类动力学方程形式和需要回归的参数，比如指定幂函数形式和作为参数的反应级数、指前因子和活化能，运行软件既可方便地得到动力学方程及参数，还可方便地比较不同动力学方程类型之间的拟合效果，择其优者而从之。

7.6　化学反应器基础

制备新物质的化工生产过程，必定包含提供化学反应场所的反应器。原料在反应器中经化学反应变成产品或半成品，故而可把反应器看作化工生产的心脏部分。化学反应伴随着动量、热量及质量的传递，这些因素对反应速率有直接影响，故设计反应器时，必须进行物料、热量及动量衡算，以保证反应器的容积，满足生产能力；保证传热面积，满足传热效率；保证物料均匀混合，满足产品的质量稳定以及生产过程的安全。

7.6.1　化学反应器的分类

化学反应器的分类有多种方法，常见的分类有操作方法、传热条件和反应相态等。

按操作方法的特征，反应器可分为间歇操作反应器、连续流动操作反应器和半间歇操作反应器三种。

所谓间歇操作，指的是反应物一次加入反应器，经历一定的反应时间达到所要求的转化率后，产物与未反应完毕的反应物一起一次出料，生产是分批进行的。在反应期间，反应器中没有物料进出。如果间歇反应器中的物料由于搅拌而处于均匀状态，则反应物系的组成、温度、压力等参数在每一瞬间都是均匀的，并且随着操作时间或反应时间而变化，故在反应条件确定后，间歇操作的独立变量为反应时间，间歇操作为非稳态操作。聚合反应常见的釜式反应器，即为典型的间歇操作反应器。间歇操作过程中，除了需要一定的反应时间外，还需要配料、加料、出料、清洗等辅助时间，降低了生产效率。釜式聚合反应中，常采用反应釜与调合釜串联分开的方法，反应完毕后，反应釜内物料即出料到调合釜中进行后继的稀释与添加剂添加等物理混合；而反应釜在必要的清洗后，又开始反应，以此来以提高反应釜的使用效率和改善批次波动问题。

所谓连续流动操作，指的是反应物连续不断地加入反应器，同时产物连续不断地流出反应器，如果在稳态下操作，反应物进料时的组成和流量不随时间而变，产物出料的组成和流量也不随时间而变。连续流动反应器一般有管式和釜式两种，以长度与直径之比（长径比）度量，管式反应器长径比一般大于 30，釜式反应器高径比为 1～3，其间长径比 3～30 的，称为塔式反应器。高压聚乙烯所用的管式反应器，即为典型的连续流动操作反应器。

如果搅拌釜式反应器中反应物 A 先加料在反应器中，在一定温度和压力下，反应物 B 连续加入反应器，反应产物保留在反应釜中，此为半间歇操作反应器，聚合反应中常见的滴加工艺，即为典型的半间歇操作。显然，半间歇反应器处于非稳态操作。

按传热条件分类，分为等温反应器、绝热反应器和非等温非绝热反应器。其中，等温反应器要求整个反应器维持恒温，这对传热的要求很高，只有在一些反应热不大而且传热充分的条件下可以实现。绝热反应器，指反应器与外界没有热量交换，全部反应的热效应使物料升温或降温，除采用隔热材料制作的反应器外，研究爆炸或爆聚反应的时候，由于反应迅速到传热速率可以被忽略，此时的反应器也可看作绝热反应器。而通常的反应，反应热的产生速度与反应器的传热速度的数量级相近，与外界有热量交换，但又不等温，即为非等温、非绝热反应器。

按反应相态分类，可分为均相反应器和非均相反应器，如聚乙烯反应器即为气相均相反应器，溶液聚合即液相均相反应器。而非均相反应器，则又根据操作相态的不同进行分类，有典型的气-固相固定床、流化床反应器，有气-液相的鼓泡塔反应器，有气-液-固相的滴流床和淤浆床反应器等。

7.6.2 聚合反应装置介绍

聚合反应涉及的物料多样，在反应的某一阶段，流动状态、传热传质都会迥异于小分子体系的情况，因此也会有多种适用的反应器，比如釜式反应器、管式反应器、塔式反应器、环管反应器、卧式反应器、捏合反应器、螺杆反应器、流化床反应器等。

不管采用何种反应器，其操作方法无外乎间歇操作、连续操作和半连续半间歇操作三种方式，其各自的优缺点参见本书拓展阅读内容。

表面上看，间歇和连续两种操作方式以及二者的半连续半间歇操作组合比较简单，实际上却包含着十分丰富、深刻和艰深的内涵。可以说，研究和解决浓度、温度、混合、停留时间这四个方面的问题，是一切化学反应实施和反应器开发过程中的共同问题，阐明这四个方面问题的理论和方法是化学反应工程精髓所在，对反应器设计与优化操作有着重要的意义。

化学反应工程对反应器的基本研究方法中，大量使用了数学模型法，这种方法面对复杂的难以用数学全面描述的客观实体，人为地做出某些假定，设想出简化模型，并通过对简化模型的数学求解，达到利用简单数学方程描述复杂物理过程的目的。通过这种方法可以描述过程的趋势，并通过对偏差的不断修正，达到过程的更精确的数学描述。数学模型法的步骤如下。

（1）建立简化物理模型 对复杂客观实体，在深入了解的基础上，进行合理简化，设想一个物理过程（模型）代替实际过程。简化必须抓住主要矛盾，简化模型必须反映客观实体的最主要特征，既便于数学描述，又能满足适用性要求。

（2）建立数学模型 依照物理模型和相关的已知原理，写出描述物理模型的数学方程及其初始和边界条件。

（3）用模型方程的解，讨论客体的特性规律 针对反应器的设计和优化，可以通过小试研究得到化学反应规律，大型冷模实验研究得到传递过程规律，利用计算机或其他手段综合反应规律和传递规律，最终预测大型反应器性能，寻找优化条件；同时利用热模实验来检验数学模型的等效性。

7.6.3 化学反应器的设计

工业上，面对以上如此众多的反应器形式，首先存在一个选型问题，对于具体反应，又有着反应器选型后的结构尺寸与操作稳定性和工艺适用性的设计问题；在反应器投入运营后，又有反应的具体操作工艺条件优化和同类反应器的改进问题；这些设计与优化，始终围绕着技术指标和经济指标两个方向，技术指标更多考虑转化率、选择性、聚合物性能和能耗、安全环保等问题；经济指标，则需要关心原料、设备、操作费用以及投资回报率等问题，这些工作，其根本都依赖反应器设计技术来解决。

7.6.3.1 反应器设计需要的技术数据

在设计化学反应器之前，需要对所对应产品的化学特征和生产方法、流程及操作条件等工艺内容有足够的认识，并获得相应的技术方面的数据，包括：

（1）化学基础数据

① 应掌握有关物料如单体、溶剂等的安全数据作为反应器设计的安全基础；

② 应掌握体系的反应机理、反应实现的温度、压力和组成等研究成果；

③ 应掌握反应过程的热力学数据如聚合热与相平衡、反应最终的体系黏度等物性数据；

④ 应尽可能获得反应动力学数据，并确认该动力学数据中的传递影响，如果需要，可进行这方面的研究。

（2）生产工艺及反应器的设计参数　化学反应器是生产装置中的核心设备，设计时，需要考虑规模、选址、采用的原料和主要生产工艺等项的论证，根据投资、原料消耗、能量消耗和回收等方面的经济效益和环保安全方面的要求来考虑，确定整个生产工艺中各有关工序的流程、装备和主要操作条件，上下游生产工序都有各自反应器的时候，还要考虑它们之间的匹配。同时，在工艺设计时，必须符合绿色生产的理念。

（3）安全生产设计　反应器设计中的安全生产设计涵盖了防燃防爆、防腐蚀防泄漏、防污染等方面。对于聚合反应，要注意单体和溶剂的闪点和燃点，以及相应的储存、输送设备与防静电设备的设计；发生爆聚时的防泄漏防污染设计，如缓冲容器的设计。

7.6.3.2 反应器设计的基本方程式

当进行化学反应时，动量、热量与质量的传递对反应速率有直接的影响，所以在设计反应器时必须进行物料、热量及动量的衡算。反应器设计的基本方程包括反应动力学方程、物料衡算式、热量衡算式和动量衡算式。其中的反应动力学是化学反应器设计的主要基础，动量衡算一般可以忽略，除非反应物系通过反应器出现了很大的压降。反应器设计的基本方程如下。

（1）反应动力学方程　一般的化学反应动力学方程已在 7.5 节有较详细的叙述，也可参看物理化学教材中的相关内容。

（2）物料衡算　建立物料衡算的理论基础是质量守恒定律，其原理是反应前和反应后的物料质量应该相等，对某个反应器来说，可写出某个关键组分 A 的物料衡算式，即：

反应物A的流入速度 − 反应物A的流出速度 − 反应物A由于反应消失的速度

+反应物A的累积速度=0

对于间歇操作，反应物随物科流入量和流出量为 0。对于稳态连续操作，反应物累积量为 0；对于非稳态连续操作，以上四项均不为 0。物料衡算时，采用先微分后积分的方法，其中微分微元的选取有两种方法：①在一定位置的体积微元内（如管式反应器连续操作中）进行物料衡算；②在一定时间的时间微元内（如釜式反应器间歇操作中）进行物料衡算。如果物料的浓度和温度在反应器内任何时间、任何空间处处相等（如混合良好的连续搅拌釜式反应器或间歇反应器），可以很方便地采用一个单位容积或整个反应器的容积作为物料衡算的对象而不必进行微积分。对于物料浓度沿轴向分布的反应器，如管式反应器，应选取反应器微元体积作计算基准，在微元体积中浓度和温度均匀，对该微元体积作物料衡算，将这些微元加和起来，即为整个反应器。

（3）热量衡算　大多数反应器将位能、动能及功等形式的能量略去，因此，能量衡算实际也就成了热量衡算，于是有热量衡算式：

随物料流入的热量－随物料流出的热量－反应系统与外界交换的热量

+反应过程的热效应－体系累积的热量=0

对于间歇反应器，反应物系随物料流入与流出的热量均为 0。对于连续流动反应器，稳态下的热量累积项为 0；对于非稳态操作，此五项均不为 0。对于等温连续流动反应器，稳态下，单位时间内由于反应而引起的热量与单位时间内与外界交换的热量相等；对于稳态下连续流动绝热反应器，反应物系与外界传递的热量为零。

根据物料衡算、热量衡算可以得到反应器设计的基本方程式，再结合动力学方程式便可计算反应器的体积，所以反应器的设计实际上是物料衡算、热量衡算与动力学方程三者联立求解，此时计算比较繁杂。采用简化模型，如等温操作的理想反应器，只需考虑物料衡算与动力学方程式即可。

7.6.4　理想化学反应器

在处理化学反应工程复杂的反应器问题时，常需要简化模型，因此，提出了理想化学反应器的概念，所谓理想化学反应器的定义为：当反应器中没有任何传递过程的影响因素存在，反应结果唯一地由化学因素决定，该反应器就称为理想化学反应器。

实际中性能和流动行为接近于这种理想化学反应器的反应器有三种：① 搅拌充分的间歇釜式反应器（batch reactor，BR）；② 连续操作的理想管式流动反应器（pipe flow reactor，PFR，平推流反应器）；③ 搅拌充分的连续流动釜式反应器（continuous stirred tank reactor，CSTR，全混流反应器）。这三种理想反应器的比较见表 7-3。

表 7-3　三种理想反应器的对比

项目	间歇釜式反应器（BR）	理想管式流动反应器（PFR）	连续流动釜式反应器（CSTR）
返混	返混为 0	返混为 0	返混无穷大
浓度	$c=f(t)$，时间的函数	$c=f(L)$，管程的函数	$c=c_i$，釜内浓度即出口浓度
加料	加料时，同时加入	加料处，同处加入	加料处，同处加入
年龄	任何时刻，年龄相同	任何径向截面上，年龄相同	反应器内，混合均匀，年龄不同
寿命	出料处，寿命一样	出料处，寿命一样	出料处，寿命不同
操作	多品种生产操作灵活	稳态后，操作方便	稳态后，操作方便
质量	批次间质量波动明显	稳态操作后，质量稳定	稳态操作后，质量稳定

表 7-3 中，物料质点的年龄和寿命均是返混概念的组成部分，年龄是指物料质点停留在反应器中的停留时间；寿命是指物料质点从进入到离开反应器时的停留时间，反应器出口处质点的年龄，即为寿命；流体在反应器中流动时存在流速分布不均匀的现象，如流动死角、沟流和短路等非理想流动，导致物料质点形成停留时间分布。反应器中不同年龄质点的混合称为返混。

7.6.4.1　理想间歇釜式反应器（BR）

（1）间歇釜式反应器的特征　釜式反应器大多用于间歇操作方式下的液相均相反应和液-液相或液-固相非均相反应，与实验室内装有电动搅拌器的常用玻璃烧瓶极为类似，因此实验室进行反应开发、操作条件及动力学研究后，无论从几何形状与操作理解上，都比较方便移植到釜式反应器中进行放大。

理想间歇操作时，反应物料按一定配料比一次加入反应器中，经过一定的反应时间，达到规定的转化率后，停止反应并将物料排出反应器，完成一个生产周期。从理想间歇反应器操作可以看到以下特征。

① 由于剧烈的搅拌，反应器内物料浓度达到分子尺度上的均匀，且反应器内浓度处处相等，因而排除了物质传递对反应的影响；

② 由于反应器内具有足够强的传热条件，反应器内各处温度相等，因而无需考虑反应物料之间的热量传递问题；

③ 反应器内物料同时开始和停止反应，所有物料具有相同的反应时间，不存在不同年龄流体的混合，亦即不存在返混问题，视为返混程度为零。

（2）间歇釜式反应器的数学模型　由于间歇釜式反应器中反应混合物处于剧烈搅拌状态下，其中物料体系温度和各组分的浓度均达到均一，可以对整个反应器进行物料衡算。若 V 为反应物料在整个反应器中占有的体积，间歇操作下的物料流入量及流出量均为零，此时单一反应关键反应组分 A 的物料衡算式可写成：

反应物A的反应消失量=反应物A的累积量

反应物 A 的消失量：$r_A V$。

反应物 A 的累积量：

$$-\frac{\mathrm{d}n_A}{\mathrm{d}t} = -\frac{\mathrm{d}\left[n_{A0}(1-x_A)\right]}{\mathrm{d}t} = n_{A0}\frac{\mathrm{d}x_A}{\mathrm{d}t} \tag{7-78}$$

即

$$r_A V = n_{A0}\frac{\mathrm{d}x_A}{\mathrm{d}t} \tag{7-79}$$

式中，r_A 为按单位体积液相反应混合物计算的反应速率；t 为反应时间；n_A 为反应时间为 t 时的关键反应组分 A 的量，以 mol 计。

考虑到 $n_A = n_{A0}(1-x_A)$，n_{A0} 为反应开始时反应组分 A 的量，x_A 为组分 A 的转化率。则式（7-79）可写成：

$$r_A V = -\frac{\mathrm{d}n_A}{\mathrm{d}t} = n_{A0}\frac{\mathrm{d}x_A}{\mathrm{d}t} \tag{7-80}$$

若是等容过程，引入组分 A 的浓度 c_A：

$$r_A = \frac{n_{A0}}{V} \times \frac{\mathrm{d}x_A}{\mathrm{d}t} = c_{A0}\frac{\mathrm{d}x_A}{\mathrm{d}t} \qquad (7\text{-}81)$$

积分后得：

$$t = c_{A0}\int_0^{x_A} \frac{\mathrm{d}x_A}{\mathrm{d}t} \qquad (7\text{-}82)$$

将 $x = \dfrac{c_{A0} - c_A}{c_{A0}}$ 代入上式，得：

$$t = -\int_{c_{A0}}^{c_A} \frac{\mathrm{d}c_A}{\mathrm{d}t} \qquad (7\text{-}83)$$

由式（7-82）和式（7-83）可知，只要已知反应速率与组分 A 转化率 x_A 或浓度 c_A 之间的变化规律，或反应动力学方程，就能计算达到转化率 x_A 和浓度 c_A 所需的反应时间。最基本、最直接的方法是数值积分或图解法。如图 7-23 所示，已知动力学数据 $1/r_A$-x_A 的曲线，然后求取 x_{A0} 到 x_A 之间曲线下的面积即为 t/c_{A0}，或已知 $1/r_A$-c_A 曲线，然后求取 c_{A0} 到 c_A 之间曲线下的面积为反应时间 t。

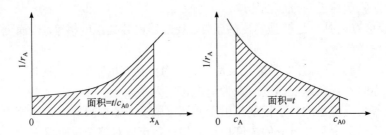

图 7-23　间歇反应器等容时的图解计算

将 r_A 的等容幂函数表达式代入式（7-82）和式（7-83），可得到等容条件下的动力学计算转化率和残余浓度的结果。表 7-4 为单一不可逆反应时不同反应级数的结果。

表 7-4　间歇反应等温等容液相单一不可逆反应动力学计算结果

反应级数	动力学方程	反应结果式	转化率
$n = 0$	$(r_A)_V = k$	$kt = c_{A0} - c_A$ 或 $c_A = c_{A0} - kt$	$kt = c_{A0}x_A$ 或 $x_A = \dfrac{kt}{c_{A0}}$
$n = 1$	$(r_A)_V = kc_A$	$kt = \ln\dfrac{c_{A0}}{c_A}$ 或 $c_A = c_{A0}\exp(-kt)$	$kt = \ln\dfrac{1}{1-x_A}$ 或 $x_A = 1 - \exp(-kt)$
$n = 2$	$(r_A)_V = kc_A^2$	$kt = \dfrac{1}{c_A} - \dfrac{1}{c_{A0}}$ 或 $c_A = \dfrac{c_{A0}}{1 + c_{A0}kt}$	$c_{A0}kt = \dfrac{x_A}{1-x_A}$ 或 $x_A = \dfrac{c_{A0}kt}{1 + c_{A0}kt}$

比较不同反应级数下的反应物 A 残余浓度和反应时间，可以发现：零级反应残余浓度随反应时间增加呈直线下降，一直到反应物完全转化为止。而一级反应和二级反应的残余浓度随反应时间的增加而慢慢地下降。特别是二级反应，反应后期的残余浓度变化速率非常小，这意味着反应的大部分时间花费在反应的末期。若提高转化率和降低残余浓度，会使所需的反应时间大幅度增加。为了保证反应后期动力学的准确、可靠，要密切注意反应后期的反应

机理是否会发生变化，要重视反应过程后期动力学的研究。

同时由公式（7-82）可以看出，对于间歇反应器的等容过程，达到规定转化率所需的时间 t 只取决于 r_A 和 c_{A0}，而与反应体积无关，因此在设计间歇反应器时，不论物料的处理量多少，只要 r_A 和 c_{A0} 相同，所需的反应时间是相等的，因此只要保证间歇反应器放大时的混合及温度条件相同，即可方便地应用小试结果来设计和放大反应器。

【例 7-1】　在间歇釜式反应器中，己二酸与己二醇以等摩尔比，在 343K 时进行缩聚反应生产醇酸树脂，以 H_2SO_4 为催化剂，由实验测得反应的动力学方程式为：

$$nH_2N(CH_2)_6NH_2+nHOOC(CH_2)_4COOH \longrightarrow H\left[NH(CH_2)_6NHOC(CH_2)_4CO\right]_nOH_n+(2n-1)H_2O$$

$$r_A = kc_A^2$$

$$k = 1.97\,L/(kmol\cdot min)$$

$$c_{A0} = 0.004\,kmol/L$$

式中，r_A 为以己二酸作关键组分的反应速率；k 为反应速率常数；c_{A0} 为己二酸初始浓度。

若每天处理 2400kg 己二酸，己二酸的转化率为 80%，每批操作的辅助时间 $t_a = 1h$，试计算反应器的容积，装料系数取 $\varphi = 0.75$。

解：（1）计算达到规定转化率所需的时间　因反应为二级反应，且 $c_{A0} = c_{B0}$，由表 7-4 计算：

$$t = \frac{1}{kc_{A0}}\left(\frac{x_A}{1-x_A}\right) = \frac{0.8}{1.97\times0.004\times(1-0.8)} = 508\,min = 8.46h$$

（2）计算反应器所需容积 V　每小时己二酸的进料量 F_{A0} 为：

$$F_{A0} = \frac{2400}{24\times146} = 0.685\,kmol/h$$

式中，146 为己二酸分子量，每小时己二酸的体积流量 v_{A0} 为：

$$v_{A0} = \frac{F_{A0}}{c_{A0}} = \frac{0.685}{0.004} = 171.25\,L/h = 2.85\,L/min$$

每批生产操作周期 t_T 为：

$$t_T = t_R + t_a = 8.46 + 1 = 9.46h$$

故反应器的有效容积 V_R 为：

$$V_R = v_{A0}\tau = 171.25\times9.46 = 1620\,L = 1.620\,m^3$$

反应器所需容积 V 为：

$$V = \frac{V_R}{\varphi} = \frac{1.620}{0.75} = 2.16\,m^3$$

7.6.4.2　理想管式流动反应器（PFR）

（1）理想管式流动反应器的特征　在流体力学基础一节中讨论到连续管式反应器中的流速分布，沿着与物料流动方向垂直的径向截面上，有着不均匀的速度分布。在流速较大的湍流状态或聚合物的非牛顿流体行为下，虽然速度分布较均匀，但在边界层中速度仍然减慢，造成了径向速度分布的不均匀性，这就是管式反应器的返混来源，因为返混程度不一，如果每一种情况都要具体讨论，不利于反应器共性设计的研究。为此，可简化出一种理想流动以描述趋势，实际情况只是对该简化模型的修正。该模型认为物料在管式反应器内具有严格均匀的径向速度分布，物料像活塞一样向前流动，反应器内没有返混。这种流动称为平推流，亦称活塞流，这种反应器称为理想管式流动反应器（PFR），亦称平推流反应器。

平推流反应器具有以下特征：①由于径向具有均匀的流速，也就是在径向不存在浓度分布，反应速率随空间位置的变化只限于轴向；②在连续稳态条件下操作时，反应器径向截面上物料的各种参数，如浓度、温度等只沿管程变化，不随时间发生变化；③由于径向速度均匀，反应物料在反应器内具有相同的停留时间，即没有返混。

如果反应物料体系是液相，在等温反应过程中，无论摩尔流量有无变化，物系的密度均可视为不变，即等容过程，稳态下物料的平均停留时间 τ 等于反应器体积 V 与液相物料进口体积流量 v_0 之比，$\tau = V/v_0$，如果反应物料体系是气相，受压力的影响敏感，即便等温反应，仍然很容易因为压力变化而出现变容过程，物系的体积流量沿反应器轴向长度而变，稳态下平均停留时间就不能用 $\tau = V/v_0$ 来计算。

（2）平推流反应器的数学模型　等温操作的平推流反应器（理想管式流动反应器）中，物料的组成沿反应器的流动方向从一个径向截面到下一个径向截面不断变化，截取反应器中的某一个体积微元 $\mathrm{d}V$ 对关键组分 A 进行物料衡算，如图 7-24 所示。

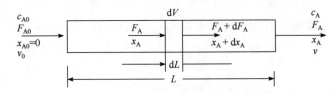

图 7-24　平推流反应器物料衡算示意图

根据平推流反应器的特征：反应物 A 进入 $\mathrm{d}V$ 的摩尔流量为 F_A，反应物 A 流出 $\mathrm{d}V$ 的摩尔流量为 $F_A + \mathrm{d}F_A$，由于反应而消失的 A 量为 $r_A \mathrm{d}V$。

根据质量守恒：

$$\text{反应物A的流入速度} = \text{反应物A的流出速度} + \text{反应物A由于反应的消失速度}$$

则有

$$F_A = (F_A + \mathrm{d}F_A) + r_A \mathrm{d}V \tag{7-84}$$

其中

$$\mathrm{d}F_A = \mathrm{d}\big[F_{A0}(1 - x_A)\big] = -F_{A0}\mathrm{d}x_A \tag{7-85}$$

代入式（7-84），即有

$$F_{A0}\mathrm{d}x_A = r_A \mathrm{d}V \tag{7-86}$$

上式进行积分，由 $\displaystyle\int_0^V \frac{\mathrm{d}V}{F_{A0}} = \int_0^{x_A} \frac{\mathrm{d}x_A}{r_A}$

可得

$$\frac{V}{F_{A0}} = \int_0^{x_A} \frac{\mathrm{d}x_A}{r_A} \tag{7-87}$$

因为 $F_{A0} = v_0 c_{A0}$，v_0 是进料体积流量，上式可写成：

$$\frac{V}{v_0 c_{A0}} = \int_0^{x_A} \frac{\mathrm{d}x_A}{r_A} \tag{7-88}$$

$$\tau = \frac{V}{v_0} = c_{A0} \int_0^{x_A} \frac{\mathrm{d}x_A}{r_A} \tag{7-89}$$

式中，τ 为停留时间，亦即反应时间，习惯上用 τ_p 表示。

对于等容过程，利用 $c_A = c_{A0}(1 - x_A)$，则上式可写成：

$$\tau_p = \frac{V}{v_0} = \int_{c_{A0}}^{c_A} \frac{\mathrm{d}c_A}{r_A} \tag{7-90}$$

由式（7-89）和式（7-90）可知，只要已知反应速率与组分 A 的转化率 x_A 或浓度 c_A 之间的变化规律，或已知反应动力学方程，就能计算达到转化率 x_A 和浓度 c_A 所需的反应时间。同样，最基本、最直接的方法是数值积分或图解法。如图 7-25 所示，已知动力学数据 $1/r_A$-x_A 的曲线，然后求取 x_{A0} 到 x_A 之间曲线下的面积即为 t/c_{A0}，或已知 $1/r_A$-c_A 曲线，然后求取 c_{A0} 到 c_A 之间曲线下的面积为反应时间 t。

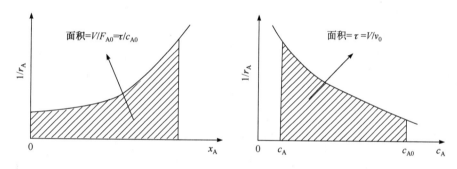

图 7-25　平推流反应器等容时的图解示意图

将 r_A 的等容幂函数表达式代入式（7-89）和式（7-90），可得到等容条件下，动力学计算转化率和残余浓度的结果。表 7-5 为单一不可逆反应时不同反应级数的结果。

表 7-5　平推流反应等温等容液相单一不可逆反应动力学计算结果

反应级数	动力学结果	出口浓度	转化率
$n = 0$	$k\tau_p = c_{A0} - c_{Af} = c_{A0} x_{Af}$	$c_{Af} = c_{A0} - k\tau_p$	$x_A = \dfrac{k\tau_p}{c_{A0}}$
$n = 1$	$k\tau_p = \ln\dfrac{c_{A0}}{c_{Af}} = \ln\dfrac{1}{1 - x_{Af}}$	$c_{Af} = c_{A0} e^{-k\tau_p}$	$x_A = 1 - e^{-k\tau_p}$
$n = 2$	$k\tau_p = \dfrac{1}{c_A} - \dfrac{1}{c_{A0}} = \dfrac{x_A}{c_{A0}(1 - x_A)}$	$c_{Af} = \dfrac{c_{A0}}{1 + c_{A0}k\tau_p}$	$x_A = \dfrac{c_{A0}k\tau_p}{1 + c_{A0}k\tau_p}$

从表 7-5 发现，平推流反应器的反应结果公式和关于间歇反应器的表 7-4 公式完全一致。

由平推流反应器（PFR）和间歇反应器（BR）的比较可见：①两者设计基本方程形式完全相同，图解形式也相同；②等容化学反应达到相同转化率时，两者所需的反应时间是相等的，当反应器体积相等时，二者的生产能力也相同，但平推流反应器是连续操作的，不需要辅助时间；③间歇反应器中反应随时间而变，属均匀混合的非稳态过程，而平推流反应器中反应沿管程而变，但在出口截面上，各参数不随时间而变，属稳态过程，所以平推流反应器的产物质量不易波动。

【例 7-2】   在平推流反应器中，用己二酸与己二醇生产醇酸树脂，操作条件和产量与【例 7-1】相同，试计算平推流反应器所需的体积。

解：已知 $x_A = 0.8$，$k = 1.97 \text{L/(kmol} \cdot \text{min)}$，$c_{A0} = 0.004 \text{kmol/L}$，$v_{A0} = 2.85 \text{L/min}$。

反应为二级反应，由表 7-5 可知

$$\tau = \frac{1}{kc_{A0}}\left(\frac{x_A}{1-x_A}\right) = \frac{0.8}{1.97 \times 0.004 \times (1-0.8)} = 507.6 \text{min} = 8.46 \text{h}$$

$$V = v_0\tau = 2.85 \times 507.6 \approx 1446.7 \text{L} = 1.45 \text{m}^3$$

由计算结果可知，平推反应器所需的容积比间歇反应器小，这是由于平推流反应器不需要辅助时间。

7.6.4.3　连续流动釜式反应器（CSTR）

（1）连续流动釜式反应器的特征　釜式反应器也可以通过连续进料和出料形成连续流动釜式反应器（CSTR）的操作方式，在理想强烈搅拌情况下，连续流动釜式反应器亦可称为全混流反应器。全混流反应器是一种返混程度为无穷大的理想流动反应器。反应物料以稳定流量流入反应器，在反应器中，刚进入反应器的新鲜物料与存留在反应器中的物料瞬间达到完全混合，反应器中所有空间位置的物料参数都是均匀的，而且等于反应器出口处的物料参数，即反应器内物料浓度和温度均匀，与出口处物料浓度和温度相等。物料质点在反应器中的停留时间参差不齐，有的很短，有的很长，形成停留时间分布。

全混流反应器中反应物料连续地加入和流出反应器，不存在间歇操作中的辅助时间问题。在稳态操作中，容易实现自动控制，操作简单，节省人力，产品质量稳定，可用于产量大的产品生产过程。

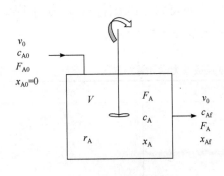

图 7-26　全混流反应器

这种全混流反应器其实也是一种理想化的假设，实际工业生产中广泛使用连续搅拌釜式反应器进行液相反应，只要达到足够的搅拌强度，其流型就接近于全混流。全混流反应器有以下特点：①充分的搅拌使反应釜内物料的浓度和温度不随时间而改变；②充分的搅拌使反应釜内物料的浓度和温度处处相等，并且等于反应器出口物料的浓度和温度。

（2）全混流反应器的数学模型　根据全混流反应器（连续流动釜式反应器）的特征，进行物料衡算或热量衡算时，可把整个反应器作为一个整体来看待。稳态下，反应器内反应物料的累积量为零，同样对关键组分 A 进行物料衡算，见图 7-26 全混流反应器示意图。

反应物A的流入速度=反应物A的流出速度+反应物A由于反应的消失速度

等容时，反应物 A 的流入速度为 $v_0 c_{A0}$，反应物 A 的流出速度为 $v_0 c_{Af}$，反应物 A 由于反应的消失速度为 $r_A V$。

则有

$$v_0 c_{A0} = v_0 c_{Af} + r_A V \qquad (7\text{-}91)$$

整理后可得

$$\tau = \frac{V}{v_0} = \frac{c_{A0} - c_{Af}}{r_A} = \frac{c_{A0} x_{Af}}{r_A} \qquad (7\text{-}92)$$

由式（7-92）可知，只要已知反应速率与组分 A 转化率 x_A 或浓度 c_A 之间的变化规律，或已知反应动力学方程，就能计算达到转化率 x_A 和浓度 c_A 所需的平均停留时间 τ。同样，最基本、最直接的方法是数值积分或图解法。如图 7-27 所示，已知动力学数据 $1/r_A$-x_A 的曲线，然后求取 x_{Af} 和对应的 $1/r_A$ 之间的矩形面积即为 t/c_{A0}，或已知 $1/r_A$-c_A 曲线，然后求取 c_{A0} 到 c_{Af} 和 $1/r_A$ 之间矩形面积即为平均停留时间 τ。

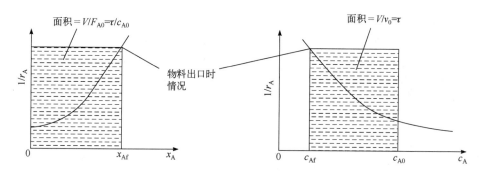

图 7-27 全混流反应器的图解计算

同样，将 r_A 的等容幂函数表达式代入式（7-92），可得到等容条件下的动力学计算转化率和残余浓度结果。表 7-6 为单一不可逆反应时不同反应级数的结果。

表 7-6 全混流反应器等温等容液相单一不可逆反应动力学计算结果

反应级数	动力学结果	出口浓度	转化率
$n=0$	$k\tau_m = c_{A0} - c_{Af} = c_{A0} x_{Af}$	$c_{Af} = c_{A0} - k\tau_m$	$x_{Af} = \dfrac{k\tau_m}{c_{A0}}$
$n=1$	$k\tau_m = \dfrac{c_{A0} - c_{Af}}{c_{Af}} = \dfrac{x_{Af}}{1 - x_{Af}}$	$c_{Af} = \dfrac{c_{A0}}{1 + k\tau_m}$	$x_{Af} = \dfrac{k\tau_m}{1 + k\tau_m}$
$n=2$	$k\tau_m = \dfrac{c_{A0} - c_{Af}}{c_{Af}^2} = \dfrac{x_{Af}}{c_{A0}(1 - x_{Af})^2}$	$c_{Af} = \dfrac{c_{A0}\sqrt{1 + 4c_{A0}k\tau_m} - 1}{2c_{A0}k\tau_m}$	

从表 7-6 全混流反应器等温等容液相单一不可逆反应动力学计算结果可以看出，由于全混流反应器内各点的浓度和温度相等，而且不随时间而变化，因此其处理形式没有积分，比平推流反应器的形式更为简单。习惯上全混流反应器的平均停留时间用 τ_m 表示。

【例 7-3】 在全混流反应器中用己二酸与己二醇生产醇酸树脂，操作条件与【例 7-2】相同，试计算理想混合流反应器的容积。

解：已知 $v_{A0} = 2.85\,\text{L/min}$，$x_A = 0.8$，$c_{A0} = 0.004\,\text{kmol/L}$，$k = 1.97\,\text{L/(kmol·min)}$。

由式（7-92）可得：

$$V = \frac{v_0 c_{A0} x_A}{r_A}$$

因为是二级反应，故

$$V = \frac{v_0 c_{A0} x_A}{k c_{A0}^2 (1-x_A)^2} = \frac{2.85 \times 0.8}{1.97 \times 0.004 \times 0.2^2} = 7233.50\text{L} = 7.23\text{m}^3$$

由计算结果可以看出，在相同的反应条件下，全混流反应器所需的反应器容积要比平推流反应器或间歇反应器大得多，因此，与间歇操作相比，连续操作虽有利于大规模的生产，但并不意味着强化生产，还要考虑反应器的形式，不同形式反应器间容积效率差异的主要原因是反应器内的返混程度不同。

7.6.4.4 反应器的容积效率

工业上，衡量单位反应器体积所能达到的生产能力称为容积效率，只有提高容积效率，才能提高反应器的产能。具体定义为：容积效率 η 是指同一反应在相同的温度、产量和转化率条件下，平推流反应器与全混流反应器所需的总体积比，即

$$\eta = \frac{V_p}{V_m} = \frac{\tau_p}{\tau_m} \tag{7-93}$$

式中，下标 p 和 m 分别代表了平推流反应器和全混流反应器。平推流反应器和全混流反应器的设计方程式为

$$\tau_p = c_{A0} \int_0^{x_A} \frac{\mathrm{d}x_A}{r_A} \tag{7-94}$$

$$\tau_m = \frac{c_{A0} x_A}{r_A} \tag{7-95}$$

代入式（7-93），即有

$$\eta = \frac{V_p}{V_m} = \frac{\tau_p}{\tau_m} = \frac{\int_0^{x_A} \frac{1}{r_A} \mathrm{d}x_A}{\frac{1}{r_A} x_A} \tag{7-96}$$

此式的几何意义即为 $1/r_A$-x_A 曲线下的面积与对应的 $1/r_A$-x_A 矩形面积之比，如图 7-28 所示。

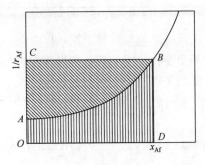 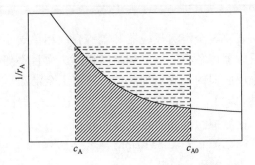

图 7-28 平推流和全混流反应器达到相同转化率时在反应器内的平均停留时间比较

图 7-28 中曲线下面积和矩形面积比值为达到相同转化率或残留浓度时在反应器内的平均停留时间的比较，同时也是两种反应器的反应体积之比。

一般情况下，同一反应在同样的温度、浓度、处理量操作条件下，要达到同样的转化率，由于返混，平推流反应器所需的停留时间比全混流反应器要小，或者说要达到相同转化率，平推流反应器所需的体积比全混流反应器的体积要小。

反应器的容积效率不仅与反应器的类型有关，还与反应级数以及生产过程中所控制的转化率有关。代入反应动力学方程，可对反应器的容积效率进行定量的分析，以不可逆反应为例，代入相应反应动力学方程，其容积效率的计算式如下：

零级反应

$$\eta = 1 \tag{7-97}$$

一级反应

$$\eta = \frac{\tau_p}{\tau_m} = \frac{\ln\left(\dfrac{1}{1-x_A}\right)}{\dfrac{x_A}{1-x_A}} \tag{7-98}$$

二级反应

$$\eta = \frac{\tau_p}{\tau_m} = 1 - x_A \tag{7-99}$$

将式（7-97）、式（7-98）、式（7-99）作图，即图 7-29。

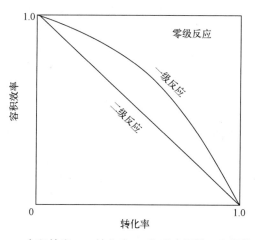

图 7-29　容积效率 η、转化率 x_A 和反应级数 n 之间的关系

由图 7-29 可以看出，在转化率一定时：

① 零级反应因反应速率是常数，与浓度无关，故 $\eta = 1$；

② 反应级数越高，浓度效应越明显，所以容积效率越低。因此，对高级数反应，更应采用平推流反应器；

③ 转化率越低，容积效率越接近 1，此时可以使用全混流反应器。转化率越高，除零级反应外，容积效率越来越小，所以对于要求高转化率的反应宜采用平推流反应器。

7.6.4.5 多级串联理想混合反应器

（1）多级串联理想混合反应器的特征　上述介绍的平推流反应器和全混流反应器分别代表了无返混和返混无穷大的两个极端。在等温等容状态下，反应的推动力取决于反应器内的反应物浓度与反应物最终平衡浓度的差值，平推流反应器中的反应物进料浓度大大高于平衡浓度，具有较高的反应推动力，随后沿管程反应物浓度下降，反应推动力逐渐下降；全混流反应器的反应物浓度等于出口浓度，相对于平推流反应器，全混流反应器是在最低的浓度下反应，因此整个反应浓度差推动力要小很多，无法和平推流反应器的整体推动力相比。全混流反应器这种低推动力，是由全混流反应器无穷大的返混造成的，单一全混流反应器的进口浓度 c_{A0} 到平衡浓度 c_{Ae} 的浓度推动力被直接降低至反应器出口浓度 c_{Af} 到平衡浓度 c_{Ae} 的浓差推动力，导致反应效率大大降低。

为了提高全混流反应过程的推动力，将多个体积相等（或不等）的全混流反应器串联起来操作，前一级反应器的出口浓度即为后一级反应器的进口浓度，于是 c_{A0} 到 c_{Af} 的浓度差可以通过串联的每一级全混釜中的出口浓度的逐级降低来提高与最终平衡浓度的差别，相应地增加了反应的浓度差推动力。如图 7-30 所示，实际上工业生产中遇到的多釜串联反应器就是这种类型的反应器组合。

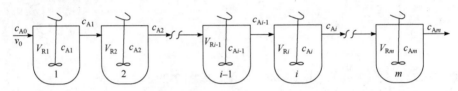

图 7-30　多级串联理想混合反应器示意图

（2）多级串联理想混合反应器的数学模型

① 代数法　参照图 7-30 的多釜串联反应器组合模式，假定反应在等容稳态条件下进行，且各级反应器之间不存在返混，则可对第 i 级反应器中的关键组分 A 进行如下的物料衡算：

$$v_0 c_{Ai-1} = v_0 c_{Ai} + r_{Ai} V_i \tag{7-100}$$

停留时间

$$\tau_i = \frac{V_i}{v_0} = \frac{c_{Ai} - c_{Ai-1}}{r_{Ai}} = \frac{c_{A0}(x_{Ai} - x_{Ai-1})}{r_{Ai}} \tag{7-101}$$

可见只要了解了其反应动力学关系，就可以计算出每个串联釜的停留时间或反应体积，再根据最终转化率，即可计算出反应器的个数以及各反应器的出口转化率。

工业上为了制造和工艺控制的方便，常将各串联反应釜批量复制，此时各串联釜的反应体积保持一致；由于等容状态的假定，各釜的进料流速 v_0 不变，则串联各釜相对应的停留时间相等。在等温操作下，各釜的反应动力学只与出口浓度相关。为方便推导，以等温一级不可逆反应为例：

反应动力学方程为

$$r_{Ai} = k c_{Ai}$$

第一级反应器

$$\tau_1 = \frac{c_{A0} - c_{A1}}{r_{A1}} = \frac{c_{A0} - c_{A1}}{k c_{A1}} \tag{7-102}$$

于是有

$$c_{A1} = \frac{c_{A0}}{1 + k\tau_1} \tag{7-103}$$

因为各釜形式完全一致，只是进出口浓度不同，于是公式形式一致，逐级代入，便有第二级反应器：

$$c_{A2} = \frac{c_{A1}}{1 + k\tau_2} = \frac{c_{A0}}{(1 + k\tau_1)(1 + k\tau_2)} \tag{7-104}$$

第 N 级反应器：

$$c_{AN} = \frac{c_{A0}}{(1 + k\tau_1)(1 + k\tau_2)\cdots(1 + k\tau_N)} = \frac{c_{A0}}{\prod\limits_{i=1}^{N}(1 + k\tau_i)} \tag{7-105}$$

由于各级反应釜具有相同的停留时间，$\tau_1 = \tau_2 = \cdots\cdots = \tau_N = \tau$
于是得到最终的反应物浓度：

$$c_{AN} = \frac{c_{A0}}{(1 + k\tau)^N} \tag{7-106}$$

或者最终转化率：

$$x_{AN} = 1 - \frac{1}{(1 + k\tau)^N} \tag{7-107}$$

上述两式中包含了 x_{AN}、N、V 及 v_0 四个参数（式中，$\tau = V/v_0$），确定其中三个参数，即可求得第四个参数。

【例 7-4】　在两釜串联反应器中，用己二酸和己二醇生产醇酸树脂。在第一釜中己二酸的转化率为 60%，第二釜转化率达到 80%。反应条件与产量和【例 7-2】相同，试计算反应器的总体积。

解：由式（7-101）可得第一釜的容积 V_1 为：

$$V_1 = \frac{v_{A0} x_1}{k c_{A0}(1 - x_1)^2}$$

已知：$v_{A0} = 2.85\,\text{L/min}$，$c_{A0} = 0.004\,\text{kmol/L}$，$k = 1.97\,\text{L/(kmol·min)}$，$x_1 = 0.6$。
将以上数值代入上式得：

$$V_1 = \frac{2.85 \times 0.6}{1.97 \times 0.004 \times (1 - 0.6)^2} = 1356.28\,\text{L} = 1.36\,\text{m}^3$$

第二釜的容积 V_2 为：

$$V_2 = \frac{v_{A0}(x_2 - x_1)}{k c_{A0}(1 - x_2)^2} = \frac{2.85 \times (0.8 - 0.6)}{1.97 \times 0.004 \times (1 - 0.8)^2} = 1808.37\,\text{L} = 1.81\,\text{m}^3$$

故反应器的总体积为：

$$V = V_1 + V_2 = 1.36 + 1.81 = 3.17\,\text{m}^3$$

所得结果与【例 7-3】的 7.23 m³ 比较，两釜串联反应器所需的体积要比单釜小得多。

② 图解法　传统的图解法也是快速处理的一种有效手段，虽然今日的计算机技术已经使得图解法的应用被大大压缩而代之以更为精确的上述代数法计算，但图解法对于多级串联

全混釜的理解仍有帮助，当知道反应速率 r_A 与浓度 c_A 的曲线后，可由第一个反应釜的反应体积和进料流量得到斜率为 $-\dfrac{r_A}{c_{A0}-c_{A1}}=-\dfrac{v_0}{V}=-\dfrac{1}{\tau}$ 的过 $(c_{A0},\,0)$ 的直线，该直线与 $r_A\text{-}c_A$ 的曲线相交于 A 点，对应的浓度即为第一个反应釜的出口浓度 c_{A1}，也是第二个反应釜的进料浓度，依次类推至要求的最终浓度附近，调节 $-\dfrac{1}{\tau}$ 斜率，可以正好达到最终浓度，反应釜级数和各级反应釜的出口浓度均可得到。参见图 7-31。

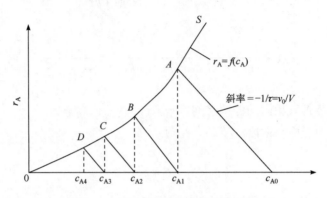

图 7-31　多级串联全混釜的图解计算

由图解法可以进行以下求解：
a. 已知 N、V、v_0、c_{A0}，求 c_{AN}；
b. 已知 c_{AN}、V、v_0、c_{A0}，求 N；
c. 已知 N、c_{AN}、v_0、c_{A0}，求 V（需试差）；
d. 已知 N、V、c_{AN}、c_{A0}，求 v_0（需试差）。

图解法可以直观地看到，反应推动力随着各釜浓度趋近于最终浓度而依次下降，每个釜的进料出料浓度差也依次递减。以上为等温等容等反应体积简单反应过程，若是理想反应状态下的非简化条件如体积不等或温度不等，则仍然可以使用图解法得到结果，只是此时的 $-\dfrac{1}{\tau}$ 斜率不平行和 $r_A\text{-}c_A$ 曲线更复杂，见图 7-32 和图 7-33。

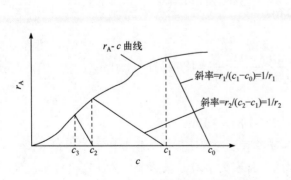

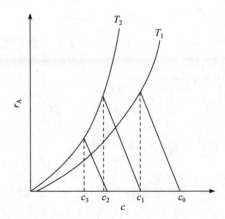

图 7-32　多级串联全混釜体积不相等时的图解法　　图 7-33　多级串联全混釜温度不相等时的图解法

　　将多级串联全混釜的浓度与整个反应器体系的轴向作图，如图 7-34 可见，多级串联后，整个反应的浓度推动力从单釜的 c_{Af} 到 c_{Ae} 转变为 c_{A1}、c_{A2}、…、c_{AN}、…、c_{Af} 到 c_{Ae} 的浓度推动力，显然整个体系的浓度推动力被大大提高了，串联级数越高，反应器轴向长度上区分越细，就越接近平推流反应器的曲线，不难想象，当级数无穷大时，每一个釜相对于整个体系的连接长度成为一个很小的单元，每一个釜内的返混相对于无穷大连接长度的单向流动，已经可以忽略不计，此时的多级串联体系，就完全成为平推流反应器。

　　多级串联理想全混流反应器的反应器个数除了要考虑期望的反应效果或平推流效果，还要考虑反应器的投资与操作，反应器的投资大约是与单釜体积的 0.6 次方成正比。

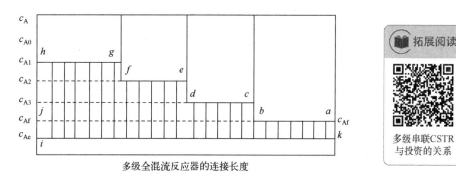

多级全混流反应器的连接长度

图 7-34　多级串联全混流反应器的推动力

拓展阅读

多级串联CSTR
与投资的关系

7.6.5　复杂反应对反应器的类型和操作的要求

　　平行反应和连串反应代表了复杂反应的大多数，又是组成更复杂反应的基本反应，下面就这两类反应分别进行讨论。

7.6.5.1　平行反应

　　设一平行反应：

$$A+B \quad \begin{array}{c} \overset{k_1}{\nearrow} R(主) \\ \underset{k_2}{\searrow} S \end{array}$$

有速率方程：

$$r_R = k_1 c_A^{a_1} c_B^{b_1}$$
$$r_S = k_2 c_A^{a_2} c_B^{b_2}$$

二式相除得到平行反应的对比速率 α：

$$\alpha = \frac{r_R}{r_S} = \frac{k_1 c_A^{a_1} c_B^{b_1}}{k_2 c_A^{a_2} c_B^{b_2}} \tag{7-108}$$

此时，引入阿伦尼乌斯公式，得到温度和浓度效应的对比速率式：

$$\alpha = \frac{r_R}{r_S} = \frac{k_1 c_A^{a_1} c_B^{b_1}}{k_2 c_A^{a_2} c_B^{b_2}} = \frac{k_{01}}{k_{02}} e^{-(E_1-E_2)/RT} c_A^{a_1-a_2} c_B^{b_1-b_2} \tag{7-109}$$

选择性 S 则为：

$$S = \frac{\alpha}{\alpha+1} \tag{7-110}$$

很明显从上式可以看出,在一定温度下,主反应级数相对越高,对比速率 α 越大,主反应的反应速率和目的产物的选择性也越大。显然,此时的主反应浓度效应就越大,此时宜用间歇釜或平推流反应器进行操作较为合适;反之,主反应级数相对低,则可通过降低反应物 A 和 B 的浓度,维持尽可能高的对比速率 α,以尽量提高主产物 R 的选择性,此时宜用全混釜进行操作较为合适。如主副反应级数一致,此时不存在浓度效应,只考虑温度效应,则当主反应的活化能高于副反应时,升温有利于主反应,反之则升温有利于副反应,此时采用何种反应器类型并不能改变目的产物 R 的选择性,而仅仅和反应温度相关。表 7-7 和图 7-35 列出了基于浓度效应控制 A、B 浓度提高选择性的各种操作方法。

表 7-7　适用于平行反应的反应器类型和操作方法

反应级数的大小	对浓度的要求	适宜的反应器类型和操作方法
$a_1 > a_2, b_1 > b_2$	c_A、c_B 均大	A、B 同时加入的间歇反应釜、平推流反应器或多釜串联反应器
$a_1 > a_2, b_1 < b_2$	c_A 大，c_B 小	将 B 分成各小股,多段进料到多釜串联反应器或管式反应器中的连续操作;或滴加 B 到反应釜的半连续操作
$a_1 < a_2, b_1 > b_2$	c_A 小，c_B 大	方法同上,但将 A 与 B 交换位置
$a_1 < a_2, b_1 < b_2$	c_A、c_B 均小	全混流反应器操作,或将 A 及 B 慢慢滴入含有大量稀释剂的间歇反应釜

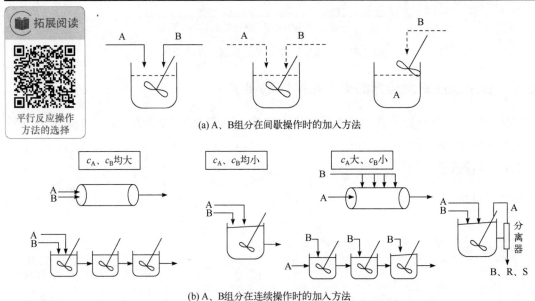

拓展阅读
平行反应操作方法的选择

(a) A、B 组分在间歇操作时的加入方法

(b) A、B 组分在连续操作时的加入方法

图 7-35　各种类型反应器及加料操作方法示意图

综上所述,对平行反应,在一定温度下,浓度是控制产物分布的关键因素。反应物浓度大,有利于反应级数高的反应,宜采用间歇釜或平推流操作;浓度小有利于反应级数低的反应,宜采用全混流操作;级数相同的反应,浓度既不影响产物的分布,也不影响产物的选择性。

7.6.5.2　连串反应

对连串反应,以一级不可逆连串反应为例,有如下反应:

$$A \xrightarrow{k_1} R \xrightarrow{k_2} S$$

各反应的速率方程式为：

$$r_A = -\frac{dc_A}{dt} = k_1 c_A$$

$$r_R = -\frac{dc_R}{dt} = k_1 c_A - k_2 c_R$$

$$r_S = \frac{dc_S}{dt} = k_2 c_R$$

同理，由速率方程可得到对比速率：

$$\alpha = \frac{r_R}{r_S} = \frac{k_1 c_A - k_2 c_R}{k_2 c_R} = \frac{k_{10} e^{-\frac{E_1}{RT}} c_A}{k_{20} e^{-\frac{E_2}{RT}} c_R} - 1 \tag{7-111}$$

根据一级不可逆连串反应的特点，反应物 A 最终将会全部转化为最终产物 S。但是，如果反应中间产物 R 为目的产物时，就必须寻找合适的条件，以得到最多的目的产物 R，形成 R 的最高浓度。7.5 节中叙述了中间产物浓度 c_R 的极值情况和相应的最佳反应时间问题。在一定反应温度下，提高反应物浓度 c_A 能提高对比速率 α 的值，有利于 R 的生成，此时可选用平推流反应器或间歇反应器，并控制好最佳反应时间及其对应的转化率，以获得目的产物 R 的高选择性；若 S 为目的产物，则只要尽可能提高反应温度加速反应，提高转化率即可，此时仍然要采用间歇釜或平推流反应器操作，以减少反应时间。

综上所述，平推流（间歇釜）和全混釜之间的主要区别来自浓度效应，可得到以下结论：

对于简单反应，因不存在产物选择性问题，所以在反应器选择时主要考虑容积效率的大小，除零级反应外，为达到相同转化率下的生产能力，平推流反应器或间歇反应器所需的反应器体积总比全混流反应器小，反应级数和转化率越高，前两种反应器与全混釜反应器的体积比就越小，容积效率更明显。多级串联全混釜级数越多，越接近平推流，考虑到投资比，一般以 3～6 级为宜。

对于复杂反应，在反应器的选择时，主要考虑产物的选择性，也就是考虑采取不同的操作方式来提高目的产物的收率。

平行反应中的各反应之间有着平行竞争关系，高反应物浓度有利于反应级数高的反应，宜用平推流或间歇反应器；低反应物浓度有利于反应级数低的反应，宜用全混流反应器。

对于连串反应，存在中间产物是目的产物的问题，此时应控制反应器内物料的平均停留时间，在 A → R → S 的连串反应中，目的产物 R 在平推流反应器或间歇反应器中的收率比全混釜反应器中的高，反应停留时间的控制可以让中间产物 R 以最高浓度离开反应器，也可以将反应进行到最终全部转化为 S。

温度对复杂反应的产物分布也有重大的影响，7.5 节中已经有论述，由反应速率方程可以看到，当操作温度确定以后，反应动力学是由浓度控制的，不同反应器的操作方式对结果的影响，是通过浓度效应实现的。但平推流和多级串联釜的连续反应器，却是可以在流体所经过的不同的局部设置不同的温度并达到稳态操作，这比间歇反应器进行温度随时间的变化控制更简单易行。

全混流反应器与平推流反应器在容积效率与收率上的差异主要源于两类反应器中物料的返混程度不一样，因而造成反应微元在连续流动反应器内有不同的停留时间。虽然连续反应器可以实现反应操作连续化，由此带来产品质量稳定、便于自动化、改善劳动条件、降低操作危险等一系列好处，但从强化生产来看，连续操作只是提供一种可能性。连续化并不意味强化。连续反应器所提供的最有利条件是反应的各阶段可以在不同的区间进行，因而能按不同反应阶段的要求，选择最适宜的反应条件。

7.6.6   连续流动反应器中的返混和停留时间分布

所谓连续反应器，就意味着反应器内随时都有物料的流进和流出。同时进入反应器的各流体微元因为经历了不同的空间位置，最后并非同时流出反应器，因此，反应器中各微元的停留时间各不相同。比如在一些死区或壁面附近的流体微元可以停留在反应器中很长时间，它们与比它们后进入反应器的流体微元发生混合，这种不同停留时间微元间的混合称为返混。而在反应器出口处，各微元的停留时间也各不相同，这样就形成了停留时间分布问题。也有用前面提到的反应器内的年龄分布和反应器出口的寿命分布来描述两处的流体停留时间分布的。

返混是连续反应器特有的现象，是不同停留时间物料的混合，返混与混合不是一个概念，全混釜的混合均匀，但返混程度无限大，间歇搅拌釜即便混合非常不均匀，但物料各微元的停留时间始终相同，不存在返混。返混使物料之间产生停留时间分布，返混使反应器内反应物浓度下降，产物浓度上升。如图 7-36 所示，造成返混的主要原因有：

① 物料与流向相反的运动接触。如全混流反应器中由于搅拌作用所引起的物料的倒流、错流，平推流反应器中的分子扩散、涡流扩散等；

② 不均匀的速度分布。如高黏性流体在管式反应器中作层流流动时产生的不均匀的速度分布所造成的返混；

③ 反应器结构所引起的死角、短路、沟流、旁路等。

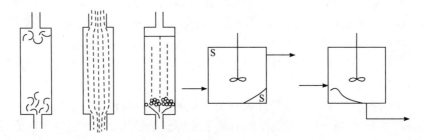

图 7-36   引起返混的各种因素

返混是影响连续操作反应器性能的重要因素之一，返混本身不能简单地用一个函数来表示，但返混造成的停留时间分布可以定量地被测定，所以可用停留时间分布来定量地描述连续反应器中的返混程度，在反应器设计、放大和优化时，停留时间分布是一个重要的设计及优化参数。

7.6.6.1   停留时间分布及表示方法

停留时间是指物料质点从进入到离开反应器在反应器内总共停留的时间，这个时间也就是物料质点的寿命。物料在反应器中的转化率，决定于该物料质点在反应器中的停留时间，即取决于质点的寿命。因此，这里所讨论的停留时间分布着重于质点的寿命分布。

物料在反应器中的停留时间分布是一个随机过程，按照概率论，可用停留时间分布密度与停留时间分布函数来定量描述物料在连续系统中的停留时间分布。

（1）停留时间分布密度 $E(t)$　假若进入反应器的物料有 N 份物料，停留时间为 t 到 $t+\mathrm{d}t$ 的有 $\mathrm{d}N$ 份物料，则停留时间为 t 到 $t+\mathrm{d}t$ 的物料占进料物料的分数为：

$$\frac{\mathrm{d}N}{N} = E(t)\mathrm{d}t \tag{7-112}$$

如图 7-37，图中 $E(t)$ 为停留时间的分布密度，它并不直接代表分数，而 $E(t)$-t 曲线下方的 $E(t)\mathrm{d}t$ 的面积，才是分数 $\dfrac{\mathrm{d}N}{N}$ 的大小。将从 0 到无限长时间的分布密度进行积分，相当于对这 N 份物料质点在 0 到无限长时间进行停留时间统计，理论上可认为没有质点会被遗漏，它们的总和等于进入的物料 N，于是：

$$\int \frac{\mathrm{d}N}{N} = \int_0^\infty E(t)\mathrm{d}t = 1 \tag{7-113}$$

停留时间分布密度也可无量纲化处理，引入平均停留时间 $\bar{t}$，则有无量纲时间：

$$\theta = \frac{t}{\bar{t}} = \frac{tv_0}{V_R} \tag{7-114}$$

式中，v_0 和 V_R 分别为进料流量和反应器体积。

于是有 $\mathrm{d}\theta = \dfrac{\mathrm{d}t}{\bar{t}}$，由于 $E(t)\mathrm{d}t = E(\theta)\mathrm{d}\theta$，两式联立，即有：

$$E(\theta) = \bar{t}E(t) \tag{7-115}$$

因此，停留时间分布密度 $E(t)$ 函数的归一化特性仍可以表示为：

$$\int_0^\infty E(\theta)\mathrm{d}\theta = 1 \tag{7-116}$$

（2）停留时间分布函数 $F(t)$　流过反应器的物料中停留时间小于 t 的物料质点（或停留时间介于 $0\sim t$ 之间的物料质点）占总物料质点的分数定义为 $F(t)$。显然此时 $F(t)$ 是 $0\sim t$ 时间的所有质点的累积项，因此，在 0 时间也就没有累积，在无限长时间的累积就是所有同时进入的质点统计总和，即有

$$F(0) = 0$$
$$F(\infty) = 1$$

$$F(t) = \int_0^t E(t)\mathrm{d}t \tag{7-117}$$

上式表示把停留时间在 $0\sim\infty$ 内所有物料全部计入，也就是图 7-37 中 $E(t)$ 曲线下的总面积，数学上称为归一化。

同理，引入无量纲时间 θ，其对应的无量纲表达为：

$$F(\theta) = \int_0^\theta E(\theta)\mathrm{d}\theta = 1 \tag{7-118}$$

停留时间在 t 以上的分数，自然就是：

$$1 - F(t) = \int_t^\infty E(t)\mathrm{d}t \tag{7-119}$$

从以上推导发现，停留时间的分布密度 $E(t)$ 与停留时间分布函数 $F(t)$ 之间的关系是概

率分布与累积分布之间的关系。如图 7-38 所示。

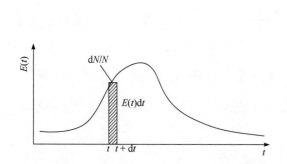

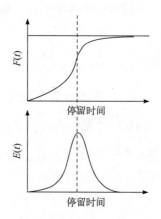

图 7-37　停留时间分布函数表示的停留时间分布　　图 7-38　停留时间分布密度与停留时间分布函数的
关系

$E(t)$ 曲线在任一 t 时刻的值就是 $F(t)$ 曲线上对应点的斜率。若 $E(t)$ 曲线已知，积分即可得到相应的 $F(t)$ 之值。反过来，若 $F(t)$ 曲线已知，求导即可得到相应的 $E(t)$ 之值，只要知道其中的一种停留时间分布形式即可求出另一种。

7.6.6.2　停留时间分布的测定

停留时间分布通常以实验测定，主要的技术方法为应答技术，或称为"刺激-感应"技术，即在系统的入口处输入某个信号，然后在出口处分析信号的变化。这样就可以得到确定停留时间分布所需的数据，输入信号一般采用示踪剂。可在流体入口处加入定量的示踪剂，在系统的出口处分析示踪剂浓度随时间的变化规律，由于测定在稳态下进行，示踪剂进入系统前后流体的停留时间分布不变，在出口处测得的示踪剂的停留时间分布即能表示整个流体的停留时间分布。

示踪物除了不与主流体发生反应外，其选择一般还应遵循下列原则：① 示踪剂应当容易与主流体融为一体，除了显著区别于主流体的某一可检测性质外，两者应具有尽可能相同的物理性质；② 示踪剂浓度很低时也能够检测，这样可使示踪剂量减少而不影响主流体流动；③ 示踪剂本身应具有或易于转变为电信号或光信号的特点，从而能在实验中直接使用现代仪器或计算机采集数据作实时分析，以提高实验的速度与精度。通常使用的示踪物质为有色物质、导电性物质、放射性物质等。

示踪剂的输入方式有多种，如阶跃示踪法、脉冲示踪法及周期示踪法等。前两种方法简便易行，在停留时间分布测定中广泛应用。

（1）阶跃示踪法　阶跃示踪法是在测定系统稳定后，将原来反应器中流动的流体瞬间切换为含有示踪剂的流体，并一直保持监测出口示踪剂浓度变化直到实验结束的方法，比如由无色流体切换为染色流体，并记录流体颜色由浅至深的变化程度与对应时间。开始时，出口流体中染色流体的分数很小，$t = 0$ 时没有检测到颜色，即染色流体分数=0。随着时间的延长，染色流体在出口流体中的分数不断增加，无色流体的分数逐渐减少，当 t 趋于无穷大时，反应器出口的染色流体颜色和配制的染色流体颜色一致，即表明染色流体对原来的无色流体置换成功，无色流体全部流出，染色流体分数为 1。在 0 和无穷大时长之间，记录颜色深度随时间的变化关系，通过浓度-颜色深度关系，即可转换为染色流体的浓度关系 $c(t)$-t，该浓度除以初始浓度实现无量纲归一化后对时间作图，即得到染色流体在反应器内的停留时间分布函数 $F(t)$。图 7-39 即是这种方法测得的曲线样式。

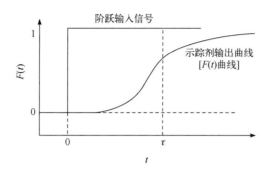

图 7-39　阶跃法测停留时间分布函数

阶跃法的数学表达为：

$$\frac{\text{流出示踪剂量}}{\text{流入示踪剂量}} = \frac{vc(t)\mathrm{d}t}{vc_0(t)\mathrm{d}t} = \frac{\int_0^t E(t)\mathrm{d}t}{\int_0^\infty E(t)\mathrm{d}t} = \int_0^t E(t)\mathrm{d}t = \frac{c(t)}{c_0(t)} \qquad (7\text{-}120)$$

式中，$\dfrac{c(t)}{c_0(t)}$ 即为出口流体中的示踪剂分数。

阶跃示踪法对测定小规模试验装置的停留时间分布是可行的，但对测定大规模工业反应器的停留时间分布会受到各方面因素的限制，下面的脉冲示踪法更多用来测定工业反应器的停留时间分布。

（2）脉冲示踪法　脉冲示踪法是在测定系统稳定后，在不改变主流体的情况下，系统入口处瞬间注入少量示踪物，并一直保持监测出口示踪剂浓度变化直到实验结束的方法。因为注入示踪物的时间与系统的平均停留时间相比是极短的，且示踪物量很少，示踪物的加入不会引起原来流体流动形态改变，故示踪物在系统内的流动形态能代表整个系统的流动形态。这样示踪物的停留时间分布就能代表整个流体的停留时间分布。以向无色流体注射少量染料示踪剂为例，在 $t=0$ 时，出口处没有颜色，在时长无限时，染料示踪剂已经全部流出反应器，因此出口依然没有颜色，在此期间，则能记录到颜色随时间的先深后浅，对比浓度-颜色深度关系，即可得到脉冲注射后的出口浓度与时间的关系，数据归一化后，即为染料及其所代表的流体微元在反应器内的停留时间分布密度 $E(t)$。图 7-40 即是这种方法测得的曲线样式。

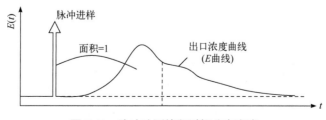

图 7-40　脉冲法测停留时间分布密度

脉冲法的数学表达为：若注射入的示踪剂量为 Q ，流体的体积流量为 v_0 ，在停留时间 t 到 $t+\mathrm{d}t$ 内出口流体中示踪物的分数为 $c(t)v_0\mathrm{d}t/Q$ ，于是 $E(t)\mathrm{d}t = c(t)v_0\mathrm{d}t/Q$ ，即得：

$$E(t) = c(t)v_0/Q \tag{7-121}$$

7.6.6.3　停留时间分布的数字特征

停留时间分布是一种流体微元在反应器中年龄或出口处寿命的概率分布，概率论中采用各种数字特征对函数的分布进行描述，其中最常用的是数学期望与方差，前者代表的是整个分布的平均值，后者代表的是整个分布对平均值的偏差。因此，停留时间分布的数学期望表征了平均停留时间的长短，方差表征了停留时间的分布宽窄。实际过程中，为了对不同流动形态下的停留时间函数进行定量的比较，可采用平推流或全混流反应器的停留时间分布为基准，而将被研究的实际反应器的停留时间分布曲线与之比较。

（1）数学期望　平均停留时间就是停留时间分布的数学期望，数学上则是 $E(t)$ 曲线对平均停留时间在时间 t 上的一阶矩，可表示为：

$$\tau = \frac{\int_0^\infty tE(t)\mathrm{d}t}{\int_0^\infty E(t)\mathrm{d}t} = \int_0^\infty tE(t)\mathrm{d}t \tag{7-122}$$

在几何图形上，数学期望 τ 是 $E(t)$ 曲线下的这块面积（其值为1）的重心在横轴上的投影。实际上，实验测定的 $E(t)$ 函数为某一时间间隔的数据，此时式（7-122）可改写为：

$$\tau = \frac{\sum tE(t)\Delta t}{\sum E(t)\Delta t} \tag{7-123}$$

若取样为等时间间隔；则上式成为：

$$\tau = \frac{\sum tE(t)}{\sum E(t)} \tag{7-124}$$

由于实验的误差和计算的近似性，实验数据的 $\sum E(t)\Delta t$ 一般不会正好等于1，另外，工业反应器也不易精确地确定反应体积 V ，一般情况下，常用 $\tau = \dfrac{V}{v_0}$ 确定平均停留时间，会有一定的误差。因此，采用式（7-124）得到停留时间分布的数学期望比较稳妥。

停留时间分布的数学期望也因为分布密度与分布函数的关系而可以出现不同的形式：

$$\tau = \int_0^\infty tE(t)\mathrm{d}t = \int_0^\infty t\frac{\mathrm{d}F(t)}{\mathrm{d}t}\mathrm{d}t = \int_{F(t)=0}^{F(t)=1} t\mathrm{d}F(t) = \int_0^\infty [1-F(t)]\mathrm{d}t \tag{7-125}$$

式中后两个等号后公式的几何意义如图7-41所示。

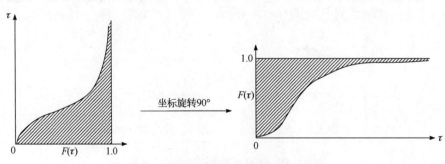

图 7-41　停留时间分布数学期望的 $F(t)$ 表示

（2）方差　数学期望 τ 只表示了随机变量的分布中心，但没有表示该随机变量对分布中心的离散程度。而方差表征了该随机变量分布曲线对分布中心（平均值）的偏离程度，方差 σ_t 在数学上则是 $E(t)$ 曲线对平均停留时间在时间 t 上的二阶矩，数学表达如下：

$$\sigma_t^2 = \frac{\int_0^\infty (t-\tau)^2 E(t)\mathrm{d}t}{\int_0^\infty E(t)\mathrm{d}t} = \int_0^\infty (t-\tau)^2 E(t)\mathrm{d}t = \int_0^\infty t^2 E(t)\mathrm{d}t - \tau^2 \tag{7-126}$$

实验测定时，停留时间的离散化表达为：

$$\sigma_t^2 = \frac{\sum t^2 E(t)}{\sum E(t)} - \tau^2 \tag{7-127}$$

若以无量纲时间 $\theta = \dfrac{t}{\tau}$ 作为自变量，则此时方差的无量纲表示为：

$$\sigma^2 = \frac{\sigma_t^2}{\tau^2} = \int_0^\infty \theta^2 E(\theta)\mathrm{d}\theta - 1 \tag{7-128}$$

σ^2 的大小表示停留时间离散程度的大小。σ^2 越小，流动形态越接近平推流；σ^2 越大，流动形态越接近于全混流。

7.6.6.4　流动模型

平推流与全混流是两种理想化的流动模型，分别代表了返混程度的两个极端，工业上实际使用的反应器既无法实现平推流的零返混，又无法实现全混流的无穷大返混，而是存在一定程度的返混，处在平推流和全混流之间，返混程度的大小如前节所述一般很难直接测定，需要用停留时间分布来加以描述，但停留时间分布与返混不是一一对应关系，一定的返混对映唯一的停留时间分布，但同一停留时间分布并不对应唯一的返混，因此，并不能把测得的停留时间分布直接用来描述返混程度，而要借助于数学模型方法。

所谓数学模型法，是通过对复杂的实际过程的分析，进行合理的简化，然后用一定的数学方法予以描述，使其符合实际过程的规律性的一种方法。在不改变反应器内流体流动基本性质的前提下，对流体的实际流动形态加以适当理想化，这种适当理想化的流动形态称为流动模型，流动模型是反应器中流体流动形态的近似概括，有助于对反应器中流动行为的理解，也是后继设计和放大反应器的基础。

（1）数学模型方法的基本特点

① 简化　把一个复杂的实际问题简化为物理图像简单的物理模型。这里的简化，不是数学方程式的某些简化，而是将考察的对象本身加以简化，简化到能作简单的数学描述。如上述将复杂的实际反应器简化成平推流、全混流和多级串联全混流等模型。

② 等效性　所得的简化模型必须基本上等效于考察对象，否则就失去了简化的意义。但是这种等效性不是全面的，而是服从于某一特定的目的。正是由于只要求服从于某一特定目的的等效性，因此不需要非常逼真地描述考察对象，而可以大刀阔斧地进行过程的简化，比如平推流模型中就不需要考虑壁面边界层这一典型存在的现象，全混流模型中也不必考虑混合均匀的时间问题等。

③ 模型简化的程度体现在模型参数的个数　一般来说，在保证足够的等效性的前提下，模型参数愈少愈好。

处理非理想流动的影响通常分成以下几步考虑：首先基于对所研究反应过程的初步认识，分析其实际流动形态，选择一个较为切合实际的流动模型；其次借助停留时间分布的测定，求取假设模型的模型参数；最后结合反应动力学数据来预测反应结果，然后迭代改进。

目前常用的流动模型可以分为理想流动模型与非理想流动模型两类。平推流模型与全混流模型属理想流动模型。其他则为非理想流模型，如常用的多级全混流模型和扩散模型等。

（2）理想流动模型

① 平推流模型　流体以平推流流动时，全部物料的停留时间都为 $\tau = \dfrac{V}{v_0}$，也就是该模型的数学期望，平推流模型的停留时间的阶跃与脉冲应答，以及停留时间分布函数 $F(t)$ 和停留时间分布密度 $E(t)$ 的曲线形状如图 7-42 和图 7-43 中的实线所示，图中的横坐标时间为无量纲时间 θ。停留时间分布函数 $F(t)$ 的数学表达如下：

$$F(t) = \begin{cases} 0 & t < \tau \\ 1 & t \geqslant \tau \end{cases} \tag{7-129}$$

或无量纲表达：

$$F(\theta) = \begin{cases} 0 & \theta < 1 \\ 1 & \theta \geqslant 1 \end{cases} \tag{7-130}$$

停留时间分布密度为

$$E(t) = \begin{cases} 0 & t < \tau \\ \infty & t = \tau \\ 0 & t > \tau \end{cases} \tag{7-131}$$

或无量纲表达

$$E(t) = \begin{cases} 0 & \theta < 1 \\ \infty & \theta = 1 \\ 0 & \theta > 1 \end{cases} \tag{7-132}$$

其方差为 $\sigma_\tau^2 = 0$ 或无量纲化后的 $\sigma^2 = 0$，表示按平推流流动时，系统不存在返混。对于管径小、流速大的管式反应器，可以用平推流模型来进行相关处理。

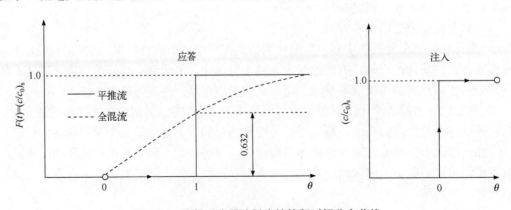

图 7-42　理想反应器阶跃应答停留时间分布曲线

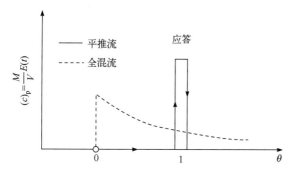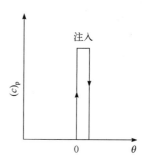

图 7-43　理想反应器脉冲应答停留时间分布曲线

② 全混流　与平推流反应器相反，全混流反应器内物料的返混程度为无穷大，当用阶跃示踪法测定停留时间分布时，出口流体中示踪物所占的分数为 $F(t)$。对出口处的浓度 c 进行测试，对微元时间 dt 作物料衡算，有流入量、流出量和累积量的关系如下：

$$c_0 v_0 dt = c v_0 dt + V dc$$

上式两边除以 c_0，分离变量后，即得：

$$\frac{1}{1-\dfrac{c}{c_0}} d\left(\frac{c}{c_0}\right) = \frac{1}{\dfrac{V}{v_0}} dt = \frac{1}{\tau} dt \tag{7-133}$$

积分可得：

$$\frac{c}{c_0} = F(t) = 1 - e^{-\frac{t}{\tau}} \tag{7-134}$$

初始与无限时长下有：

$$F(t) = \begin{cases} 0 & t = 0 \\ 1 & t = \infty \end{cases} \tag{7-135}$$

式（7-134）横轴时间 t 映射为 θ，并无量纲化为：

$$F(\theta) = 1 - e^{-\theta} \tag{7-136}$$

分布密度为分布函数的微分，因此有：

$$E(t) = \frac{1}{\tau} e^{-\frac{t}{\tau}} \tag{7-137}$$

或

$$E(\theta) = e^{-\theta} \tag{7-138}$$

当 $\theta = 1$ 的时候，如图 7-42 虚线所示，$F(1) = 0.632$，表明有 63.2%的物料的停留时间小于平均停留时间 τ。

停留时间分布的方差为：

$$\sigma_\tau^2 = \int_0^\infty (t-\tau)^2 E(t) dt = \int_0^\infty t^2 E(t) dt - \tau^2 = \int_0^\infty t^2 \frac{1}{\tau} e^{-\frac{t}{\tau}} dt - \tau^2 = 2\tau^2 - \tau^2 = \tau^2 \tag{7-139}$$

无量纲方差为：

$$\sigma^2 = \frac{\sigma_\tau^2}{\tau^2} = 1 \tag{7-140}$$

实际反应器的返混程度处于平推流与全混流之间，因此，我们可以认为，对于实际的反应器，其方差 σ^2 的范围为：

$$1 > \sigma^2 > 0$$

（3）非理想流动模型

① 多级全混流模型　前述多级全混流模型的返混程度介于全混釜和平推流之间，因此可用该模型描述非理想流动，把实际反应器中的返混程度等效于 N 个等体积的全混流反应器串联时的返混程度。此模型假定每级釜为理想全混流、级际无返混、每一级反应体积相等为 V。对模型以阶跃示踪法测定停留时间分布时，在 $t=0$ 时，切换输入浓度为 c_0 的示踪流体，流量为 v_0，此时各级反应器（以 i 级为例）中的示踪剂浓度记为 c_i 示踪剂浓度变化记为 dc_i，对每一级反应釜作物料衡算，即有：

$$c_{i-1}v_0 - c_i v_0 = V\frac{dc_i}{dt} \tag{7-141}$$

每一级的停留时间为 $\tau_i = \dfrac{V}{v_0}$，总的 N 级停留时间即为 $\tau = N\tau_i$，于是有：

$$\frac{dc_i}{dt} + \frac{N}{\tau}c_i = \frac{N}{\tau}c_{i-1}$$

初始条件为 $t=0$ 时，$c_i=0$，解微分方程可得：

$$c_i = \frac{N}{\tau}e^{-\frac{Nt}{\tau}}\int_0^t c_{i-1}e^{\frac{Nt}{\tau}}dt$$

层层代入，可得到不同级数的停留时间分布函数，具体推导需要较多数学内容，此处不详述，最终可得 N 级的停留时间分布函数：

$$F(t) = \frac{c_N}{c_0} = 1 - e^{\frac{Nt}{\tau}}\left[1 + \frac{Nt}{\tau} + \left(\frac{Nt}{\tau}\right)^2\frac{1}{2!} + \left(\frac{Nt}{\tau}\right)^3\frac{1}{3!} + \cdots\cdots + \left(\frac{Nt}{\tau}\right)^{N-1}\frac{1}{(N-1)!}\right] \tag{7-142}$$

对分布函数微分，得分布密度：

$$E(t) = \frac{dF(t)}{dt} = \frac{N^N}{(N-1)!\tau} = \left(\frac{t}{\tau}\right)^{N-1}e^{\frac{Nt}{\tau}} \tag{7-143}$$

用 $\theta = \dfrac{t}{\tau}$ 无量纲化上两式，即有：

$$F(\theta) = \frac{c_N}{c_0} = 1 - e^{-N\theta}\left[1 + N\theta + (N\theta)^2\frac{1}{2!} + (N\theta)^3\frac{1}{3!} + \cdots + (N\theta)^{N-1}\frac{1}{(N-1)!}\right] \tag{7-144}$$

和

$$E(\theta) = \frac{N^N}{(N-1)!}\theta^{N-1}e^{-N\theta} \tag{7-145}$$

将式（7-144）及式（7-145）作图可得图 7-44。由图 7-44 可以看出，随着级数 N 的增加，停留时间分布更集中。当级数 N 趋向无穷大时，$F(t) \approx 1$，此时即为平推流。因为在 N 趋向无穷大时，离开前一釜的不同寿命的微元在下一釜中无法保持对前一釜寿命的复制，而是完全返混，前一釜的长寿微元在后一釜可能寿命变短，前一釜短寿的微元在后一釜可能很长寿，经过 N 级釜之后，不同寿命的微元充分混合，系统中所有微元的停留时间平均化，改善了停留时间不均匀的现象，促使停留时间分布趋于集中。

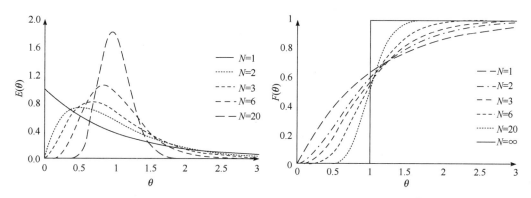

图 7-44　多级全混釜模型的 $E(\theta)$ 和 $F(\theta)$

多级全混流模型中的级数 N 是表征系统返混程度的一个定量指标。须知在讨论一个实际反应器的 N 时，它只是表示实际反应器中的返混程度相当于 N 级等容串联的全混流反应器中的返混程度，而并非实际反应器分隔为 N 级。N 不是实际反应的真实级数，而是模型参数的虚拟级数。

由式（7-126）的停留时间二阶矩，可求得多级全混流模型的方差。

$$\sigma_t^2 = \int_0^\infty t^2 E(t)\mathrm{d}t - \tau^2 = \int_0^\infty \frac{N^N}{(N-1)!\tau}\left(\frac{t}{\tau}\right)^{N-1} e^{-\frac{Nt}{\tau}}\mathrm{d}t = \frac{\tau^2}{N} \qquad （7-146）$$

可无量纲化为

$$\sigma^2 = \frac{\sigma_t^2}{\tau^2} = \frac{1}{N} \qquad （7-147）$$

就方差而言，也可比较出平推流、全混流和多级全混流的关系，多级全混流模型的方差只是一级全混流模型小的 $1/N$。N 越大，方差越小，也就是停留时间分布越集中。当 $N \to \infty$ 时，$\sigma = 0$，此时的多级串联釜也具有了平推流的方差，从而也实现了全混流反应器向平推流的转化。

② 轴向扩散模型　平推流模型是没有返混的理想状态情况，轴向扩散模型是在平推流模型基础上再叠加一个轴向混合的修正项，模型参数为轴向混合弥散系数 E_Z，以此来更真实地描述非理想反应器的状态，其模型示意如图 7-45。

轴向扩散模型的基本假定为：

a. 垂直于流体流动方向的截面上的径向浓度仍然保持均一；

b. 沿流体轴向流动具有相同的流体速度；

c. 物料浓度是流体流动距离的连续函数。

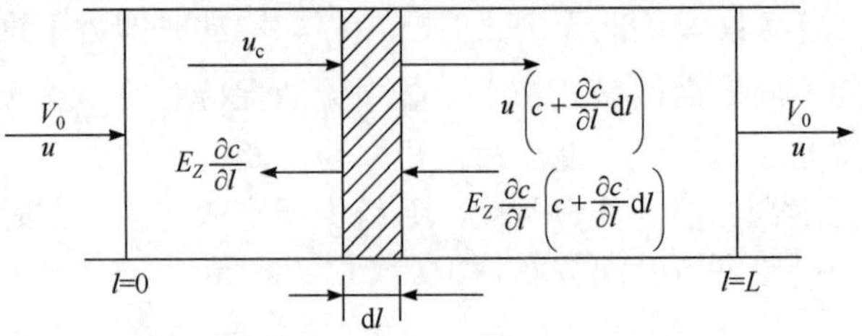

图 7-45　轴向扩散模型微元物料衡算示意图

　　轴向扩散模型是描述非理想流动的主要模型之一，特别适合于不存在死角、短路和循环流等返混程度较小的非理想流动系统。模型假设管式反应器长为 L、直径为 D_R、体积为 V_R，在其距进口 l 处取长为 dl 的微元段，反应器进出口处物料体积流量 v_0 和线速度 u 都相同，作微元的物料衡算，根据：

$$流入量 = 流出量 + 积累量$$

则有：

$$\left[uc + E_Z \frac{\partial}{\partial l}\left(c + \frac{\partial c}{\partial l}dl\right)\right]\frac{\pi D_R^2}{4} = \left[u\left(c + \frac{\partial c}{\partial l}dl\right) + E_Z\frac{\partial}{\partial l}\right]\frac{\pi D_R^2}{4} + \frac{\pi D_R^2}{4}\times\frac{\partial c}{\partial t}dl \tag{7-148}$$

整理得：

$$\frac{\partial c}{\partial t} = E_Z\frac{\partial^2 c}{\partial l^2} - u\frac{\partial c}{\partial l} \tag{7-149}$$

　　对比分子扩散费克第二定律可见，此式的物理意义正是平推流基础上叠加了第一项的扩散项。引入 $\overline{c} = \dfrac{c}{c_0}$，$\theta = \dfrac{t}{\tau}$，$\overline{l} = \dfrac{l}{L}$ 进行无量纲化，可得到：

$$\frac{\partial \overline{c}}{\partial \theta} = \frac{E_Z}{uL}\times\frac{\partial^2 \overline{c}}{\partial \overline{l}^2} - \frac{\partial \overline{c}}{\partial \overline{l}} = \frac{1}{Pe}\times\frac{\partial^2 \overline{c}}{\partial \overline{l}^2} - \frac{\partial \overline{c}}{\partial \overline{l}} \tag{7-150}$$

　　式中的 $Pe = \dfrac{uL}{E_Z}$ 称为 Peclet 数，其物理意义是轴向流动与轴向弥散流动的相对大小，它的倒数是表征返混大小的无量纲数，称为返混特征数。当 $1/Pe$ 趋近于 0 时，弥散流动相对平推流可以忽略不计，故仍可视为平推流；当 $1/Pe$ 趋近于无穷大时，作为基础的平推流反而可以忽略不计，此时的弥散流成了主导，趋向于全混流。单纯从数学形式看，轴向扩散模型可以描述返混程度介于 0 和无穷大之间的非理想流动，实际上，该模型主要还是用于描述与平推流相差不远的非理想流动，毕竟修正项取代基础项而占据了主要贡献的模型，是矛盾主次的颠倒，失去了它的物理意义支撑。

　　式（7-150）可通过引入变换从偏微分方程转化为常微分方程，并得到反应器出口应答曲线，由此可得到无量纲化的停留时间分布函数及其密度如下：

$$F(\theta) = \frac{1}{2}\left[1 - \text{erf}\left(\frac{1}{2}\sqrt{Pe}\frac{1-\theta}{\sqrt{\theta}}\right)\right] \tag{7-151}$$

$$E(\theta) = \frac{1}{2\sqrt{\dfrac{\pi\theta^2}{Pe}}} e^{-\frac{(1-\theta^2)}{4\theta/Pe}} \tag{7-152}$$

其中的 erf 为数学上的误差函数。

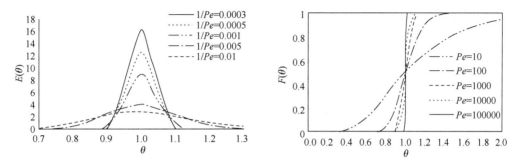

图 7-46　轴向扩散模型的停留时间分布密度与函数与 *Pe* 数的关系

由以上两式可得，当引入数学期望 $\theta = 1$ 时，方差 $\sigma^2 = \dfrac{\sigma_t^2}{t_m^2} = \dfrac{2}{Pe}$。

拓展阅读

理想模型与
非理想模型的组合

由式（7-151）和式（7-152）可见，如果已经测得停留时间分布曲线，就可以获得表征该曲线的数学特征，由方差求得 *Pe* 数，也就可以求得轴向扩散模型参数 E_z，结果可参见图 7-46；可见停留时间分布测定的作用，既可以用来求取模型参数，同时也表明，当流动模型确定后，停留时间分布与模型参数之间存在一一对应的关系。

理想与非理想模型也可组合使用。

（4）停留时间分布曲线的应用　停留时间分布曲线的重要性在于可以根据其形状判断反应器中的流动状况，对于实际的反应器来说，其内部的流动状况是十分复杂的，上述各种模型不可能完美无缺地与之吻合，但经过适当修正后可以比较接近实际；最直观的是比较接近于平推流，还是比较接近于全混流，或是接近某组合模型。根据上述组合模型，还能判读是否有短路沟流和死区等，以便有针对性地改进反应器的结构设计。

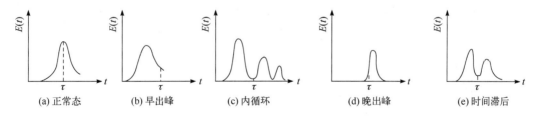

图 7-47　接近平推流的几种停留时间密度分布

图 7-47 为接近平推流反应器的几种停留时间分布密度曲线 $E(t)$，图中横坐标 τ 为根据反应器实际容积计算的平均停留时间，其中图（a）为正常的停留时间分布曲线，曲线的峰形、位置与峰宽的出现均与预期相符；图（b）的出峰时间过早，表明反应器内可能存在死区，使反应器有效容积小于实际容积，平均停留时间缩短；图（c）出现几个递降的峰，表明反应器

内可能存在循环流；图（d）的出峰时间太晚，可能是示踪剂被器壁或填充物吸附；图（e）出现两个峰，表明反应器内有两股平行流，例如存在短路沟流。

对接近全混流的反应器，也可通过测定停留时间分布判断是否存在各种非理想流动。图 7-48 为接近全混流反应器的几种停留时间分布密度曲线，也同样有：图（a）正常态，符合预期；图（b）出峰太早，平均停留时间前移，有死区；图（c）递降峰，有内循环；图（d）出峰太晚，平均停留时间后移，示踪剂被吸附；图（e）应答曲线滞后，由于仪表滞后而造成的推迟等。

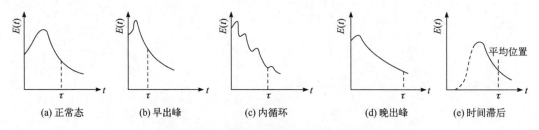

图 7-48　接近全混流的几种停留时间分布密度曲线

反应器的停留时间分布测定，可以在冷模状态下完成，亦即不需要反应，采用比如水和染料等，即可完成测试，并以此预测反应时反应器的流动行为和结果，这一方法是反应器设计中的重要方法，有着很强的技术和经济意义。在获得停留时间分布曲线后进行分析，针对存在的问题加以改进。如欲使反应器接近平推流，可采取增加反应管的长径比、设置横向挡板以增加流程、提高反应器内流体的流速为湍流，以消除径向和轴向扩散造成的停留时间不均匀的现象。反之，如欲使反应器接近全混流，可采取增加搅拌强度、改变搅拌浆的结构和形状，甚至可以采用反应器外部循环的方式，增加返混程度，使之更加接近理想全混流反应器。

7.6.7　连续流动反应器的热稳定性

以上讨论了反应器的流动模型，尤其重点讨论了连续流动反应器的特点和特有的返混问题。在这些有关连续流动反应器讨论中，都假定了稳态操作，普通的流体流动实现出口处的流量稳态是个相对简单的问题，从停留时间分布测试可以看到，阶跃切换也好，脉冲注射也好，大小扰动对于出口的流量稳态并不会有什么难以恢复的影响。而一旦涉及反应流体，稳态操作除了流量稳态以及伴随着的浓度稳态外，还有温度稳态。如反应及其产物对温度有一定的敏感性，此时就需要回答一个问题，即当操作温度发生扰动，反应器是否也一样能够不受影响地回复到原先的稳态操作，如果能够回复到原先的状态，此时的反应器操作具有热稳定性，或者具有热自衡能力，反之，则此时的反应器操作具有热不稳定性，或无热自衡能力。

连续反应器温度变化的来源有两种：反应放热与反应器移热。以全混釜内进行一级不可逆反应为例，设全混流反应器的体积为 V，反应物料进料体积流量为 v_0，反应器中物料温度为 T，反应物浓度为 c_{Af}，反应物进料浓度为 c_{A0}，进料温度为 T_0，由前节可知，$c_{Af} = c_{A0}/(1+k\tau)$，反应器设置间壁冷却器，冷却面积 A，冷却剂温度 T_C（可视作等于壁温 T_W）。

于是有反应器中单位时间的放热量，即放热速率为：

$$Q_R = Vr_A(-\Delta H) = Vkc_{Af}(-\Delta H) = \frac{Vkc_{A0}(-\Delta H)}{1+k\tau} = \frac{Vc_{A0}(-\Delta H)}{\frac{1}{k}+\tau} \tag{7-153}$$

式（7-153）中除了反应速率常数 k 是温度的函数外，其余在操作条件一定时皆视为常量，此式中的放热速率 Q_R 随温度的变化呈 S 形曲线。

反应器单位时间的移热量由两项组成，一项是物料流出反应器带走的热量 Q_{C1}：

$$Q_{C1} = v_0 c_P \rho(T - T_0) \tag{7-154}$$

另一项是通过间壁冷却带走的热量 Q_{C2}：

$$Q_{C2} = KA(T - T_W) \tag{7-155}$$

总移热量为：

$$Q_C = Q_{C1} + Q_{C2} = (v_0 c_P \rho + KA)T - (v_0 c_P \rho T_0 + KAT_W) \tag{7-156}$$

式（7-156）括号中各参数皆可视为与反应釜内温度 T 的扰动无关的常量，因此，移热线是一条温度 T 随斜率 $v_0 c_P \rho + KA$ 与截距 $v_0 c_P \rho T_0 + KAT_W$ 变化的直线。其中反应器参数 K、A 和物料性质 c_P 和 ρ 并非操作参数，可操作参数为流速 v_0、进料温度 T_0 和冷却剂温度 $T_C \approx T_W$。改变进料温度或冷却剂温度，式（7-156）的移热曲线左右平行移动；同时，式（7-153）的放热曲线则不动；改变进料流速，式（7-156）的移热曲线变斜率与变截距移动，而同时，式（7-153）的放热曲线也因为停留时间项的变化而改变。

将放热的 S 形曲线与移热直线标绘于图中，如图 7-49，为方便理解，以改变进料温度来左右平行移动移热曲线而放热曲线维持不变的情况为例，可见两线相交有一点、两点和三点相交三种状态，相交点的放热 Q_R 和 Q_C 移热相等，达到热平衡状态。平衡有稳定的平衡与不稳定的平衡之分，此处的热平衡是否热稳定，讨论如下。

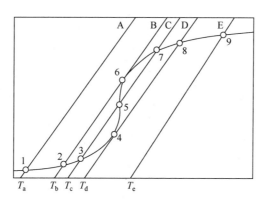

图 7-49　一级不可逆放热反应移热与放热变化

图 7-49 中相互平行的 Q_C 线，为不同进料温度 T_0 所致。最左边的移热线进料温度最低，$T_0 = T_a$ 线与 Q_R 线仅有一个相交的操作状态点 1；$T_0 = T_b$ 线与 Q_R 线相交于两个操作状态点 2 和 6；$T_0 = T_c$ 线与 Q_R 有三个相交的操作状态点 3、5、7；进料温度提高到 $T_0 = T_d$ 时与 Q_R 线相交于两个操作状态点 4、8；最后，进料温度再提高时，$T_0 = T_e$ 移热线与 Q_R 线只有一个操作状态点 9。这些操作点有不同的特征。

当反应在 7 点操作，若外界有一微小的扰动使反应温度上升，由于升温后的反应放热速率小于移热速率，系统温度将下降回到 7 点。如果反应温度受到干扰而略有降低，则由于降温后的反应放热速率大于移热速率，系统温度将上升回到 7 点。无论温度在 7 点附近有所升高或降低，系统都能自动回复到 7 点，这时系统具有热自衡能力，7 点称为热稳定的状态点，它之所以具有热自衡能力，是因为符合式（7-157）条件，即放热曲线对温度的斜率小于移热线对温度的斜率，或者温度变化对反应放热的贡献没有对移热的大。

$$\frac{\mathrm{d}Q_R}{\mathrm{d}T} < \frac{\mathrm{d}Q_C}{\mathrm{d}T} \tag{7-157}$$

因微分温度 $\mathrm{d}T$ 的升降在微分时间 $\mathrm{d}t$ 中可看作是单调线性关系，因此也可认为是放热速率小于移热速率，即 $\dfrac{\mathrm{d}Q_R}{\mathrm{d}t} < \dfrac{\mathrm{d}Q_C}{\mathrm{d}t}$。

3 点也具有同样的性质，无论温度在 3 点附近有所升高或降低，由于 3 点也能满足式（7-157），系统温度都能回复到 3 点，也具有热自衡能力。7 与 3 虽然都是稳定的操作状态点，但 3 点温度、转化率太低，是不期望的操作点。7 点既是热稳定的，且反应温度与转化率都足够高，才是期望的操作点。

5 点的情况不同，当因外界的干扰，反应温度有所升高时，其放热速率大于移热速率，系统温度将一直上升到 7 点；当因外界的干扰反应温度有所下降时，其放热速率小于移热速率，系统温度将一直下降到 3 点。5 点不具有热自衡能力，是非热稳定的热平衡状态点。

1 点和 2 点与 3 点一样都是热稳定的状态点，但因为转化率太低，都不是期望的状态点。8 点和 9 点与 7 点一样，也都是热稳定的状态点，但 9 点反应温度太高，是否涉及其他操作制约因素需要综合考虑。

$T_0 = T_d$ 线与 Q_R 的两个交点 4、8 具有特殊的性质。当进料温度逐渐缓慢提高，操作状态由点 1 逐渐升至点 2、点 3，当移热曲线达 $T_0 = T_d$ 线时，操作状态达点 4，此时进料温度稍有增加，由于 $\dfrac{\mathrm{d}Q_R}{\mathrm{d}T} > \dfrac{\mathrm{d}Q_C}{\mathrm{d}T}$，放热大于移热，反应器将建立新的平衡，达到新热稳态，此时温度迅速增至热稳定操作状态点 8，即点 4 是不稳定的状态点。上述反应器内温度突变现象称为起燃（ignition）。点 4 称为起燃点（ignition point）或着火点。如果进料温度逐渐降低，Q_C 线将沿着 $T = T_e$、$T = T_d$、$T = T_c$、$T = T_b$、$T = T_a$ 向左平移，与升温过程的 $T = T_d$ 线情况相似，降温过程的 $T = T_b$ 线与 Q_R 线的交点 6，$\dfrac{\mathrm{d}Q_R}{\mathrm{d}T} < \dfrac{\mathrm{d}Q_C}{\mathrm{d}T}$，同样存在反应器内从点 6 骤降寻找新稳定点至点 2 的温度突变现象，这种突变现象称为熄火（quench），点 6 称为熄火点（quench point）。

式（7-156）中的壁温 T_W 因为与冷却剂温度 T_c 相近似，使得冷却剂温度变成了操作因素，再看式（7-156），除了系数不同外，对移热线的移动和上面讨论的进料温度 T_0 对移热线的移动有着同样的效果。可以预见冷却剂温度的变化同样会带来移热线与放热曲线的交点变化，造成操作热稳态的变化以及转化率的高低取舍，而并非像一般想象的只要冷却剂温度足够低，提供足够的移热这么简单，反应温度 T 由反应要求决定，于是，其与冷却剂温度 T_c 之差必然有一最大值，即冷却剂温度是不能低于某个温度的。

上节表明热稳定的要求是 $\dfrac{dQ_R}{dT} < \dfrac{dQ_C}{dT}$，对式（7-153）和式（7-156）分别用温度 T 进行微分，可得到：

$$\frac{dQ_R}{dT} = Vc_{Af}(-\Delta H)\frac{dk}{dT} = Vc_{Af}(-\Delta H)\frac{k_0 E}{RT^2}e^{-\frac{E}{RT}} \qquad (7\text{-}158)$$

$$\frac{dQ_C}{dT} = v_0 c_P \rho + KA \qquad (7\text{-}159)$$

故有

$$Vc_{Af}(-\Delta H)\frac{k_0 E}{RT^2}e^{-\frac{E}{RT}} = Vkc_{Af}(-\Delta H)\frac{E}{RT^2} < v_0 c_P \rho + KA \qquad (7\text{-}160)$$

热稳定态时又有 $Q_R = Q_C$，于是有

$$
\begin{aligned}
Vkc_{Af}(-\Delta H) &= (v_0 c_P \rho + KA)T - (v_0 c_P \rho T_0 + KAT_C) \\
&= (v_0 c_P \rho + KA)T - \left[v_0 c_P \rho(T_C + T_0 - T_C) + KAT_C\right] \qquad (7\text{-}161) \\
&= (v_0 c_P \rho + KA)(T - T_C) - v_0 c_P \rho(T_0 - T_C)
\end{aligned}
$$

代入式（7-160）即有

$$Vkc_{Af}(-\Delta H)\frac{E}{RT^2} = \left[(v_0 c_P \rho + KA)(T - T_C) - v_0 c_P \rho(T_0 - T_C)\right]\frac{E}{RT^2} < v_0 c_P \rho + KA \qquad (7\text{-}162)$$

即有

$$\Delta T = T - T_C < \frac{RT^2}{E} + \frac{v_0 c_P \rho(T_0 - T_C)}{v_0 c_P \rho + KA} \qquad (7\text{-}163)$$

式（7-163）描述了维持反应热稳定性的反应温度和冷却剂温度的最大温差，式中的 $\dfrac{v_0 c_P \rho(T_0 - T_C)}{v_0 c_P \rho + KA}$ 项因为在工业实际中，考虑到反应温度对转化率的影响，进料温度与冷却剂温度往往都是气温或相差不大，流动带出的热量和移热量相比又是个小量，因此 $\dfrac{v_0 c_P \rho(T_0 - T_C)}{v_0 c_P \rho + KA}$ 这个项是个小量除以大量，在此情形下可以忽略不计，此时式（7-153）即为常见的

$$\Delta T = T - T_C < \frac{RT^2}{E} \qquad (7\text{-}164)$$

上式表明，全混流反应器内的温度与冷却剂的温度差必须小于 RT^2/E，这是全混流热稳定性的又一条件。由这个关系式可知，反应的活化能越大，容许的冷却推动力越小，在总传热系数 K 不变的条件下，所需的传热面就越大。

连续反应器系统产生热稳定性问题的本质是由于反应器内的物料存在返混，因此，干扰消失后，其影响不会随流体流出而消失。全混流反应器的返混最大，故热稳定性问题最明显。平推流反应器中不存在返混，所以系统的热扰动无法影响上游，随着流体从下游的流出，反应器的热扰动影响也消失，所以它总是热稳定的，但在管式反应器中，

若有各种因素引起的严重返混问题，也会出现热稳定性问题，其讨论问题的逻辑方式与此处相同。

本章小结

聚合反应工程是化学反应工程在聚合反应领域的分支,可原则性指导聚合反应工业放大。聚合热力学讨论了反应的极限、放大过程中的放热问题和相平衡问题；流体力学讨论了流体的分类和描述方法，介绍了聚合物流体的流动特性；传热与传质讨论了传热与传质的方式，提出了强化方法和三传之间的统一性；反应动力学部分，从简单反应到复杂反应，阐述了反应动力学模型的建立方法，以及通过温度与浓度参数的改变，对复杂反应收率的影响；理想反应器部分通过建立理想反应器及其组合的数学模型，结合反应动力学，对实际反应过程进行模型化描述，并通过停留时间分布与返混等概念，建立起实际反应器与理想反应器之间的联系。本章的学习可参考如下思维导图。

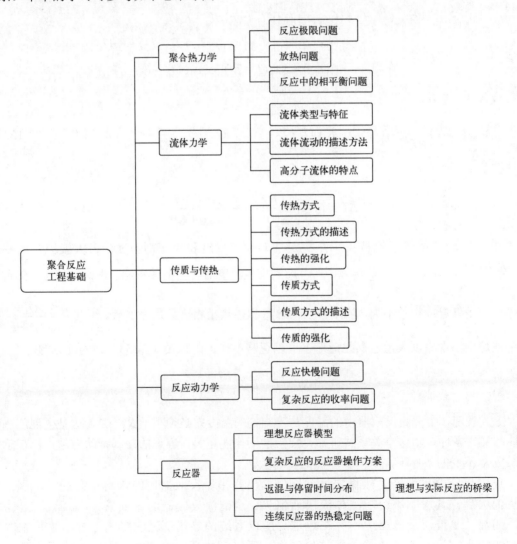

课堂讨论

（1）工业上常用溶液、乳液、悬浮、本体四种聚合方式，各自的放大难点在哪里，哪种聚合方式更容易在技术上实现单元装置最大化？

（2）如果在高压环境下聚合，相对常压环境，聚合反应的工业放大结果会有哪些不同？

（3）如果在减压环境下聚合，相对常压环境，聚合反应的工业放大结果会有哪些不同？

（4）本章内容中充满了矛盾的主要与次要方面，比如复杂反应的动力学控制、理想反应器模型的提出等，如何用哲学的观点进行讨论。

本章习题

1. 某聚合体系的 $-\Delta H =35.1kJ/mol$，$-\Delta S^{\ominus} =103.8J/(mol \cdot K)$，试计算该聚合体系的聚合上限温度，以及单体浓度为 0.5mol/L 和 1.5mol/L 时的热力学平衡温度 T_c。

2. 丙烯酸丁酯的聚合热为 18.5kcal/mol，求 1kg 丙烯酸丁酯的聚合热能将 1kg 25℃的水升温到多少摄氏度？

3. 试列举均相溶液聚合与乳液聚合中实际存在的相平衡场所。

4. 试查找"黏"与"粘"两个汉字的异同。

5. 水的黏度 = 1cP；植物油的黏度 = 500cP；电机油的黏度 = 2500cP；蜂蜜的黏度= 10000cP；糖浆的黏度 = 100000cP。求这些流体的运动黏度。

6. 简述各种流体之间的关系。

7. 水的黏度 = 1cP；植物油的黏度 = 500cP；电机油的黏度 = 2500cP；蜂蜜的黏度= 10000cP；糖浆的黏度 = 100000cP。试估算它们在四分管和 100mm 管中以 1m/s 流速流动时的流型。

8. 已知质量分数为 6%的硫酸纤维素钠聚合物水溶液，在 24.5℃下测得剪切应力 τ-剪切速率 $\dot{\gamma}$ 数据如下。

γ/s^{-1}	0.23	0.29	0.36	0.46	0.58	0.72	0.91
τ/Pa	5.5	7	8.5	11	13	15	17.5
γ/s^{-1}	1.15	1.45	1.8	2.3	2.9	3.6	4.6
τ/Pa	20.5	24	27.5	31.5	36	41	46
γ/s^{-1}	5.8	7.2	9.1	11.5	14.5	18	23
τ/Pa	52	57	63	69	74	80	85
γ/s^{-1}	29	36	46	58	72	91	
τ/Pa	92	100	108	113	120	130	

求：①试作剪切应力-剪切速率函数图；②是否存在类似牛顿流体的剪切速率范围？③是否存在幂律流体所对应的剪切速率范围？如果存在，确定幂律常数。

9. 试描述剪切稀化的现象与对混合的影响。

10. 试描述爬杆的现象，列举消除爬杆的方法。

11. 试解释假塑性流体黏度随剪切速率升高而出现的三段不同的行为。

12. 列举聚合釜传热常用的四种方式。

13. 列举强化传热的途径。

14. 请用国际单位制推测分子运动的牛顿黏性定律、傅里叶传热定律和费克定律三者的相似性。

15. 反应 $A \rightarrow B$ 为 n 级不可逆反应。已知在 300 K 时使反应物 A 的转化率达 20% 需 15.4min，在 350 K 时达到同样的转化率只需 3.6min，求该反应的活化能。

16. 以乙酸（A）和正丁醇（B）为原料在间歇反应器中生产乙酸丁酯，操作温度为 100℃，每批进料 1kmol 的 A 和 4.96kmol 的 B，已知反应速率 $(r_A)_V = 1.045c_A^2 \, \text{kmol}/(\text{m}^3 \cdot \text{h})$。试求乙酸转化率分别为 0.5、0.9、0.99 所需的反应时间。已知乙酸与正丁醇的密度分别为 960kg/m³ 和 740kg/m³。

17. 有如下平行反应

P 为目的产物，各反应均为一级不可逆放热反应，反应活化能依次为 $E_2 < E_1 < E_3$，k_j^0 为 $j=1$、2、3 反应的指前因子，证明最佳温度

$$T_{\text{opt}} = \frac{E_3 - E_2}{R \ln \dfrac{k_3^0 (E_3 - E_1)}{k_2^0 (E_1 - E_2)}}$$

18. 试从四氢呋喃热分解的半衰期 $t_{0.5}$（即 $x = 0.5$）数据，确定其反应速率方程

P_0/kPa	28.46	27.13	37.24	17.29	27.40
$t_{0.5}$/min	14.5	67	17.3	39	47
t/℃	569	530	560	550	539

19. 液相中反应物 A 通过生成中间产物 AE 转化为产物 B，

$$A + E \Longleftrightarrow AE \longrightarrow B + E$$

速率方程可表示为 $-\dfrac{dc_A}{dt} = \dfrac{kc_A}{K + c_A}$，其中 k、K 为常数。实验测定数据如下表，试计算 k 及 K。

t/h	0	7.45×10^{-3}	8.75×10^{-3}	9.56×10^{-3}
c_A /（mol/m³）	10.0	1.0	0.5	0.25

20. 在平推流反应器中进行等温一级反应，出口转化率为 0.9，现将该反应移到一个等体积的全混流反应器中进行，且操作条件不变，问出口转化率是多少？

21. 在 150℃等温平推流反应器中进行一级不可逆反应，出口转化率为 0.6，现改用等体

积的全混流反应器操作，料液流速及初始浓度不变，要求转化率达到 0.7，问此时全混流反应器应在什么温度下操作？已知反应活化能为 83.68kJ/mol。

22. 在 CSRT 中进行液相反应

$$A + B \xrightleftharpoons{} P + R$$

在 120℃时，反应速率 $r_A = 8c_A c_B - 1.7 c_P c_R$ mol/(mol·L)，反应器体积为 100mL，两股进料流同时等流量进入反应器，一股含 A 3.0mol/L，另一股含 B 2.0mol/L，当 B 的转化率为 80% 时，每股料液流量为多少？

23. 已知某均相反应，反应速率 $r_A = kc_A^2$，k =17.4mL/(mol·min)，物料密度恒定为 0.75 g/mL，加料流量为 7.14 L/min，c_{A0} = 7.14mol/L，反应在等温下进行，试计算下列方案的转化率各为多少（串联两个体积为 0.25m^3 的全混流反应器）：

（1）一个 0.25m^3 的全混流反应器，后接一个 0.25m^3 的平推流反应器；

（2）一个 0.25m^3 的平推流反应器，后接一个 0.25m^3 的全混流反应器；

（3）两个 0.25m^3 的平推流反应器。

24. 液相自催化反应 A → P，反应速率 $r_A = kc_A c_P$，$k = 10^2$ m^3/(kmol·s)，进料体积流量 $V_0 = 0.002$m^3/s，进料浓度 $c_{A0} = 2$kmol/m^3，$c_{P0} = 0$，问当 $x_A = 0.98$ 时，下列各种情况下的反应器体积：

（1）单个平推流反应器；

（2）单个全混流反应器；

（3）两个等体积全混流反应器串联。

25. 对于下面平行反应，其中 L 为目的产物，在等温操作中证明，

（1）采用全混流反应器则 $c_{L,max} = c_{A0}$；

（2）采用平推流反应器 $c_{L,max} = c_{A0}/(1 + c_{A0})$。

26. 在容积为 10m^3 的绝热全混釜式反应器中进行一级反应，原料浓度为 5kmol/m^3，加料流量为 10^{-2}m^3/s，流体密度为 850kg/m^3，单位质量热容为 2.201kJ/(kg·K)，放热量为 20000kJ/mol，反应速率常数为 $k = 10^{13} \exp(-12000/T)$s^{-1}。当反应器进口原料温度为：(1)290K；(2)300K；(3)310K 时，求定态的反应温度和转化率。

27. 有一理想全混釜反应器，已知反应器体积为 100L，流量为 10L/min，试估计离开反应器的物料中，停留时间分别为 0～1min、2～10min 和大于 30min 的物料所占的分数。

28. 用脉冲示踪法测得示踪物浓度如下：

t/s	0	48	96	144	192	240	288	336	384	432
示踪物浓度/（g/m^3）	0	0	0	0.1	0.5	10.0	8.0	4.0	0	0

试计算平均停留时间。如在反应器中进行一级反应 A → P，k =7.5s^{-1}，求平均转化率。如分别采用 CSTR 和 PFR，其平均停留时间相同，则反应结果分别为多少？

29. 等体积的平推流反应器与全混流反应器按以下两种方法串联：(1)平推流在前，全混

流在后；（2）全混流在前，平推流在后，试画出反应器组合的停留时间分布函数与停留时间分布密度图。

30. 在一容积为 V_R 的间歇反应釜中，反应物 A 在溶剂中的浓度为 2mol/L，A 按一级反应转化为产物 R。在持续 4h 的操作周期中，转化率为 95%，其中 3h 进行反应，加料、卸料、清洗反应器等辅助操作耗时 1h。现因 R 的市场需求增长，拟对装置进行扩建，使产量增加一倍，并改为连续操作，新增反应器和原反应器串联操作，请计算：在总转化率不变的条件下，和原反应器相比新增反应器的容积应为多少？

31. 组分 A 同时发生下列两个反应：

（1）异构化反应 A→B，为一级反应，反应速率常数

$$k_1 = 5.32 \times 10^{14} \exp\left(-\frac{12300}{T}\right) \text{min}^{-1}$$

（2）二聚反应 2A→C，为二级反应，反应速率常数

$$k_2 = 2.23 \times 10^{12} \exp\left(-\frac{15100}{T}\right) \text{L/(mol·min)}$$

两反应均为放热反应，若要求达到的转化率为 80%，试问为获得较高的产物 B 的收率，应选用全混流反应器还是平推流反应器。

32. 生化工程中酶反应 A→R 为自催化液相反应，反应速率 $r_A = kc_A c_R$，产物 R 是过程的催化剂，因此进口原料中含有产物 R，某温度下 $k = 1.512 \text{m}^3/(\text{kmol·min})$，采用的原料中含 A 0.99kmol/m³，含 R 0.01kmol/m³，原料的进料量为 10m³/h，要求 A 的最终浓度降到 0.01kmol/m³，求：（1）反应速率达到最大时，A 的浓度为多少？（2）采用全混流反应器时，反应器体积是多大？（3）采用平推流反应器时，反应器体积是多大？（4）为使反应器体积为最小，将全混流和平推流反应器组合使用，组合方式如何？共最小体积为多少？

33. 某液相反应 A→R 实验测定的反应速率与反应物浓度关系如下：

c_A /(K·mol/m³)	0.1	0.2	0.3	0.4	0.5	0.6	0.7	0.8	0.9	1.0
$-r_A$/[kmol/(m³·min)]	0.0044	0.00855	0.0129	0.0172	0.0215	0.0257	0.0300	0.0346	0.0386	0.0431

若每天处理 5tA，A 的分子量为 65，$c_{A0} = 1.0 \text{kmol/m}^3$，转化率为 0.70，辅助操作时间 30min，求所需反应器体积（间歇操作，反应器的装料系数 $\phi = 0.8$）。

上述反应如在 1-CSTR 中进行，当 $c_{A0} = 0.8 \text{kmol/m}^3$，进料速率 $F_A = 1 \text{kmol/h}$，转化率 $X_A = 0.70$ 时，所需反应器的有效容积为多大？

34. 均相气相反应，在 185℃和 490.5kPa（绝压）下按照 A→3P 在 -PFR 中进行，已知该反应在此条件下的动力学方程：

$$(-r_A) = 0.01 c_A^{0.5} \ [\text{mol/(L·s)}]$$

当向进料中充入 50%惰性气体时，求 A 的转化率为 80%时所需要的时间。

35. 在管式反应器中进行某一均相液相反应，反应是在等温下按 A+B→R 的二级反应进行，根据 BR 的实验可知，在此温度下的反应速率常数 $K = 120 \text{m}^3/(\text{kmol·h})$，在管子的入口处，将 A、B 二液分别以 0.075m³/h 和 0.025m³/h 的流量同时供料，A 液中含 A 组分为

2.5kmol/m³，B 液中含 B 组分为 7.5kmol/m³，求 A 组分的转化率达 90%时所需的管长（管子内径为 3cm）。

36. 在有效容积为 4m³ 的 1-CSTR 内进行某均相一级反应，在某流量下，转化率达 70%，如果流量不变，采用有效容积为 1m³ 的 4-CSTR 串联操作，其转化率是多少？如采用有效容积为 1m³ 的 8-CSTR，转化率又是多少？

37. 某液相均相反应 A＋B→P，在 BR 中等温下进行，反应速率 $-r_A = Kc_Ac_B$，式中 $K=5\times10^{-3}$L/(mol·s)，反应物的初始浓度 $c_{A0} = c_{B0} = 2$mol/L，要求 A 的转化率 $X_A = 0.90$，A 物料的平均处理量 $F_{A0} = 240$mol/min，若将此反应移到一个管内径为 125mm 的理想管式反应器中进行，假定反应温度不变，且处理量与所要求达到的转化率均与 BR 相同，求所需管式反应器长度。

38. 某液相反应 2A+B→R 在 3-CSTR 内进行，各釜的有效容积均为 48.6L，温度 50℃，反应动力学方程式 $-r_A = Kc_A^2c_B$，式中 $K_{50℃} =2.5\times10^{-3}$L²/(mol²·min)，原料液的浓度 $c_{A0} = 2$mol/L，$c_{B0} = 3$mol/L，进料流量 $v_0 = 28$L/h，试求组分 A 在各釜出口处的转化率。

第 **8** 章 聚合反应工程因素分析

内容提要：

本章在反应动力学的基础上，讨论了连锁与逐步两种聚合反应类型在不同操作方式下的聚合度及其分布问题，并延伸讨论了常见均相自由基共聚下，不同类型操作方式对聚合度及其分布的影响。通过返混与混合尺度的引入，讨论了工程因素对聚合反应结果的影响。最后，讨论了聚合反应的调节与控制以及安全问题。

学习目标：

（1）理解反应类型对聚合度与聚合度分布的影响；
（2）理解理想反应器操作方式对聚合度与聚合度分布的影响；
（3）理解返混与混合尺度的概念以及对聚合反应结果的影响；
（4）理解聚合反应的调控目标与方法；
（5）理解聚合反应生产中的安全问题。

重点与难点：

（1）理解聚合度与聚合度分布的公式推导；
（2）理解返混与混合尺度的概念以及对聚合反应结果的影响。

8.1 概述

高分子材料的应用已经涉及人类生活工作的方方面面，一个由实验室研究获得的聚合物材料样品，其性能一旦被市场认可，就会受到市场应用的推动，要求其在维持基本性能不变的前提下，实现更大规模的制备。这个开发过程常被称为放大过程，放大是有风险的，因此，该过程始终遵循着从实验室小规模聚合反应（小试），到中等规模聚合反应（中试），到工业大规模生产的步骤。

工业反应器与实验室小试反应器有着相同的地方，即遵循同样的化学反应动力学。在排除传动、传热与传质控制因素后，实验室小试测定得到的聚合反应动力学，一般可以应用于工业反应器设计与生产的指导。两者之间所不同的是，工业反应器的传递过程对反应的影响相对于实验室小试反应器会表现得更为明显，这体现在反应器内不同的位置，具有明显的温度分布和浓度分布：例如，即便在并不算大的 $10m^3$ 釜中，反应器壁面温度和搅拌轴处的反应器中心温度相差 5℃是很正常的，同样，滴加或回流造成的局部物料浓度和反应器其他部位的物料浓度之间会产生很大的不同。

可以想象，在工业反应器的每一个局部点上，物料都在按相同的化学反应动力学进行反应，只是每个点的温度和浓度是不一样的，反应的结果，自然是每一个局部点上反应结果的集合。但要借助这种思路，弄清和掌握整个聚合反应过程，并非易事，特别是在聚合物反应体系传递过程的研究还很欠缺的情况下，即便有了详细的化学反应研究，仍然很难直接定量地进行聚合反应过程的计算模拟。聚合反应工程更多的还是通过定性分析或（半）经验处理方式，对聚合反应过程的工程放大进行指导。

聚合反应工程大量使用数学模型对反应过程进行分析与处理，主要有三类模型：纯机理模型、纯经验模型和半经验模型。纯机理模型目前还不适用于聚合反应，事实上，即便是小分子反应，除了对有限体系进行了深入研究，确定了详细的反应机理，大量小分子反应的真正机理并没有完全搞清楚，遑论复杂的聚合反应体系了。基于聚合反应的实际情况，另一种方法是采用纯经验模型，这种模型在与工业反应器结构相似的模拟反应器或中试反应器中进行反应，而后，将反应条件和反应结果进行关联，用简单的代数方程或图表来指导工业反应器的设计，这种方法的优点是避免了建立机理模型或半经验模型时所面临的种种困难，其结果可以直接应用于反应器的放大设计；但是在采用这种方法进行放大研究时，反应器的选型必须已经确定，以尽可能减少传递因素在放大过程中的偏差，纯经验模型只是反应条件和反应结果的数字简单关联，没有涉及过程的机理，所以只能内插使用，不宜外推。第三种方法是半经验模型方法，这种模型把不确定因素放在某些参数中，并不断分离变量形成独立参数，以此建立每个反应的速率方程，再根据实验数据估计模型参数，这类模型具有一定的外推能力，是工业反应过程开发中最常用的一种模型。

8.2　聚合反应动力学

按反应机理来分，聚合反应可以分为连锁聚合反应和逐步聚合反应两大类。

连锁聚合的特征是聚合反应过程由链引发反应、链增长反应、链终止反应和链转移反应等基元反应组成。按照活性中心的不同，连锁聚合反应可以分为自由基、离子型、配位络合等聚合反应类型。连锁聚合各基元反应的反应速率和活化能差别很大。如自由基聚合过程中，链增长和链终止速率都非常快，而最初的链引发最慢，是整个反应的控制步骤；其中，只有链增长步骤才使聚合度增加，而端基没有活性的单体-单体、单体-聚合物、聚合物-聚合物之间均不能发生聚合度增加的反应。因此，连锁聚合从一开始就有高聚合度聚合物产生，随着反应时间增加，更多的单体参与反应，最终提高了单体的转化率。连锁聚合在反应过程中无低分子副产物产生，反应体系始终由单体、不同分子量的聚合物和微量引发剂组成，并且转化率随反应时间而发生变化。

逐步聚合的特征是在低分子转变为高分子的过程中，反应是逐步进行的，每一步的活化能及反应速率大致相等，而且单体、低聚体、高聚物三种之间均能发生逐步聚合，使分子链增长，并无所谓的活性中心。反应早期，大部分单体很快转变为二聚体、三聚体、四聚体等低聚物，短期内转化率就很高。随着反应时间的增加，低聚物间继续反应，分子量不断增大，而转化率的变化较小，反应可以停留在中等聚合度阶段，只在聚合后期，才能获得高聚合度聚合物。

在聚合物的生产中，连锁聚合占有很大比例，尤其是自由基聚合，而逐步聚合，则以缩聚反应为主。本章以自由基聚合和缩聚为重点进行讨论。

自由基聚合反应动力学主要研究聚合反应速率与引发剂浓度、单体浓度、温度等参数间的定量关系。转化率提高或者分子量增加造成体系黏度提高，引起的传递因素对动力学研究产生影响而且比较复杂，一般仅研究聚合反应初期（通常转化率在 5%～10%以下）的反应动力学，而如果对反应全程进行动力学测试，得到的往往是受到传递过程影响的表观动力学。

自由基聚合由以下主要基元反应组成：链引发、链增长和链终止，它们对总聚合速率均有所贡献，链转移反应一般不影响聚合速率。

（1）链引发反应　通常包括以下两步：

① 引发剂分解，形成初级自由基 $R^{\bullet}$

$$I \xrightarrow{k_d} 2R^{\bullet}$$

② 初级自由基同单体加成，形成单体自由基

$$R^{\bullet} + M \xrightarrow{k_i} RM^{\bullet}$$

其中，引发剂分解反应为吸热反应，活化能高，约为 100～170kJ/mol，生成单体自由基的反应为放热反应，活化能低，约为 20～34kJ/mol；单体自由基的生成速率远大于引发剂分解速率，因此，引发速率一般仅取决于初级自由基的生成速率，而与单体浓度无关。

链引发反应速率（即初级自由基的生成速率）R_i 为

$$R_i = \frac{d[R^{\bullet}]}{dt} = 2k_d[I] \tag{8-1}$$

由于诱导分解和笼蔽效应伴随的副反应消耗了部分引发剂，初级自由基或分解的引发剂并不全部参加引发反应，故需引入引发剂效率 f。

$$R_i = \frac{d[R^{\bullet}]}{dt} = 2fk_d[I] \tag{8-2}$$

式中　[I]——引发剂浓度；

　　　　k_d——分解速率常数；

　　　　f——引发剂效率；

常见：$k_d = 10^{-4} \sim 10^{-6}\text{s}^{-1}$；$f = 0.6 \sim 0.8$；$R_i = 10^{-8} \sim 10^{-10}\text{mol/(L} \cdot \text{s)}$。

（2）链增长反应　链增长反应的每步反应都是放热加成反应，活化能低，约为 20～34kJ/mol；增长速率较高，在 $10^{-2} \sim 10^0$s 内，单体能加成连接成千上万生成高分子。根据等活性假定，链自由基活性与链长无关，各步增长反应的速率常数都相等。

$$k_{p1} = k_{p2} = k_{p3} = k_{p4} = \cdots = k_{px} = k_p \tag{8-3}$$

令自由基浓度[M$^{\bullet}$]代表大小不等的自由基 $RM^{\bullet}$、$RM_2^{\bullet}$、$RM_3^{\bullet}$、$\cdots$、$RM_x^{\bullet}$ 浓度的总和，则总的链增长速率方程可表示为：

$$R_p = -\frac{d[M]}{dt} = k_p[M]\sum_{i=1}^{\infty}[RM_i^{\bullet}] = k_p[M][M^{\bullet}] \tag{8-4}$$

8

（3）链终止反应 自由基聚合反应的链终止反应可能包括双基偶合、双基歧化和链转移（单基终止）三种方式，尤以双基终止的情况为主，此时，链终止反应速率用 R_t 表示，则：

偶合终止

$$M_x^{\bullet} + M_y^{\bullet} \longrightarrow M_{x+y}$$

对应的动力学方程为

$$R_{tc} = -\frac{d[M^{\bullet}]}{dt} = 2k_{tc}[M^{\bullet}]^2 \tag{8-5}$$

歧化终止

$$M_x^{\bullet} + M_y^{\bullet} \longrightarrow M_x + M_y$$

对应的动力学方程为

$$R_{td} = -\frac{d[M^{\bullet}]}{dt} = 2k_{td}[M^{\bullet}]^2 \tag{8-6}$$

则总的双基终止速率

$$R_t = -\frac{d[M^{\bullet}]}{dt} = 2k_t[M^{\bullet}]^2 \tag{8-7}$$

式中 下标 t——终止（termination）；

下标 tc——偶合终止（coupling termination）；

下标 td——歧化终止（disproportionation termination）。

（4）总聚合速率的稳态处理 在聚合开始很短一段时间后，假定体系中自由基浓度不变，进入"稳定状态"，聚合是在稳定态下进行。链增长的过程并不改变自由基的浓度，链引发和链终止这两个相反的过程在某一时刻达到平衡，此时链自由基生成速率等于链自由基消失速率，或者说引发速率和终止速率相等 $(R_i=R_t)$，构成动态平衡，这在动力学上称作稳态处理。

则由式（8-7），可得

$$[M^{\bullet}] = \left(\frac{R_i}{2k_t}\right)^{1/2} \tag{8-8}$$

以单体消耗速率 $\left(-\frac{d[M]}{dt}\right)$ 表示聚合总速率，由于 $R_i \ll R_p$

$$R = -\frac{d[M]}{dt} = R_i + R_p \approx R_p \tag{8-9}$$

此时将稳态处理的式（8-8）代入式（8-4）中，则式（8-9）聚合总速率的通式方程变为

$$R = k_p[M]\left(\frac{R_i}{2k_t}\right)^{1/2} \tag{8-10}$$

将式（8-2）代入，则引发剂引发的自由基聚合反应的总聚合速率为

$$R = -\frac{d[M]}{dt} = k_p\left(\frac{fk_d}{k_t}\right)^{1/2}[I]^{1/2}[M] \tag{8-11}$$

式（8-11）表明，聚合速率与引发剂浓度平方根成正比，与单体浓度一次方成正比。此聚

合速率方程是在等活性假定、稳态假定和链引发远慢于链增长假定，以及链转移反应对聚合速率没有影响及单体自由基形成速率很快，并对引发速率没有显著影响的前提下推导出来的。有些情况偏离上述动力学关系，例如聚合速率和引发剂浓度的 1/2 次方成正比是双基终止的结果，若单基终止，则成一级关系，如凝胶效应、沉淀聚合、链自由基末端受到包埋，往往是单基终止和双基终止并存，其对引发剂浓度的反应级数介于 0.5～1.0 之间，0.5 级和 1.0 级是双基终止和单基终止的两种极端情况。

通常情况下，聚合初期（转化率在 5%～10%以下）各速率常数可视为恒定；引发剂活性较低，短时间内浓度变化不大，也可视为常数；引发剂效率此时和单体浓度无关，则聚合总速率式（8-11）只有单体浓度是变量，于是可以积分得到

$$\ln \frac{[M]_0}{[M]} = k_p \left(\frac{f k_d}{k_t} \right)^{1/2} [I]^{1/2} t \tag{8-12}$$

式（8-12）可以用于模拟低转化率下单体浓度随时间的变化关系，而在高转化率下，上面的假定会出现很大偏差，比如引发剂浓度就不能再看作常数，而必须是时间的函数。此时式（8-11）的积分形式都会发生改变，式（8-12）也不再适用。聚合反应全过程测定的实验数据，可作为表观动力学使用，和低转化率时的结果会有较大差别。

8.3　聚合度和聚合度分布

聚合度（degree of polymerization）是表征聚合物分子大小的指标，它以结构单元数为基准，即聚合物大分子链上所含结构单元数目。由于聚合物大多是不同分子量同系物的混合物，所以聚合物的聚合度是指其平均聚合度。最常用的表示平均聚合度的方法有两种：按分子数平均而得的聚合度，称为数均聚合度；按重量平均而得的聚合度，称为重均聚合度，其计算方式和对应的数均或重均分子量一致。

8.3.1　平均聚合度

数均聚合度

$$\bar{P}_n = \frac{\sum_{j=2}^{\infty} j N_j}{\sum_{j=2}^{\infty} N_j} = \frac{\sum_{j=2}^{\infty} j [P_j]}{\sum_{j=2}^{\infty} [P_j]} = \frac{[M]_0 - [M]}{[P]} \tag{8-13}$$

式中　$\bar{P}_n$ ——聚合物的数均聚合度；

j —— j 聚体；

N_j —— j 聚体的摩尔分数；

$[P_j]$ —— j 聚体的浓度；

$[P]$ ——聚合物的浓度；

$[M]_0$ ——单体的初始浓度；

$[M]$ ——残留单体的浓度。

其对应的数均聚合度分布为

$$F_n(j) = \frac{N_j}{\sum\limits_{j=2}^{\infty} N_j} = \frac{[P_j]}{\sum\limits_{j=2}^{\infty}[P_j]} = \frac{[P_j]}{[P]} \tag{8-14}$$

重均聚合度

$$\overline{P}_w = \frac{\sum\limits_{j=2}^{\infty} j^2 N_j}{\sum\limits_{j=2}^{\infty} j N_j} = \frac{\sum\limits_{j=2}^{\infty} j^2 [P_j]}{\sum\limits_{j=2}^{\infty} j[P_j]} = \frac{\sum\limits_{j=2}^{\infty} j^2 [P_j]}{[M]_0 - [M]} \tag{8-15}$$

其对应的重均聚合度分布为

$$F_w(j) = \frac{j N_j}{\sum\limits_{j=2}^{\infty} j N_j} = \frac{j[P_j]}{\sum\limits_{j=2}^{\infty} j[P_j]} = \frac{j[P_j]}{[M]_0 - [M]} \tag{8-16}$$

重均聚合度分布函数和数均聚合度分布函数的关系如下

$$F_w(j) = \frac{j N_j}{\sum\limits_{j=2}^{\infty} j N_j} = \frac{\dfrac{j N_j}{\sum\limits_{j=2}^{\infty} N_j}}{\dfrac{\sum\limits_{j=2}^{\infty} j N_j}{\sum\limits_{j=2}^{\infty} N_j}} = \frac{j F_n(j)}{\overline{P}_n} \tag{8-17}$$

8.3.2 瞬时聚合度

平均聚合度是反应时间 $0 \sim t$ 内消耗的单体分子数与生成聚合物分子数之比，当 $t \approx t+\mathrm{d}t$，而 $\mathrm{d}t$ 趋近于 0 的时候，此时的聚合度为瞬时聚合度，于是有瞬时数均聚合度

$$\overline{p}_n = \frac{\sum\limits_{j=2}^{\infty} j r_{pj}}{\sum\limits_{j=2}^{\infty} r_{pj}} = \frac{r_M}{r_P} = \frac{r_p}{r_P} \tag{8-18}$$

式中　r_{pj}——j 聚体的生成速率；

$\quad\quad r_M$——单体消耗的速度（或总聚合反应速率）；

$\quad\quad r_p$——链增长速率（在连锁聚合反应中，$r_M = r_p$）；

$\quad\quad r_P$——聚合物生成速度（包括链终止速度、链转移速度）。

其对应的数均聚合度分布函数为

$$f_n(j) = \frac{r_{pj}}{\sum\limits_{j=2}^{\infty} r_{pj}} = \frac{r_{pj}}{r_P} = \frac{r_{pj}}{\dfrac{r_M}{\overline{p}_n}} = \frac{r_{pj}\overline{p}_n}{r_M} \tag{8-19}$$

瞬时重均聚合度

$$\bar{p}_w = \frac{\sum\limits_{j=2}^{\infty} j^2 r_{pj}}{\sum\limits_{j=2}^{\infty} j r_{pj}} = \frac{\sum\limits_{j=2}^{\infty} j^2 r_{pj}}{r_M} \qquad (8\text{-}20)$$

其对应的瞬时重均聚合度分布函数为

$$f_w(j) = \frac{j r_{pj}}{\sum\limits_{j=2}^{\infty} j r_{pj}} = \frac{j r_{pj}}{r_M} \qquad (8\text{-}21)$$

瞬时重均聚合度分布函数和瞬时数均聚合度分布函数的关系为

$$f_w(j) = \frac{j f_n(j)}{\bar{p}_n} \qquad (8\text{-}22)$$

8.3.3　瞬时聚合度与平均聚合度的关系

对瞬时聚合度的每一个微分过程消耗的单体与生成的聚合物进行 $0 \sim t$ 时间上的积分，即可得到平均聚合度，因此有

$$\bar{P}_n = \frac{\int_0^t r_M \mathrm{d}t}{\int_0^t r_p \mathrm{d}t} = -\frac{\int_{[M]_0}^{[M]} \mathrm{d}[M]}{\int_0^{[P]} \mathrm{d}[P]} = \frac{[M]_0 - [M]}{\int_0^x \frac{[M]_0 \mathrm{d}x}{\bar{p}_n}} = \frac{[M]_0 - [M]}{[M]_0 \int_0^x \frac{\mathrm{d}x}{\bar{p}_n}} = \frac{x}{\int_0^x \frac{\mathrm{d}x}{\bar{p}_n}} \qquad (8\text{-}23)$$

式中，x 为 $0 \sim t$ 时间内的单体转化率。

对应的瞬时和平均数均聚合度分布关系如下

$$F_n(j) = \frac{\bar{P}_n}{x} \int_0^x \frac{f_n(j)}{\bar{p}_n} \mathrm{d}x \qquad (8\text{-}24)$$

同理，可以推导得到重均瞬时聚合度与平均聚合度的关系

$$\bar{P}_w = \frac{1}{x} \int_0^x \bar{p}_w \mathrm{d}x \qquad (8\text{-}25)$$

对应的瞬时与平均重均聚合度分布关系如下

$$F_w(j) = \frac{1}{x} \int_0^x f_w(j) \mathrm{d}x \qquad (8\text{-}26)$$

以上的瞬时聚合度以及瞬时聚合度分布的推导，虽然用到了反应动力学项，但并没有出现反应动力学的具体形式。可以预见，不同机理的反应所具有的不同反应动力学表达，代入以上公式后，会得到不同的聚合度与聚合度分布。同时，对同一个反应，不同反应器虽然在微分层面遵循相同的反应动力学进行反应，但在积分层面，由于体系所经历的过程不同，反应中的温度与浓度在时空中的分布不同，甚至遵循了不同的表观反应动力学，因此也必然得到不同的聚合度和聚合度分布。

8

8.4 连锁与缩合聚合反应的聚合度和聚合度分布

上节的聚合度及其分布的讨论中，反应动力学项采用的是普遍的 r_i 形式，并未涉及具体的反应形式与机理，以下就常见的连锁与缩合聚合反应的聚合度及其分布进行讨论。

8.4.1 连锁聚合反应的聚合度与聚合度分布

8.4.1.1 不同反应机理的影响

对连锁（自由基聚合）反应而言，在稳态时，链引发速度近似等于链终止速度，其动力学链长为

$$v = \frac{链增长反应速率}{链引发反应速率} = \frac{r_P}{r_i} = \frac{r_P}{r_t} = \frac{k_p[P^{\bullet}][M]}{k_t[P^{\bullet}][P^{\bullet}]} = \frac{k_p[M]}{k_t[P^{\bullet}]} \tag{8-27}$$

在只有链转移没有链终止时，动力学链长可表示为

$$v_f = \frac{链增长反应速率}{链转移反应速率} = \frac{r_P}{r_f} \tag{8-28}$$

在既有链终止，又有链转移时，动力学链长可表示为

$$v_t = \frac{链增长反应速率}{链终止反应速率+链转移反应速率} = \frac{r_P}{r_t + r_f} \tag{8-29}$$

比较以上三式，有

$$\frac{1}{v_t} = \frac{1}{v} + \frac{1}{v_f} \tag{8-30}$$

鉴于推导过程大量重复，以下仅按不同的链转移与链终止方式，列出各瞬时聚合度与聚合度分布公式。

在无链转移，非偶合终止（即歧化终止或单基终止）时的瞬时聚合度和瞬时聚合度分布：
瞬时数均聚合度

$$\overline{p}_n = \frac{r_M}{r_t} = \frac{k_p[M][P^{\bullet}]}{k_{td}[P^{\bullet}]^2} = v \tag{8-31}$$

瞬时数均聚合度分布函数

$$f_n(j) = \left(\frac{v}{1+v}\right)^{j-1}\left(\frac{1}{1+v}\right) \approx \frac{1}{v}\exp\left(-\frac{j}{v}\right) \tag{8-32}$$

此约等于处用到了泰勒级数的一阶近似展开，和 $j \gg 1$，$v \gg 1$ 等近似。
瞬时重均聚合度

$$\overline{p}_w = \frac{1}{v}\left(\frac{1}{1+v}\right)\sum_{j=2}^{\infty} j^2\left(\frac{v}{1+v}\right)^{j-1} = 2v \tag{8-33}$$

瞬时重均聚合度分布函数

$$f_w(j) = \frac{jf_n(j)}{\overline{p}_n} = \frac{j\dfrac{1}{v}\exp\left(-\dfrac{j}{v}\right)}{v} = \frac{j}{v^2}\exp\left(-\frac{j}{v}\right) \tag{8-34}$$

而对于无链转移，偶合终止时的瞬时聚合度和瞬时聚合度分布：

瞬时数均聚合度

$$\overline{p}_n = \frac{r_M}{r_p} = \frac{k_p[M][P^\cdot]}{\dfrac{1}{2}k_{tc}[P^\cdot]^2} = 2\frac{k_p[M]}{k_{tc}[P^\cdot]} = 2v \tag{8-35}$$

瞬时数均聚合度分布函数

$$f_n(j) = \frac{j}{v^2}\exp\left(-\frac{j}{v}\right) \tag{8-36}$$

瞬时重均聚合度

$$\overline{p}_w = \frac{1}{2v}\left(\frac{1}{1+v}\right)^2\sum_{j=2}^{\infty}j^2(j-1)\left(\frac{v}{1+v}\right)^{j-2} = 3v \tag{8-37}$$

瞬时重均聚合度分布函数

$$f_w(j) = \frac{jf_n(j)}{\overline{p}_n} = \frac{j\dfrac{j}{v^2}\exp\left(-\dfrac{j}{v}\right)}{2v} = \frac{j^2}{2v^3}\exp\left(-\frac{j}{v}\right) \tag{8-38}$$

对于有链转移，非偶合终止（即歧化终止和单基终止）时的瞬时聚合度和瞬时聚合度分布：

瞬时数均聚合度

$$\overline{p}_n = \frac{1}{\dfrac{1}{v}+\dfrac{1}{v_f}} = \frac{1}{\dfrac{1}{v_t}} = v_t \tag{8-39}$$

瞬时数均聚合度分布函数

$$f_n(j) = \left(\frac{v}{1+v_t}\right)^{j-1}\left(\frac{1}{1+v_t}\right) \approx \frac{1}{v_t}\exp\left(-\frac{j}{v_t}\right) \tag{8-40}$$

瞬时重均聚合度

$$\overline{p}_w = \frac{1}{v_t}\left(\frac{1}{1+v_t}\right)\sum_{j=2}^{\infty}j^2\left(\frac{v_t}{1+v_t}\right)^{j-1} = 2v_t \tag{8-41}$$

瞬时重均聚合度分布函数

$$f_w(j) = \frac{jf_n(j)}{\overline{p}_n} = \frac{j\dfrac{1}{v_t}\exp\left(-\dfrac{j}{v_t}\right)}{v_t} = \frac{1}{v_t}\exp\left(-\frac{j}{v_t}\right) \tag{8-42}$$

有链转移，偶合终止时的瞬时聚合度和瞬时聚合度分布：

瞬时数均聚合度

$$\overline{p}_n = \frac{r_M}{r_P} = \frac{1}{\dfrac{1}{2v} + \dfrac{1}{v_f}} = \frac{2vv_f}{v_f + 2v} \tag{8-43}$$

瞬时数均聚合度分布函数

$$f_n(j) = \frac{1}{v_t(v_f + 2v)}\left(\frac{jv_f}{v_t} + 2v\right)\exp\left(-\frac{j}{v_t}\right) \tag{8-44}$$

瞬时重均聚合度

$$\overline{p}_w = \frac{\sum\limits_{j=2}^{\infty} j^2 r_{Pj}}{r_M} = v_t^2\left(\frac{3}{v} + \frac{2}{v_f}\right) \tag{8-45}$$

瞬时重均聚合度分布函数

$$f_w(j) = \frac{j}{v_t}\left(\frac{j}{2vv_t} + \frac{1}{v_f}\right)\exp\left(-\frac{j}{v_t}\right) \tag{8-46}$$

各种聚合机理瞬时聚合度分布如下：

无链转移，非偶合终止时，$\dfrac{\overline{p}_w}{\overline{p}_n} = \dfrac{2v}{v} = 2$

无链转移，偶合终止时，$\dfrac{\overline{p}_w}{\overline{p}_n} = \dfrac{3v}{2v} = 1.5$

有链转移，非偶合终止时，$\dfrac{\overline{p}_w}{\overline{p}_n} = \dfrac{2v_t}{v_t} = 2$

有链转移，偶合终止时比较复杂，可推导如下：

$$\overline{P}_w\big/\overline{P}_n = \frac{(3v_f + 2v)(v_f + 2v)}{2(v_f + v)^2} =$$
$$\left[\frac{2(v_f + v) + v_f}{2(v_f + v)}\right]\left[\frac{(v_f + v) + v_f}{(v_f + v)}\right] > \left[\frac{2(v_f + v)}{2(v_f + v)}\right]\left[\frac{(v_f + v)}{(v_f + v)}\right] = 1 \tag{8-47}$$

$$\overline{P}_w\big/\overline{P}_n = \frac{(3 + 2v)(v_f + 2v)}{2(v_f + v)^2} = \left[\frac{3v_f^2 + 8vv_f + 4v^2}{2(v_f + v)^2}\right] < \left[\frac{4v_f^2 + 8vv_f + 4v^2}{2(v_f + v)^2}\right] = 2 \tag{8-48}$$

不同的终止方式得到的聚合度分布结果如表 8-1 所示。

表 8-1　不同的聚合过程机理得到的聚合度分布

聚合过程机理	$\overline{p}_w/\overline{p}_n$
无链转移，非偶合终止	2
无链转移，偶合终止	1.5
有链转移，非偶合终止	2
有链转移，偶合终止	1～2

由表 8-1 可见，无论有无链转移，非偶合终止机理产生的分布总等于 2，偶合终止机理都

会使得聚合物分子得到比歧化终止机理更窄的聚合度分布。

如前所述，此瞬时聚合度与聚合度分布公式，属于反应时间间隔趋近于零的微分，所以，只要反应机理和采用的动力学方程一致，它们就可适用于不同反应器操作方式。不同反应器操作方式对聚合度及其分布的影响，体现在上述微分在不同温度与浓度时空的积分上。

8.4.1.2　不同操作方式的影响

（1）间歇反应器（BR）或平推流反应器（PFR）　不同的操作方式对于聚合度有较大影响，对于间歇反应器（BR）或平推流反应器（PFR），其聚合度与聚合度分布通式即为式（8-23）~式（8-26）：

数均聚合度

$$\bar{P}_n = \frac{[M]_0}{\int_0^x \frac{[M]_0 dx}{\bar{p}_n}} = \frac{x}{\int_0^x \frac{dx}{\bar{p}_n}} \tag{8-23}$$

数均聚合度分布函数

$$F_n(j) = \frac{\bar{P}_n}{[M]_0} \int_0^x f_n(j) \frac{[M]_0}{\bar{p}_n} dx = \frac{\bar{P}_n}{x} \int_0^x \frac{f_n(j)}{\bar{p}_n} dx \tag{8-24}$$

重均聚合度

$$\bar{P}_w = \sum_{j=2}^{\infty} \frac{j}{x} \int_0^x \frac{j r_{P_j}}{r_M} dx = \frac{1}{x} \int_0^x \sum_{j=2}^{\infty} \frac{j^2 r_{P_j}}{r_M} dx = \frac{1}{x} \int_0^x \bar{p}_w dx \tag{8-25}$$

重均聚合度分布函数

$$F_w(j) = \frac{1}{x} \int_0^x f_w(j) dx \tag{8-26}$$

上述公式的积分项和具体的反应机理相结合，即可得到式（8-31）~式（8-48）的结果。

（2）单级理想混合反应器（CSTR）　对于单级理想混合反应器（CSTR），稳态操作下，它的瞬时就是它的平均，其聚合度与聚合度分布通式如下：

数均聚合度

$$\bar{P}_n = \bar{p}_n \tag{8-49}$$

数均聚合度分布函数

$$F_n(j) = f_n(j) \tag{8-50}$$

重均聚合度

$$\bar{P}_w = \bar{p}_w \tag{8-51}$$

重均聚合度分布函数

$$F_w(j) = f_w(j) \tag{8-52}$$

（3）多级串联理想混合反应器　若聚合反应在图8-1所示的多级串联全混流反应器中进行，第一级反应器的进料仅为单体及引发剂，以后各釜的进料中同时还含有各种不同链长的自由基及不同聚合度的聚合物。

8

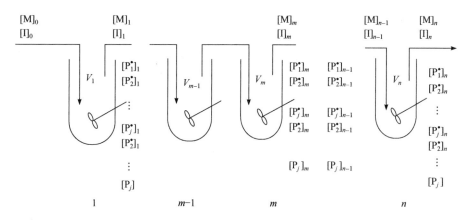

图 8-1 多级串联理想混合反应器

在讨论多级串联理想混合反应器连续操作时的聚合度分布时，先假设：

① 各级反应器的体积相等，且反应为等容反应，反应过程没有体积变化。这样各级反应器的平均停留时间均相等，即：

$$\tau_1 = \tau_2 = \cdots = \tau_n = \tau \tag{8-53}$$

② 活性链的寿命 $1/k_t[P^\bullet]$ 远小于平均停留时间 $\overline{\theta}$，即 $\dfrac{1/k_t[P^\bullet]}{\overline{\theta}} \to 0$；

③ 各级反应器均在等温、稳态下操作，并遵循无链转移机理。

因为这种多级串联理想反应器的每一级反应器是连续稳态操作，因此虽然每一级反应器中的浓度各不相同，但每一级反应器中各自的浓度却保持平衡，不随时间而变化，于是，通过对第 n 级反应器中不同链长的自由基进行物料衡算，即：

$n-1$ 级输入项+自由基产生项−链增长消耗项−链终止消耗项−从 n 级流出项=0

具体对 n 级反应 $[P_i^\bullet]_n$ 可作如下物料衡算式：

$$\frac{[P_i^\bullet]_{n-1}}{\overline{\theta}} + k_{pn}[P_{i-1}^\bullet]_n[M]_n - k_{pn}[P_i^\bullet]_n[M]_n - k_{tn}[P_i^\bullet]_n[P^\bullet]_n - \frac{[P_i^\bullet]_n}{\overline{\theta}} = 0 \tag{8-54}$$

将上式引入假设②和动力学链长 $v_n = \dfrac{k_{pn}[M]_n}{k_{tn}[P^\bullet]_n}$，整理可得：

$$[P_i^*]_n = \frac{\overline{\theta}^{-1}[P_i^\bullet]_{n-1} + k_{pn}[P_{i-1}^\bullet]_n[M]_n}{k_{pn}[M]_n + k_{tn}[P^\bullet]_n + \overline{\theta}^{-1}} = \frac{\dfrac{\overline{\theta}^{-1}[P_i^\bullet]_{n-1}}{k_{tn}[P^\bullet]_n} + \dfrac{k_{pn}[P_{i-1}^\bullet]_n[M]_n}{k_{tn}[P^\bullet]_n}}{\dfrac{k_{pn}[M]_n}{k_{tn}[P^\bullet]_n} + \dfrac{k_{tn}[P^\bullet]_n}{k_{tn}[P^\bullet]_n} + \dfrac{\overline{\theta}^{-1}}{k_{tn}[P^\bullet]_n}} = \frac{v_n}{1+v_n}[P_{i-1}^\bullet]_n \tag{8-55}$$

式（8-55）中，当 $i=1$ 时，有 $[P_1^\bullet]_n = \dfrac{1}{1+v_n}[P^\bullet]_n$，则有：

$$[P_i^\bullet]_n = \left(\frac{v_n}{1+v_n}\right)^{i-1}\frac{1}{1+v_n}[P^\bullet]_n \tag{8-56}$$

其对应的 n 级釜内的聚合度分布为：

$$f_{n(n)}(j) = \frac{r_{Pjn}}{r_{Pn}} = \frac{[P_j^\bullet]_n}{[P^\bullet]_n} = \left(\frac{v_n}{1+v_n}\right)^{j-1}\left(\frac{1}{1+v_n}\right) \approx \frac{1}{v_n}\exp\left(-\frac{j}{v_n}\right) \qquad (8\text{-}57)$$

$$\overline{P}_{n(n)} = \frac{r_{Mn}}{r_{Pn}} = \frac{k_{Pn}[M]_n}{k_{tn}[P^\bullet]_n} = v_n \qquad (8\text{-}58)$$

$$f_{w(n)}(j) = \frac{jf_{n(n)}(j)}{\overline{P}_{n(n)}} = \frac{[P_j^\bullet]_n}{[P^\bullet]_n} \approx \frac{1}{v_n^2}\exp\left(-\frac{j}{v_n}\right) \qquad (8\text{-}59)$$

$$\overline{P}_{w(n)} = 2v_n \qquad (8\text{-}60)$$

可见上述机理在这种多级串联全混流反应器中，每一个反应釜中的 $\overline{p}_w/\overline{p}_n$ 仍然为 2。若是偶合终止机理，仍可以得到 $\overline{p}_w/\overline{p}_n$ 的结果。每个釜的相对浓度情况不一，但各釜的瞬时聚合度分布并没有改变。

将 n 个釜叠加起来，可得总的聚合度与聚合度分布如下：

数均聚合度

$$\overline{P}_n = \frac{x}{\sum_{i=1}^{n}\dfrac{\Delta x_i}{\overline{p}_{n,i}}} \qquad (8\text{-}61)$$

数均聚合度分布函数

$$F_n(j) = \frac{\overline{P}_n}{x}\sum_{i=1}^{n}\frac{f_n(j)_i}{\overline{p}_{n,i}}\Delta x \qquad (8\text{-}62)$$

重均聚合度

$$\overline{P}_w = \frac{1}{x}\sum_{i=1}^{n}\overline{p}_{w,i}\Delta x_i \qquad (8\text{-}63)$$

重均聚合度分布函数

$$F_w(j) = \frac{1}{x}\sum_{i=1}^{n}f_w(j)_i\Delta x_i \qquad (8\text{-}64)$$

以上四式是积分的离散形式，当 n 趋于无穷大时，以上四式即成积分形式：

数均聚合度

$$\overline{P}_n = \frac{x}{\displaystyle\int_0^x \frac{\mathrm{d}x}{\overline{p}_n}} \qquad (8\text{-}23)$$

数均聚合度分布函数

$$F_n(j) = \frac{\overline{P}_n}{x}\int_0^x \frac{f_n(j)}{\overline{p}_n}\mathrm{d}x \qquad (8\text{-}24)$$

重均聚合度

$$\overline{P}_w = \frac{1}{x}\int_0^x \overline{p}_w\mathrm{d}x \qquad (8\text{-}25)$$

8

重均聚合度分布函数

$$F_w(j) = \frac{1}{x}\int_0^x f_w(j)\mathrm{d}x \tag{8-26}$$

对比公式（8-23）～式（8-26），显然，当级数 N 趋于无穷大时，多级串联全混流（N-CSTR）转变成了平推流反应器（或理想间歇反应器），此时，每一级 CSTR 都可以近似为 PFR 中相对应的轴向每一小段反应器。

8.4.2　缩合聚合反应的聚合度及聚合度分布

8.4.2.1　间歇反应器/平推流反应器

缩聚反应是逐步反应的代表，它是由含两个或两个以上官能团的单体或各种低聚物之间进行的缩合聚合反应；缩聚反应与连锁聚合反应机理不同，它没有引发与终止反应。在缩聚反应中，单体不是一个个依次加成到聚合物分子链上去的，所以反应动力学的处理也与连锁聚合有所不同。

以 AB 型双官能团分子（如 HO—R—COOH）间进行线性缩聚反应为例，此时反应体系为如下可逆反应：

$$\mathrm{M}_j + \mathrm{M}_i \underset{k_p}{\overset{k_p}{\rightleftharpoons}} M_{i+j} + \mathrm{W}$$

式中，M_i 为两端具有 HO—和—COOH 官能团的 i 聚体；M_j 为 j 聚体，缩聚后形成 M_{i+j} 的 $i+j$ 聚体，i、$j = 1$，2，3…；W 为反应生成的低分子物。

如上述缩聚反应在间歇操作条件下进行，在生产中，为了获得更多的聚合产物，小分子会被不断排出，此时的逆反应可以忽略。于是，单体（原则上是官能团）（M_1）的消耗速率为

$$-\mathrm{d}[\mathrm{M}_1]/\mathrm{d}t = r_{\mathrm{M}_1} = k_p[\mathrm{M}_1]\sum_{i=1}^{\infty}[\mathrm{M}_i] = k_p[\mathrm{M}_1][\mathrm{M}_t] \tag{8-65}$$

式中：

$$[\mathrm{M}_t] = \sum_{i=1}^{\infty}[\mathrm{M}_i] \tag{8-66}$$

于是有 j 聚体的生成速率为

$$\frac{\mathrm{d}[\mathrm{M}_j]}{\mathrm{d}t} = r_{\mathrm{M}_j} = \frac{1}{2}k_p\sum_{i=1}^{j-1}[\mathrm{M}_i][\mathrm{M}_{j-i}] - k_p[\mathrm{M}_j][\mathrm{M}_t] \tag{8-67}$$

将上式从 $j = 1$ 到 ∞ 加和，得体系中全部分子的变化速率为

$$r_{\mathrm{M}_t} = -\frac{\mathrm{d}[\mathrm{M}_t]}{\mathrm{d}t} = \frac{1}{2}k_p[\mathrm{M}_t]^2 \tag{8-68}$$

令 $\phi_1 = [\mathrm{M}_1]/[\mathrm{M}_1]_0$ 以及 $\phi_j = [\mathrm{M}_j]/[\mathrm{M}_1]_0$，式中 $[\mathrm{M}_1]_0$ 为单体的初始浓度，则有未反应官能团的比

$$Y = [M_t]/[M_1]_0 = \sum_{i=1}^{\infty} \frac{[M_i]}{[M_1]_0} = \sum_{i=1}^{\infty} \phi_i \tag{8-69}$$

将上式微分，得到

$$d\phi_1 = \frac{d[M_1]}{[M_1]_0} \qquad dY = \frac{d[M_t]}{[M_1]_0} \qquad \frac{d\phi_1}{dY} = \frac{d[M_1]}{d[M_t]} \tag{8-70}$$

由式（8-65）和式（8-67），可得

$$\frac{d[M_1]}{d[M_t]} = 2\frac{[M_1]}{[M_t]} \tag{8-71}$$

代入式（8-70），并积分之，在 $Y=1$ ， $\phi_i = 1$ 的边界条件下，可得

$$\phi_1 = Y^2 \tag{8-72}$$

对二聚体，有

$$\frac{d[M_2]}{dt} = \frac{1}{2}k_p[M_1][M_1] - k_p[M_2][M_t] = \frac{1}{2}k_p[M_1]^2 - k_p[M_2][M_t] \tag{8-73}$$

结合式（8-65），可有

$$\frac{d[M_2]}{d[M_1]} = \frac{2\phi_2}{Y} - \frac{\phi_1^2}{Y^2} \tag{8-74}$$

代入式（8-71），可得

$$d\left(\frac{\phi_2}{Y^2}\right) \bigg/ dY = -1 \tag{8-75}$$

积分并以 $Y=1$ ， $\phi_i = 0$ 为边界条件，得

$$\phi_2 = Y^2(1-Y) \tag{8-76}$$

依此类推，可得

$$\phi_j = Y^2(1-Y)^{j-1} \tag{8-77}$$

于是，缩聚反应的数均聚合度分布函数

$$F_n(j) = \frac{[M_j]}{[M_t]} = \frac{\phi_j}{Y} = Y(1-Y)^{j-1} \tag{8-78}$$

若 p 为反应程度， $Y=(1-p)$ ，上式可写

$$F_n(j) = \frac{[M_j]}{[M_t]} = \frac{\phi_j}{Y} = Y(1-Y)^{j-1} = P^{j-1}(1-p) \tag{8-79}$$

同理，重均聚合度分布函数：

$$F_w(j) = \frac{j[M_j]}{[M_t]_0} = j\phi_j = jY^2(1-Y)^{j-1} = jP^{j-1}(1-p)^2 \tag{8-80}$$

由式（8-79）和式（8-80）两式作图，如图 8-2 和图 8-3 所示。

8

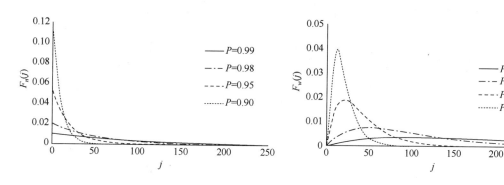

图 8-2　不同反应程度的数均聚合度　　　　图 8-3　不同反应程度的重均聚合度

上面两种聚合度分布函数式（8-79）和式（8-80）并不包含反应速率常数，说明缩聚的聚合度分布和温度无关，仅仅是反应程度 p 的函数，并且反应程度越高，分布越宽。可直接表示为：

数均聚合度

$$\overline{P}_n = \frac{[M_1]_0}{[M_t]} = \frac{1}{Y} = \frac{1}{1-p} \qquad (8\text{-}81)$$

重均聚合度

$$\overline{P}_w = \frac{1+p}{1-p} \qquad (8\text{-}82)$$

两者之比

$$\frac{\overline{P}_w}{\overline{P}_n} = 1+p \qquad (8\text{-}83)$$

对于间歇反应釜或平推流反应器进行的缩聚反应，将式（8-81）、式（8-82）和式（8-83）用图示的方式表示，见图 8-4。

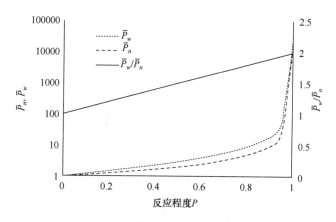

图 8-4　间歇釜聚合度随反应程度 P 的变化

可见缩聚反应在间歇反应釜中的聚合度，随着反应程度的提高而急剧升高，但表征分子

量分布宽度的 $\bar{p}_w/\bar{p}_n$ 却是从 1 变到 2 的过程，即分子量分布随聚合度上升而变宽。

8.4.2.2 全混流反应器

同样的推导方式应用于全混流反应器，单体的消耗速率有以下物料衡算：

$$\frac{[M_1]-[M_1]_0}{\tau}=-r_{M_1}=-k_p[M_1][M_t] \tag{8-84}$$

$$\frac{[M_j]}{\tau}=\frac{1}{2}k_p\left\{\sum_{i=1}^{j-1}[M_j][M_{j-i}]-2[M_j][M_t]\right\} \tag{8-85}$$

$$\frac{[M_t]-[M_1]_0}{\tau}=-\frac{1}{2}k_p[M_t]^2 \tag{8-86}$$

由式（8-84）和式（8-85）相除，有

$$\frac{[M_1]-[M_1]_0}{[M_t]-[M_1]_0}=2\frac{[M_1]}{[M_t]} \tag{8-87}$$

根据前面的推导过程，有

$$\frac{\phi_1-1}{Y-1}=\frac{2\phi_1}{Y} \tag{8-88}$$

亦即

$$\phi_1=\frac{Y}{2-Y} \tag{8-89}$$

同理推导可得到

$$\phi_2=\frac{Y(1-Y)}{(2-Y)^3} \tag{8-90}$$

$$\phi_3=\frac{2Y(1-Y)^2}{(2-Y)^5} \tag{8-91}$$

于是有

$$\phi_j=\frac{C_jY(1-Y)^{j-1}}{(2-Y)^{2j-1}} \tag{8-92}$$

式中

$$C_j=2^{j-1}\prod_{i=1}^{j-1}\frac{2j-1}{j!}=\frac{(2j-2)!}{j!(j-1)!} \qquad j>1 \tag{8-93}$$

在 $j\gg1$ 时，

$$C_j=\frac{2^{2j-1}}{(2j-1)(\pi j)^{1/2}} \qquad j\gg1 \tag{8-94}$$

对应的数均聚合度及其分布函数为

$$\bar{P}_n = \frac{1}{1-p} \tag{8-95}$$

$$F_n(j) = \frac{\phi_j}{Y} = \frac{C_j p^{j-1}}{(1+p)^{2j-1}} \tag{8-96}$$

对应的重均聚合度及其分布函数为

$$\bar{P}_w = \frac{1+p^2}{(1-p)^2} \tag{8-97}$$

$$F_w(j) = j\phi_j = \frac{jC_j p^{j-1}(1-p)}{(1+p)^{2j-1}} \tag{8-98}$$

于是有

$$\frac{\bar{P}_w}{\bar{P}_n} = \frac{1+p^2}{1-p} \tag{8-99}$$

将式（8-95）、式（8-97）和式（8-99）用图示的方式表示，见图 8-5 和图 8-6。

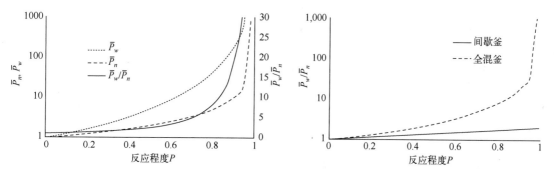

图 8-5　全混流反应器聚合度随反应程度的变化　　图 8-6　缩聚反应不同操作方式下的 $\bar{P}_w / \bar{P}_n$

可见在当反应达到高反应程度时，全混流反应器的聚合度急剧升高，其相应的分布也是急剧升高。图 8-6 对比了两种不同操作方式下的分子量分布 $\bar{P}_w / \bar{P}_n$，可见间歇反应器操作方式与全混流反应器操作方式对于同一个缩聚反应的分子量分布的不同，在低反应程度下，两者相差不大，但在高反应程度下，间歇操作的分子量分布要比全混流反应器状态窄很多。

8.5　均相自由基共聚

共聚反应涉及两种及两种以上单体的聚合，是一类十分重要的聚合反应。通过共聚反应，可以取各单体性能之长，合成新的聚合物，以达到期望的聚合物结构和不同的性能，因此，共聚反应在高分子合成工业中起着重要作用。

本节在 8.4 节的基础上，讨论共聚这一重要反应，鉴于多元共聚反应类型的复杂性，本节的讨论仅限于二元自由基共聚。

二元自由基共聚反应的基元反应式可表示为：

链引发反应

$$I \xrightarrow{k_d} 2R^\bullet$$

$$R^\bullet + M_1 \xrightarrow{k_{i1}} RM_1^\bullet$$

$$R^\bullet + M_2 \xrightarrow{k_{i2}} RM_2^\bullet$$

链增长反应

$$M_1^\bullet + M_1 \xrightarrow{k_{11}} \sim\!\!\sim\!\!\sim M_1^\bullet$$

$$M_1^\bullet + M_2 \xrightarrow{k_{12}} \sim\!\!\sim\!\!\sim M_2^\bullet$$

$$M_2^\bullet + M_2 \xrightarrow{k_{22}} \sim\!\!\sim\!\!\sim M_2^\bullet$$

$$M_2^\bullet + M_1 \xrightarrow{k_{21}} \sim\!\!\sim\!\!\sim M_1^\bullet$$

链终止反应

$$\sim\!\!\sim\!\!\sim M_1^\bullet + \sim\!\!\sim\!\!\sim M_1^\bullet \xrightarrow{k_{t11}} 大分子$$

$$\sim\!\!\sim\!\!\sim M_1^\bullet + \sim\!\!\sim\!\!\sim M_2^\bullet \xrightarrow{k_{t12}} 大分子$$

$$\sim\!\!\sim\!\!\sim M_2^\bullet + \sim\!\!\sim\!\!\sim M_2^\bullet \xrightarrow{k_{t22}} 大分子$$

链转移反应

$$\sim\!\!\sim\!\!\sim M_1^\bullet + M_1 \xrightarrow{k_{fm11}} 大分子+M_1^\bullet$$

$$\sim\!\!\sim\!\!\sim M_1^\bullet + M_2 \xrightarrow{k_{fm12}} 大分子+M_2^\bullet$$

$$\sim\!\!\sim\!\!\sim M_2^\bullet + M_2 \xrightarrow{k_{fm22}} 大分子+M_2^\bullet$$

$$\sim\!\!\sim\!\!\sim M_2^\bullet + M_1 \xrightarrow{k_{fm21}} 大分子+M_1^\bullet$$

$$\sim\!\!\sim\!\!\sim M_1^\bullet + S \xrightarrow{k_{fs1}} 大分子+S^\bullet$$

$$\sim\!\!\sim\!\!\sim M_1^\bullet + Y \xrightarrow{k_{fy1}} 大分子+Y^\bullet$$

$$\sim\!\!\sim\!\!\sim M_2^\bullet + S \xrightarrow{k_{fs2}} 大分子+S^\bullet$$

$$\sim\!\!\sim\!\!\sim M_2^\bullet + Y \xrightarrow{k_{fy2}} 大分子+Y^\bullet$$

8.5.1　间歇操作方式进行的二元自由基共聚

根据以上基元反应，可得到反应动力学方程如下：

$$R_1 = -\frac{d[M_1]}{dt} = k_{11}[M_1^\bullet][M_1] + k_{21}[M_2^\bullet][M_1] \tag{8-100}$$

采用稳态处理

$$k_{12}[M_1^\bullet][M_2] = k_{21}[M_2^\bullet][M_1] \tag{8-101}$$

故

$$\frac{k_{21}[M_1]}{k_{12}[M_2]} = \frac{[M_1^{\bullet}]}{[M_2^{\bullet}]} \tag{8-102}$$

上式可改写为

$$\phi_1^{\bullet} = \frac{[M_1^{\bullet}]}{[R^{\bullet}]} = \frac{k_{21}[M_1]}{k_{12}[M_2] + k_{21}[M_1]} = \frac{k_{21}f_1}{k_{12}f_2 + k_{21}f_1} \tag{8-103}$$

式中，$\phi_1^{\bullet}$ 为 $M_1^{\bullet}$ 在总自由基中所占的分子分数，$[R^{\bullet}] = [M_1^{\bullet}] + [M_2^{\bullet}]$，$[R^{\bullet}]$ 为总自由基浓度，f_1 为某瞬时原料中 M_1 所占的分子分数。

$$f_1 = \frac{[M_1]}{[M_2] + [M_1]} = \frac{[M_1]}{[M]} \tag{8-104}$$

$$f_2 = 1 - f_1 = \frac{[M_2]}{[M]} \tag{8-105}$$

同理

$$\phi_2^{\bullet} = \frac{k_{12}f_2}{k_{12}f_2 + k_{21}f_1} \tag{8-106}$$

将式（8-103）和式（8-106）代入式（8-100），

$$R_1 = [M_1]\left(k_{21}\phi_2^{\bullet}[R^{\bullet}] + k_{11}\phi_1^{\bullet}[R^{\bullet}]\right) = [M_1][R^{\bullet}]\left(k_{21}\phi_2^{\bullet} + k_{11}\phi_1^{\bullet}\right) \tag{8-107}$$

对于终止反应速率 r_t

$$r_t = k_{t11}[M_1^{\bullet}]^2 + k_{t11}[M_1^{\bullet}][M_2^{\bullet}] + k_{t22}[M_2^{\bullet}]^2 \tag{8-108}$$

结合式（8-103）和式（8-106），

$$r_t = k_t[R^{\bullet}]^2 \tag{8-109}$$

式中

$$k_t = \left(\frac{f_1}{k_{12}f_2 + k_{21}f_1}\right)^2 \left[k_{t11}k_{21}{}^2 + k_{t12}k_{12}k_{21}\left(\frac{f_2}{f_1}\right) + k_{t22}k_{12}{}^2\left(\frac{f_2}{f_1}\right)^2\right] \tag{8-110}$$

引入稳态假设 $r_t = r_i$，故

$$[R^{\bullet}] = \left(\frac{r_i}{k_t}\right)^{1/2} \tag{8-111}$$

在式（8-107）中代入式（8-103）、式（8-106）和式（8-111），可得单体 M_1 的消耗速率

$$R_1 = \left(\frac{r_i}{k_t}\right)^{1/2}[M_1]k_{11}k_{22}\left(\frac{r_1[M_1] + [M_2]}{k_{11}r_2[M_2] + k_{22}r_1[M_1]}\right) \tag{8-112}$$

同理可得单体 M_2 的消耗速率

$$R_2 = \left(\frac{r_i}{k_t}\right)^{1/2}[M_2]k_{11}k_{22}\left(\frac{r_2[M_2] + [M_1]}{k_{11}r_2[M_2] + k_{22}r_1[M_1]}\right) \tag{8-113}$$

式中，r_1，r_2 分别为单体 M_1 和单体 M_2 的竞聚率。

总的单体消耗速率为

$$r_M = R_1 + R_2 = k_p[M][R^\bullet] \qquad (8\text{-}114)$$

式中

$$k_p = \left[\phi_1^\bullet(k_{12}f_2 + k_{11}f_1) + \phi_2^\bullet(k_{22}f_2 + k_{21}f_1) \right]$$

由式（8-112）、式（8-113）和式（8-114）可知，只要知道两种单体的竞聚率、均聚反应的速率常数及聚合体系组成，即可计算出两种单体及总单体的消耗速率。

根据以上各式的推导，结合 8.3 节与 8.4 节中的聚合度与聚合度分布的推导，可以得到二元自由基共聚的瞬时聚合度与其分布公式，如下：

瞬时数均聚合度分布

$$\overline{p}_n = \frac{2}{2\tau + \beta} \qquad (8\text{-}115)$$

瞬时重均聚合度分布

$$\overline{p}_w = \frac{2\tau + 3\beta}{(\tau + \beta)^2} \qquad (8\text{-}116)$$

瞬时重均聚合度分布

$$f_w(j) = (\tau + \beta)\left[\tau + \frac{\beta}{2}(\tau + \beta)_j \right]_j \exp\left[-(\tau + \beta)_j \right] \qquad (8\text{-}117)$$

上式中

$$\tau = \frac{k_{td}[R^\bullet]}{k_p[M]} + \frac{k_{tr}}{k_p} + \frac{k_{ty}[Y]}{k_p[M]}$$

$$\beta = \frac{k_{tc}[R^\bullet]}{k_p[M]}$$

以上讨论的二元自由基共聚速率方程、聚合度及其分布式在低转化率状态时比较符合，在高转化率时，要注意对 k_t 和 k_p 的修正。

8.5.2 半间歇操作方式自由基共聚

间歇自由基共聚中，因为单体竞聚率不同，共聚组成随反应时间而变，为保持共聚组成更加一致，可以先把低活性单体及部分高活性单体先加入反应器中，剩余的高活性单体在聚合过程中逐步加入，此为半间歇共聚方式。

半间歇操作时，可采用不同的进料方式来维持产物的组成，如：

（1）全部活性较低的单体和部分高活性单体一次投入反应器（称为底料），确定单体的初始摩尔比，即 $[N_1]_0/[N_2]_0$。余下的高活性单体在反应期间按一定的流量连续补加入反应器，以弥补聚合中高活性单体的损耗，并维持反应器内单体的摩尔比 N_1/N_2 保持不变。这种进料方式必须使高活性单体的进料流量随时间而不断改变，因此需要精确的动力学测定。实际操作中，可用恒定流量替代上述变流量的方式补加高活性单体，也可将高低活性单体以不同于底

8

料中的比例混合后，按设定的流量，补加进入反应器。采用这两种方式，都应适当考虑是否会引起共聚物组成的微小变化。

（2）在聚合过程中保持浓度$[M_1]$和$[M_2]$不变。采用上一种进料方式时，反应器中的单体浓度随时间不断下降。而此种进料方式，在维持反应器中低单体浓度时，则所得共聚物组成与进料单体的组成接近。通常，只要反应器的传热能力许可，可提高单体进料速率，以获得高的聚合物生产能力。

半间歇操作的数学表达因为有连续进料而不同于间歇操作的数学表达，为了方便物料衡算，加之它的反应过程是一个变体积的过程，处理时必须包含物料体积 V 项，因此可从物质的量而非浓度的动力学方程出发，表示如下：

$$\frac{dN_1}{dt} = -R_1 V + F_{1\text{in}} \tag{8-118}$$

$$\frac{dN_2}{dt} = -R_2 V + F_{2\text{in}} \tag{8-119}$$

式中，N_1、N_2 分别是不同单体物质的量；$F_{1\text{in}}$、$F_{2\text{in}}$ 分别是不同单体进入反应器的摩尔流量；R_1、R_2 分别是不同单体的反应速率。在底料与进料方案确定后，可仿照前述内容进行推导。

8.5.3 连续操作方式自由基共聚

连续操作时，当反应器操作稳定后，反应器内的单体浓度不随时间而变，故共聚物的组成基本能保持一定。当反应器维持低单体浓度时，可能会导致长链支化及交联程度的增加。

对于全混流反应器的数学表达，为了方便物料衡算而采用物质的量的形式，而非浓度形式，其表达式如下：

$$\frac{dN_1}{dt} = -R_1 V + F_{1\text{in}} - \frac{N_1}{V} v_{\text{out}} \tag{8-120}$$

$$\frac{dN_2}{dt} = -R_2 V + F_{2\text{in}} - \frac{N_1}{V} v_{\text{out}} \tag{8-121}$$

v_{out} 为流出反应器物料的体积流量。在进出物料的流量方案确定后，可由上两式仿照前述内容开始推导。

对于连续多级全混流反应器，N 级终级反应器的聚合度与聚合度分布的结果如下：

$$X_N = F_{1\text{in}} X_{1N} + F_{2\text{in}} X_{2N} \tag{8-122}$$

其中：

$$X_{i,N} = 1 - \prod_{j=1}^{N} \left(1 - x_{i,j}\right)$$

式中 $X_{i,N}$——i 组分在第 N 级反应器的转化率；

$x_{i,j}$——i 组分在第 j 级反应器的转化率。

从第 N 级反应器中流出的共聚物聚合度与聚合度分布如下：

数均聚合度

$$\overline{P}_n = \frac{X_N}{\sum\limits_{n=1}^{N} \left[\dfrac{X_n - X_{n-1}}{\overline{P}_{n(n)}} \right]} \tag{8-123}$$

重均聚合度

$$\overline{P}_w = \frac{\sum_{n=1}^{N}(X_n - X_{n-1})\overline{P}_{w(n)}}{X_N} \tag{8-124}$$

重均聚合度分布

$$F_w(j) = \frac{\sum_{n=1}^{N}(X_n - X_{n-1})F_{w(n)}(j)}{X_N} \tag{8-125}$$

8.6　工程因素对聚合反应的影响

在本章 8.3～8.5 节中,通过引入间歇、连续多级理想反应器等模型,讨论了操作方式对于反应结果的影响。除此之外,实验室规模的聚合反应结果和工业放大以后的结果不一样,存在很多工程因素的作用。在工业反应器中,每个局部的聚合反应,根据局部的物料浓度与温度,遵循反应动力学而反应。聚合反应器中的传热与传质因素,直接影响反应器中每个局部温度与物料浓度,这些局部的时空积分,构成了最终的工业反应器的反应结果。

本节将讨论聚合反应器内的流动情况这一重要工程因素对聚合反应的影响,包括返混因素和混合尺寸因素两个方面。

8.6.1　返混对聚合反应的影响

如第 7 章所述,返混是指在不同时间进入反应器的物料之间发生的混合,亦即不同停留时间的物料之间的混合,是连续流动反应器才有的一种传递现象。平推流反应器的返混为零,而全混流反应器的返混为无穷大,实际反应器的返混程度介于二者之间。

返混对聚合反应的聚合度与聚合度分布产生影响,主要有两个因素:停留时间分布与浓度历程,显然,停留时间分布越窄,反应器中物料浓度随停留时间的变化越小,物料所经历的时间和浓度伴随的反应就越均一,聚合度分布就越窄。

对于停留时间分布,平推流反应器为最窄,全混流反应器为最宽;对于浓度历程,全混流反应器的浓度是不随时间变化的,而平推流反应器沿管程是有浓度变化的,因此,两种反应器中的停留时间与浓度经历因素的影响如下:

当反应活性链的寿命较物料在该反应器中的平均停留时间短时,全混流反应器中的活性链只在一个浓度下反应,在流出反应器前反应已经终止,而平推流反应器中的活性链虽在流出反应器前也终止,但平推流反应器中物料浓度随反应器长度不断改变,当停留时间较长,浓度变化明显时,其产物的聚合度分布比全混流反应器宽。这说明当活性链寿命短时,浓度历程是影响聚合度分布的主要因素。

当活性链寿命长于平均停留时间时,在全混流反应器中的活性链的停留时间是极不一致的,停留时间短的物料分子在流出反应器时还未反应终止,故所得产物的聚合度低,停留时间长的活性链在反应中能增长至更高的聚合度。而在平推流反应器中，物料的停留时间相同，所有的活性链即使没有反应完毕，但都经历了相同的停留时间，尤其当停留时间很短，以至于浓度变化不大的时候，产物的聚合度分布就相对于全混流反应器的更窄。可见活性链寿命长时，停留时间分布是决定聚合度分布的主要原因。

按照返混的定义，间歇反应器并不是连续反应器，因此也就不存在返混的概念。与存在返混问题的连续反应器相比较，在理想混合状态下，它只在时间维度上具有浓度历程的不均匀性，这一点和平推流反应器中沿程推进的微元完全相同，平推流反应器也可以看成是一连串的微元反应器连续向前推进；因此，上面的聚合度及其分布讨论结果比较，也适用于间歇反应器。而在非理想混合状态下，除了时间维度上的浓度历程不均匀性，间歇反应器还具有浓度历程在空间维度上的不均匀性，这是两种理想反应器模型所没有涉及的，可参考第 7 章中的组合模型进行讨论。

返混对两种连续流动理想化学反应器聚合反应的影响见表 8-2，理想间歇反应器不存在返混概念，或者视作返混为零，也并列比较。

表 8-2 返混对理想反应器聚合反应的影响

聚合反应种类	决定聚合物分子量的主要因素	平推流反应器	全混流反应器	理想间歇反应器
活性链寿命短的加聚反应	单体、引发剂、链终止剂等的浓度水平和反应系统的温度水平	分子量分布宽	分子量分布窄	分子量分布宽
活性链寿命长的缩聚反应	带活性官能团的聚合物在反应器内的停留时间	分子量分布窄	分子量分布宽	分子量分布窄

8.6.2 混合尺度对聚合反应的影响

混合效果有宏观与微观混合之分，所谓宏观与微观，由混合尺度表征。微观混合是指体系达到分子尺度上的均匀化，各分子在反应器内可以自由运动，分子间可以相互混合和作用；进行微观混合的流体称为微观流体，是真正的均相体系（homogeneous）。宏观混合是指体系达到微元（流体团、液滴、气泡或颗粒）尺度上的均匀化；宏观混合是流体微元之间的混合，流体的分散和混合都是以流体微元尺度进行的。在微元中，同时进入的各分子永远保持在一起，而微元之间不发生任何影响和作用，因此宏观混合又叫作完全分隔混合（segregated），进行宏观混合的流体叫作宏观流体。宏观混合和微观混合是流体混合的两种极端，而实际反应器中的流体的混合尺度多介于这二者之间，称为部分凝集流体。

流体的混合程度既取决于流体各组分的性质和产生混合的条件，又取决于反应物反应速率和扩散速率的相对大小。

如流体是湍流状态时，流动系统混合状态较好，可接近于微观流体。工业上常见的均相反应，其反应速率若慢于其分子扩散和涡流扩散速率，可认为反应是在微观条件下进行的。如果反应速率高于其分子扩散和涡流扩散速率，此时的控制步骤便不再是反应本身，就不能认为反应是在微观条件下进行的。

流体在不同尺度的混合状态，造成物料浓度在不同尺度上的分布，在微观流体中，浓度在整个反应体系中是均匀连续的，而在宏观流体中，浓度只在微元中保持均匀，宏观流体定义中的微元之间不发生物质交换，表明宏观流体中的反应浓度并不一定是均匀连续的，而是存在分布的。在这种浓度的空间分布作用下，聚合反应便在不同浓度下遵循同一反应动力学反应，最后进行反应结果的叠加。

对于全混流反应器，可以分宏观全混流反应器（SCSTR）和微观全混流反应器（HCSTR），其中的 SCSTR，可以看作是大量的微元反应器的集合。因此，混合尺度对聚合度分布的影响可讨论如下：

当反应活性链的寿命较物料在 CSTR 中的平均停留时间短时，HCSTR 和 SCSTR 有一样的停留时间分布，但 HCSTR 的浓度历程一致，而 SCSTR 各微元反应器中的浓度并不一致，因此其产物的聚合度分布往往比 HCSTR 宽，也比只有单一停留时间分布的间歇反应宽。图 8-7 即为此种情况下活性链寿命短时混合尺度对聚合度分布的影响。

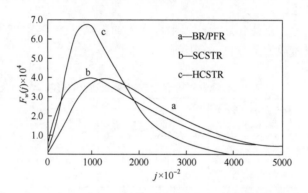

图 8-7   活性链寿命短时混合尺度对聚合度分布的影响

当活性链寿命长于停留时间时，在 HCSTR 中，浓度历程仍然一致，但活性链的停留时间是极不一致的，停留时间短的物料分子在流出反应器时还未反应终止，故所得产物的聚合度低甚至很低，而停留时间长的活性链在反应中能增长至更高的聚合度，因此，聚合度分布会很宽。但 SCSTR 则不同，它是大量微元反应器的集合，这些微元反应器中，停留时间短的得到聚合度很低的产物，但停留时间长的，却可以在不同的时间平行地经历一样的浓度历程而达到很高的转化率，SCSTR 这长短停留时间分布的组合，比间歇操作多出了低转化率的部分，聚合度分布更宽，但和 HCSTR 相比，却可以是更窄的聚合度分布。混合尺度对不同反应种类聚合度分布的影响见表 8-3。

表 8-3   混合尺度对不同反应种类聚合度分布的影响

聚合反应种类	决定聚合物分子量的主要因素	全混流微观混合	全混流宏观混合
活性链寿命短的加聚反应	单体、引发剂、链终止剂等的浓度水平或反应系统的温度水平	分子量分布窄	分子量分布宽
活性链寿命长的缩聚反应	带活性官能团的聚合物在反应器内停留时间	分子量分布宽	分子量分布窄

对较慢的反应，传递就不是控制过程，按常规的微观混合来考虑，对工业应用已经足够，此时停留时间分布的影响比混合态更为明显。

对于快速反应（如离子型聚合、自由基聚合），混合态将会对反应产生较大影响。尤其是共聚反应，由于浓度分布对于共聚结果的影响，SCSTR 和 HCSTR 将会产生更大的差异。

8.7 聚合过程的调节与控制

聚合物产品开发与放大过程中，经常会要求对聚合反应过程进行调控，即便是组成配方工艺已经基本定型，甚至已经有产品量产时，仍然有需要调控的要求，其目的往往有：

① 应对放大后的反应放热问题　在实验室规模，移除反应热是个相对简单的问题，对于新工厂，也可以方便地设计加大冷凝面积或配备冷冻水，但对于一个既有工厂，冷凝设备的形式与规模已经存在，因此，往往需要通过聚合过程的参数改变来实现更大规模的生产。

② 提高反应速率，以提高生产能力　除了采用更大单元装置实现生产能力的提高外，可以通过提高反应速率来扩大产能，此时，聚合过程也要进行调节。

③ 性能相关的聚合度与聚合度分布调节　新装置和新反应条件的实现必然对产品的性能产生影响，即便是正常生产，前后不同批次之间的性能也会出现趋势性变化，这些都要求对聚合过程进行调控。

8.7.1 反应热的调控

工业放大以后的反应热如果不能及时被移走，会造成实际反应温度的不同，聚合反应是个对温度很敏感的过程，由此引起的产品质量，必然产生很大的差异。有些聚合的反应热如果没有及时被移走，甚至会出现生产或安全事故，比如反应物料的爆聚和冲釜，以及由此引发的危害。

根据传热公式，强化传热的对策有：增加传热面积、提高传热效率和提高传热温差，但必须要注意，反应器的热稳定性分析引发的最大传热温差优化问题，避免反应的熄火。反应器设计的时候，要考虑夏天的冷却水温比冬天高，相应的传热能力会下降。

从反应放热策略上也可以进行控制，亦即控制反应的速度，错开放热峰，常用的方法有调整引发剂种类、调整单体和引发剂的浓度以及相应的投料速度；单一因素调控一定会造成产品的品质和前期的不同，必须综合各个因素，组合调控，以达到满意的效果。

8.7.2 反应速率的提高

提高反应速率，意味着单位时间内的产量得到提高，亦即提高了工业生产产能，增强了产品成本竞争力。反应动力学方程表明，反应速率和温度与浓度有关，因此，在传热能力可行且安全的前提下提高反应温度，是非常直接的提高反应速率的方法，但同时会造成聚合物聚合度与聚合度分布的变化，会造成性能的差异。因此，必须配合反应物浓度因素和工艺进行调整；对于汽液反应，必须提高压力，以实现浓度增加的效果。

8.7.3 聚合度与聚合度分布的调控

放大过程中的工程因素，会造成实验室小试样品与放大后工业生产样品之间的聚合度及其分布不同，根据反应机理、动力学链长、聚合度、聚合度分布的讨论，可以看到，使用分子量调节剂，改变温度、浓度、返混和混合尺度等因素，都可以成为调节聚合度与聚合度分布的方法。

除了以上为了放大和提高生产能力需要考虑聚合过程的调节和控制之外，在日益常态化的异地设厂和全球投资的时代，聚合过程的调节和控制成为更为重要的工作，它需要追加考虑当地原材料的差异，当地气候的差异，当地反应器设计、加工与材质的差异，原厂配方工艺的转移，很多时候并不是想象中那么简单可靠，异地产品的性能往往和原厂的不同，需要根据当地的情况通过聚合过程调控来达到尽可能的一致。

8.8 聚合过程的安全问题

聚合物往往大量使用易燃易爆、有毒有害的反应物原料，稍有操作不当便可能失控。聚合过程中的大量安全问题需要引起重视。在技术的输出过程中，以前只重视反应与加工技术本身，对安全与环保相关的技术重视不够，而目前，后者越来越被当作成套技术的重要组成部分。

8.8.1 聚合过程失控的风险管控

聚合过程很多在有压力条件下操作，单体大多易燃易爆且有毒性。聚合反应又是放热反应，有的反应过程反应热很大；如果传热失去控制，使反应温度急剧升高导致反应速率加快，最后引起爆聚甚至发生爆炸。针对以上情况，应采取适当的安全措施，主要有：

安全来源于设计，在设计工业生产装置的时候，就要考虑温度的控制问题，以及由于飞温造成的压力急剧升高问题；反应器设计时，要留有余量，并对万一发生飞温、爆聚、冲釜甚至爆炸进行安全设计。常用的方法有：停止加热，切换为冷却模式降温；温控报警和缓聚剂/阻聚剂加入机构的联动，以快速降低反应速率或停止反应；设置安全泄压管道，冲料直接进入缓冲容器中，以免发生环境灾难。

安全设计还必须考虑聚合反应在非正常状态下操作的安全性，比如突发的断电、断水、断气、设备运行故障、投料的品种数量和时间失误、操作参数的设置失误等问题，并制定出人力、物力、操作上的有效应对预案。

聚合反应器在正常生产时，应加强密闭防漏，防止有毒、易燃、易爆物料的泄漏，以保证操作人员的安全，防止发生燃爆。在设计时，对设备与土建等设置防爆等级，同时也要有一旦发生泄漏的正确预案，避免周围人员接触有毒有害物质，包括疏散方案和报告制度的设立，在无法及时撤离污染范围内的建筑配备正压呼吸设备和其他逃生工具。

8.8.2 化学品安全技术说明书（SDS）的学习与使用

从实验室小试开始，到整个放大过程，到正式投产，到产品的销售，整个过程涉及化学品的人体接触、使用、存储、环境安全性、运输等过程，化学品安全技术说明书能提供这些过程中所需要考虑的安全以及防护措施信息，是化学品使用者在使用每一个化学品之前必须阅读并制订相应安全措施的重要参考文件。

根据联合国 GHS 制度、欧盟 REACh 法规、国际标准 ISO 11014—2009 和我国 GB/T 16483—2008、GB/T 17519—2013 等最新规章标准的规定，企业编写的每一个产品的化学品安全技术说明书（SDS）由以下十六部分信息组成，每个部分的标题、编号和前后顺序不得变更。

第 1 部分——化学品及企业标识

第 2 部分——危险性概述

第 3 部分——成分/组成信息

第 4 部分——急救措施

第 5 部分——消防措施

第 6 部分——泄漏应急处理

第 7 部分——操作处置与储存

第 8 部分——接触控制和个体防护

第 9 部分——理化特性

第 10 部分——稳定性和反应性

第 11 部分——毒理学信息

第 12 部分——生态学信息

第 13 部分——废弃处置

第 14 部分——运输信息

第 15 部分——法规信息

第 16 部分——其他信息

按照这 16 项信息安排操作，可以有效避免很多安全事故。由于编制高水准的化学品安全技术说明书是个高成本的工作，不同厂家获得信息的能力不同，因此，同一种化学品的说明书可能会不一样，但供应商提供的说明书（SDS）在使用中碰到环境、健康、安全（EHS）等法律性的纠纷时，如供应商提供的信息不合格，必须承担相应的法律责任。

聚合反应中的很多单体、溶剂和各种其他助剂往往都是有毒有害易燃易爆物质，操作之前，必须收集所有原材料的化学品安全技术说明书进行研究，制订相应的操作规范，并落实化学品接触人员的培训。

8.8.3　有关易燃/易爆

在化学品安全技术说明书中，可以查到有关易燃易爆的信息，其中的几个重要概念如下。

沸点（boiling point）：指在一个大气压下，物质由液相转为气相的温度。

闪点（flash point）：指在规定的加热条件下，并按一定的间隔用火焰在加热物质所逸出的蒸气和空气混合物上划过，并能发生闪火现象的最低温度，以℃表示。闪点的高低表明化学品的易燃程度，易挥发性化合物的含量，气化程度以及它的安全性。在储运和使用中禁止将易燃物加热到它的闪点，加热的最高温度一般应低于闪点 20～30℃，除非有足够的安全措施。

燃点（ignition point）：又称发火点，是指在规定的加热条件下，接近火焰后不但有闪火现象，而且还能持续燃烧 5s 以上时的最低温度。燃点比闪点一般要高 0～20℃。

自燃点（spontaneous）：物质加热到某温度后，使其与空气接触，在不用引火的条件下，因剧烈的氧化而产生火焰自行燃烧的最低温度，称为自燃点。自燃点与闪点及燃点的不同之处，主要是不需引火，而后两者则需要外部火源引燃。

爆炸极限（explosive limit）：可燃物质（可燃气体、蒸气、粉尘或纤维）与空气（氧气或氧化剂）在一定的浓度范围内混合，形成预混气，遇着火源或一定的引爆能量会发生爆炸，这个浓度范围称为爆炸极限，或爆炸浓度极限。可燃气体和蒸气爆炸极限是以其在混合物中所占体积分数（%）来表示的。

可燃气体在空气中遇明火种爆炸的最低浓度，称为爆炸下限（lower explosive limit），简称%LEL。

可燃气体在空气中遇明火种爆炸的最高浓度，称为爆炸上限（upper explosive limit），简称%UEL。

可燃气体在空气中的浓度只有在爆炸下限和爆炸上限之间才会发生爆炸。低于爆炸下限或高于爆炸上限都不会发生爆炸。这说明良好的通风，可以降低可燃气体在空气中的浓度，避免发生可燃气体浓度较高可能导致的爆炸。尤其要注意防止回火，有些可燃气体的密度比空气的密度大，如果处理不善，气体可沿地面扩散相当距离，遇到燃点，形成回火。

在易燃易爆操作中，要使用防爆与气动设备，同时配备消防与个人防护设备。

8.8.4 一些安全概念

聚合反应过程的安全性或者危险程度是和能量联系在一起的，存在如下关系：

$$危险程度 = 危险能 \times 危险量$$

"能"代表危险级别，"量"代表这种危险的数量。这表明当危险的数量很小时，即便危险能级别高一些，只要它们的乘积并不高，危险程度就不大。比如在实验室的毫升级高压装置，其危险程度要远低于低压大型煤气罐。

相应的，安全程度同样可以表达为：

$$安全程度 = 防护措施 / 危险程度$$

当我们有足够的安全措施去发现危险和克服危险，那么安全程度就很高，比如实验室通风橱的正确使用，便可以保证操作人员在正压下操作，从而避免吸入有毒有害化学品的伤害；工厂的防爆墙与隔离区域的达标设计，就可以在反应器隔壁的安全区域进行操作，解决了地方狭小又要保证安全生产的问题。

本章小结

聚合度与聚合度分布是聚合反应工业放大成功与否的关键指标，本章在聚合反应动力学的基础上，从聚合度和聚合度分布的定义出发，讨论了连锁、逐步与自由基共聚反应类型与反应操作方式对聚合度和聚合度分布的影响。通过返混与混合尺度概念的引入，讨论了工程因素对聚合反应结果的影响。最后，讨论了聚合反应的调控方法以及安全相关问题。本章的学习可参考如下思维导图。

8

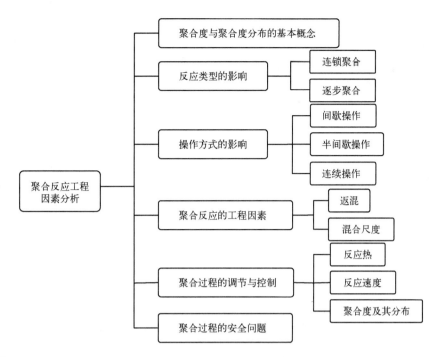

课堂讨论

（1）结合理想反应器模型，尝试不同返混程度下自由基聚合的聚合度与聚合度分布推导。

（2）讨论化学品安全技术说明书（SDS）在全球化生产与贸易背景下的作用。

（3）如何解决当地涉及危化品的经济发展与安全环保法律法规之间的矛盾，关闭化工园区是最佳解决方案吗？

本章习题

1. 某引发剂的半衰期为

温度/℃	101	82	64
半衰期/h	0.1	1	10

求引发剂的分解常数、活化能和指前因子。

2. 按式（8-12）计算单体浓度对时间的趋势线，试讨论等容条件下，引发剂浓度随时间变化而仍然使用式（8-12）时的单体浓度对时间的趋势线。

3. 试按活性链寿命长短，分别阐述间歇反应器与全混流反应器操作后的聚合度分布异同。

4. 试阐述间歇反应器与全混流反应器的缩聚反应产物的聚合度分布宽窄异同。

5. 查找乙醇的化学品安全技术说明书（SDS），根据 LD_{50} 数据，估算 53°白酒致死一般人的饮用量。

6. 查找乙酸乙酯和乙醇的化学品安全技术说明书（SDS），用理想气体状态方程估算 25℃下 10m² 标准民房密闭空间中，需要打翻多少瓶 500mL 的乙酸乙酯或 53°白酒并全部气化，即可达到爆炸极限。

参 考 文 献

[1] 潘祖仁. 高分子化学[M]. 第 5 版. 北京: 化学工业出版社, 2011.

[2] 赵进, 赵德仁, 张慰盛. 高聚物合成工艺学[M]. 第 3 版. 北京: 化学工业出版社, 2013.

[3] 宁春花, 左明明, 左晓兵. 聚合物合成工艺学[M]. 第 2 版. 北京: 化学工业出版社, 2020.

[4] 侯文顺. 高聚物生产技术[M]. 第 2 版. 北京: 化学工业出版社, 2012.

[5] 李克友, 张菊华, 向福如. 高分子合成原理及工艺学[M]. 北京: 科学出版社, 1999.

[6] 陈昀. 聚合物合成工艺设计[M]. 北京: 化学工业出版社, 2019.

[7] Jose M Asua. Polymer Reaction Engineering[M]. Blackwell Publishing Ltd., 2007.

[8] 刘益军. 聚氨酯树脂及其应用[M]. 北京: 化学工业出版社, 2011.

[9] 魏家瑞. 热塑性聚酯及其应用[M]. 北京: 化学工业出版社, 2011.

[10] 朱建民. 聚酰胺树脂及其应用[M]. 北京: 化学工业出版社, 2011.

[11] 黄发荣, 万里强. 酚醛树脂及其应用[M]. 北京: 化学工业出版社, 2011.

[12] 陈平, 刘胜平, 王德中. 环氧树脂及其应用[M]. 北京: 化学工业出版社, 2011.

[13] 韩哲文, 张德震. 高分子科学教程[M]. 第 2 版. 上海: 华东理工大学出版社, 2011.

[14] 于红军. 高分子化学及工艺学[M]. 北京: 化学工业出版社, 2000.

[15] 龚云表, 石安富. 合成树脂与材料手册[M]. 上海: 上海科学技术出版社, 1993.

[16] 代丽君, 张玉军, 姜华珺. 高分子概论[M]. 北京: 化学工业出版社, 2010.

[17] 夏炎. 高分子科学简明教程[M]. 北京: 科学出版社, 2010.

[18] 陈涛, 张国亮. 化工传递过程基础[M]. 第 3 版. 北京: 化学工业出版社, 2009.

[19] 程振明, 朱开宏, 袁渭康. 高等反应工程教程[M]. 上海: 华东理工大学出版社, 2010.

[20] 戴干策, 陈敏恒. 化工流体力学[M]. 第 2 版. 北京: 化学工业出版社, 2005.

[21] 何曼君, 陈维孝, 董西侠. 高分子物理[M]. 第 3 版. 上海: 复旦大学出版社, 1990.

[22] 胡英. 近代化工热力学[M]. 上海: 上海科学技术文献出版社, 1994.

[23] 史子瑾. 聚合反应工程基础[M]. 北京: 化学工业出版社, 2014.

[24] 泽田秀雄. 聚合反应热力学[M]. 北京: 科学出版社, 1985.

[25] 朱炳辰. 化学反应工程[M]. 第 5 版. 北京: 化学工业出版社, 2011.

[26] Meyer T, Keurentjes J. Handbook of Polymer Reaction Engineering[M]. VCH: Wiley, 2005.

[27] 王久芬. 高聚物合成工艺学[M]. 第 2 版. 北京: 国防工业出版社, 2013.

[28] 赵德仁. 高聚物合成工艺学[M]. 北京: 化学工业出版社, 1997.

[29] 韦军. 高分子合成工艺学[M]. 上海: 华东理工大学出版社, 2011.

[30] 张洋, 马榴强. 聚合物制备工程[M]. 北京: 中国轻工业出版社, 2001.

[31] 胡汉杰. 中国高分子科学的发展概况与趋势[M]. 上海: 高分子科技, 1999.

[32] 沈本贤. 石油炼制工艺学[M]. 第 2 版. 北京: 中国石化出版社, 2017.